佛山市爱森无纺布科技有限公司

—— 非织造布行业可靠的合作伙伴 ——

专注纺熔非织造布设备
Absorption Spunmelt Equipment Nonwoven

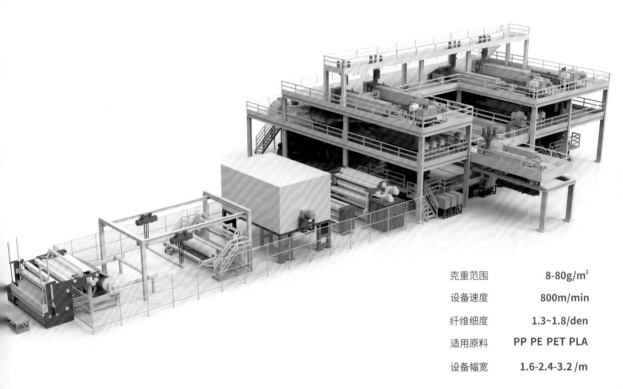

克重范围	8-80g/m²
设备速度	800m/min
纤维细度	1.3~1.8/den
适用原料	PP PE PET PLA
设备幅宽	1.6-2.4-3.2 /m

于爱森

佛山市爱森无纺布科技有限公司,是爱之选集团旗下子公司,拥有ISO9001:2015质量体系认证、CE认证、TUV认证、SGS认证等资质,是一家专注于非织造布设备研发和生产专业解决方案制造商。可根据客户的要求,提供个性化的定制非织造布设备。

爱森始终坚持"质量为本,精益求精,服务至上,合作共赢!"的经营理念,以质量稳定低耗的非织造布设备,远销美国、意大利、阿根廷、俄罗斯、波兰、韩国、印度、土耳其、南国家和地区,以不断创新的技术和优质的服务成为全球非织造布行业客户可靠的合作

非织造布设备:
机型:S SS SSS
原料:PP PET PLA
应用:购物袋、包装袋、卫生材料等

非织造布设备:
机型:SMS SMMS SSMMS SSMMMS
原料:PP
应用:手术服、防护服、纸尿裤、卫生巾等

熔喷非织造布设备:
设备机型:M MM
适用原料:PP
主要应用:口罩过滤层、空气过滤、吸油垫等

双组分非织造布设备:
纤维结构:皮芯型S/C ● 并列型S/S ●
设备机型:S² S²S²
适用原料:PE/PP、PP/coPP、PP/PET、PET/coPET
主要应用:医用材料、卫生巾、纸尿裤等

山市爱森无纺布科技有限公司

电话 : 138 2321 0252
电话 : 0757-8551 2339
邮箱 : asen@azx-group.com
官网 : www.asennonwoven.cn
地址 : 广东省佛山市南海区里水镇邓岗环镇路10号
地址 : 广东省佛山市南海区大沥镇龙汇大厦21F

BAOJINJIA | 保金佳

深圳市保金佳自动化科技有限公司
SHENZHEN BAOJINJIA AUTOMATION TECHNOLOGY CO.,LTD.

深圳市保金佳自动化科技有限公司成立于2015年，是一家拥有雄厚的研发设计能力及专业的生产销售和售后服务于一体的企业，专业生产销售净水设备、污水处理设备、纺粘无纺布设备S/M/SMS/SSMMS等纺熔及熔喷无纺布生产线。

M 熔喷无纺布设备(BFE95-99%/P2/P3/KN95/PFE50-99.995%)

型号	有效幅宽	克重范围	最高速度	年产量
M	1600mm	20-100 gsm	60 m/min	650t
	2400mm			1100
	3200mm			1600
	4200mm			2200

SMMS纺熔无纺布设备

型号	有效幅宽	克重范围	最高速度	年产量
SMMS	1600mm	8-80gsm	500 m/min	5000
	2400mm			7500
	3200mm			1000
	4800mm			1500

超纯水设备和污水回收设备可选配置

前处理系统	石英砂过滤罐、活性炭过滤罐、离子软化床、保安过滤器、网式过滤器、盘式过滤器、超滤系统等。
加药系统	阻垢器、分散剂、絮凝剂、pH酸碱、还原剂、氧化剂、消毒剂等。
测控仪表	流量检测仪、电导仪、pH仪、电阻仪、sdi仪、硬度检测仪、温度检测仪、orp仪、余氯检测仪。
清洗装置	清洗水泵、清洗滤器、清洗水箱、温度计、加热器。
后处理系统	根据用户最终水质要求选用，如：MB, EDI,臭氧发生器等。

公司地址：深圳市龙岗区龙城街道龙飞大道333号启迪协信5栋A座三楼
生产基地：广东省惠州市惠阳区新圩镇南坑村正百产业园
网址：www.szbjjzdh.com
销售电话：13534113732/13143430303   传真：0755-26607012

广东必得福医卫科技股份有限公司成立于 2000 年，专注于纺熔无纺布的研发制造和深加工产品的生产，公司一直在发展中不断地配合客户整合完整的生产链，从而让客户在产品的采购过程中享受到高品质，高效率，低成本的必得福式服务，提高产品竞争力。

至今，必得福公司纺熔无纺布年产能15万吨，广泛应用于三大领域：

一、卫生材料用无纺布：亲水、拒水，超柔软、弹性无纺布；

二、医疗耗材用无纺布：三抗高透气无纺布、抗病毒复合无纺布；

三、工业用无纺布：抗老化、防静电、阻燃抗菌等彩色无纺布。

依托于必得福的无纺布研发和生产优势，集团公司可为客户提供原材料到成品加工的一体化服务。同时，集团公司拥有符合GMP标准的十万级洁净车间，配备有专门的物理化学实验室和EO灭菌设备，可以为客户提供高品质的隔离衣、手术衣、防护服、医用外科口罩、医用防护口罩、手术洞单和手术包等一次性医疗防护产品。

秉承"稳健运作、诚信经营、成果共享"的创业理念，必得福公司旨在为客户提供低成本、高品质、高效率的专业化服务。

广东必得福医卫科技股份有限公司
GUANGDONG BEAUTIFUL HEALTH CO.,LTD.
地址：广东省佛山市南海区九江镇沙龙路一号 (528208)
电话：0757 8691 0199　　传真：0757 8691 6230
E-mail：info@btf.top　　Http:// www.btf.top

必得福官网

郑州铭图智控技术有限公司

—创造优质产品 提供优质服务—

领航未来
DARES TO CHALLENGE

- 责 任
- 创 新
- 共 赢

郑州铭图智控技术有限公司位于河南省郑州市高新技术开发区,公司经过多年的发展,现已成为一家资产股份化、管理现代化、经营标准化的高新技术企业。郑州铭图智控技术有限公司是西门子、施耐德、ABB、欧姆龙、安川系统集成商;在国家重点工程及大型建设项目中均运用了国内外自控和传动新技术,并研发、制作了多批工业自控设备和自控系统等配套工程。这些工程为企业提高自动化装备水平、降低成本、增加效益发挥了巨大的作用。

铭图智控技术专业从事工业电气自动化、过程控制、设备自动控制、DCS控制系统和传动技术,长期从事高低压变频器和PLC等应用,有高级专业技术人员。主要应用在水处理、有色金属、纺织、机械、化工、造纸、玻璃、电力等自动控制领域里研发、制作、安装、调试工业自控设备和自控系统等配套工程项目,公司能够提供包括配电、传动、控制技术于一体的总包服务。

地址:郑州市高新区长椿路11号国家大学科技园5号楼

电话:13733175917　传真:0371-86581296

邮箱:1405189908@qq.com

全球30个国家，
800多家用户的共同选择

合作伙伴

世尘优势

- 20+ 20多年过滤测试相关行业经验
- 10+ 10余项专利技术
- 拥有软硬件开发设计能力
- 持续产品改进
- 拥有核心部件制造能力
- 及时周到的服务

产品应用

容喷等过滤　　口罩等呼吸　　空气滤芯等
材料测试　　　防护用品测试　净化产品测试

我们紧跟市场，和众多客户就熔喷、口罩生产上下游供应链等问题和客户保持良好沟通。用我们的热情和专业知识，为客户提供卓越的活性解决方案，创新的产品和高效的服务。

遥知马力

，单台设备，测试次数超20万

★ 明星产品 ★
SC-FT-1406D-Plus
自动滤料测试仪

不同配置可供选择：

- DL（0~99%）
  D（45~99.99%）、
  DH（99~99.99996%）
- 流量0~99.9L/min范围可调
- 油盐双介质，自动切换

选择气溶胶介质
NACL
Paraffin

三种模式，满足不同需求

93.1970

QUANTA-GOLD BOA

北京量子金舟无纺技术有限公司
量子金舟（天津）非织造布有限公司

北京量子金舟无纺技术有限公司和量子金舟（天津）非织造布有限公司是量子金舟旗下两家公司。

北京量子金舟无纺技术有限公司是国内著名的熔喷非织造布生产线设备供商，是国内较早研发 SMS 和熔喷设备的专业制造商，拥有丰富的专业技术经验和和雄厚的发实力。近二十年来，为国内外众多客户提供了技术先进、品质优良的熔喷生产线设备、熔双组分吸音棉设备、SSS 和 SMS 在线复合生产线配套设备。

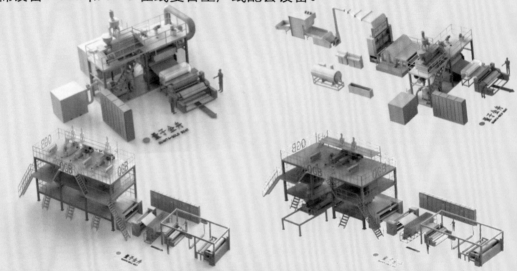

量子金舟（天津）非织造布有限公司坐落于天津武清开发区，自 2014立以来即专注于熔喷材料工艺技术，依托于北京量子金舟无纺技术有限公司，我们拥有专技术研发团队，自 2003 年开始在熔喷领域不断探索并积累宝贵经验。现我公司拥有 9 条的熔喷无纺布设备生产线，主营产品为熔喷高效口罩过滤材料、熔喷高效空气滤材、熔喷液体滤材、熔喷 PP/PET 双组分汽车吸音棉、工业擦拭布和工业吸附材料。成立 8 年来着诚信为道，创新发展的企业理念受到海内外客户的一致好评。

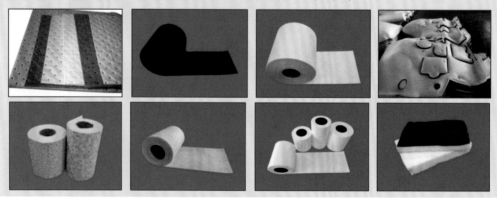

地址：天津市武清开发区曹子里拓展区花城中路正丰道　电话：18522901682　邮箱：sophie.zhao@rpw

www.rpwf.com　　　　**www.melt-blownfabric.net**

保樂 & 精彩
Bloom & Wonderful

广东保乐无纺科技有限公司是一家专业开发、生产和销售医疗、卫材用无纺布功能性添加剂的国家级高新技术企业。公司拥有先进的研发、生产和质量管理体系（通过ISO9001:2015的质量管理体系认证）。主要产品包括无纺布柔软母粒、亲水剂、抗静电剂、三抗剂、熔喷布驻极母粒、无纺布色母粒、高效低阻熔喷布等。拥有自主发明专利四项。

2020年3月，因供应抗疫物资表现出色收到国务院应对新型冠状病毒肺炎疫情联防联控机制(医疗物资保障组)的感谢信。

2021年6月，被中国产业用纺织品行业协会评为"2020/2021中国非织造行业优秀供应商"。

保乐公司始终秉承"客户至上、质量第一、持续创新、合作共赢"的宗旨，以客户为中心，以市场为导向，在产品和服务上不断创新，为提高无纺布性能和技术发展不遗余力。

 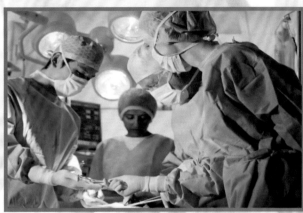

无纺布柔软解决方案

柔软产品系列包括：丝柔母粒、棉柔母粒、超柔母粒等，可以根据客户的设备情况单独开发
适用于：生产不同要求的柔软无纺布
主要应用：婴儿纸尿裤的面层、底膜、防漏隔边、腰围等

无纺布亲水解决方案

亲水剂型号包括：PP-12667、PHP207、H001、UKH6等
适用于：生产面层用SS亲水无纺布和包裹用SMS无纺布
主要应用：婴儿尿裤面层、芯体包覆等

医用、工业用无纺布解决方案

油剂类型包括：抗静电剂 Lurostat ASY、抗静电剂 Lurostat NW、渗透剂 Alkanol6112、三抗剂NW MD等
适用于：生产SS、SMS无纺布抗静电、三抗处理
主要应用：手术服、防护服等
亲水、抗静电、三抗设备：在线亲水、抗静电处理设备；在线三抗后处理成套设备与技术服务

熔喷布驻极解决方案

1、熔喷驻极母粒种类包括：电驻极母粒、油性驻极母粒、水驻极母粒等
适用于：生产BFE99、KN95、FFP2、FFP3、KF94等要求的熔喷布
主要应用：口罩、空气过滤、水过滤等
2、熔喷布水驻极设备：在线与离线水驻极设备、工艺与技术服务等

其他产品系列

产品类型：普白、乳白消光白母粒、无纺布色母粒等；
熔喷原料MFR1500、MFR1800；
BFE99、KN95、FFP2、FFP3、KF94熔喷布等

佛山市保乐进出口贸易有限公司
地址：佛山市南海区桂城平洲夏东三洲石洛沙"赢富中心"第一座4楼4B11号

肇庆市高要区精彩塑胶原料有限公司
地址：肇庆市高要区金利镇小洲村下江经济合作社金淘园区返还地之二

广东保乐无纺布有限公司
地址：肇庆市高要区金利镇北区金淘工业园(肇庆市高要区兆锴金属制品有限公司厂房之十)
电话：0757-81271581　　传真：0757-81009593　　邮箱：fs-bl@163.com

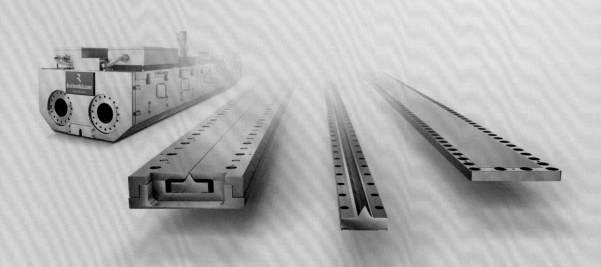

翻新, 但不影响质量和性能

我们的创新工艺可以修复使用过的纺粘和熔喷喷丝板, 使其重新投入生产中。选择翻新喷丝板, 而不是购买新的, 可为您降低70%的成本, 且能够获得新喷丝板同等的优良性能。

您计划什么时候向我们询价?

山东道恩高分子材料股份有限公司 **Dawn** 道恩

产品介绍

公司介绍

山东道恩高分子材料股份有限公司（简称：道恩股份，股票代码：002838）是一家专业从事高性能热塑性弹性体、改性塑料、色母粒等产品的研发、生产、销售与服务的国家级高新技术企业。道恩股份拥有多元化、高水准的研发平台，拥有上百人的专业研发团队。公司始终坚持"产品为根、以人为本、科技引领、客户至上"的经营理念，不断提升科技创新能力，致力于为客户提供一站式新材料解决方案。

熔喷料是道恩自行研究、开发、生产的熔喷无纺布专用料。道恩是《塑料聚丙烯(PP)熔喷专用料》国家标准制定者；参与起草《可重复使用民用口罩团体标准》；是"全国疫情防控重点保障企业"，且收到国务院应对新型冠状病毒肺炎疫情联防联控机制（医疗物资保障组）、国家科技部以及多个省份工信部门的感谢信，被评为山东省抗疫先进集体。

应用

口罩布、SMS、汽车吸音棉、蓄电池隔膜、揩拭布、保温材料、过滤材料、吸油材料等

Z-1500		驻极母粒GM03
Z-1500H	**产品系列**	驻极母粒GM01
Z-1200L		PLA DN501L

服务热线

销售部：0535-8831065 / 13589808383

河南省一恒网业有限公司
Henan Yiheng Mesh Belt Industry Co., Ltd.
官网：http://www.yhfilterbelt.com/

公司简介

河南省一恒网业有限公司是一家高新技术企业，成立于2003年，拥有自营出口权、自主设计能力的聚酯网带的源头厂家。能够针对不同的客户，不同的要求，提供有针对性的解决方案。

公司取得ISO14001环境管理体系认证、ISO45001职业健康安全管理体系认证证书、ISO9001质量管理体系认证证书，有科学的管理制度及专业的研发团队。

公司产品有**无纺布网带，造纸网带，环保过滤网带，UV打印机网带；**功能性产品有**抗静电网带，高车速网带，抗水解网带，耐高温网带，耐磨抗污网带。**产品最大规格（宽9米X长120米），能满足当前各种产品的规格。了解我们更多信息，请访问：http://www.yhfilterbelt.com/

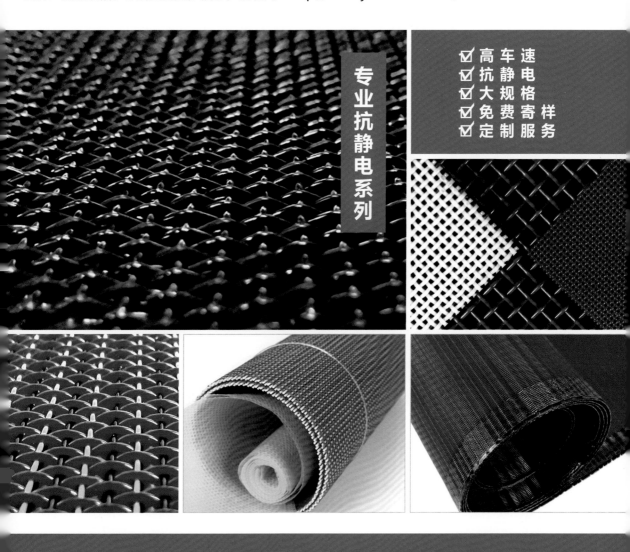

专业抗静电系列

☑ 高 车 速
☑ 抗 静 电
☑ 大 规 格
☑ 免 费 寄 样
☑ 定 制 服 务

我们致力于为无纺布行业**提供高端网帘**

公司总部地址：河南省周口沈丘县北城产业集聚区槐园路197号
联系电话：13839400134　微信：13839400134
了解我们更多信息，请访问：http://www.yhfilterbelt.com/

三众机械 SANZHONG

自动化塑料处理研发、生产及整体系统解决方案

R & D, Production and Central Converying System Solution of Automatic Plastic Treament

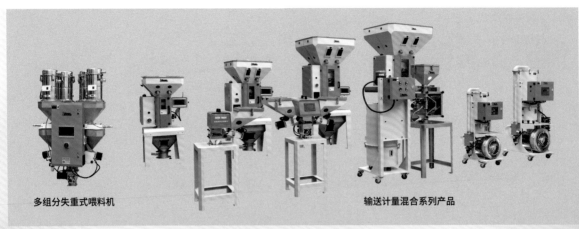

多组分失重式喂料机　　　　　　　　　输送计量混合系列产品

无纺布生产配料输送系统

储料罐

东莞市三众机械有限公司成立于2010年，是国内知名自动化塑料处理研发生产企业。我们致力于打造国际高水准的塑料自动化处理单机产品和整体系统解决方案。

公司拥有一批专业的研发、生产和销售应用人员，研发工程师具备20年以上的设计经验。产品广泛应用于注塑成型、无纺布、吹膜、吹瓶、流延膜、PET片材、造粒、化工、食品等行业。根据在各行业的

多年应用，我司可提供颗粒状、粉体状、片状等塑胶原料的储存、干燥、输送、计量、混合、包装等解决方案。

公司坚持"业精于专，方显卓越"的经营理念和"急客户之所急，供客户之所需"的服务宗旨，给客户提供优质产品和完善的服务，在业界树立了良好的信誉。

COMPANY PROFILE
公司简介

东莞市三众机械有限公司
Dongguan Sanzhong Machinery Co., Ltd.

广东省东莞市常平镇万布路45号
Add: No. 45, Wanbu Road, Changping Town, Dongguan, Guangdong, China.
Tel: 0769-8230 7682　　雷先生：133 6048 9035　　唐先生：136 0966 5120

www.dgsanzhong.cn

安吉换网器
ANJI FILTRATION & PUMP SYSTEMS

河南安吉塑料机械有限公司
Henan Anji Plastic Machinery Co., Ltd.

液压换网器/熔体过滤器
用于纺熔非织造布和各类熔体在线过滤

高性能双柱式

柱塞直径90~350mm / 更高密封性和可靠性

双柱超大面积

单台最大过滤面积至10m² / 高产量/高精度

主动网带式

可实现自动换网 / 更稳定的料温和料压

板式快换型

更短流道 / 快速换网 / 网区最大至600mm
可选腐蚀性物料专用型

厂地址：河南省焦作市武陟县詹店工业区
业务中心：河南省郑州市金水区正弘中心北座
E-mail：sc@anjiplast.com　电话：137-0084-9129

® 广宇

常州市武进广宇花辊机械有限公司
CHANGZHOU WUJIN GUANGYU EMBOSSING ROLLER MACHINERY CO.,LTD.

▲ 新型Y型高速均匀热轧机

▲ 新型高速均匀热轧机

服务研发是广宇

▲ 多辊型热轧机

▲ 普通型热轧机

常州市武进广宇花辊机械有限公司
CHANGZHOU WUJIN GUANGYU EMBOSSING ROLLER MACHINERY CO.,LTD.
江苏省常州市武进区湖塘镇青洋南路156号
NO.156 South Qingyang Road,Hutang Town,Wujin
District,Changzhou City,Jiangsu Province.
电话/TEL: +86-519-86701036 86702036
传真/FAX: +86-519-86702056
Http://www.js-guangyu.com | Http://www.wj-guangyu.com.cn
E-mail: guangyu@wj-guangyu.com.cn lgyhgjx@163.com

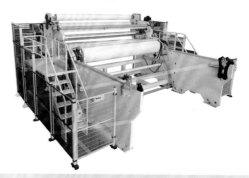

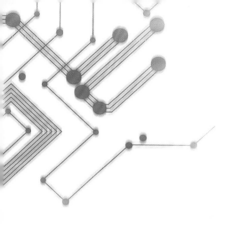

扬州协创智能科技有限公司
YANGZHOU XIECHUANG
INTELLIGENT TECHNOLOGY CO., LTD

协作 / 创新 / 专业 / 专注

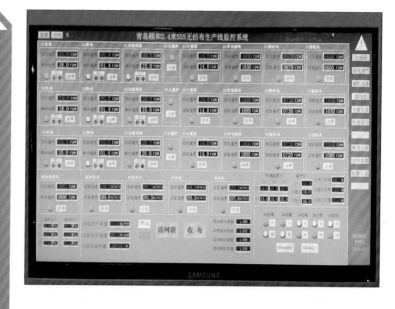

C 企业简介
Company Profile

扬州协创智能科技有限公司（原名扬州协创自动化技术有限公司）成立于2002年，是专业从事自动化系统集成的高科技公司，在自动化技术领域耕耘了18年，为纺织、化工、水利、水处理、机械等众多行业配套自动化控制系统。我公司专为非织造布行业设计的智能化控制系统在全国市场中占据较大份额（至今已设计、调试非织造布行业的自动化控制系统近500套）。公司的产品在行业内享有较高声誉，远销东南亚、欧洲、大洋洲、非洲等地区（目前已服务过越南、印度、马来西亚、印度尼西亚、土耳其、波兰、西班牙、俄罗斯、韩国、智利、澳大利亚等国家）。近年来，公司除开发了纺粘熔喷行业的电气控制系统外，还开发了水利行业的闸门双吊顶同步智能化控制系统、水处理行业的DCS智能化系统、自动焊接生产线智能化系统、化工行业DCS系统以及楼宇智能化系统，具有极为丰富的自动化系统设计及现场调试经验。

公司现有员工19名，其中16名电气工程专业人员，均具有自动化专科以上学历，并拥有丰富的设计、安装及调试经验。

⊙ 扬州市广陵产业园大众港路1-1号

☎ 0514-87782528-808
🖷 0514-87782528-802

✉ info@yzxc.net

☏ 13032573666-韩
☏ 18652768999-杨

弗兰登机械（上海）有限公司
上海钰捷机械有限公司

熔喷无纺布螺旋鼓风机

公司从2008年至今在熔喷无纺布生产线上针对SMS/SMMS-1.6米/2.4米/3.2米/4.8米横幅线提供了上千台熔喷鼓风机机组。在此行业中大多数设备均采用进口Gardner Denve风机产品，赢得了用户的高度评价和口碑。

产品的最大特点：

➢ 气腔体与油室结构的独特设计保证了输送气体无油；

➢ 叶轮为实心叶轮，运行过程中转子不容易藏污纳垢，吹出的气体洁净，不会污染无纺布，其他空心转子风机运行一段时间后会吹出微量的粉尘，聚集在无纺布表面产生小黑点，严重影响无纺布的质量；

➢ 转子的独特设计保障了气流稳定，无波动，喷丝均匀，从而提升了无纺布的品质；

➢ 由于机壳和转子的特殊设计，风机运行时的噪音非常低；

➢ 应用于熔喷无纺布生产行业运行可靠；

➢ 能源消耗小，螺旋状转子的独特设计产生一定的内压缩，比罗茨风机更节能。

▶ 流量范围：5-190m³/min　　▶ 压力范围：0.5-1.5bar

二十年专注　服务为本　质量为根　合作共

公司地址：上海市青浦工业园区振盈路 548 号

业务电话：021-69110955　　　　公司邮箱：yj@ gdblowers.c

服务热线：400-0609-880　　　　　　　　　　公司网址：www.gdblowers.cr

熔喷法非织造布技术

司徒元舜　李志辉　编著

中国纺织出版社有限公司

内 容 简 介

本书主要包括熔喷法非织造布的基础知识、生产线设备配置、熔喷设备运行操作与作业指导、熔喷系统的生产运行管理、产品质量控制、纺丝组件的安装与维护以及安全、绿色、可持续生产管理等内容。

本书可供非织造布行业的技术人员阅读,也可供熔喷法非织造布生产企业及设备制造企业的技术人员和相关院校的师生学习参考。

图书在版编目(CIP)数据

熔喷法非织造布技术 / 司徒元舜,李志辉编著 . --
北京:中国纺织出版社有限公司,2022.5
ISBN 978-7-5180-9279-6

Ⅰ.①熔… Ⅱ.①司… ②李… Ⅲ.①非织造织物—
生产工艺 Ⅳ.①TS17

中国版本图书馆 CIP 数据核字(2022)第 003194 号

责任编辑:范雨昕 责任校对:楼旭红 责任印制:何 建

中国纺织出版社有限公司出版发行
地址:北京市朝阳区百子湾东里 A407 号楼 邮政编码:100124
销售电话:010—67004422 传真:010—87155801
http://www.c-textilep.com
中国纺织出版社天猫旗舰店
官方微博 http://weibo.com/2119887771
北京华联印刷有限公司印刷 各地新华书店经销
2022 年 5 月第 1 版第 1 次印刷
开本:787×1092 1/16 印张:29
字数:560 千字 定价:258.00 元
京朝工商 广字第 8172 号

凡购本书,如有缺页、倒页、脱页,由本社图书营销中心调换

序

十几年前,我由职业出版人转行成为技术纺织品管理者后,鲜有对出版物作序、写书评,但骨子里仍保留着对书刊的那份偏执和热爱。此次受司徒元舜和李志辉先生之邀,为他们的大作《熔喷法非织造布技术》写序,盛情难却也有感于他们长期以来对行业科技进步所做出的贡献。

2020年,突如其来的新冠肺炎疫情使原本十分生疏的专业术语"熔喷布"为普通百姓所熟知。疫情防控中,口罩成为快速阻隔传染源、保护医护人员和人民群众安全的重要防疫战略物资,而熔喷法非织造布作为口罩的核心功能材料,是制约口罩产能快速释放的关键。以天津泰达、恒天嘉华、上海精发、大连瑞光、北京量子金舟、大连华纶等为代表的行业骨干熔喷企业,第一时间响应国家号召,积极扩产增产,优质、优价、优先保障重点地区的原材料供应,获得了国家领导人和政府有关部门的表扬和肯定,充分体现了行业企业家以国家利益为重、顾全大局的政治站位,为抗击疫情和保障社会复工复产做出了突出贡献。

熔喷工艺是目前为数不多的可实现超细纤维非织造布商业化量产的非织造工艺技术之一,其产品具有比表面积大、孔隙率高、密度低等特点,单独或与其他工艺复合使用,可广泛应用于过滤、保温、吸油、吸音、医疗、卫生擦拭等领域。虽然在2020年以前,我国熔喷非织造布产能一直维持在10万吨左右,实际产量不到非织造布总产量的1%,但其独一无二的特性决定其在非织造技术中无可替代的地位。

我国对熔喷技术的研究工作起步较早,20世纪50年代末,原核工业部二院等机构就开展了相关研究,但受国内经济发展阶段和市场需求的影响,直到1996年,第一条国产熔喷生产线才正式下线。而后,随着熔喷产品逐步在医疗、卫生、汽车、空气净化等领域扩大应用,我国熔喷法非织造布迎来了快速发展。目前,我国已成为全球熔喷布生产能力最大、设备门类最全的国家,并掌握了成熟的全流程装备设计、制造技术,向全球输出了大量熔喷装备和产品。

新冠肺炎疫情让全社会认识了熔喷法非织造布,产业也得到极速发展。据不完全统计,2020年我国新增1.6米幅宽以上熔喷线超过4000条,高峰时期日产量超过2000吨,总产能扩张10余倍。虽然熔喷法非织造布投资相对不大,但工艺控制难度大、技术含量高,产业的快速发展引发了行业对人才和技术的迫切需求;特别在抗疫物资需求退潮后,面对激烈的市场竞争,行业企业更是需要在人才培养、工艺技术上下工夫,在产品开发、市场开拓上谋出路,《熔喷法非织造布技术》的出版恰逢其时。

本书作者长期从事熔喷法非织造技术的理论研究和生产实践,在行业里具有较高的知名度和影响力。该书从熔喷法非织造布的技术基础、熔喷法非织造布生产线设备配置、熔喷设备运行操作与作业指导、熔喷系统的生产运行管理、产品质量控制、纺丝组件的安装与维护以及安全、绿色、可持续生产管理七个方面对熔喷法非织造布技术进行了系统而详细的梳理,对熔喷法非织造布的基础理论知识进行了全面介绍;围绕原料供给、熔体挤出、计量纺丝、气流牵伸、接收成网、功能整理和卷绕分切全流程对熔喷设备各部件进行深入剖析,给出了设备运行操作和维护保养要点;系统分析了原辅料、各工艺参数等因素对产品质量的影响,并给出了驻极技术、滤效检测、熔喷复合工艺、产品应用拓展以及行业节能降耗技术等行业前沿、热点知识。

本书内容贴近工程技术实际,对熔喷法非织造布领域的生产经营、质量控制和产品开发具有很强的指导作用,是一本实用性很强的专业工具书,对于推动熔喷非织造布行业的结构调整和技术进步有着积极的意义。

快速的浅阅读难免认识不深,但深信该书的出版对推动行业基础应用研究和产业基础高级化极具现实意义。

是为序。

中国纺织工业联合会副会长 李陵申

2022 年 1 月

前 言

20世纪90年代初是中国连续式熔喷法非织造布技术的起步阶段,经过引进、消化、吸收到再创新,很快就获得了长足的发展,到了90年代中期,从原来全部依靠进口,变成具有设计、制造全流程设备的能力,全国产业化的熔喷法非织造布生产装备脱颖而出。到了21世纪初,熔喷法非织造布开始出口到世界各地,显示出中国制造的力量。

在经过"非典""新冠肺炎疫情"等突发性公共卫生安全事件以后,熔喷布渗透到了国民经济的很多领域,也走进人们的生活,并已从原来小众的产品成为守护人民群众生命健康的战略物资。目前中国已形成全球最大规模的熔喷法非织造布产业,为维护全世界的公共卫生安全发挥了积极的作用。

经历非织造行业的高速发展,熔喷技术正面临消化产能转型升级的机遇,亟需及时从理论和实践两个层面总结经验,找出存在的短板,在普及提高应用技术的基础上,明确创新发展的方向,优化资源配置,提高社会效益。熔喷技术领域需要有理论观点鲜明,可操作性、可复制性强的实用技术参考书籍,用于指导生产实践和技术培训。

此前,只有少量教科书对熔喷技术进行了笼统介绍,基于生产实践层面的系统性熔喷技术资料并不多见,这与中国熔喷产业的规模及发展水平是不相称的。本书是编者在中国熔喷技术领域深耕三十多年的理论和实践经验总结,通过基本概念、技术原理、典型案例,系统全面地介绍了熔喷技术的发展历程、当前的技术动态以及最新的技术成果。

本书主要包括熔喷法非织造布的基础知识、生产线设备配置、熔喷设备运行操作与作业指导、熔喷系统的生产运行管理、产品质量控制、纺丝组件的安装与维护以及安全、绿色、可持续生产管理等内容。书中既包括生产过程必须掌握的基本理论知识、工艺技术,还介绍了大量的实际生产经验,凝聚了熔喷行业的诸多技术成果。

本书主要以深入浅出的方法诠释熔喷设备制造和生产过程中的多发性问题和常见现象,图文并茂,较少涉及高深的理论分析及数学计算。因此,它是一本适合生产一线人员参考的作业指导书,也是企业不可多得的技术培训教材,还可作为准备进入熔喷技术领域或关注实用熔喷技术的管理人员及相关专业学生贴近实战的参考资料。

本书从 2008 年执笔撰写,至 2018 年已现雏形,时间跨度很长,内容上也一直在不断修正。本书的不少内容来自国内外著名研究机构、主流设备制造企业、专家学者的科研成果及大量专业人员的论著。书中还包括了编者在各种技术交流及谈判的工作实践与体会,技术培训和交钥匙工程资料等,实际上也是第一线工程技术人员及工人的经验总结,都是一些接地气的资料。

突发的新冠肺炎疫情,触发了 2020 年如火如荼的熔喷法非织造布的生产热潮,良莠不齐的熔喷企业所产生的技术争端及随之而来的技术鉴定工作,彰显了普及熔喷技术知识的必要性和重要性。作者更加觉得可以通过分享本书的经验和体会,能为从业者解疑释惑提供一个新视角,为减少社会的资源消耗贡献微薄之力。

在熔喷法非织造布的实践及本书的编写过程中,先后获得了东华大学靳向煜,武汉纺织大学刘延波,北京宝斯特伦科技有限公司侯慕毅,广州检验检测认证集团专家提供的知识和信息支持。

本书的出版获得了中国产业用纺织品行业协会的支持。佛山爱之选集团公司李旺平总经理在资金及出版业务等方面都提供了大力支持,使本书能早日付梓。

广东必德福医卫科技股份有限公司技术总监李孙辉,量子金舟(天津)公司经理许良、陈新卓工程师等对本书的内容提出了宝贵意见。中科检测技术服务(广州)股份有限公司刘鹏宇工程师,浙江艳鹏无纺布机械公司邓星就工程师为本书完成了绘图、修图工作。

本书中还引用了德国莱芬豪舍公司、德国纽马格公司、恩卡公司、美国希尔斯公司、美国挤压集团、日本卡森公司等外国熔喷企业的相关信息。

在此向他们表示感谢!

虽然编者长期从事熔喷技术的研究和应用工作,并曾向国内很多熔喷设备制造企业及熔喷法非织造布生产企业提供过技术支持,但囿于知识结构和认知限制,而熔喷技术领域仍有一些应用技术机理尚要通过实践才能取得共识,因此,本书难免仍存谬误,诚恳希望读者和专业人士指导斧正!

编著者

2022 年 3 月 28 日

目 录

第一章 绪论

第一节 熔喷法非织造布技术的基础知识

一、非织造布的基本定义与分类

(一)定义

非织造布(nonwoven)又称无纺布、不织布,在技术标准、技术资料及学术文献中一般称为非织造布,在市场上常使用"无纺布"这一名词。非织造布是整合了纺织、造纸、皮革、塑料四大柔性材料加工技术的一种新型材料。

(二)分类

非织造布是产业用纺织品中的一个重要品类,常按成网方法和纤网的固结方法,或两种方式相结合的方式来进行分类。如图1-1所示。

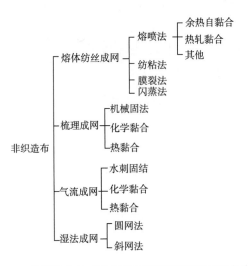

图1-1 非织造布的成网工艺和纤网固结工艺基本分类

非织造布的种类很多,纺粘法非织造布(spunbond nonwoven)、熔喷法非织造布(meltblown nonwoven)仅是熔体纺丝成网工艺中的两种基本产品,也是实际产量最多的产品,通过不同成网方法互相组合、不同类型纤维的混杂、不同固结方式相组合,可衍生出很多种不同类型和特性的产品。

1. 按成网方法分类

成网方式是非织造布产品的主要特征,目前主要的成网方法包括:熔体纺丝成网(纺粘法、熔喷法、静电纺丝等),溶体纺丝成网(闪蒸法、膜裂法、静电纺丝),短纤维梳理成网,气流成网、湿法成网几大类。

2. 按纤网的固结方法分类

纤网固结又称纤网加固,为了区分不同固结方式的非织造布产品,一般在成网方法代号前加上纤网固结方式作为产品的名称。目前常用的纤网固结方法有以下几类。

(1)机械固结。如水刺固结、针刺固结、汽刺固结等。

(2)热黏合。如热轧固结、热风固结、超声波固结、余热自黏合等,在大部分应用场合,熔喷法非织造纤网主要是依靠自身的余热黏合固结的,而热风黏合仅适用于双组分纤网。

(3)化学黏合。如浸渍黏合、喷洒黏合、泡沫黏合、印花黏合等。

非织造纤网的固结方式可先后用多种方式进行,不同的固结方式还可以组合,如热轧+水刺,热轧+针刺,自黏合+热轧等,这是在基本的纤网固结方法基础上衍生出的新型产品。

3. 不同类型纤网的复合的产品

根据聚合物的种类和不同纤网的特点,可以互相组合,这是从基本成网方法分类衍生出的非织造布产品,从而开发出众多创新型产品。用不同成网方法得到的纤网可以互相叠加、复合,如熔体纺丝成网与短纤维梳理成网复合,熔体纺丝成网与气流成网复合,梳理成网与气流成网复合等。

不同纺丝工艺的纤网也可以互相复合,如最常见的就是纺粘纤网(S)与熔喷纤网(M)复合,成为新型纺粘/熔喷/纺粘(SMS)复合材料。

不同的纤网是用叠层的方法进行复合,属叠层复合工艺(lamination),其主要特征是使每种纤网都是以独立的一层存在,有清晰的界限,互相没有掺杂,这一类型非织造产品的名称直接用各层纤网的代号表示。叠层复合还可分为一步法工艺,即在纺丝成网过程中的"纤网"复合,及二步法工艺,即先将各种纤网制成"布"以后,再将各种布按顺序复合在一起。

4. 不同纤维混杂

除了不同的纤网互相复合外,不同纺丝工艺之间的纤维还可以相互混杂(hybrid),如目前已经出现的 MPM 产品,就是熔喷纤维(M)与气流成网木浆纤维(P)混杂;汽车内饰材料就是利用插纤工艺,即通过在熔喷纤维中插入梳理成网的短纤维制造的。

纤维混杂工艺的主要特征是产品中的不同纤维是相互掺杂在一起,相互之间没有界限,使产品的性能发生新的变化,成为一种有异于传统成网工艺,而又具备其他性能的产品,这是开拓熔喷技术应用新领域的一个重要途径。

5. 不同纤网、不同固结方法组合的产品

另外，还可以利用"一步法"成网方法与"二步法"叠层复合，再用不同固结方法混杂的方法，成为一种复合型的产品，如汽车内饰材料就是利用一步法的"插纤"工艺，将三维卷曲纤维加入熔喷纤网中，然后利用"二步法"叠层复合工艺在其两个表面纺粘布，最后再用超声波或化学黏合方法固结在一起，成为一种新型复合材料，这一类型复合材料一般按其功能或用途命名。

从以上各种情况可知，非织造布的种类很多，熔喷法非织造布仅是诸多非织造布产品中的一个小品类，是一种基础性非织造材料。

二、熔喷法非织造布生产技术的发展历程

熔喷法非织造布生产技术是一种直接将聚合物熔融纺丝成网的技术，在工业领域的首次研发活动始于20世纪40年代中期。直到1954年，在当时的"冷战"格局下，为了了解其他国家的核试验进展，美国海军研究所开始研究气流喷射纺丝法，生产具有高吸收性能的产品，用于收集上层大气中的放射性颗粒，这是熔喷法非织造材料最早的实际应用。

美国埃克森（Exxon）公司在20世纪60年代开始熔喷技术的研究，并最早取得了专利技术，并在70年代初将其研究成功的熔喷技术转让给其他企业。Exxon公司转让技术的目的并不在于收取专利转让费，而是关注在这个技术被推广并获得应用后存在的巨大商机。

因为熔喷布的生产过程需要消耗大量专用的聚合物原料，而这个石油化工产品才是埃克森公司重要的主营业务方向。目前，埃克森至今仍是高端熔体纺丝成网非织造聚合物原料的主要供应商。

自此，熔喷法非织造布工艺技术获得了迅速发展，并实现了民用工业化生产，其间美国的埃克森美孚公司（Exxon Mobil Corporation）、精确公司（Accurate Manufacturing Company）、3M公司、金佰利公司（Kimberly-Clark）、捷迈实验室（J&M Laboratory）、诺信（Nordson）公司、双轴纤维薄膜公司（Biax Fiberfilm）、田纳西中心（TANDEC）和德国莱芬豪舍公司（Reifenhauser）、科德宝公司（Freudenberg）、日本NKK公司等都为熔喷技术做了大量的产业化应用研究工作。

目前，在我国市场上流通的外国成套熔喷设备品牌主要有：德国莱芬豪舍公司，纽马格公司（Neumage，这是一家传承了美国精确公司、捷迈实验室和诺信公司熔喷技术的企业，并拥有较大市场份额），美国EG公司等。

而为我国提供核心设备（纺丝箱体与纺丝组件）的外国供应商主要有：日本株式会社化纤喷丝板制作所（卡森—Kasen）公司，德国恩卡（Enka）公司，美国希尔斯（Hills）公司，日本喷丝板株式会社（Nippon）等企业。

我国对熔喷技术的研究工作起步也较早，20世纪50年代末，原核工业部第二研究设计院、北京合成纤维技术研究所等机构就开始了这方面的研究，至70年代初，中国的间歇式熔

喷设备的台数已达到 200 台以上。90 年代初,中国纺织大学、北京超纶公司等单位也开发出间歇式熔喷设备,开始熔喷非织造布的工业化生产,并在空气、液体过滤,蓄电池隔板,吸油材料,保暖材料等领域获得了应用。

但受限于国内对熔喷技术的认知和市场规模,熔喷法非织造布的技术进展缓慢,步履蹒跚。早在 1992 年,山东威海就有企业从意大利摩登公司(MECCANICHE MODERNE)引进了一条应用一步半工艺的纺粘/熔喷/纺粘(SMS)复合型生产线,其中的熔喷系统是国内第一套连续式纺丝成网生产设备,但由于各种原因,设备在调试结束后就一直被闲置,2004 年流转到广东江门,直至最后被弃置报废,基本没有产品投放市场,也没有产生经济效益。

在 1992 年,美国精确公司向安徽阜阳提供了一条幅宽为 1600mm 的连续式熔喷线;1993~1994 年,天津也引进了精确公司一条 1600mm 幅宽的连续式熔喷线;江苏江阴从德国莱芬豪舍公司引进了一条 2400mm 幅宽的连续式熔喷线,这些代表当时先进水平的熔喷法非织造布生产线,开启了我国以连续式工艺生产熔喷材料的新纪元。

几年以后,这些企业获得了成长发展的机会,成为我国熔喷法非织造布领域的先驱者和骨干企业。而经过近三十年的历练,中国已成为全球重要的熔喷设备制造和熔喷布生产的中坚力量。

1996 年,北京宝斯特公司成功研制出了幅宽为 1000mm 的第一条国产连续式熔喷生产线,实现了我国熔喷法非织造布生产技术的跨越式发展。目前国内虽有为数众多的熔喷设备制造企业,但真正具备设计、制造成套熔喷生产线能力的厂家并不多,一些高水平生产线的核心设备仍依赖进口。

由于连续式熔喷生产设备没有往复运动,纺丝设备的可靠性高,连续铺网、产品质量好,生产能力比同幅宽往复式设备高近十倍,劳动效率高,用工少、管理成本低,便很快脱颖而出,成为熔喷非织造布生产技术发展的主流和方向。

连续式熔喷技术的发明,还有一个很重要的成果,它催生了一步法纺粘/熔喷/纺粘(SMS)复合这个新技术,使人们直接享受了科学技术进步在卫生、医疗领域的最新成果。

中国目前已成为全球熔喷设备最多的国家之一,不仅拥有当今所有主流品牌的先进熔喷生产设备,也是熔喷设备制造能力较强的国家,已具备设计制造全流程设备的能力,在江苏、浙江等地已形成批量制造熔喷纺丝箱体及纺丝组件的能力,配套的辅助设备也形成一条可靠完备的产业链,有大量的熔喷法非织造布生产线输出至世界各地。

此外,中国是熔喷法非织造布生产大国,在应对公共卫生事件中,发挥了中流砥柱的作用。

三、熔喷法非织造布的生产工艺及其特点

(一)熔喷法非织造布生产工艺

熔喷法(melt blown)非织造布生产工艺,是一种熔体直接纺丝成网非织造布制造工艺,

将热塑性高分子聚合物熔体直接变成连续长丝,并将长丝转化为随机铺设的纤网和熔喷法非织造布。

熔喷法生产工艺直接利用高速的热空气,将处于熔融状态的聚合物熔体牵伸为直径在微米(μm)等级,且以近似正态规律分布的纤维,然后在接收装置上收集成非织造纤维网,利用聚合物自身的余热和牵伸热气流的能量,使纤维在互相交叉点热熔黏合固结成纤网,冷却后即成为熔喷法非织造布。

经过多年来的研究和生产实践,已经证明熔喷纤维是连续的纤维(filament)。这个连续纤维的观点已在专业的熔喷技术研究机构、高校,国内外主流的熔喷设备制造商、著名熔喷法非织造材料生产企业取得共识和认可。

由于熔喷法纺丝过程是非稳态的,因此,纤维不同位置的粗细是不一样的。但无论在电镜还是纤维分析仪器的视场中,基本无法看到有纤维的端头。如果熔喷纤维真的是短纤维,则应该是大概率能看到的,这也证明了纤维是连续纤维,图1-2为高速摄影的熔喷法纺丝纤维照片。

用连续纤维的观点可以正确指导生产实践,并可以形象解释生产过程出现的异常现象,并可以为解决工艺疑难提供清晰的思路和对策,而不像此前认为熔喷纤维是短纤维(staple fiber)观点所提出的模棱两可的、自相矛盾的说法。

图1-2　熔喷法纺丝纤维

正常的熔喷纤维是连续的纤维,如果纺丝过程工艺设置不合理,会导致纺丝过程不稳定而出现短纤维,将成为熔喷产品出现疵点或缺陷的根源,最常见的就是断丝、飞花或晶点等。其主要原因就是纤维被过度牵伸、熔体细流发生断裂形成的。因此,熔喷法非织造布的生产过程控制,就是侧重于优化工艺配置,防止短纤维的出现。

(二)熔喷法非织造布生产工艺的特点

熔喷非织造布生产工艺的特点是:用高速、高温气流牵伸;纤维细、粗细分布宽,直径主要分布在微米和亚微米范围之间,视产品的用途和纺丝工艺,过滤阻隔型熔喷产品的纤维较细,其直径在$2\sim6\mu m$这个范围会有较高出现概率;熔喷纤维的取向度较差、纤维强力低、比表面积大;靠自身余热自黏合固结成布、纤网结构蓬松、孔隙度高;生产过程消耗的能源多、生产过程的噪声高,但生产流程很短。

(三)主流熔喷法生产工艺

埃克森熔喷法工艺是目前主流熔喷法生产工艺,也称为单行孔纺丝工艺,熔喷法非织造布产品几乎都是用埃克森熔喷法工艺生产的。其特征是喷丝板为一个等腰(或等边)三角形构件,喷丝孔布置在三角形的顶部,只有一行喷丝孔,使用高温度、高速度的气流牵伸,牵伸气流从喷丝孔的两侧以一定的角度喷出(图1-3),相对其他熔喷工艺,其纤维分布较窄。

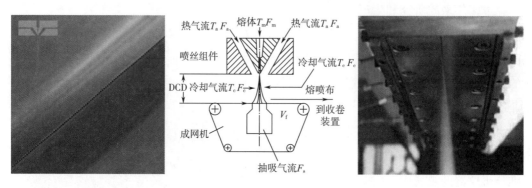

图1-3 熔喷法非织造布生产工艺

除了埃克森熔喷法工艺外,还有一种喷丝孔以多行、多列的方式分布的熔喷法非织造布生产技术,每个喷丝孔是由两个套在一起的同心圆管组成,纺丝熔体从中心管喷出,牵伸气流则是从以熔体管道为中心的环形通道喷出,这种工艺是由美国双轴纤维膜公司开发的工艺,称作双轴(Biax)工艺(图1-4)。

图1-4 多行孔的熔喷法非织造布生产技术

双轴熔喷工艺是20世纪后期出现的一种技术,目前国外已有商业化应用机型,但在我国还没有用于商业化生产的设备。

埃克森(Exxon)工艺和双轴(Biax)工艺是目前已产业化应用的两种熔喷法生产工艺,而用这两种技术生产的熔喷法非织造布,都属熔体纺丝成网产品。

由于纺丝组件,特别是喷丝板的结构不同,用这两种工艺生产的产品性能也有差异,应用领域也有所不同,例如用埃克森工艺生产的熔喷布,其纤维直径较细,分布较为集中,产品的平均孔径较小,较适宜用作过滤阻隔性材料,但设备的生产能力较低,产品的能耗也较高。

而用双轴工艺生产的熔喷布,其纤维直径较粗,分布较为分散,产品的平均孔径较大,较适宜用作隔音、隔热或吸收类材料,设备的生产能力较高,产品的能耗也较低。

在技术上,经常会用 MB 或 M 这两个符号表示熔喷法工艺、或熔喷法非织造布产品。而用SR(single row)代表单行孔的埃克森熔喷工艺,用 MR(multi row)代表多行孔的双轴熔喷法工艺。

虽然这两种熔喷法非织造布的生产工艺及硬件配置有较大的差异,是两种结构有较大差异的设备,但目前已开发出可以兼容这两种纺丝工艺的熔喷法纺丝系统,根据市场或生产需要,可以在同一个纺丝箱体上分别安装不同的纺丝组件,使用不同的纺丝工艺,可生产出不同特性的产品(图 1-5 和表 1-1)。

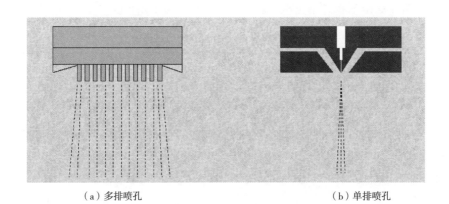

(a)多排喷孔　　　　　　　　　　　　(b)单排喷孔

图 1-5　双轴熔喷工艺与埃克森熔喷技术比较

表 1-1　双轴熔喷工艺与埃克森熔喷技术比较

多排孔	单排孔
环形气流通道与熔体喷出孔同心	气流从熔体喷出孔两侧喷出
有多行(最多达 20 行)喷丝孔	仅有一行喷丝孔
喷丝孔密度 11811 个/m(300 个/英寸❶)	喷丝孔密度 984~2952 个/m(25~75 个/英寸)
喷丝孔间距 1.52~2.03mm	喷丝孔间距 1.016~0.339mm
熔体压力 20.6~137.9bar❷	熔体压力<24.1bar

由于熔喷法非织造布的应用领域很宽,其性能又与产品的应用领域有关,因此,对产品的关注点、技术要求都有很大差异。

---

❶　1 英寸(in)= 2.54 厘米(cm)= 0.0254 米(m)。

❷　1 巴(bar)= 100 千帕(kPa)。

四、熔喷法非织造布的主要特征和性能

熔喷布的纤维是随机排列,纤维覆盖率高,孔隙率大,单位质量纤维有很大的表面积(比表面积),具有良好的阻隔性能和过滤性能。

熔喷法非织造布产品一般是依靠自身余热黏结,产品的强力来自纤维间的相互黏结和摩擦力。产品的拉伸断裂强力较小,且断裂伸长率也很低,在受力状态下较易断裂,因此,独立的熔喷生产线无法生产较小定量(g/m^2)的产品,也难以高速运行。

由于是依靠自身余热黏结,纤维间的结合力较差,产品不耐摩擦,纤维容易脱落,因而不宜单独使用,或经过特殊处理后产品才能独立使用。

熔喷纤维的取向度较差,加上使用的聚合物原料的相对分子质量较小,因此,单丝强度低,是各种常见非织造布纤维中,单丝强度最小的一种纤维(表1-2)。而且纤维的直径大小不一,主要分布在亚微米和微米范围,通常以近似正态规律分布。

表1-2 各种聚丙烯纤维的单丝强度

纤维种类	短纤维	纺粘法纤维	熔喷法纤维
单丝强度/(cN/dtex)	3.9~6.4	2.9~4.9	1.5~2.0

熔喷纤维是超细纤维,具有较大的比表面积(表1-3),孔隙小、孔隙率大,产品密度(g/m^3)低,结构蓬松。其过滤性(或阻隔性)、绝热性及吸收性能十分突出,也是目前用其他工艺生产的非织造布不可媲美的。

表1-3 不同工艺制造的纤维特性对比

纤维种类	纤维直径/μm	1g纤维的长度/(m/g)	纤维的表面积	
			(mm^2/g)	(m^2/g)
纺粘法纤维	15	6291	296	0.0003
熔喷法纤维	~2	353857	2222	0.0022
纳米熔喷纤维	0.3	15873015	14952	0.0150

从表1-3可知,同样重量(质量)的纤维,熔喷法纤维的长度是纺粘法纤维长度的56倍左右,长度的增加意味着在同样的面积内,纤维的重复覆盖次数也增加了56倍,有效地提高了产品的遮盖性和均匀度,这就是熔喷法非织造布有较好遮盖性和较好均匀度的内在原因。同样,这个特性也可以改善与其复合使用的产品,如纺粘/熔喷/纺粘(SMS)复合产品,由于含有熔喷层纤网,就具有较好的遮盖性和均匀度,并具有良好的阻隔性能(静水压)。

在诸多种类的非织造布产品总量中,虽然熔喷法非织造材料的产量不高,其在总产量中的占比只有约1%,但应用范围却很广。根据中国产业用纺织品行业协会在2020年5月8日发布的《熔喷法非织造分类与标识要求指南》,熔喷法非织造材料主要应用在口罩、空气

净化器、液体过滤、保温、吸油和其他六大类领域中。

目前,熔喷法非织造材料产品在空气过滤、液体过滤、吸收、医疗、卫生、防护、服装、电池、隔音、隔热等领域得到了越来越广泛的应用,如在各种用途的口罩制品中,其核心层过滤材料就用到熔喷法非织造布。

由于熔喷布的强力较低、不耐磨,很少独立使用,常以与其他柔性材料复合的形式使用,而在 SMS 型生产线中,纺粘纤网(S)与熔喷纤网(M)复合后,成为 SMS 型复合非织造布,则是熔喷法非织造布技术的一个最大应用领域,在正常社会环境中,其使用量要比独立使用的熔喷布多很多。

在 20 世纪 80 年代,我国已开展了熔喷法生产工艺的研究和应用,多年以来,熔喷法非织造布的发展与社会公共卫生安全息息相关,特别是在 2019 年底至 2020 年间,全球出现的新型冠状病毒肺炎(Corona Virus Disease 2019,COVID-19),催生了全世界对口罩产品的巨大市场需求,将熔喷法非织造布推至史无前例的重要战略位置,使熔喷法非织造布获得了一个空前的发展机遇,掀起一个如火如荼的熔喷法非织造布发展高潮,图 1-6 就是一条带冷却吹风装置的国产转鼓接收熔喷生产线。

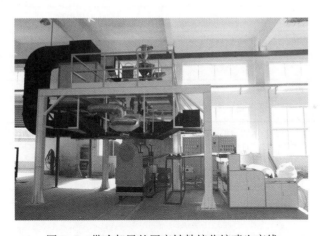

图 1-6 带冷却风的国产转鼓接收熔喷生产线

为了应对全国乃至全球的巨大口罩需求,中国企业千方百计把全产业链贯通,增加口罩核心过滤层的熔喷布产能,除了原有的熔喷生产线外,还大量利用 SMS 型生产线中的熔喷系统转产熔喷布。全国范围内,包括一些大型企业在内的很多跨界企业也投入了熔喷生产线建设和熔喷法非织造布的生产。

在短短几个月的时间内,各式各样的生产线应运而生,凡是可以生产熔喷布的产能都被激活,生产装备的数量成数十倍增长,熔喷布的产量连续翻番,新冠肺炎疫情暴发前,全国口罩的日生产能力只有 2000 万只左右,到 2 月底就增加至 1.16 亿只,而到了 7~8 月,各种防护口罩的日产量达到5亿只,生产出占世界总量80%的口罩,为打赢这场新型冠状病毒肺炎联防联控阻击战,提供了强大的物质基础,并为支援世界各地的防疫斗争贡献了"中国制造"的力量。

五、熔喷法非织造布的生产原料

用于熔喷法非织造布生产的原料种类很多,凡是热塑性聚合物原料均可用于熔喷法生产工艺且要求有很好的流动性和稳定的黏度,较低的相对分子质量(M_w)和较窄的分子量分布(MWD)。MWD较宽的原料会同时存在相对分子质量较高和较低的分子链段,在纺丝过程中容易形成凝胶,在产品形成破洞、硬块等疵点,影响产品的力学性能和阻隔过滤性能。

(一)原料的种类

目前,可用于制造熔喷布的聚合物原料有聚烯烃及聚酯两大类。聚合物的种类不同,适用的生产工艺也有差异,产品的特性和应用领域也不一样(表1-4和表1-5)。

表1-4 聚烯烃类和聚酯类聚合物原料熔喷工艺的差异

原料品种	纺丝温度	热空气温度	原料干燥
聚烯烃类	较低	较低	一般不需要
聚酯类	较高	较高	需要

表1-5 各种聚合物熔喷法非织造布的用途

聚合物	可制造的产品与特性	单行孔工艺	多行孔工艺
PP	高效空气过滤、湿纸巾、细纤维	++	+
	吸收类产品、湿巾、保温隔热	+	++
PPS	热气体过滤、耐热性	+	0
PBT	燃油过滤、化学抗性	++	++
PE	弹性材料、软触感材料	+	++
PLA	可生物降解制品、可再生能源	+	0
PA6	液体过滤、高强度+亲水性自然	0	+
Vistamaxx®	弹性产品、高回弹产品	+	++
TPU	高弹性材料、透气产品	0	++
PET	高温过滤、低热收缩产品	+	0

注 "++"表示最适用,"+"表示适用,"0"表示不适用。

1. 聚烯烃类

聚烯烃类聚合物主要有PP(聚丙烯)、PE(聚乙烯)等,PP是目前使用量最大的一种聚合物原料。按其生产工艺,常有过氧化物降解法、氢气调节法和茂金属催化剂法三种产品。

其中氢气调节法和茂金属催化剂法是石油化工厂进行大规模生产使用的工艺、质量稳定性好、纺丝过程和产品的气味很低,在生产高品质熔喷产品时,会用到茂金属催化的聚丙烯原料。茂金属催化的聚丙烯(代号 MPP)的分子等规度一般可以达到 99% 以上。高等规度的 PP 原料,有助于提高熔喷过滤材料的油性过滤效率。目前国内仅有一个企业具备商业化量产的能力,市场对进口依赖较大。

过氧化物降解法通过使用过氧化物二叔丁基过氧化物(DTBP),使聚丙烯的分子链发生断裂,降低分子量,分子量分布变窄,从而降低熔体黏度和熔体弹性,提高了熔体流动性(熔融指数)。降解法可以将聚合物的熔融指数从 20~30g/10min 提高到 1500~1800g/10min。这是目前国内生产高流动性熔喷法非织造布原料的主要方法。

应用过氧化物降解法生产高流动性熔喷法非织造布原料时,设备较为简单,技术要求也不高,适合小规模化生产、质量稳定性一般、分子量分布窄,但有过氧化物残留、气味大的缺点。

如果 DTBP 的残留量过多,在纺丝加热过程会发生再分解、再降解,使熔体的流动性发生变化,影响了纺丝稳定性,也影响了熔喷布产品的质量。此外,还会使熔喷布有较大异味残留。欧洲对使用 DTBP 有严格的要求,我国并没有禁止 DTBP 在聚丙烯中使用,但是规定了残留量标准。

GB/T 30923—2014《塑料 聚丙烯(PP)熔喷专用料》,就是一个专门用于过氧化物降解法熔喷原料的一个标准,对这类型熔喷法非织造布用 PP 原料的基本性能、质量、检验方法、保存期等都有具体的要求。

上述三种生产熔喷法非织造布聚合物原料的方法,仅适宜在石油化工企业和原料生产加工企业内使用。添加瑞士汽巴精化公司(Ciba Specialty Chemicals)生产的 IRGATEC CR76(内部编号 EB43-76),也可以在传统的纺丝温度下,使普通的低熔指 PP 原料实现有效的降解,并将原料的相对分子质量控制在较窄的范围。

IRGATEC CR76 是汽巴公司在 21 世纪初推出的产品,在 2008 年,汽巴公司被德国巴斯夫(BASF)公司收购。

这种 CR76 添加剂是一种新型自由基产品,具有可控的减黏、降解反应能力,可以形成窄的分子量分布,在理论上与茂金属催化的 MPP 的 MWD 相等。由于不含过氧化物,无毒性,对皮肤无刺激,挥发分的含量很低,完全不存在使用过氧化物降解工艺的缺点。

CR76 是预分散的浓缩母粒,可以确保在挤出过程中均匀分散,便于添加进螺杆挤出机中使用。在挤出温度超过 250℃ 的条件下,可以发挥很强的断链作用。

在熔喷法非织造布生产现场,只需要以很小(1.0%~2.0%)的添加比例进行共混纺丝,就很容易将普通低流动性的低熔指纺粘级 PP 原料,转变为高熔指的熔喷级原料,而且还可以提高熔喷布或纺粘/熔喷复合(SMS)产品的力学性能,纤维也较柔软,提高产品的耐老化热稳定性、韧性。

2. 聚酯及其他聚合物

聚酯及其他聚合物原料的品种较多,如 PET(聚对苯二甲酸乙二醇酯)、聚酯基 PBT(聚对苯二甲酸丁二醇酯类聚合物)、PC(聚碳酸酯)、PTT(聚对苯二甲酸丙二醇酯)。另外还有TPU(热塑性聚氨酯)、PA6(聚酰胺6)、PEA(聚酰胺酯)、聚三氟氯乙烯、PPS(聚苯硫醚)、POM(聚甲醛)等,但在国内有的品种的应用还不普遍。

不同类型聚合物的熔点及流变性能也不一样,均有对应的生产技术,如在原料预干燥、螺杆挤出机的形式、喷丝孔的结构、纺丝工艺等方面都有一定的差异,产品的性能、应用领域也不相同。

根据原料来源或工艺,产品性能,应用领域,产品价格等因素,目前有90%以上的熔喷法非织造布都是使用 PP 原料制造的,因此,本书主要介绍 PP 熔喷法非织造布技术。

传统的熔喷法非织造布生产是分两步进行的,第一步是将石油化工原料制成熔喷法用聚合物原料(切片),第二步是用熔喷原料切片生产出熔喷非织造布。

目前,国内也开发出一步法熔喷非织造布生产技术,即所谓直纺熔喷法工艺,就是在石油化工企业内,利用石油化工原料生产出的聚合物熔体,直接用来生产熔喷法非织造布,这样就省去了切片生产过程、纺丝熔体制备过程及与这些过程有关的各种资源消耗。

相对普通的二步法而言,一步法不仅提高了产品的质量,实践证明还可以将生产成本降低30%~40%,但应用这个技术没有普遍性,仅局限在石油化工企业内部才有条件应用。

3. 可生物降解类

理论上,热塑性聚合物都可以用作熔体纺丝成网非织造布的原料,目前所使用的原料多为石油化工产品,均为高分子聚合物。用这些原料制造的产品,在丢弃以后一般很难自然降解,或需要特殊条件,或需要很漫长的时间才能发生完全降解,将对环境及生物链产生严重的影响。

生物基可降解材料,是我国从第十三个五年计划到第十四个五年计划以来,符合环境可持续发展的环保理念,要重点发展的新材料之一。这些利用生物基原料,如粮食(木薯、马铃薯、玉米淀粉、小麦淀粉),植物秸秆、稻草发酵获得的聚合物,具有可生物降解性能。

可降解塑料是指在特定情境下,或自然环境中、可完全降解为二氧化碳、甲烷、水、矿化无机盐等对环境无害物的新型高分子材料,可降解的聚合物可以来自生物质材料,也可以来自石化原料。目前,国内已经有企业生产出这种原料,而且还有更多的企业正在准备进入这些可降解原料的生产领域。

可降解塑料发生降解的条件包括:光、氧、热、水、生物和微生物等多种因素;从可降解的机理来看,可降解塑料包括:生物降解、光降解、氧化降解等。而从降解的效果看,又可分为全降解和部分降解。而在日常使用过程,这些发生降解的因素不会同时得到满足,因此,用可降解塑料制造的用品不会在使用过程中被全降解掉。

目前,可降解塑料主要包括:聚乳酸(PLA)、聚对苯二甲酸己二酸丁二醇酯(PBAT)、聚羟基脂肪酸酯(PHA)、聚己内酯(PCL)、聚丁二酸丁二醇酯(PBS)生物降解酯。

聚乳酸(PLA)作为生物降解材料中综合性能最好、性价比最高的一种,受到行业广泛的关注。在绿色环保、低碳等方面有其独特的优势,可生物降解,焚烧之后没有有害气体排放。PLA、PBAT、PCL、PHA等材料在土壤、海水等自然环境条件下,最快可在六个月时间内完全降解,这个降解时间仅是通用石油基塑料的百分之一。

聚乳酸已经在纺粘法、熔喷法非织造布方面得到应用。目前,由于供应价格及供应链问题,及要求有较高纺丝牵伸速度等问题,而在绝大部分的国产纺粘法生产线上还没有获得普及应用。

由于熔喷法纺丝工艺对原料的性能要求较高,同样也要求PLA原料的相对分子质量要较小,分子量分布要窄,有较好的熔体流动性、黏度较小,灰分低等。而受PLA材料的耐热性和韧性较差及供应链的影响,其应用仍处于蓄势待发状态。

但由于熔喷法生产工艺本身就有很高的牵伸速度,纺丝牵伸速度已不是技术瓶颈,与使用PP原料的最大差异是PLA原料在使用前,必须要经过干燥处理。其次是熔体的温度也会比使用PP原料时要低一些,避免产生强烈的水解,熔体的温度一般不高于230℃。

可降解塑料不等同于生物基塑料,可降解塑料更多的是从环境污染治理角度出发,考虑材料或制品使用废弃后,进入垃圾处理系统或丢弃到环境中后,能否完全降解,而且对环境没有污染;而生物基塑料更多的是从生产这些材料的原料来源角度出发,利用生物质等可再生资源来制造材料或制品,以节约化石资源的使用。

各种适用于熔喷法工艺的聚合物性能见表1-6。

表1-6 用于熔喷法产品的其他聚合物

聚合物	流动特性	纤维直径/μm	产能范围[kg/(m·h)]	产品定量/(g/m²)
PE	MFI 150			
PET	IV 0.36~0.53	2~4	40~100	30~80
PBT	MVR 180	1.5~5	100(最大)	30~80
PA	RV 2.6	2.5~5	50(最大)	30~80
PC		<2	100(最大)	10~25

注 PC用的喷丝板孔密度为35个/英寸(hpi)(约相当于1400h/m)。

(二)对原料的要求

根据熔喷法的工作原理,由于牵伸气流对熔体细流形成的牵伸力较小,而且牵伸距离很短,在生产过程中要选用流动性能更好的原料,以降低在牵伸过程中的熔体黏度,减小牵伸阻力,更容易发生形变。因此,要选用熔融指数高、水分含量低、灰分含量低、分子量分布窄、等规度高、挥发分少的原料等。

1. 熔喷法非织造布用聚丙烯原料的主要性能指标

(1)熔融指数(MFI),一般为 400~3000g/10min,常用范围为 800~1500g/10min,偏差为±100g/10min。国内市场可提供的熔喷专用原料的 MFI 已达 1800g/10min。

(2)切片的等规度≥95%,较好的产品应≥97%。

(3)要求分子量分布(M_w/M_n)较窄,一般产品≤3,较好的产品≤2。

(4)水分含量≤0.05%。

(5)灰分含量≤0.03%。

(6)挥发分含量≤0.2%。

(7)原料形态呈粒状或球状、粉状,要求粒度均匀一致,在熔喷法纺丝系统中主要采用粒状(短圆柱状)或球状原料(图 1-7)。

图 1-7 各种形态的聚合物切片原料

原料有不同的标准,可分为国家标准(GB 或 GB/T)、行业标准(SH 或 SH/T)或企业标准(QB)等。因此,适用的测试方法也要与技术标准对应,并满足特定用途的要求、有的产品还要满足美国 ASTM 或(及)FDA 标准的要求。

GB/T 30923—2014《塑料 聚丙烯(PP)熔喷专用料》是一个较为常用的标准。

2. 熔喷法非织造布用添加剂的主要技术指标

在熔喷法非织造布生产过程中,有时会用熔喷专用色母粒或功能改性剂、填充剂,如静电驻极助剂、增韧剂、特殊功能助剂等。由于这些添加剂都是用于改变产品的物理或化学性能的,故可将这些添加剂统称为改性剂。

纺丝过程形成的纤维本来仅是纯净的高分子聚合物,按相关标准规定的灰分含量很低(≤0.03%),但为了达到改性的目的,需要加入其他成分。一般改性剂都是选用与需要改性的聚合物相同或类似的聚合物为载体,再以此为基础,加入一些其他有效物质。如在 PP 纺丝系统,改性剂一般会选用流动性更好的 PP 或 PE 作为载体,而其中的有效成分经常是难以熔融的颗粒状无机物,如熔喷用的驻极母粒为矿物质电气石或二氧化硅、钛酸钡等其他无机材料。

在共混熔融纺丝的过程中,这些改性剂是以分散相的形式存在于熔体(纤维)中。因此,会改变原来体系的结构,影响熔体的流变特性,从而导致影响可纺性和纺丝稳定性。由于这些改性剂的特性与聚合物不同,相对于 PP 熔体,这些都是作为"杂质"分散在聚合物熔体中。

这些颗粒通常都是不能熔融、不会烧损的无机物,相当于增加了熔体的灰分,虽然添加剂的添加比例不大,一般为 5%~8%,其中的有效成分比例会更少,但相对于 PP 原料的灰分来说,这是不能忽视的,对纺丝稳定性、过滤原件的更换周期、喷丝板的使用周期影响极大。

常用添加剂颗粒的大小尺寸为微米级,颗粒越小,分散性越好,对纺丝稳定性的负面影响也会越小。由于熔喷纤维的直径很细,也是在微米量级,若添加剂的分散性不好,极容易引起断丝,对纺丝过程有较大的影响。

因此,在熔喷法非织造布的生产过程中,会较少使用添加剂,且能在熔喷法非织造布生产过程中使用的添加剂品种也较少,较为常用的是色母粒和进行驻极处理时使用的驻极母粒、增韧母粒等类型的添加剂(图 1-8)。

　　（a）色母粒　　　　　（b）驻极母粒（1）　　　（c）驻极母粒（2）　　　（d）增韧母粒

图 1-8　添加剂

对添加剂的基本要求是:要有良好的分散性,要与原纺丝体系有良好的兼容性,不致影响原料的可纺性或降低原纺丝体系的稳定性,要有较好的流动性能、耐热性能、耐迁移性及耐候性;有较好的功能和改性效果;安全、环保、无毒,要符合产品应用领域的要求等。

聚合物原料中铝、钛、铁及灰尘、有机物等都属杂质,含杂量的增加,将影响纤维的耐气候性能。一般以灰分含量的高低来反映原料中的杂质含量,灰分含量越高,或凝胶粒子越多,熔体过滤器的滤网使用时间也越短,组件中的滤网也会容易堵塞,影响正常纺丝,还会缩短喷丝板的使用周期。造成生产线的停机时间增加,设备利用率下降,增加了生产成本。

由于这些粉状添加剂不容易输送和计量,在大批量生产使用时,原料制造商经常会在生产过程中,预先将这些添加剂与原料载体制成粒状切片,供应给终端用户,可以直接使用,而不用再另行添加其他助剂。这个方法虽然给生产带来便利,但终端用户无法知道添加剂的种类及添加比例,加上现场的工艺条件与供应商的设定条件会存在差异,在工艺上会缺乏灵活性。

3. 纺丝熔体的流动性能要求

流动性能是聚合物熔体的重要性能,主要与聚合物原料的分子量大小及分子量分布的宽窄有关,熔体的流动性能与纺丝工艺、产品的质量有很强的相关性。不同的聚合物,用以表征流动性能的指标也不一样。国家标准 GB/T 3682.1—2018 规定,熔体质量流动速率(melt mass-flow rate,MFR),计量单位为 g/10min。

(1)熔体流动指数(melt flow index,MFI)则是行业内惯用术语,简称为熔指。MFI 是熔体的质量流量,是指在 10min 内,熔体在额定温度、额定负荷条件下、流经特定尺寸(长度与直径)口模流出的熔体克数。

测量聚合物的熔体流动指数有很多方法,不同的标准(方法)其测试条件会有较大差异,要给予关注。如美国的 ASTMD 1238 标准,其测试温度为 210℃。而按中国的 GB/T 3682.1—2018 标准规定,测量 PP 熔体的流动指数时,额定温度一般为 230℃,额定负荷为 2.16kg,口模直径为 2.095mm,标准长度为 8.000mm,测量在 10min 内流出熔体的克数,计量单位为 g/10min。

由于有一些聚合物材料对温度很敏感,当加热温度高于玻璃化转变温度(非结晶塑料)或熔点(半结晶塑料)时,塑料会发生水解,导致熔体的黏度变小,MFR 的值增大。因此,这类聚合物原料(如 PET 等)可按 GB/T 3682.2—2018 规定的方法测试其流动性。

PP 聚合物原料分子量越小,熔体越容易流动,MFI 值也越大,越适合在熔喷法非织造布生产中使用,产品的阻隔性能(静水压或过滤效率)也会越好(图 1-9)。

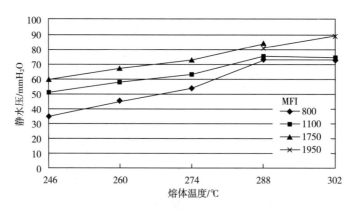

图 1-9 原料 MFI、熔体温度与产品静水压的关系

(2)熔体体积流动速率(melt volume-flow rate,MVR),计量单位为 cm³/10min。它是指

在额定温度、额定负荷条件下,熔体在 10min 内,通过标准尺寸口模流出的熔体体积,单位为 $cm^3/10min$。

熔体的黏度及计量单位与熔融指数不一样,单位为 $Pa \cdot s$。但熔体的流动特性与黏度有关联,熔体的流动特性越好,其黏度也越小。MFI 为 $1000 \sim 1800g/10min$ 的 PP 熔喷原料相对应的黏度为 $150 \sim 80Pa \cdot s$。

熔体的流动性与熔体的温度正相关,熔体温度越高,流动性越好。在早期的熔喷法非织造布行业,由于没有高流动性(高熔指)的熔喷专用原料供应,因此,只可使用较低熔指(MFI≤35)的纺粘法非织造布用的聚合物原料。目前,有的小型简易型熔喷系统,仍然使用这类型低熔融指数原料,只不过是熔体的温度设定值很高,有的 PP 系统螺杆挤出机,纺丝模头温度可高达 350℃,其目的就是通过提高温度来增大其流动性,但这样做极易使原料发生裂解,导致产品性能降低。

在熔喷法非织造材料生产过程中,要用分子量低、流动性能好、分子量分布窄、等规度高的聚合物原料。在相同的工艺条件下,高熔融指数的聚丙烯切片具有更好的流动性,容易被气流牵伸成超细纤维。

目前,一般熔喷系统使用的切片原料 MFI≥1500,熔体的黏度较低。因此,会影响设备的运行状态,如在相同的挤出量(或产量)状态,由于熔体的黏度较低,配置在熔喷系统的螺杆挤出机的效率下降,比黏度较大时的转动速度会较快。使用高流动性原料能明显地提高生产线的生产能力,能以较低的能耗获得较高的产量,产出纤维的线密度较小,手感较好。

4. 原料的形态要求

一般的熔喷法切片原料均为短圆柱状,但有的熔喷法工艺使用的切片与纺粘法使用的切片在形态上有所不同,切片的尺寸也较小(如 2mm×3mm)。除了圆柱状外,还有细粒状(25～35 目)的粉状料、微球颗粒状料、球丸颗粒状等其他形状的原料。

由于切片在形态上的差异,对相关设备,如气力送料装置,三组分装置的要求也有所不同。在使用粉状料时,输送管道、管道与设备之间的连接不能存在较大的间隙,否则很容易出现泄漏现象,供料系统的除尘器容易堵塞等。

如果是用正压送料,料斗内的残压有可能使计量螺杆发生喷料现象,严重影响计量精度。喷料是指当计量螺杆已停止转动的状态,原料仍不受控制,在系统残余压力作用下沿计量螺杆的螺槽自行流出的一种现象。发生喷料的相关组分的实际配比要大于设定值。

5. 原料的存放及保存期要求

熔喷法用切片原料大都是用普通的低熔指原料改性而得,在储存和使用期间,一些档次较低的产品,其中一些还没有完全反应的添加剂仍会继续发生作用,使原料的性能处于不稳定状态,时间越久,对可纺性的影响越明显。生产过程的工艺难以掌握,纺丝过程有较多烟雾产生,产品有可能存在异味,此类材料就不适宜制造口罩类产品。

按国家推荐标准 GB/T 30923—2014 规定,聚丙烯熔喷专用料应有储存期的规定,一般从生产之日起,不超过 12 个月。因此,熔喷法非织造布用聚合物原料是有储存时间要求的。原料应储存在通风、干燥、清洁并保持有良好设施的仓库内,储存时,应远离热源,并防止阳光直射,不应该在露天堆放。

在温度≤40℃的环境中,对于一些由著名企业大批量生产,且包装完好的熔喷法用切片原料,其储存有效期(或质量保证期)都能满足 12 个月的要求;但有的原料性能稳定性较差,有效期较短(最短的可能只有 2~3 个月),这种状况在使用过氧化物降解法生产的熔喷法聚合物原料中,特别是在一些技术水平较低企业生产的产品中较为突出。

当这些聚合物原料变成非织造布产品以后,特别是熔喷布产品,因为布卷无法保证密封包装,而且还存在老化现象及性能衰减形象,存放时间长了,其物理力学性能、功能都会发生明显变化。因此,存放要求要严格,主要包括:保持附近没有其他腐蚀性气体或气味;正常温度(低于 40℃)、湿度,远离热源,不能有强的电磁场等。

目前相关技术标准(FZ/T 64078—2019)也没有详细要求,只是笼统规定"应放在通风、干燥、避光和洁净的仓库内储存"的定性要求。

如果将原料投入生产线使用后,发现全幅宽范围无法正常纺丝,出现大量飘丝,出丝以无序状态落下等异常现象时,就可判断是原料已变质所致,要及时更换其他原料。超过保存时间的聚合物原料,不一定不能使用,在考虑其存在质量下降风险的同时,应该以其可纺性、纺丝稳定性、产品质量为依据,通过试用后再做出正确的选择,避免误用或造成浪费。

目前,原料切片及辅料都是采用包装袋包装的,包装袋一般采用双层结构;外层为强度较高的 PP 编织袋,内层一般为聚乙烯防水塑料膜。也有仅用一层复合有防水薄膜的编织袋包装的原料(图 1-10)。对一些容易吸湿、受潮、价格较贵的原料(如 PLA),则可采用内层为密封金属箔的纸箱包装。

图 1-10　原料的各种包装方式

按包装规格的大小来分,常用小包装规格为每袋 25kg,而纸箱大包装的规格常为每袋 500~600kg,用大型包装袋装载的原料最重可达 1000kg。从国外进口的原料,则还会有其他非整数规格的包装,如由原来的英制磅换算为公制千克的包装。如使用容量为 2500 磅❶的英制包装袋盛装原料时,改用公制单位标注时的重量为 1100kg。

为了方便运输及投放使用,大包装形式的原料,其包装袋都配有环形吊装带,底部预留有放料口,可以利用起重设备将包装吊起,然后解开底部的放料口,原料就会在重力的作用下,自动流入下方的生产线料斗。

对于配备有移动式吸管的供料系统,也可以将吸管直接插入包装袋内吸取原料,而无须配置起重设备。但采用这种吸料方式时,既要注意避免吸料管的入口在料堆面上露空,导致缺料,也不应插入原料太深,导致补风口被原料堵塞,气料混合比(输送物料量/气流重量)太大,影响吸料。

由于大包装规格的包装袋很大,清理包装袋内剩余原料也较麻烦。

6. 熔喷法非织造布原料的安全性要求

一般情形下,原料或化学品供应商会提供一份材料安全数据表(SDS)或化学材料安全说明书(简称 MSDS 报告)给买方,这是一份关于危险化学品的燃烧、爆炸性能,毒性和环境危害以及安全使用、泄漏处置、应急救护、主要理化参数,与化学品相关的法律、法规等方面信息的重要文件。

所有接触、使用、管理这些物品的员工,都要了解 SDS 报告的内容,正确、安全地做好本职工作。

PP 是一种可燃烧的物体,但不是易燃物体,在引燃火焰离开后能继续燃烧,火焰的上端呈黄色,下端呈蓝色,有少量黑烟,燃烧熔融后滴落,散发出石油气味。这也是用燃烧法鉴别PP 的一个方法。

正规企业大批量生产的 PP 原料是无毒的,有的企业可以提供符合美国药物与食品安全管理局(FDA)要求的文件,这些原料可用作生产卫生、医疗制品材料及与食品接触的包装材料。

有的原料还经过皮肤接触致敏、生物兼容性、细胞毒性、溶血性试验,取得生物相容性SGS 认证,可以在卫生、医疗等领域安全使用。

有的聚合物粉尘会刺激人的皮肤、眼睛或呼吸系统;聚合物在熔融纺丝过程中会发生分解,排放出烟气或异味,污染环境;有的聚合物原料在熔融过程中会对设备产生腐蚀作用,要求设备具备防腐蚀功能;有的添加剂(辅料)会含有重金属等有害成分,会影响产品的安全性。

粒状的原辅料撒落在地面或操作平台后,如果不及时进行清理,会成为安全隐患,很容易导致人员滑倒,甚至引发高空坠落事故。

---

❶ 1 磅 = 0.4536 千克。

(三)国内常用原料

国内常用原料见表1-7~表1-13。

表1-7 山东道恩公司熔喷法非织造布专用料

项目	Z1200L	Z1500	Z1500E	Z1500H	Z1500L	Z1800
熔融指数/(g/10min)	1200	1500	1500	1500	1500	1800
熔点/℃	165.9	166.3	165.1	166.5	165.1	165.7
灰分/%	≤0.012	≤0.018	≤0.102	≤0.025	≤0.014	0.020
分子量分布	3.1	2.8	2.6	2.9	2.9	2.7
挥发分/%	≤0.06	≤0.03	≤0.03	≤0.08	≤0.06	≤0.06

注 1. 熔体指数:GB/T 3682—2018,测试条件230℃,2.16kg,偏差±100g/10min。

2. 熔点:GB/T 19466.3—2004,测试条件20mm/min。

3. 灰分:GB/T 9345.1—2008 方法A,测试条件(850±50)℃。

4. 分子量分布:ISO 16014-4GPC,150℃,1mL/min。

5. 挥发分:GB/T 2914—2008,测试条件(110±2)℃。

6. 产品牌号后缀中的E(Electret)指含驻极体的熔喷料;H(High temperature resistance)指耐高温制品用熔喷料;L(low odor)指低气味熔喷料。

表1-8 广州维弈公司熔喷法非织造布用原料

项目	测试方法	指 标			
		ME3009	ME3013	ME3015	ME3018
熔融指数/(g/10min)	GB/T 3682—2000	850~950	1200~1350	1450~1600	1800~1900
灰分/(mg/kg) ≤	GB/T 9345—1998	200	200	200	200
挥发分/% ≤	企业标准	0.2	0.2	0.2	0.2
等规指数/% ≥	GB/T 2412—1980	96	96	96	96

表1-9 氢调法 mJ 系列聚丙烯熔喷原料

项目	H12	H15	H19	H21	H23	H27	执行标准
熔融指数/(g/10min)	1200	1500	1900	2100	2300	2700	GB/T 3682.1—2018
灰分/%	0.01						GB/T 9345.1—2008
挥发分/%	0.12	0.14	0.16	0.18	0.19	0.20	GB/T 2914—2008
熔融温度/℃	151.4	151.2	150.7	150.5	150.4	150.4	GB/T 19466.3—2004

注 推荐使用熔体温度230~280℃,储存期从生产之日起,一般不超过1年。

表 1-10 利安德巴塞尔茂金属催化高熔指均聚丙烯熔喷原料

品牌	型号	熔融指数/（g/10min）	特 点
Metocene（茂金属催化）	MF650Z	2300	超高熔指,分子量分布非常窄,洁净低粉尘,少烟,热稳定性好,无过氧化物残留
	MF650Y	1800	高熔指,分子量分布非常窄,低粉尘,少烟,洁净,热稳定性好,无过氧化物残留
	MF650X	1200	分子量分布非常窄,低粉尘,少烟,洁净,热稳定性好,无过氧化物残留
	MF650W	500	分子量分布非常窄,低粉尘,少烟,洁净,热稳定性好,无过氧化物残留

注 利安德巴塞尔(LyondellBasell)。

表 1-11 利安德巴塞尔高熔指等规聚丙烯熔喷原料

品牌	型号	熔融指数/（g/10min）	特 点
Moplen（Sheripol 催化）	HP465Y	1500	颗粒状,分子量分布非常窄,阻隔性好,纺丝性好
	HP461Y	1300	纺丝性能极佳,高产能,低加工温度,阻隔性好好
	HP461X	1100	纺丝性能极佳,高产能,低加工温度,阻隔性好
	HP561X	800	纺丝性能极佳,高产能,低加工温度,阻隔性好
	HP5036	230	纺丝性能极佳,高产能,低加工温度,阻隔性好

表 1-12 埃克森美孚茂金属催化高熔指均聚丙烯熔喷原料

产品牌号	熔融指数/（g/10min）	特 点
Achieve Advanced PP6035G1	500	高强度、工艺窗口宽
Achieve Advanced PP6936G1	1500	良好的阻隔性和柔软性
Achieve Advanced PP6936G2	1550	良好的阻隔性和柔软性

表 1-13 自然工程公司(Nature Works)聚乳酸产品的基本性能

物理性能	6100D	6202D	6252D	ASTM 检测方法
相对密度	1.24	1.24	1.24	D792
相对黏度	3.1	3.1	2.5	CD Internal Viscotek Method
熔融指数(210℃)/（g/10min）	24	15~30	70~85	D1238
熔体相对密度(230℃)	1.08	1.08	1.08	—
玻璃化转变温度/℃	55~60	55~60	55~60	D3417
结晶温度/℃	165~180	155~170	155~170	D3418

注 各项性能均按 ASTM 相关方法测试,详见 www.natureworksllc.com。

第二节　熔喷法非织造布的生产流程与生产系统

一、熔喷法非织造布的生产流程与设备配置

使用 PP 原料生产熔喷法非织造布的基本生产流程如图 1-11 所示,实际上的生产过程仅包括熔体制备、纺丝、纤网固结成布三大步骤,流程图中的冷却装置并不是必需的,后整理装置则与产品的应用领域有关,如生产口罩用过滤材料时,经常会配置静电驻极设备;当生产擦拭布类产品时,可能会配置热轧机压花、超声波黏合等设备。

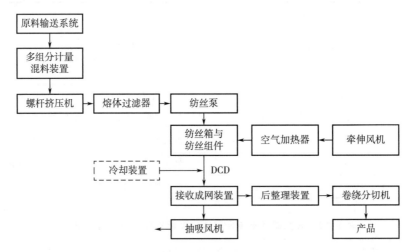

图 1-11　熔喷法非织造布的生产流程与设备配置

当使用聚烯烃原料时,切片原料一般不需要进行干燥处理,而使用聚酯类原料时,则必须将原料(包括改性剂)进行干燥处理后,才能投入纺丝系统使用。

生产过程所需要的聚合物(如 PP 切片)原料以及其他辅助原料,一般是由气力输送装置送入计量混合装置,根据工艺要求的配比进行计量、混合后,进入螺杆挤出机,经过加热、挤压、剪切、熔融成为纺丝熔体。

生产线中会配置熔体过滤器,过滤、去除熔体中的杂质后,进入纺丝泵(也称计量泵或纺丝计量泵)。经过计量加压后,即成为压力稳定、流量稳定、温度和质量分布均匀的熔体,这些高温熔体进入纺丝箱后,由其内部的熔体通道均匀分配至纺丝组件(俗称熔喷头)。

另外,由牵伸风机产生的压力气体进入空气加热器后,便成为高温的牵伸气流,由管道送入纺丝箱内的牵伸气流通道,然后经由布置在喷丝板两侧的通道对着从熔喷头喷出的熔体喷射,熔体在这种高温、高速气流的夹持作用下被牵伸成直径很小的连续长纤维。

熔喷纤维的粗细并非均匀一致,在很宽的范围实际呈现近似正态分布,目前大多数纤维的直径一般在 2~7μm 之间,有的机型能生产直径更小的纤维,而且直径分布很窄、结构相似度很高的产品。

这些纤维喷射到接收装置,如成网机或接收滚筒(辊筒)后,依靠自身的余热,黏合固结为熔喷布。如果产品无须再进行功能整理,随后就可由卷绕分切机、或分切机加工成预定长度和宽度的产品。

有的小型的、简易型熔喷系统,既没有配置熔体过滤器,也没有配置纺丝泵,也没有一个分配熔体和牵伸气流的纺丝箱体,仅有一个安装纺丝组件(喷丝板,刀板)的连接机座(图 1-12),由螺杆挤出机产生的熔体直接输送到这个连接机座,经过简单的分配后进入喷丝板的全幅宽布置的喷丝孔,而高速的热气流则是由喷丝板的两端输入、对喷丝板喷出的熔体细流进行牵伸、纺丝。

图 1-12 简易型熔喷纺丝装置和纺丝组件

这种纺丝系统甚为简易,没有配置不停机换过滤网的熔体过滤器,也没有配置纺丝泵,螺杆挤出机产生的熔体直接输送给纺丝组件,由于熔体的挤出系统是一个开环控制系统,很难保持挤出量的均匀一致和稳定。

而其纺丝组件加热是用两只横向穿在组件中的加热管加热,无法控制组件在 CD 方向的温度分布,也就缺乏了控制产品均匀度的工艺措施,温度控制也是采用简单的接触器控制,温度波动较大。

因此,这种简易系统不容易保证产品的均匀性和生产工艺的重现性,产品质量稳定性较差,生产效率也较低,产品较难在要求较为严格的领域应用。

如果产品要进行功能整理,如空气过滤材料要进行静电驻极处理;或需进行加工,如用作擦拭产品时要进行热轧或超声波压花加工,熔喷布要经过后整理设备,然后再进入卷绕分切机,加工成市场所需要规格的最终产品。但这些后整理装置并不是熔喷系统的基本配置,而是根据产品的应用领域和技术要求,来配置相应的功能整理设备。

由于熔喷法非织造布生产线的运行速度较低,一般都低于 100m/min。因此,大部分生产线都是配置带有分切功能的卷绕机,产品采用在线分切的加工路线,按照顾客的要求,直接在生产线上将产品加工好。

采用在线分切加工路线可以节省产品来回搬运、装卸的费用,节省劳动成本,提高材料的利用率,而且无须另行配置分切设备。但当分切数量多、宽度较小时;或当产品的批量不大时;或宽度规格较多时,如果分切系统出现故障,将会影响生产线的运行,甚至要停机处理。

为了避免出现这种情况,有的生产线会另行配置分切机,生产线仅生产全幅宽、长度较大的母卷产品,然后将母卷转移到离线的分切机上加工成最终的、顾客所需的子卷,这种加工路线称为离线分切加工。

产品需要进行功能处理,为了避免生产线在运行期间与后整理设备之间互相牵制或影响,或受厂房安装条件限制,经常会采用离线后整理加工路线,将母卷运输到专门的车间后整理设备上加工,如生产空气过滤材料时,水驻极过程基本多为离线进行。

二、熔喷法非织造布生产线的主要系统

熔喷法非织造布生产线是由多个功能不同的系统组成,每个系统的设备性能又与生产线的幅宽、产品应用领域、加工路线及具体工艺有关,但其基本功能则是相同的。

(一)聚合物熔体制备系统

聚合物熔体制备系统的功能是将固态聚合物原料变成纺丝熔体。主要设备包括:原料的输送装置,预处理装置,计量、混合装置,螺杆挤出机,熔体过滤器,纺丝计量泵等。

这些设备之间,一般采用管道连接,但有的设备之间可能就没有管道,如将熔体过滤器直接装在螺杆挤出机的出料头上,或将纺丝泵直接装在熔体过滤器的出口侧,有的熔喷纺丝系统的纺丝泵则直接安装在纺丝箱体上。一些简易的熔喷系统可能没有配置纺丝泵,熔体过滤器输出的熔体直接输送到纺丝箱体,而对于一些既没有熔体过滤器,也没有纺丝泵的系统,其纺丝箱体是直接安装在螺杆挤出机的出料头上,螺杆挤出机输出的熔体直接输送给纺丝箱体。

对于聚酯类聚合物原料,在投入使用前,还需要配置原料的干燥系统,原料经过干燥处理后,才能使用。

普通的单组分纺丝系统,仅需一套熔体制备系统,在双组分纺丝系统,则每个组分都需要一套独立的熔体制备系统,也就是要使用两套配置类似的、性能规格不一样的熔体制备系统。

(二)纺丝牵伸系统

纺丝牵伸系统的功能是将熔体变成纤维。主要设备包括:熔体分配管道、纺丝箱及纺丝

组件、箱体悬挂和纺丝组伴与接收装置两者之间的距离(DCD)调节装置,牵伸气流通道、冷却装置。

熔体制备系统的纺丝泵一般是独立配置,但有的纺丝系统是将纺丝泵直接安装在纺丝箱体上(或纺丝箱体内),这时熔体制备系统输出的熔体会直接送到纺丝箱体,然后利用纺丝箱体内部加工出的管路,进入纺丝泵,再进入箱体内的熔体分配流道。

正常情形下,要根据产品的质量要求,调节纺丝组件与接收装置两者之间的距离。DCD的调节行程一般都很小,如果纺丝系统是以移动(升降)纺丝箱体的形式进行调节,则其运动行程也是较小的。

在熔喷法非织造布的发展过程中,间歇式(又称往复式)纺丝工艺是最早产业化应用的工艺之一,这是一种利用小尺寸喷丝板生产较大宽幅产品的技术,设备构造较为简单,其特点是纺丝箱体的长度方向与接收装置的运行方向,也就是生产线的纵向平行,熔喷气流也与地面平行,利用接收装置(成网机或转鼓)的垂直平面接收纤网,接收装置或纺丝箱体可相对做横向(水平)往复运动。

在纺丝箱体与接收装置做相对往复"扫描"运动时,接收装置则沿纵向运转,熔喷纤网的运动就是纺丝箱体与接收装置运动的合成,其运动轨迹是与接收装置横向呈一定倾角的"之"字形,由于纤网有一定的宽度,因此,相邻两个行程的纤网之间存在一定的重叠覆盖范围,在行程的折返点覆盖面积最大,相当于纺丝箱体的长度,故产品是由多层叠合而成。

往复运动行程就是铺网宽度,受运动惯性影响,系统在反向折返时速度变化,两侧纤网会存在一定宽度的质量变异,因此,运动行程要比合格产品的幅宽更大一些,以便切边后仍可获得所要求规格的产品。

间歇型设备的生产效率、运行可靠性及产品的质量等都不如连续型设备,产品是由多层叠合的,仅适合生产一些小幅宽、要求不高的产品。虽然购置价格较低,但其性价比也较低。目前间歇型熔喷设备主要分布在我国华东地区,仍有一定的社会保有量。

随着使用大幅宽纺丝组件的连续型熔喷技术的出现,使间歇型系统的生产能力、产品质量都无法与连续型熔喷系统相提并论。因此,在高端应用领域,间歇型熔喷技术已日渐式微,更为优质高效的连续型熔喷技术已全面覆盖其应用领域。

连续型熔喷纺丝系统的位置是固定不动的,设备可靠性高,运行稳定,工艺调控手段多,生产效率高,产品质量好,而且能覆盖间歇型设备所生产的产品。连续型熔喷技术自20世纪90年代初进入中国后,引领了熔喷技术的发展方向,已逐渐成为熔喷法非织造布领域的主流机型。

连续型熔喷技术出现的另一个重要贡献是催生了一步法纺粘/熔喷/纺粘复合技术,即SMS技术,把熔体纺丝成网非织造技术推向了一个新的高度,为提高人类的卫生、医疗技术水平提供了新的物质基础,为应对公共卫生安全事件提供了更为有效的保障。因此,本书的内容都是基于连续型熔喷技术展开的。

(三)牵伸气流产生系统

牵伸气流产生系统的主要功能是产生高温、高速的热牵伸气流。由牵伸风机、空气加热器、稳压结构、分流管道及控制系统组成,这是生产线装机容量最大的一个系统,也是消耗能源最多的一个系统。

(四)冷却系统

熔喷法非织造布生产线的冷却系统有两种,一种是为了保证设备正常运行,防止出现异常温度的设备冷却系统;另一种是为了改善纺丝过程环境条件的工艺冷却系统。

1. 设备冷却系统

在熔喷法非织造布生产线中,如螺杆挤出机、部分的牵伸风机、制冷压缩机、大型风机、配套在生产线中使用的空气压缩机等设备,可能需要使用水冷却,以保证设备正常运行。

虽然熔喷生产线所需要的冷却水量很少,但根据相关法规,为了减少水资源消耗,生产线使用的冷却水不允许使用直流水系统,即冷却水仅经一次使用后便排放或处理后排放的冷却水系统。因此,生产线的冷却水系统也是一个简单的、小型循环系统,但也是一个必须配置的系统。

冷却水系统主要包括:水源与储水池、冷却水泵、冷却水塔、管路及控制系统等。如果生产线配置有工艺冷却系统,这部分设备一般会与工艺冷却系统共用。

2. 工艺冷却系统(选配)

利用紧靠在喷丝板出口两侧、对称、相向布置的喷嘴吹出冷却介质(可以是制冷空气或水),使喷出的牵伸气流和纤维得到可控的、强制的冷却。熔喷纤网是依靠自身余热黏结,固结冷却成熔喷布的,一般情形下,可以直接利用环境气流进行冷却,而使用低温的气流进行冷却,能稳定纺丝过程和纤维的冷却固结过程,对提高产品质量有较明显的效果。但这个系统并非工艺必需,要根据产品的特点及质量要求来选择配置。

冷却吹风系统主要包括:制冷压缩机、空气处理器、冷却吹风喷嘴、冷冻水循环泵、冷冻水管网、冷却水系统等。运行、使用这些设备,将使单位熔喷产品的能耗增加10%左右。

熔喷系统配置冷却装置,有利于提高产品的质量和产量。通过加速冷却能减少飞花、飘丝,减少晶点,增加产量;可以改进同种产品的布面均匀度;能用较低的 DCD 值生产,可以增加纤网的结构密度,提高产品的阻隔性能。

一般情形下,熔喷系统的牵伸气流及纤维的冷却系统较多是使用制冷风冷却,但在技术上也可以使用喷水雾冷却,由于水的比热容远大于空气,水在受热汽化后会吸收大量热能,有较好的冷却效果。而在生产空气过滤材料时,如果配置有在线水驻极装置,则在实现驻极的同时,还兼具很好的冷却作用,不过这时所用的水必须是经过净化处理的高纯度去离子水。

(五)接收成网系统

接收成网系统的作用是吸收牵伸气流,接收纺丝系统的纤维,并在成网装置上铺网冷却成熔喷布。接收成网系统的设备主要包括:接收成网装置、网下吸风装置,抽吸风机、风管及附件,纺丝系统的离线机构或接收距离(DCD)调节装置等。

接收成网装置有使用网带接收的成网机或使用辊筒接收两种形式,不同的接收设备,其产品也有一定差异。而根据接收设备在空间的位置,每种接收设备又有两种接收方式,分别是用垂直面接收(熔喷气流与地面平行)和水平面接收(熔喷气流与地面垂直)。接收方向不同,对产品质量影响不大,但设备的布置会有很大差异。

在简易型熔喷生产线中,较多使用辊筒接收方式,而辊筒接收又可分为单辊筒和双辊筒两种接收方式。接收辊筒的数量对产品性能影响较大,同样是辊筒接收,采用双辊筒接收的产品具有较为蓬松的结构。

图1-13为日本成网机网带水平接收的熔喷生产线,图1-14为美国双辊筒垂直接收的熔喷生产线。

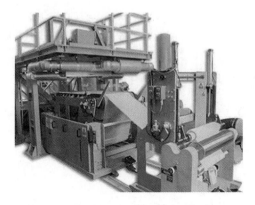

图1-13　日本成网机网带水平接收熔喷生产线　　　图1-14　美国双辊筒垂直接收熔喷生产线

大部分独立熔喷系统的接收装置还具有可以升降的功能,用于调节接收距离(DCD)及配置有离线运动机构,这种技术方案能简化系统配置,节省设备建造费用,而且运动较为直观。

对于配置在SMS生产线中的熔喷系统,接收装置一般都是使用网带接收的成网机,由于这台成网机是所有纺丝系统共用,而且其位置是固定不变的,DCD调节和离线运动都是通过纺丝箱体(纺丝组件)的运动实现的。

图1-15为德国带冷却吹风的熔喷法非织造布生产线的设备配置和工艺流程图。

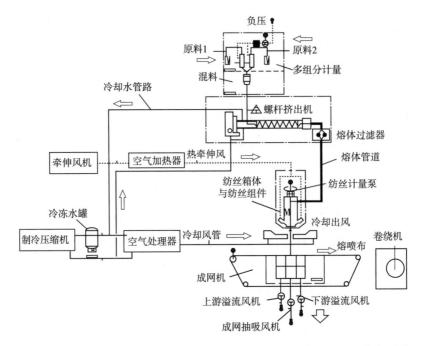

图 1-15　德国带冷却吹风的熔喷法非织造布生产线的设备配置和工艺流程图

聚合物熔体进入纺丝箱体后,从纺丝组件喷出,由牵伸风机、空气加热器产生的热牵伸风送入纺丝箱体,并从喷丝板两侧伴随熔体喷出。

在纺丝箱体下方,配置有双面冷却吹风装置,由制冷空调系统产生的冷却气流吹向纺丝组件喷出的气流和纤维;使用成网机网带接收,配置有三个功能不同的抽吸风箱,熔喷纤网在成网机冷却成熔喷法非织造布后,便由卷绕机收卷为产品布卷。

这条生产线的配置是典型的、有代表性的,配置了一般熔喷法非织造布生产线应该配置的各种设备。

(六)卷绕分切系统

卷绕分切系统的功能是把熔喷布加工成预定长度及宽度的产品,主要包括:卷绕机、切边或分切机构,包装设备等。由于熔喷生产线的运行速度慢,生产能力小,一般都是采用在线分切的加工路线,如果产品无须进行后整理,则很少采用离线分切工艺。

采用离线分切工艺时,要另行配置独立的分切设备及配套相应的母卷存放、转运装置。这时从生产线卷绕机下线的用卷是全幅宽未切边的布卷,其直径及重量要比交付市场的最终子卷产品更大更重。

(七)接收距离调节和在线/离线运动机构

在熔喷法纺丝系统中,经常需要调节或改变纺丝组件与接收装置间的距离,这也是经常使用的工艺调节措施。

在纺丝系统工作期间调节纺丝组件与接收装置两者间距离称为接收距离(DCD)调节，在进行调节期间，系统一直保持正常纺丝，也就是接收装置一直都在接收纺丝系统喷出的纤维，其调节过程是微调，调节的行程很小，速度很慢。而离线运动则是接收装置与纺丝系统从工作位置过渡到彻底分离开的停止生产运行状态，其运动距离都很大，运动速度较快。在线运动是与离线运动逆向进行的，就是接收装置与纺丝系统从互相分离的停机状态回复到正常工作位置。

接收距离(DCD)调节机构和在线/离线运动机构是两个各自独立的系统，两者的运动过程互不干扰，而运动方向或方式则与生产线的总体布置及结构有关，有多种组合方式。

(八)钢结构

当利用成网机的网带水平面接收熔喷纤网时，生产线的物流是从上而下运动的，此时生产线中的熔体制备系统的设备，如计量配料装置、螺杆挤出机、熔体过滤器、纺丝泵、纺丝箱体，有的纺丝系统的空气加热器等设备，一般都是布置在成网机上方。因此，生产线需要建造一个用来安装这些设备的专用钢结构。

大部分熔喷系统的钢结构平台的高度为3~4m，在安装好全部设备后，总高度一般为7~8m，这也是安装熔喷生产线厂房的净空高度要求。

一般小型独立熔喷系统，基本上都是采用升降成网机的方法调节 DCD，用移动成网机的方法实现离线运动的，因此，安装在钢平台上的所有设备都是固定不动的，钢结构就较为简单。

在一些早期引进的熔喷生产线中，曾有应用钢结构纺丝平台做升降运动、进行 DCD 调节，而通过纺丝钢平台移动实现离线运动的机型。由于这个机型的钢结构和传动机构复杂、稳定性差、可靠性低，除了独立熔喷系统外，包括配置在 SMS 生产线中的熔喷系统也基本被淘汰。

由于在 SMS 生产线中的成网机是固定不动的，因此，熔喷法纺丝系统在运行过程中接收距离调节(DCD 调节)和进行在线/离线运动，都是依靠钢结构平台的运动实现的。

(九)电气控制系统

电气控制系统担负全生产线的程序控制、速度控制、压力控制、流量控制、温度控制、料位控制、物料配比、卷长计量、网带纠偏、DCD 调节、离线/在线控制等任务，并协调电能的管理、分配等工作。

生产线配置的控制系统包括电气控制柜和现场操作台两大类设备，其主要功能是实现生产线的过程控制和安全生产。电气控制柜主要用来进行能量管理分配，安装大型开关设备，成套电气控制系统(如变频器、调功器)，PLC(可编程序控制器)，低压电器元件，计量显示仪表等,控制柜应该放置在远离高温及容易被飞花污染的场所。而现场操作台主要是安装指令电器,如按钮、开关、信号灯、指示仪表等(图1-16)。

(a)主控制台　　　　　　　　(b)电气控制柜

图1-16　生产线主控制台和电气控制柜

　　根据生产线的结构和具体的纺丝工艺,还会配置多个操作台和机旁按钮操作站,如经常在生产线的气动输送装置、多组分计量配料装置、熔体过滤器旁配置这类型的按钮站。这些是控制生产线运行,输入操作指令,实现人机对话的界面(Human Machine Interface,HMI)。

三、熔喷法非织造布生产线的辅助系统

辅助系统有时也称为公用工程设备,主要包括以下设备。

(一)纺丝组件清洗设备

经过一段时间的运行以后,纺丝组件的技术性能劣化,其主要表现在产品的均匀度变差,离散性越来越大,或纺丝箱体压力上升趋近至最高设定值,这时就要将纺丝组件拆卸下来,进行分解、清理,使其性能恢复到正常水平。

　　由于熔喷喷丝板只有一行喷丝孔,任何一个喷丝孔纺丝不正常,或被堵塞,都会使产品形成明显的缺陷,影响产品的质量。因此,熔喷喷丝板的使用周期较短,视产地、品牌不同,喷丝孔直径大小,原料的含杂量、添加剂的分散性,运行状态等因素的影响,短则仅能使用几天,工艺水平较高的系统,使用周期约在20天左右,最长的使用时间可超过一个多月。

　　主要是根据纺丝系统的幅宽,即纺丝组件的长度来选配纺丝组件清洗设备,市面上供应的产品主要有:1600mm、2400mm、3200mm这三种通用规格,其他规格则需专门定制。

　　纺丝组件清洗设备包括:组件煅烧炉和超声波清洗机(图1-17)、高压水清洗机、喷丝孔检查仪器及附属的起重设备、专用的运输设备、纺丝组件安装车等。如果纺丝组件采用预热安装工艺,则要配置预热炉,为了保证纺丝组件的质量,不要将煅烧炉充当预热炉使用,因为

两者从功能、性能、制造材料的质量都有很大差异。

由于在清洗组件的过程中会产生带有污染物、异味的废气、废水,因此要同时配置相应的环境保护设施。

（a）真空煅烧炉　　　　　　　　　　（b）超声波清洗机

图 1-17　真空煅烧炉和超声波清洗机

(二)能源供给系统

1. 供电系统

供电系统是为生产线提供能源和动力的系统,由于熔喷生产线的装机容量较大,一般要由变压器直接供电。供电系统常包括:变压器(图 1-18)、高压配电计量系统、低压配电系统及电压配电线缆,接地装置等。

根据电气设计技术规程对用电负荷重要性等级分类,非织造布生产企业的负荷特性为三级,即在事故停电时不会在经济上造成较大损失和人身或设备安全事故,可采用单电源供电。

（a）SCBH15系列非晶合金变压器　　　（b）S13系列油浸式变压器　　　（c）欧式箱式变压器

图 1-18　各种变压器

由于生产线中有大量的电子设备,供电系统要选用抗干扰能力较强的三相五线制系统,即 TN—S 系统,包括三根相线(A、B、C),一条中性线(N),一条保护地线(PE)。

保护接地就是将正常情况下不带电,而在绝缘材料损坏后或其他情况下可能带电的电器金属部分(即与带电部分相绝缘的金属结构部分)用导线与接地体可靠连接起来的一种保护接线方式。如果是自备电源,设置独立的接地极可以增强系统的抗干扰能力。

各相的电线都要用标准的颜色识别:A 相线—黄色,B 相线—绿色,C 相线—红色,N 中性线—淡蓝色,PE 保护地线—黄绿色。

由于熔喷生产线的品牌不同,设备配置有差异,技术水平,产品质量要求和应用领域不一样。因此,熔喷生产线的装机容量、耗电量也有很大的差异,不能随意仿照其他生产线来选配供电系统,而且一般还要预留近期发展规划的用电量。

一般情形下,可以按生产线的总装机容量的 50%~60% 来选配供电变压器,但实际需要配置的变压器容量,还与应用环境及配套设备情况、能源结构等因素相关,在南方热带地区的企业有可能配置有冷却风系统及环境管理设备,可按较高的比例,而在北方寒冷地区或使用燃气加热的生产线,则可按较低的比例、在现有的节能型变压器容量系列规格中,选配变压器的容量,见表1-14。

表1-14　单纺丝系统熔喷生产线装机容量及配套供电变压器

生产线名义幅宽/mm	1600	2400	3200
生产线装机容量/kW	400~500	600~850	1000~1100
供电变压器容量/kVA	250~315	500~630	630~800

注　生产线的装机容量包括公用工程设备和冷却系统。

在一些地区或企业,由于客观原因无法获得大电网提供的电能,便配置自用发电装置为生产线供电。可以根据需要选择柴油发电机组的功率,目前的发电机组,特别是功率较大的机组有较高的自动化、智能化水平,基本可以在无人值守状态长期安全、稳定运行。

功率较大发电机的电流频率、电压稳定性可接近大电网水平,能满足正常生产需要。但与近乎无限容量的大电网相比毕竟容量有限,在生产线加热系统的自动控温过程中,大功率负荷的周期性投入与断开会引起电压波动,对机组的安全运行甚为不利。加上缺乏专业的运行管理能力,运行成本也较高,还是无法与大电网的电源媲美,因此,用自备的柴油发电机发电仅可做权宜之计。

2. 燃气供给系统

一般熔喷系统不一定需要使用燃气作为能源,当有稳定的燃气供应时,生产线中的空气加热器可以使用燃气加热,虽然使用燃气需要交付报装费用,但由于燃气是一次能源,在目前的供气价格下,使用燃气代替电力,可以较大幅节省生产成本,并可以降低生产线的用电装机容量。

进入使用燃气设备的燃气压力与设备的加热功率有关,一般在 2~6kPa(相当于 0.002~

0.006MPa），大功率设备的燃气压力会高一些，而城市管道燃气的压力一般要比这个设备用气压力更高。

按 GB 50028—2006《城镇燃气设计规范》规定，市政管网的燃气一般为中压系统，最低压力等级系统的压力一般在 10~200kPa（相当于 0.01~0.2MPa）或更高，要比设备所需要的燃气压力高。因此，企业要使用燃气时，这时就需要建立一个相应的燃气供给、计量、降压稳压装置。

除了普遍应用电力能源外，熔喷纺丝系统中的空气加热器利用燃气能源已有成功的经验，国内也有一些企业制造燃气空气加热器，表 1-15 为一些熔喷系统常用的燃气设备性能数据。

表 1-15　燃气空气加热器性能及适用范围

加热器功率		燃气指标			适用的生产线
×10⁴kcal	kW	压力/kPa	消耗量/(m³/h)	管道 DN	幅宽/mm
15	174.4	3~5	30	≥25	≤1600
30	348.8	3~6	50	≥25	2400
60	697.7	6~8	100	≥50	≥3200
120	1395.3	8~15	200	>50	4200~5200

注　东莞锅炉设备制造公司资料。

3. 压缩空气系统

由于早期的熔喷纺丝系统曾使用过空气压缩机作为工艺用牵伸气流，因此，此处的压缩空气系统不要与纺丝牵伸用的工艺气流混淆。压缩空气系统包括：空气压缩机、储气罐、空气净化设备（过滤器、汽水分离装置、冷冻干燥设备）等。

生产线中有的设备，如吸料系统、计量混料装置、成网机纠偏装置、张紧装置、卷绕分切机等设备，都可能配置有气动系统，压缩空气系统就是为这些设备提供干净的压缩空气，一般称为仪表用气。

在日常设备维修管理、纺丝组件清洗、设备清洁过程中也会用到压缩空气。

熔喷系统消耗的压缩空气量很小，仅要求压缩空气无水、无油即可，对压缩空气的要求也不高，一般使用小型空气压缩机就能满足要求。如果还有其他使用压缩空气的设备，最好选用效率高、空气干净、噪声低的螺杆空气压缩机（图 1-19）。

生产线用的压缩空气的压力一般为 0.7MPa，熔喷系统的压缩空气消耗量不大，排气量一般在 1~2m³/min 就可以满足要求，但可能还有其他使用压缩空气的设备，因此，空气压缩机要留有余量。

（a）小型活塞式空气压缩机　　　　　　　（b）螺杆式空气压缩机

图1-19　空气压缩机

（三）冷却水和冷冻水系统

1. 冷却水系统

为了使生产线中的各种设备能正常运行,常利用冷却水将运转过程中设备产生的多余热量移除,生产线中的螺杆挤出机、制冷压缩机、空气压缩机就需要冷却水,有的牵伸风机也可能需要冷却水。一般情况下,要求冷却水系统的出水温度为30℃,从用水设备回来的回水温度为35℃,出水温度比回水温度低5℃。

从设备排出的温度较高的冷却水不能直接排放到环境中,而是要循环使用,减少生产过程的能源消耗。冷却水系统一般包括:循环水泵、冷却水塔、储水池、管路系统、电气控制装置等。

从设备排出的温度较高的冷却水,会在冷却水泵压力作用下流向冷却塔(图1-20),通过蒸发和气流换热,温度降低,然后被水泵吸入、加压,再次流入被冷却的设备而实现循环。由于从设备带走的热量不多,因此,冷却水的流量不大,水泵、冷却水塔的规格不需要很大,运行过程损耗的水量可以由供水系统自动补充。

（a）圆形冷却水塔　　　　　　　　　　（b）方形冷却水塔

图1-20　圆形与方形冷却水塔

由于制冷压缩机是消耗冷却水最多的设备,因此,熔喷系统的冷却水系统,基本可按制冷压缩机的制冷量来决定冷却水的流量。按照标准工况,水冷式制冷机组的冷冻水出水温度为7℃,回水温度为12℃,在这种情况下,各种制冷量的水冷机组的冷冻水、冷却水量详见表1-16。

表1-16 常用螺杆水冷机组的制冷量与冷冻水、冷却水量

制冷机制冷量	kW	116	174	197	233	291	349	581	698	930
	×10⁴kcal	10	15	17	20	25	30	50	60	80
	美国冷吨(USRT❶)	33	49	56	66	82	99	165	198	264
冷冻水流量/(m³/h)		20	30	35	40	50	59	99	119	158
冷却水流量/(m³/h)		24	36	41	49	61	73	122	147	195
冷却塔流量/(m³/h)		29	43	49	59	73	88	146	176	234

注 可用下列经验公式快速估算制冷系统的冷冻水流量和冷却水流量,虽然会随机型的不同而有差异,但可满足非织造布行业的要求。

冷冻水流量(m³/h)= 0.17×制冷机制冷量(kW)

冷却水流量(m³/h)= 0.21×制冷机制冷量(kW)

如果能将冷却塔安装在较高的位置,就可以利用势能使水自动充满全系统,水泵的吸入口可永远处于正压状态,既节省运行能耗,还可以保障在任何情况下,水泵都能正常启动运转。

蓄水池并不是冷却水系统必须配置的,但设置蓄水池可以防止外来水源断供时,能继续维持系统正常运行。从企业的消防安全要求角度,企业是必须配置消防水源系统,而冷却水系统中的蓄水池会经常兼为消防系统的备用水源使用。

由于蓄水池的容积会较大,因此大部分都是设置在地面上或在较低位置,因此还要配置相关的取水(抽水)设备。

2. 制冷系统

制冷系统的功能是为冷却吹风系统提供温度较低的空调气流,冷却风的温度一般在15~20℃。熔喷系统配置有冷却吹风装置,能改善产品的质量,提高产量,但会增加设备购置费用和运行管理费用。如熔喷生产线没有配置冷却风系统,也就无须配置这个系统的设备。

制冷系统包括:制冷压缩机、空气调节器(AHU)、水泵、冷冻水管路、阀门等。其中的制冷压缩机是核心设备,一般使用螺杆式水冷机组。为了确保制冷系统不影响生产线正常运行,制冷系统中的制冷压缩机,水泵等设备都应有备份。然而随着制冷设备可靠性的提高,为熔喷系统配套使用的制冷系统基本无须配置备份设备(图1-21)。

❶ 1美国冷吨(USRT)= 3024 千卡/时(kcal/h)。

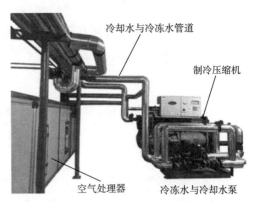

图1-21　冷水机组的制冷机、冷冻水泵和空气处理器

配置在熔喷生产线的制冷系统,一般是为纺丝过程提供冷却吹风,是局部的工艺用冷却风,而不是厂房的环境空气调节设备。目前,系统的制冷能力与冷却风的温度有关。大部分国产熔喷系统的冷却风温度在15~20℃,国外有的机型冷却风温度较低,在7~18℃。

配套制冷系统的制冷能力主要与系统的幅宽成正比,而且与设备安装应用环境有关。其中为1600mm幅宽系统配套的制冷设备,其制冷量在116~174kW(相当于$10×10^4$~$15×10^4$kcal);为3200mm幅宽系统配套的制冷设备,其制冷量在233~291kW(相当于$20×10^4$~$25×10^4$kcal)。

在南方地区的熔喷企业,因为环境平均温度高,高温天气时间长,要选配制冷量较大的设备。而在北方的熔喷企业,由于环境平均气温低,高温天气时间短,可选配制冷量较小的设备。

目前制冷行业使用的计量单位较多,常用的制冷量单位及换算关系如下:

1kcal/h=1.163W,

$1×10^4$kcal/h=3.3069 USRT=3.968 英热单位(Btu[❶]/h)。

1kW=860kcal/h=0.2834USRT=3.9674Btu。

1USRT=3.517kW=3024kcal/h。

1Btu/h=0.2931W= 0.252kcal/h,1W=3.412Btu/h。

(四)原料储存系统

熔喷生产线的产量不高,消耗的聚合物原料不多。因此,原料储存系统较为简单,一般是将包装的原料堆叠在仓库即可。在一些大企业,由于生产线数量较多,纺丝系统数量也较

---

❶ 1Btu是指在每平方英寸14.696磅的大气压下,将1磅纯水从59华氏度升温至60华氏度所需要的热量,是英热单位。

多,会使用大型储罐储存原料,大型原料储存系统包括:储罐、分配管网、风机或压缩机等。

熔喷系统所消耗的辅助原料(色母粒、功能添加剂等)更少,也是将包装的原料堆叠在仓库存放,而无须其他专用设施。

第三节 熔喷法非织造布的生产技术

一、生产技术指标

熔喷法非织造布生产线的技术指标,体现了生产线的技术水平。主要包括技术指标(以下第1~第8项)与经济指标(以下第9~第12项)两大类,前者主要由生产线的硬件配置决定,后者则还与很多管理因素、技术水平、市场环境等有关。

(一)生产线的名称

生产线的名称主要是表达生产线的纺丝工艺、生产的产品和用途。有时也在生产线的型号中描述纤维的特点,如纤维截面形状(圆形、异形),纤维的结构(单组分、多组分),如果是多组分纤维,则要提供纤维的截面结构等,目前,在熔喷法生产线,所生产的多组分纤维主要有皮芯型(S/C)和并列型(S/S)这两大类。

目前,在生产保暖、隔音类产品时,为了保持产品的蓬松性及尺寸稳定性,经常会在纺丝组件喷出的熔喷纤网中,加入一些三维卷曲的PET短纤维,而在商业上也称为双组分产品。其实这种产品仅是由多种不同的纤维混杂而成,其中并没有双组分纤维。因此,这种产品与全部由双组分纤维组成的产品还是有明显区别的,业界一般称为插纤型或混纤型产品。

(二)纺丝系统数量及组合

在熔喷法非织造布生产线中,所有的纺丝系统都是熔喷系统,一般用代号M或MB表示。一条熔喷生产线可以配置多个纺丝系统,纺丝系统越多,在生产产品时的工艺调控手段也越多,可以获得质量综合水平越高的产品,但设备也相应越复杂,造价也越高。图1-22为一条配置两个纺丝系统的熔喷生产线。

目前,国内已能制造配置3个纺丝系统的MMM型熔喷生产线。国外曾有过一条配置了十几个熔喷系统的生产线。由于熔喷纤网是依靠自身的余热黏结成熔喷法非织造布的,每一个纺丝系统的纤网都可以与底层的纤网可靠地黏结在一起,而不会发生分离,因此,也就不一定需另行配置纤网固结设备。

在熔喷生产线中,还可能配置有其他类型的纺丝系统或成网设备,这时的生产线就是一条复合型生产线。将熔喷系统(M)与纺粘系统(S)组合,就可以组合成一条SM型生产线或

图 1-22　欧瑞康纽马格的 MM 型熔喷生产线

SMS 型生产线,这是目前熔喷法非织造布技术的一个重要应用方向。

当还配置有短纤梳理成网(C)设备或浆粕气流成网(P)设备时,就组成一条 MC 型、MCM 型生产线,或 MP 型、MPM 型的复合生产线。但必须关注这种复合生产线的产品是按纤网顺次叠层复合的产品,还是不同系统的纤维在空间混杂(Hybrid)的产品,因为前者是传统的叠层复合技术,后者则是创新的非织造纤维产品制造技术,产品的性能也有很大差异。

而有的熔喷生产线,就是在 SMS 型生产线中的纺粘系统(S),或 MPM 型生产线中的气流成网系统(P)退出运行后,直接启用其中的熔喷系统生产熔喷布产品。也可以让 SMS 型生产线中的熔喷系统,在离线位置(需另行配置接收装置和卷绕设备)生产熔喷布产品。

(三)使用的原料种类

使用的原料与产品的应用领域、硬件配置、生产成本、工艺流程有关。目前,熔喷法工艺常用的原料是聚丙烯(PP)、聚酯(PET、PBT),有的还用到聚乙烯(PE)、聚氨酯(PU)、聚酰胺(PA)、聚苯硫醚(PPS)。

随着环境保护压力的增加,可生物降解的聚乳酸(PLA)等聚合物,将在非织造布领域中开拓出良好的应用前景。聚乳酸也和其他聚酯类原料一样,在生产流程中必须配置有原料干燥处理程序和相关设备。

(四)产品名义幅宽规格

生产线的规格以最终可以稳定获得的合格产品宽度来定义,有时也称为"名义幅宽",以 m 为单位,独立熔喷法生产线的幅宽一般较小,常见有 0.8m、1.0m、1.6m、2.4m、3.2m 等规格。其中幅宽以 1.6m 这种规格的设备最多。配置在 SMS 型生产线中的熔喷系统幅宽要与生产线的幅宽匹配,其宽度可达 4.2m 或更宽。

为了获得额定幅宽的合格产品,纺丝系统的铺网宽度必须大于名义幅宽,以便在切除两侧的不良品后仍可获得名义幅宽产品。一般熔喷生产线的铺网宽度是固定不变的,也就是产品的幅宽是固定的、不可调节的,当市场需要的最终产品的宽度比生产线额定幅宽更小时,只能通过切除两侧更多的合格品和边料获得,降低了合格品率,损失了产量。

有一种可以在一定范围改变产品宽度的可变幅宽型熔喷生产线,通过旋转纺丝—接收系统的方法(最大可旋转 45°),可以在不改变合格品率和产量的前提下,在一定范围内随意改变最终产品的宽度。

这种可变幅宽生产线的结构较为复杂,除了纺丝系统的设备要能旋转外,成网机的成网抽吸风箱也要跟着同步转动(但接收网带的位置仍是固定不动的),如果纺丝系统还配置有冷却风装置,冷却吹风喷嘴也要跟着同步转动,期间相关的电线电缆、熔体管道、气流管道等,都需要有适配这种设备的相关措施,以保证在做旋转运动时,各个系统仍能保持正常工作(图 1-23)。

图 1-23 可变幅宽的双组分熔喷生产线

幅宽一般是通过测量布卷的轴向尺寸获得,标准规定使用 m 为幅宽计量单位。除了公制计量单位外,国外还有使用英制计量单位(英寸)表示产品的幅宽。

由于市场需求的产品规格不一定是全幅宽的(母卷),而是要进行分切得较小幅宽产品(子卷)。这时产品的幅宽会小于 1m,为表达方便,产品幅宽的计量单位为 mm。

(五)产品定量范围

产品的定量是指每平方米产品的质量,单位为 g/m^2,有的资料则称为面密度是熔喷布的一个基本特性。

由于熔喷法非织造布的拉伸强度较小,无法承受较大的牵引张力,因此,熔喷法非织造布生产线无法生产定量较小的产品,但可以生产定量较大的产品,产品规格一般为 $15 \sim 200 g/m^2$,最大定量可达 $500 g/m^2$。产品的定量越小,生产难度越大,生产线的技术水平也越高。

配置在 SMS 型生产线中的熔喷系统,由于熔喷层纤网(M)得到了纺粘层纤网(S)的保护,传输张力也是由纺粘层纤网承受的。因此,熔喷纤网的规格可以不受限制,能生产<$0.5 g/m^2$ 的纤网。而同样配置的熔喷法纺丝系统,其在 SMS 生产线中的生产能力也比独立的熔喷生产线更大。

(六)接收方式

目前熔喷法非织造布生产的接收方式主要有成网机网带接收和转鼓(滚筒)接收两大类,其中转鼓接收还细分为单转鼓接收,双转鼓接收两种。而每一种接收设备还可以有水平接收和垂直接收两种方式。

接收装置或接收方式不同,产品的风格也有差异。由于使用成网机接收时,在成网机上有足够的空间设置各种气流控制装置。因此,独立的高端熔喷生产线多选择使用成网机接收,而配置在 SMS 型生产线中的接收装置则基本上都是成网机接收;如生产蓬松度要求较高的产品时一般用途生产线,则倾向使用结构较为简单的转鼓(辊筒)接收。

(七)运行速度

由于独立熔喷法生产线无法生产定量较小的产品,因此,熔喷法非织造布生产线的运行线速度较慢。只有一个纺丝系统的生产线,其最高运行速度≤100m/min,有两个纺丝系统时的运行速度约 150m/min,现已有最高运行速度为 250m/min 的生产线。当产品的定量较大时,最低速度仅有 2~3m/min。

配置在 SMS 型生产线中的熔喷系统,其运行速度不受熔喷层纤网定量规格的限制,最高运行速度已达 1200m/min。

(八)装机容量

装机容量是指生产线中所有设备主流程设备、辅助设备、公用工程系统的装机功率(kW)或装机容量(kVA)总和,可以直接按设备铭牌标示的功率进行累计,与所使用的纺丝工艺、生产能力和设备品牌相关。

装机容量较小,可以节省投资成本,但设备的负载率会较高,可靠性下降,工艺调节窗口较窄、余地少,反应慢、调控能力较差。当设备的负载率大于 80%、甚至经常满载运行时,就是设备容量偏小的表现。

装机容量偏大,会增加投资成本(包括公用工程系统),及供电系统的运行费用。但设备的负载率较低,可靠性提高,工艺调节空间较宽,反应灵敏、调控能力较强。

装机容量主要与生产线的设计水平、生产线的幅宽及产品的应用领域有关,正常情况下,一条幅宽为1.6m熔喷生产线的装机容量为500~600kW,幅宽为3.2m熔喷生产线的装机容量可达1000~1200kW。但一些简易型生产线,其装机容量可能会小很多。

装机容量是决定生产线供电系统容量的依据,供电系统的容量(或变压器的容量)一般在装机容量的55%~65%范围。

常用电工学计量单位:V(伏特),A(安培),kVA(千伏安),kW(千瓦)。

(九)生产能力

评价生产线或纺丝系统生产能力的项目或指标较多,主要有如下定义相近的几项指标。

1. 生产线的生产能力

生产线的生产能力是指在理想状态下,按照预定的产品规格、幅宽、运行速度,在额定时间内的实物产出量。当一条生产线有多个纺丝系统时,生产线的生产能力就是所有纺丝系统的实物总产出量。生产能力仅是一个设计理论值,是在没有考虑合格品率,也就是不考核产品质量及实际的设备利用率条件下的计算结果。

计算生产线的生产能力时,首先要预先确认"有效运行时间"。由于在实际运行过程中,必定存在一些非生产性的,没有实物产出,但仍有资源消耗的时间。如设备维护、故障处理、工艺调整、不同产品之间的过渡和更换纺丝组件及一些不可预见的无法进行生产活动的时间(如电网停电、自然灾害等)所占用的有效生产时间。

因此,计算生产线的生产能力时,必须考虑这些因素的影响,有效运行时间就不能太短,一般是以"年"为单位,以"t/a"表示生产线每一年的生产能力。但也不能按8760h(=24×365),即不能将全年的日历时间满打满算当作有效生产时间来计算生产能力。

目前对"年有效运行时间"还没有统一的规定,一般在7200~8000h这一范围,也就是生产线的实际日历时间利用率在82.19%~91.32%这个范围。设备制造商会根据需要来确认这个时间的长短,就导致不同企业类似配置的生产线的生产能力会有很大差异。

由于熔喷生产线纺丝组件的使用周期较短,要经常停机更换纺丝组件,因此,有效运行时间会较短。有效生产时间越长,体现生产线的技术水平及可靠性也越高。

选用"有效运行时间"时,同样也不能将时间定得太短,例如有的设备制造商按一个小时来计算,这是一个短时的峰值数据,并非是在一个生产周期内的平均值。一个小时的产出物数量并不能代表生产线的真实状态,实际生产能力也不等于是每小时的"理论生产能力"与日历时间的乘积,否则其计算结果就不具代表性,成为一个几乎不可能实现的指标。

因此,最短的有效运行时间不能小于一个会计统计时间(一般为一个月),但一般仍是以年为单位计算生产线的生产能力。

常用计量单位:长度为 m(米),速度 m/min(米/分),质量为 g(克)、kg(千克)、t(吨);时间单位为 h(小时)、a(年)。其计算方法如下:

$$C = 6 \times GVWT \times 10^{-5}$$

式中:C——年生产能力,t/a;

G——预定的产品定量规格,g/m²;

V——预定的生产线运行速度,m/min;

W——生产线的额定幅宽,m;

T——一年的有效运行时间,h。

如一条 1.6m 幅宽熔喷法非织造布生产线,按年运行时间为 7200h,以 25m/min 的速度生产 23g/m² 空气过滤材料时,其生产能力为:

$$C = 6 \times 23 \times 25 \times 1.6 \times 7200 \times 10^{-5} = 397(t/a)$$

欧美等地区还经常使用产品的面积来表示生产能力,其计量单位为 km²/a,即在一年的有效运行时间内,生产特定规格(g/m²)非织造布的面积(千平方米每年)。表 1-17 和表 1-18 分别为欧美一些熔喷设备基本生产能力的数据。

表 1-17 空气与液体过滤用熔喷产品的生产能力(幅宽 1700mm)

产品定量/ (g/m²)	线速度/(m/min)	单位幅宽产能/ [kg/(m·h)]	年生产能力	
			重量/(t/a)	面积/(km²/a)
20	40.0	48	604	30192
40(PBT 产品)	20.0	48	604	15096
60	13.3	48	604	10039

注 每年有效运行时间为 7400h,生产线名义产能为 600t/a。

表 1-18 生产建筑与吸收类熔喷产品的生产能力(幅宽 2600mm)

产品定量/ (g/m²)	线速度/ (m/min)	单位幅宽产能/ [kg/(m·h)]	年生产能力	
			重量/(t/a)	面积/(km²/a)
100	16.5	99	1905	19048
250	6.6	99	1905	7619
500	3.3	99	1905	3810

注 1. 这是一条有两个纺丝系统的熔喷生产线,表中的数据是一条生产线的总生产能力,除以 2 后才是单个纺丝系统的生产能力(950t/a)。

2. 每年有效运行时间为 7400h,生产线名义产能为 1900t/a。

2. 纺丝系统的生产能力

(1)纺丝系统的生产能力。纺丝系统的生产能力一般是指在理想状态下,纺丝系统在额定幅宽范围内一个小时的产出物总量,其单位是 kg/h,是衡量纺丝系统技术水平的标志,也代表了纺丝系统的最大生产能力。当一条生产线由多个相同或不同工艺的纺丝系统时,就必须知道不同纺丝系统的生产能力,以便进行工艺计算。

纺丝系统的生产能力也是系统的基本熔体挤出量,加上有效幅宽两外侧的不良品部分(边料)后,就是纺丝系统的实际熔体挤出量,接近原料的消耗量。生产实践中的实际生产能力则与产品的规格及质量要求有关,进行生产管理的主要目标就是在满足质量要求的前提下,使纺丝系统的生产能力得到充分发挥。

(2)纺丝系统的单位幅宽生产能力。纺丝系统的单位幅宽生产能力这一技术指标,是指在理想状态下,一个纺丝系统在额定幅宽范围内 1m 幅宽在 1h 内的产出物总量,计量单位是 kg/(m·h),而纺丝系统的生产能力则是考虑全幅宽,这是两个指标间的区别。

生产能力不是系统的真实产量,因为产量必然要与产品的规格、质量要求联系在一起。这些基本技术指标是进行系统设计和生产工艺计算的基础。这个指标能直观对不同的纺丝系统,或对不同的纺丝工艺进行技术分析与评价。

单位幅宽生产能力主要与其应用领域有关,生产通用型产品时,一般熔喷系统的生产能力在 50kg/(m·h),先进的系统可达 75kg/(m·h);生产空气过滤或阻隔型产品时,一般熔喷系统的生产能力在 20~30kg/(m·h),而一些新型系统可达 40~45kg/(m·h);生产保暖、吸收型产品或建筑材料时,生产能力可达 100~120kg/(m·h),甚至更高。

常用重量计量单位:g(克),kg(千克),1kg=1000g。

(十)产量

产量是指纺丝系统或生产线在单位时间内的合格产品数量,实际产量会受市场因素、产品结构、管理水平、技术水平、合格品率、设备有效生产运行时间、人员素质等因素的影响。

纺丝系统的生产能力是由系统的硬件性能决定的,在额定生产能力状态下,系统内所有设备的性能会得到充分发挥,可以有效协调,安全运行,因此,影响产能的重要因素是设备的可靠性和有效运行时间。但实际的产量还与产品的用途、质量要求、定量规格、现场管理水平、产品结构等因素有关。

在大部分情形下,由于熔喷系统纺丝组件的使用周期较短,更换纺丝组件要耗用不少生产时间。因此,熔喷系统的实际产能会比额定产能低,如生产阻隔型产品时,实际产量可能仅为额定产能的一半左右。而在生产保温隔热型产品时,由于允许纤维较粗,则产量有可能比额定产能高。

常用的产量计量单位有 kg/h,t/a 等。

(十一)产能利用率

生产线的生产能力是按理论挤出量计算的,并没有考核设备利用率和产品的合格品率;而产量则是考核真实的、可获得的合格产品数量。

生产线的实际产量一般小于生产能力,一般为后者的 60%~90%,这个指标称为产能利用率,是反映生产线技术水平、企业管理水平、经营状况、市场景气度的最客观指标。产能利用率高,说明设备的产能获得了充分的利用,企业经营状态良好;产能利用率低,说明设备没有获得充分利用,甚至出现过剩或闲置。

目前,我国熔体纺丝成网非织造布行业的产能利用率一般低于 70%,熔喷生产线近几年的产能利用率仅在 60% 左右,但 2020 年上半年抗击新型冠状病毒肺炎期间,熔喷生产线的短期产能利用率可达 90% 左右,达到了空前绝后的高水平。

(十二)单位产量能耗

单位产量能耗($kW \cdot h/t$)等于总能耗除合格品总数,生产线的总能耗包括生产线直接的耗能量和为产品服务的公用工程耗能量的总和。

生产线可能会使用到各种能源,其中包括一次能源(如煤炭、石油、天然气)及二次能源(如石油制品、蒸汽、电能、煤气等),为了便于比较,都需要通过规定的换算关系,折算为电能,单位统一以 $kW \cdot h/t$ 表示。而按国家有关统计工法规,各种能源则需要统一折算为标准煤(代号为 ce),此时的基本计量单位为 kgce 或 tce,单位产品能耗一般用 kgce/kg 或 tce/t 表示。

熔喷系统中的空气加热器可以使用燃气加热,由于燃气是一次能源,而电能是二次能源,理论上燃气少了一次能量转换过程,要比使用电能更节省一些。

合格品总数是指在统计期内的合格品总量,统计期一般与财务统计周期相同,常为一个月或一年。统计期太短(如仅一个小时),获得的数据没有代表性。

在合格品数量相同的情形下,能耗与产品的质量(如纤维细度)有较大关联。因此,要结合产品的质量而不能仅凭能耗的多少来评价生产线的技术水平。

熔喷法非织造布的产量较小,而消耗的能量又较多。因此,产品的能耗很高,一般在 2000~4000$kW \cdot h/t$。所使用的聚合物原料不同,纺丝工艺不一样,产品应用领域不同的生产线,产品的能耗也会有较大差异。如生产空气过滤材料时的能耗,就要比生产吸音、隔热材料时的能耗高很多。

我国执行分时段的峰谷电价政策,会根据各地的情况,将一天 24h 分为尖峰、高峰、平段、低谷四个时段,其中尖峰时段的电价最高,低谷时段的电价最低。熔喷产品耗电量大,电费对产品的生产成本影响较大,如果不是连续生产,宜避开电网的尖峰、高峰时段开机运行,这样既能节省电费,又可以充分发挥发电设备的效率。

能耗计量单位:kW·h/t(千瓦时每吨)。

二、生产线的基本方向及位置

(一)生产线的基本方向

生产线有两个重要方向,一个是生产过程中的物流方向,也就是产品的运动方向,一般称为纵向,也称机器方向,以 MD(machine direction)表示。MD 方向是有方向性的,只能是从上游到下游单向流动。

另一个是与生产过程中的物流方向相垂直的方向,一般称为横向,以 CD(cross direction)表示。CD 方向是双向的,也就是没有具体的方向性,在没有确定参照物前是没有具体的起点或确定的位置。因此,要确定生产线的 CD 方向或目标的具体位置,必须预先选定参照物或做好定义,如在生产线的哪一边或哪一侧。

由于非织造布有明显的各向异性现象,即 MD 方向的特性会与 CD 方向不同,在检测产品时经常会注意这种现象,分别检测两个方向的特性。一般希望产品是各向同性的,使全部纤维材料都能发挥作用,也就是希望产品在 MD 方向的性能与 CD 方向的性能相同,即 MD/CD = 1。而熔喷产品与纺粘法产品不同,纺粘法产品的强力都是 MD/CD>1,但熔喷产品的拉伸断裂强力会随着工艺条件的变化,可以出现 MD/CD>1、MD/CD = 1,有时会 MD/CD<1 的情况。

(二)生产线中的相互位置关系

1. 物流方向关系

在生产线中,从物流(产品)开始流动的位置称为上游,顺着产品的形成过程,到最后形成产品的位置则称为下游。

而在生产线中间的任何部位,例如位于参照物 B 上游方向一侧的设备 A(或系统)其位置就是上游,而参照物所处的位置则为下游。即 A 是处于 B 的上游,或 B 处于 A 的下游。这个相对位置是随参照物所处的位置而变化的。

2. 生产线的"边"或"侧"

在生产过程中,经常要在生产线的两侧作业,进行工艺设计时,要确定不同区域所在的位置;或在检测产品时,要确认产品取样时的样品位置,就要确定样品在 CD 方向的位置。确认生产线的"边"或"侧"的过程,实际上就是确认参照物的过程。

一般生产线是用驱动侧和操作侧来定义的,这种定义的优点是无须特别说明,也与观察者所处的位置无关。

驱动侧常用符号 DS 表示(drive side),是安装有动力装置的一侧,一般以成网机或安装有较多动力装置的一侧,这一侧会留有人员通道或检修通道。

操作侧常用符号 OS(open side)表示,是安装有操作控制台的一侧,这一侧一般会留有较宽的物流通道和人员通道,是进行生产活动的主要通道。

有的企业会用左(L)、右(R)等字符来表示,因为这种定位方法与观察者的观察方向(或参照物)有关,观察方向不同,左右也就相反了;定义方向不同,左右也就不一样。因此,要特别说明(如在设备上写上醒目的左、右标志),否则容易混淆。

第四节　熔喷法非织造布产品的主要质量指标

熔喷法非织造布的应用领域很广,对其性能要求也不一样。如用作过滤材料时,关注的是其过滤效率;用作隔音材料时,关注的是其吸音频谱特性;用作保暖材料时,关注的是其保温性能;而用于环境保护领域,则主要关注其吸收性能等。

由于应用领域不同,对熔喷布的特性要求也大相径庭,因此,很难找到不同应用领域熔喷布会存在通用的性能指标,纺织行业推荐标准 FZ/T 64078—2019 熔喷法非织造布中,仅能提供一些最基本的共性要求和常用指标,很难满足不同应用领域的具体要求。

一、物理力学性能

检测产品的质量时,必须依照相应标准的要求,进行取样和测量实验,记录测试结果时,也必须注明所采用的检测标准及依据,否则其数据就没有可比性。

1. 产品的定量规格

产品的定量是指每平方米产品的重量,有时也称为面密度,单位为 g/m^2,但目前市场上所用的标记或符号较为混杂,而且很不规范,如有用单位面积重量、基重(basis weight)等表示。产品的定量是产品的主要规格,也是柔性材料(如非织造布、纸张、皮革等)最基础的指标,一般情形下,产品的定量越小,厚度也越薄,也称小定量产品或薄型产品。

根据 FZ/T 64005—2011《卫生用薄型非织造布》标准,薄型产品一般是指定量≤30g/m^2规格的产品,但并没有一个很严格的界限。技术上也没有对其他用途产品的厚、薄做出量化的规定。因此,只能是一个相对的叫法。

根据 GB/T 4669—2008 的规定,测试面积较小的轻薄型产品时,一般用圆形取样器(图1-24)取下面积为100cm^2(0.01m^2)的产品,再用天平称量,生产薄型小定量规格产品时,要求天平的感量要在 0.001~0.0001g,否则无法准确反映产品的均匀度。而测量厚重的产品时,要求天平的误差范围在测量质量的±0.1%。

图 1-24 取样器与分析天平

使用英制计量单位时，会用到 oz/yd^2 ，即每平方码的盎司数。不同计量单位之间的换算关系为：

$1g/m^2 = 0.02949oz/yd^2$

$1oz/yd^2 = 33.9074g/m^2$

$1lb = 0.454kg = 16oz$

$1oz = 28.35g$

2. 产品的均匀度

经常用产品离散系数 CV 值的大小评价产品的均匀度， CV 值是统计学术语。一般情形下， CV 值越小，产品越均匀。在统计学中，离散系数用下式表示：

$$CV = 标准偏差(stedv)/平均值(avg)$$

熔喷法熔体细流(纤维)从纺丝组件喷出以后，其 CD 方向排列的形态并没有发生重大的、强制性的变化，仅在 MD 方向有较小的扩散运动。因此，熔喷法非织造布的均匀度会比纺粘布好，相同定量规格的产品，熔喷布的 CV 值就较小。因此，早在 1989 年，美国精确公司就已经提出熔喷产品的 CV 值等于 5 这个均匀度保证目标。

但 CV 值较小，只能说明产品越均匀，而不能说明产品就越好，这是两个不同的概念。例如产品的缺陷也是均匀分布时，产品的 CV 值会较小，但产品的质量就可能很差。

产品的 CV 值与定量规格、结构有关：定量越大， CV 值越小，因此日常所说的均匀度主要是针对轻薄型产品而言；由多层纤网复合的产品，其 CV 值会比层数较少的产品更小，因此多纺丝系统复合也成为一个发展方向。

一般情形下，当均匀度 $CV \leqslant 3$ ，就算是一个较好的水平。薄型熔喷产品的均匀度 CV 值一般在 3.0 左右，厚型产品的 CV 值较小，一般在 1~3 之间。

在相关的产品技术要求中，还用"单个样品的偏差率"来表示产品的均匀性，这是一个比 CV 值要求更高的指标，产品中不能出现个别偏差特别大的样品，一般应控制在 $\pm(4\% \sim 6\%)$ 。

但必须注意,产品的 *CV* 值大小与其应用价值未必是相对应的,因为当产品的缺陷也是均匀分布时,产品同样会有较小的 *CV* 值,但其物理性能却出现较离散的现象。

3. 断裂强力

断裂强力表示产品进行强度(拉伸)试验时,拉断产品所需的最大作用力,单位为 N。强力越大,产品的质量越好。强力的大小除与产品的定量大小有关(定量越大,强力也越大外),还与产品的受力方向有关。

图 1-25　电子织物强力机

目前,在技术上有多种产品强力测试方法,对不同用途的产品,所需测试的方法也不一样,其试样尺寸、测试过程、计量单位、测试设备都不一定相同。具体分为拉伸断裂强力、撕破强力、胀破强力、顶破强力、刺破强力等。图 1-25 为一台用于检测产品物理力学性能的电子织物强力机。

按国家标准 GB/T 24218.3—2010 规定,测试产品要使用等速伸长型(CRE)的强力试验机。拉伸断裂强力是熔体纺丝成网非织造布常用的一项指标,其单位为 N/5cm,其中的“5cm”是进行条形试样测试时规定的样品宽度。

随着纺丝系统所采用铺网方式的不同,一般非织造布材料存在各向异性现象。产品的方向一般分为 MD 方向和 CD 方向两种。

一般情形下,产品 MD 方向的强力会比 CD 方向的强力大,在实际应用中,希望纵、横向强力相接近,使产品表现为各向同性。熔喷布的 MD/CD 强力比与具体的纺丝工艺有较紧密的关联,特别受接收距离的影响很大,既可以大于 1,也可以接近 1,甚至还可以小于 1。

不同材质的产品或相同材质而在不同机型生产的产品,其强力也是不一样的,如聚酯(PET)产品的强力就比聚丙烯(PP)产品的强力高。

在同一生产设备的情形下,产品的强力与纤维的细度及生产工艺有关。纤维牵伸越充分,产品的强力就越高,同一定量规格的熔喷产品,会因工艺的不同如 DCD 的大小,使强力有很大的差异。

4. 断裂伸长率

断裂伸长率是指产品进行拉伸试验时,产品的伸长部分与试样原来长度的比例。当纤维得到充分牵伸、质量较好的产品,其断裂伸长率一般会较小;而熔喷布的断裂伸长率更小,一般小于 40%,稍受力就容易发生断裂,呈现较为脆裂的性能。

由于产品两个方向的断裂强力不一样,因此,MD 与 CD 方向的断裂伸长率也是不一样的。在不同的应用领域,对断裂伸长率的要求也不一样,而且希望不同方向的断裂伸长率尽量接近。如熔喷布用作口罩过滤层材料时,就要求有较大的伸长率,表现为有较好的韧性,以防在使用过程稍微受力就发生断裂影响使用防护效果。

对于一些要求有一定弹性的特殊产品,则要求有较大的断裂伸长率。

产品的强力和伸长率两项性能是在材料试验机上测量的,可以同时获得断裂伸长率与断裂强力两项数据。

5. 纤维细度

熔喷纤维的粗细一般在亚微米至微米范围,而且是按一定规律分布的,由于纤维的截面一般都为圆形,因此,纤维的粗细就用直径来表示。一般过滤阻隔型熔喷纤维的直径通常小于 $10\mu m$,大多是分布在 $2\sim5\mu m$ 范围。而一些用于吸收、隔音、隔热领域熔喷产品的纤维直径就较大,有可能 $\geqslant20\mu m$。

纤维的直径分布与平均直径有关,平均直径越大,其分布越离散(CV 值越大),也就是纤维的直径分布在很宽的范围,纤网结构的平均孔径也越大。相对于纺粘纤维,熔喷纤维要细小很多,而且一般都是圆形,其直径很小。因此,在熔喷系统,并不使用"旦"这一计量单位。随着技术的发展,有的新型熔喷系统,其纤维直径已在亚微米级范围。因此,有时也用纳米(nm)表示纤维的直径。图 1-26 为一台测量纤维直径的纤维细度分析仪。

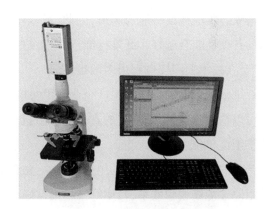

图 1-26　纤维细度分析仪

由于熔喷纤维的直径分布很宽,在进行人工测量时,如果选取的样品数量太少,其结果就很容易带有主观的倾向性。也就是说如果希望纤维的直径细一点,就可能专门挑一些较细小的纤维进行测量。因此,要准确测量熔喷纤维的直径分布,其工作量很大,随机选取的样品数量可达数百根,才能较为客观地反映各种直径的分布状态。日常所说的熔喷纤维细度就是指出现概率(频率)从最高到低,各种概率的总和在 70% 时所覆盖的纤维直径范围。

正因为熔喷纤维存在这种分布规律,而且还存在纤维的平均直径越细,纤维的直径分布也会越窄;纤维的平均直径越粗,纤维的直径分布就会越宽这种规律。显然在平均直径一样的状态,前者的产品质量会比后者更好,因此,就不能用平均直径来表示纤维的分布状态,只能用来描述特定的样品。

不同技术性能的熔喷系统,其熔喷布纤维直径、直径分布宽度会有较大差异(图 1-27),

对产品的应用性能有较大影响。从图中可明显看到,纤维的直径越细,其分布也越窄这一规律。

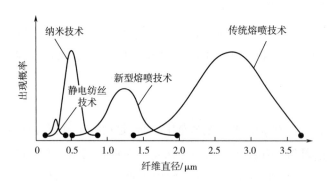

图 1-27　不同熔喷工艺的纤维分布

熔喷纤维的截面一般为圆形,因此,可以用直径的大小来表示纤维的粗细。纤维越细,产品的各项性能会越好。纤维越细,对设备的要求也越高,然而并不意味着较粗的纤维更容易生产,在技术上同样也有很多困难。

纤维细度分析仪是熔喷生产企业常用的检测纤维细度的仪器,具有较高的智能化水平,除了可以快速测量、记录纤维的直径外,还可以根据纤维的聚合物种类,自动换算为其他常用纤维细度单位。

产品的纤维细度与具体的用途相关,一般的医疗、卫生制品材料希望有较好的触感,较高的阻隔性能或过滤效率,希望纤维越细越好。纤维越细,其直径分布越窄,但产量会越低,生产成本也会越高。因此,在一些产业应用领域,如环境保护用的吸油毡、吸油围栏等,其纤维就可以粗一些,可以达到 20μm,同时就能获得较高的产量。

常用纤维细度计量单位:1mm = 1000μm,1μm = 1000nm。

6. 颜色

商品非织造布的规格有很多,产品的颜色也是五彩缤纷,但不同客户的要求也不相同,生产成本也有差异。因此是一种典型的以销定产型产品,也就是说绝大多数产品是接到客户订单以后才能生产的。

产品的具体颜色一般是由买方(顾客)指定,或在卖方现有的产品中选定。由于熔喷法工艺对色母粒等添加剂的分散性要求很高,添加剂对纺丝过程的稳定性影响较大,加上熔喷布很少独立使用。因此,有颜色的熔喷布产品相对较少。

在生产有颜色的非织造布时,同批次产品颜色的一致性和不同批次产品颜色的连续性(或一致性)是一个重要控制指标,否则容易产生色差现象,这是有颜色产品较容易发生质量事故的一个原因。

由于产品的颜色与观察环境的光源特性、观察者的辨别能力有关,在不同的光源下,显现的颜色也不一样,为了能准确判断产品的颜色,要使用标准光源(图1-28)。在商品的标准光源中,会配置有多种不同波长和色温的光源供选用。

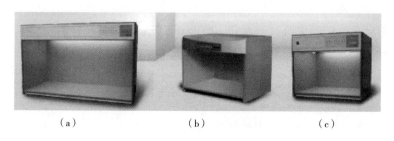

（a）　　　　　　　（b）　　　　　　　（c）

图1-28　各种标准光源箱

由于熔喷纤维很细,生产有颜色的熔喷法非织造布时,对添加的色母粒有效成分比例较高,对颜料的分散性要求很高,否则会影响正常纺丝,因此,在大部分情况下,一般都较少生产有颜色的熔喷布

7. 产品幅宽

产品幅宽是指与布长度方向垂直的两端间的距离,即产品的横向(生产线的 CD 方向)宽度,产品的幅宽是指有效幅宽,即去除两侧布边及其他影响使用的不良品部分后的材料宽度,也就是符合使用要求的合格品宽度,要小于纺丝系统的铺网宽度,产品的最大宽度由生产线的规格决定。目前,国内熔喷法生产线的最大幅宽为 3.2m。而产品的最小宽度则受分切装置结构的最小间距限制,一般会小于 100mm。幅宽的计量单位为 m,mm(米,毫米),有时也会用到英制单位(英寸)。

幅宽一般是指布卷的轴向尺寸,但也有以自由状态下的放卷布宽度作为幅宽的。如中华人民共和国出入境检验检疫行业标准《进出口非织造布检验规程》(SN/T 1233—2010)规定,在布处于松弛的无张力状态,在温湿度较稳定的普通大气环境中,用钢尺测量幅宽。

由于存在卷绕张力引起的缩幅现象的影响,布卷的轴向尺寸宽度与松弛状态的放卷布宽度是不同的,一般是后者较大。卷绕张力越大,幅宽的差异也越多,但这种差异又会随着产品存放时间的增长而减少,并趋于稳定。

产品在国内流通时,多是以布卷的轴向尺寸作为幅宽,可直接用卷尺测量。可以参照国家标准 GB/T 4666—2009 规定的方法测量产品的幅宽

8. 产品卷长

产品卷长是指将产品展开后,也就是在无张力的自由状态下的长度。产品的最小卷长及最大卷长均受生产线卷绕机或分切机的性能限制。在布卷直径相同的状态下,不同定量的产品,其卷长是不一样的。

目前国产生产线所生产的产品布卷(母卷),其最大卷长与布卷直径和产品定量规格有关。其最小卷长则由卷绕杆直径、生产线运行速度或卷绕机的自动换卷周期长短决定。

一般情况下,同样重量的产品,母卷的卷长越长,在使用时的接头也越少,利用率也越高,卷绕机的换卷次数也越少,系统的运行可靠性也越高,因此,生产线的布卷直径有越来越大的倾向,熔喷布布卷的最大直径一般在1000mm左右。

但在下游的制品加工企业,由于受设备结构限制,对使用的最大原料布卷直径也有限制,因此,也限制了原料布卷的最大长度,如一般卫生制品企业所要求的布卷直径常在550~700mm,产品的卷长就要满足这一要求。

卷长的计量单位为m,有时会用英尺(ft)表示。

$$1m = 3.28 \text{英尺}(ft), 1 \text{英尺}(ft) = 12 \text{英寸}(in)$$

对于产品布卷的长度,极少采用放卷的方法进行实际测量,因为放卷后的产品可能因无法再整齐卷绕复原而影响使用,而是根据布卷的重量、产品定量、幅宽,用以下的关系式计算出理论的卷长。

$$\text{卷长}(m) = 1000 \times \text{重量}(kg) \div [\text{定量}(g/m^2) \times \text{幅宽}(m)]$$

9. 产品卷重

产品卷重是指每卷产品的净重(即减除包装物的重量),要在产品标签上标注。在商业活动中常存在两种卷重计量方法。

一种称为理论卷重,其值为:名义定量×幅宽×卷长×换算系数。其中的换算系数是由不同计量单位转换的系数。

另一种为实际卷重,即将产品直接用磅秤称量所得数值,前者常用于正常的合格产品,后者则多用于规格不一致的过渡性产品,因为产品不均匀,无法用理论方法计算或验算,只能直接称量。

卷重的计量单位为kg(千克),一般可用机械磅秤或电子秤称量。

$$1kg = 1000g, 1 \text{磅} = 0.454kg。$$

10. 表面疵点及其他缺陷

产品的疵点是指存在于产品表面,可以观察到的产品缺陷,一般来说疵点是容许存在的,仅是对其数量、程度、大小、分布状态等有限制,但对于用于卫生、医疗防护领域的材料,有的疵点是不容许存在的。一般是通过在线疵点检测装置自动检测、或人工方法检测、发现产品表面的疵点。

疵点一般是指:稀网、破洞、针眼;并丝、断丝、飞花;熔体硬块、晶点、小黑点;蚊虫、苍蝇残骸,或其他杂物;产品被污染后的油污痕迹、斑点、污点、异味,霉变,或受外力损坏等。

产品可能还存在其他形式的影响产品使用的缺陷,这些也是生产过程中需要进行检查的项目。如布卷内层皱褶,包装内有水雾、水珠,布卷纸管霉烂、纸管被压扁、布卷变形、散乱,外包装破损,标识缺失等。

二、应用性能

应用性功能指标主要是指根据产品用途或应用领域特点所需要检测的指标,熔喷非织造材料已在气体过滤、液体过滤、擦拭、美容、卫生医疗、隔音和服装、保暖、汽车内饰、环境保护等领域获得了广泛的应用。相关的专业应用指标也很多,以下为几项较常用的指标。

1. 静水压(HSH)

这是一个反映材料抗液体渗透性能的指标,产品的抗渗透性能也称阻隔能力,常用静水压试验时所承受的静水压值表示,产品承受的静水压越大,其抗渗透性能越好。图1-29为各种测量产品静水压的仪器。

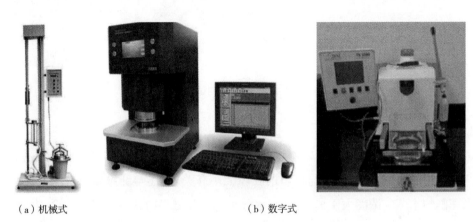

(a)机械式　　　　　　　　　　(b)数字式

图1-29　机械式和数字式静水压测试仪

同一类型的产品,定量越大,静水压也会越高。同一个样品,其静水压测量结果与测量时所设定的水压上升速率有关,上升速率越快,则静水压的测量结果也会越高。仪器一般有多档上升速率可选,如 GB/T 24218.16—2017 的要求为(10±0.5)hPa/min(约相当于10cmH$_2$O/min)或(60±3)hPa/min(约相当于60cmH$_2$O/min)。

静水压的常用计量单位用水柱高度表示,如 mmH$_2$O(mmw. c)、cmH$_2$O(cmw. c),或用压力 hPa、kPa、mbar 表示。有时静水压会用 HSH(hydro static head)表示。

1mbar = 1.0197cmH$_2$O ≈ 10mmH$_2$O,1mmH$_2$O = 10Pa, 1kPa = 10mbar。

国内常用的静水压测试标准有:GB/T 4744—2013、GB/T 24218.16—2017,外国标准有:AATCC 127、ASTMF 903C、ASTMF 1.670、EN 20811、ISO 811、ISO 9073-16、WSP 80.6 等。

2. 透气性

透气性是非织造布用作气体过滤材料或服用材料时的一个指标。它反映了产品两侧在规定压力差的条件下透过气体的能力,用单位时间内透过的气体量来表示,透气量越大,表明气体越容易透过非织造布,测量透气性的常用标准有 GB/T 24218.15—2018、GB/T 5453—1997、ISO9073—15 等。

常用的透气量单位有 mm/s、L/(m² · s)、cm³/(cm² · s)、m³/(m² · min)、m³/(m² · h) 等,cfm 是一个常见的英制计量单位。图 1-30 为透气性测试仪器。

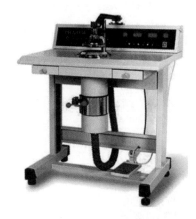

图 1-30 透气性测试仪器

3. 透湿性

透湿性是指是产品两侧在规定湿度差的条件下,含有水分的湿空气透过非织造布的量,类似汗气透过衣服的能力,除了与材料的孔隙大小有关外,还与纤维自身亲水、吸湿性能有关。当一侧的水蒸气浓度大于另一侧时,水分子就会与材料内的亲水基团结合,并且按照浓度梯度从浓度高的一侧向浓度低的一侧移动,从而达到转移水汽透湿的效果。这是穿着舒适度的一个指标,常用于医用防护服类产品。

4. 抗静电性能

抗静电性能是表征产品耗散静电能力的指标。抗静电性能越好,静电就越不容易在产品上积累,产品的使用安全性也越高。抗静电性能常用表面体积电阻表示,其单位为 Ω。当表面电阻小于 $10^9\Omega$ 时,产品具有明显的抗静电性。表面电阻越小,则抗静电性能越好,目前有的产品表面电阻可达到 $10^7\Omega$。

有时也用静电半衰期(s)或表面电荷量来表示产品的抗静电性能,半衰期越短或表面电荷越少,抗静电性能越好。

生产熔喷布的聚合物原料主要是聚丙烯(PP),其绝缘电阻很高,加上生产环境的空气湿度也很低,纺丝牵伸过程的速度又非常高,因此,生产过程就会使产品带上大量的静电荷。如果产品应用了驻极技术,人为使产品带上更多的电荷,因此,熔喷产品就会带有很强的静电场。

三、空气过滤效率

(一)性能指标

1. 穿透率(P)

穿透率(penetration rate,简写为 P)是指能穿透过滤材料的微粒的比例,其定义为过滤材料下游(滤后)气体中的粒子浓度与上游(滤前)气体中的粒子浓度的比例,穿透率越小越好,并与过滤效率(FE)成互补关系,其定义:

$$P = \frac{下游粒子浓度}{上游粒子浓度} \times 100\% = 1 - FE$$

2. 过滤效率(FE)

空气过滤和液体过滤是熔喷材料的一个重要应用领域,常用过滤精度,过滤效率、过滤阻力等指标衡量熔喷材料的过滤性能,并有相应的定义和测试方法。

过滤效率(filtration efficiency)是指对于特定大小颗粒,过滤后气体中粒子的浓度变化与过滤前气体中微粒浓度的比例,过滤效率越高越好,其定义为:

$$FE = \frac{上游粒子浓度 - 下游粒子浓度}{上游粒子浓度} \times 100\%$$

而这些颗粒的大小就表征材料的过滤精度,过滤效率就是对这种粒子的阻隔性能。

3. 过滤阻力

过滤阻力是指含有微粒的气体流经过滤材料时所形成的压力降,单位为 Pa,测试要求不同,微粒的特性也不同,测试时的流量不一样,其过滤效率也有很大差异。材料的过滤阻力与过滤效率两个指标存在相伴随的关系,即过滤阻力会随着过滤效率的提高而增加。一般要求材料在具有较高过滤效率的同时,还要求有较低的过滤阻力。因此,就较难用常规工艺生产出既有很高过滤效率,又有较低过滤阻力的过滤材料。

只有综合评价材料的过滤效率和过滤阻力,才能判定材料的过滤性能优劣。一般要求材料在具有较高过滤效率的同时,其过滤阻力则越小越好,如对于口罩类产品,过滤阻力小,佩戴时会感到较舒适、不憋气。而且还能提高防护效果,减少气流在口罩与脸部之间的泄漏。空气过滤材料的容尘量或纳污量则越大越好,表示在使用过程中,材料的过滤效率和过滤阻力的变化较小,可以使用更长时间。

过滤效率与过滤精度、透气性是几个既类似,但又不同的指标,过滤效率是在额定流量状态,材料对气流中的颗粒物的阻隔性能,而过滤精度是指产品阻隔、拦截气流中某一尺度微粒特定介质的能力;透气性则是指在额定压力差的条件下,干净的空气穿透过滤材料的性能,透气性是材料透过干净空气的量。

根据产品的应用场景不同,常用测试用的微粒可分为盐性和油性两种。在测量过滤效率的同时,一般也会同时测定材料的过滤阻力。

根据测试用介质不同,用于口罩的空气过滤材料的过滤效率可分为颗粒过滤效率(PFE)和细菌过滤效率(BFE)两种,要用两种完全不同的仪器,使用不同特性的气溶胶进行测试。

(二)空气过滤效率测试仪器

1. 国产过滤效率测试仪器

在2020年,由于国内市场对过滤效率测试仪器的需求极其旺盛,很多企业都开发出了不少功能相近,性能各有特点的空气过滤效率测试仪器。由于价格较低,采购方便,测试方法简单,已获得广泛应用,对提高当时熔喷产品检测工作发挥了作用。

由于这些仪器在测试机理、检测方法、准确度、结果的权威性等方面与国外主流设备仍存在差距,在实际使用中要给予关注(图1-31)。

数据报表
日期:08 January, 2018
时间:14:07:06
名称:无纺布
项目:DEHS
批号:20180105-15
操作员:Admin

流量:85.2L/min
压差:36.0Pa
0.3μm:效率99.4153%
0.5μm:效率99.5130%
1.0μm:效率99.9665%
2.5μm:效率100.0000%
5.0μm:效率100.0000%
10.0μm:效率100.0000%

数据报表
日期:2020/05/03 SUN
时间:12:33:31
名称:N95口罩
项目:Nacl
批号:
操作员:JJ

流量:85L/min
阻力:81Pa
0.3μm(PFE):效率96.697%
0.5μm:效率98.310%
0.7μm:效率98.917%
1.0μm:效率99.045%
2.5μm:效率98.899%
5.0μm:效率100.000%

(a)过滤效滤测试仪　　(b)检测报告样本

图1-31　国产空气过滤效滤测试仪及检测报告样本

以下为一种国产过滤效率测试仪的技术性能数据:

(1)适用滤料:PP非织造布等。

(2)检测介质粒径有六个档次:0.3,0.5,1.0,2.0,5.0,10.0μm。

(3)流量范围:0~150L/min;流量计精度:1%。

(4)检测阻力范围:0~1000Pa;微压计精度:1Pa。

(5)尘源(测试介质)可选DEHS、石蜡油、NaCl等。

①气溶胶(DEHS):数量中值直径0.18μm,质量中值直径0.3μm,几何偏差小于1.8。

②钠盐(2%NaCl溶液):数量中值直径0.075μm,质量中值直径0.26μm,几何偏差小于1.6。

(6)标准测试面积:100cm²。

（7）电源：50Hz，220VAC，整机系统功率：1500W。

（8）压缩空气压力：0.5MPa，无油无水压缩空气消耗量：160L/min。

（9）使用环境温度：25℃±5℃。

上述仪器是用于测量颗粒过滤效率（PFE）的，可用于非油性（盐性）或油性颗粒的检测。测试报告的主要内容包括：介质种类、气溶胶特性、测试流量和分六个等级的过滤效率等。

2. 美国制造的过滤效率测试仪器

美国提赛公司（TSI Incorporated）制造的 TSI-8130 系列自动滤料检测仪，如图 1-32（a）、（b）所示，是国际上通用的过滤材料检测仪器，进入中国市场的时间已经很久，除了在空气过滤材料，特别是口罩生产企业有较大的保有量外，也是国内外第三方检测机构较为普遍使用的仪器。

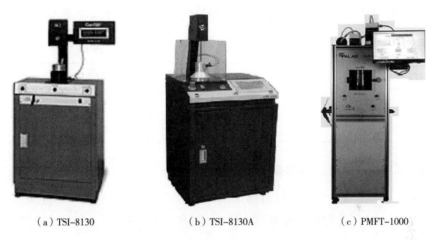

（a）TSI-8130　　　　　　（b）TSI-8130A　　　　　　（c）PMFT-1000

图 1-32　TSI-8130 系列与 PMFT-1000 过滤效率测试仪

这些仪器可以快速检测材料的过滤效率和过滤阻力，能够评估材料高达 99.999% 的过滤效率或低至 0.001% 的穿透率，其测试数据具有很高的权威性，其测试方法符合美国 NIOSH42 CFR Part84 及 GB/T 2626—2019 标准的要求。

21 世纪初的"非典"疫情，使 TSI-8130 系列仪器大量进入中国的空气过滤材料领域，并已衍生了新一代的机型（TSI-8130A）。2020 年出现的新冠肺炎疫情，为空气过滤材料开拓了巨大的市场，过滤效率测试仪器一度出现了供不应求的局面。

TSI-8130 系列仪器可用于测量盐性或油性颗粒过滤效率（PFE），测试报告的主要内容包括：介质种类、测试流量、压力降、穿透率（或过滤效率）等。图 1-33 为 TSI-8130 系列仪器的检测结果。

3. 德国制造的过滤效率测试仪器

德国帕刺斯仪器公司（PALAS）品牌 PMFT-1000 过滤效率测试仪，可以满足 GB 2626—

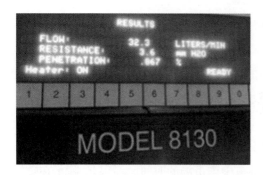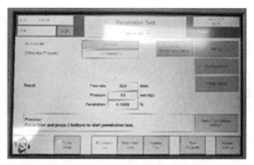

图1-33　TSI-8130仪器的检测结果

2019,42 CFR 84,EN 143,EN 149和EN 13274-7等标准的要求。

PMFT-1000过滤效率测试仪的测试报告能提供穿透率和压力降数据(表1-19)。

表1-19　PMFT-1000测试的样品穿透率与压力差数据

透过率	日期	时间	压力差/Pa	透过率/%	上限/%	结果
初始	2021.02.10	09:15:22	168.03	0.75	6.00	合格
最大	2021.02.10	10:27:21	176.07	2.13	6.00	合格

从表1-19可以看到。经过加载以后,样品的过滤阻力(压力差)上升,而且透过率也增加了,根据EN 149标准,产品的初始油性过滤效率为99.25%(=1-0.75%),加载后为97.87%(=1-2.13%),最大压力差为176.07Pa,满足FFP2等级过滤材料的要求。

PMFT-1000还可以提供不同粒径颗粒的穿透率曲线及加载量与穿透率相关曲线。图1-34为按照EN 149标准,用95L/min流量进行加载油性过滤效率的测试报告,其中的压力差上限240.00Pa及透过率上限6%都是根据EN 149标准FFP2等级的要求。

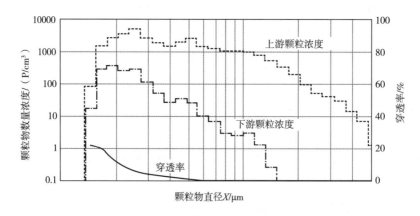

图1-34　PMFT-1000不同粒径颗粒的浓度及透过率曲线

PMFT-1000 过滤效率测试仪还可以测量过滤材料上下游不同粒径的颗粒浓度，及对应的透过率。从图 1-34 颗粒浓度分布曲线可知，在粒径 0.2~0.3μm 区间颗粒浓度较大，透过率也较大，而随着粒径增加，下游的颗粒浓度快速降低，透过率也随之降低。

PMFT-1000 还可以测量和记录在加载过程中，过滤材料的穿透率与压力差的变化，随着加载量的增加，压力差也会随之增大，而穿透率也会缓慢上升，油性颗粒的这个现象可以通过多种仪器观察到（图 1-35），但其机理尚未取得较有普遍性共识。

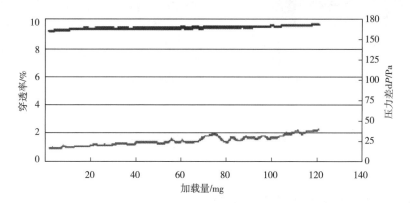

图 1-35　过滤材料的穿透率、压力差与加载量的相关性曲线

4. 口罩过滤阻力测试仪

上述各种仪器在测量材料过滤效率的同时，还测量了材料的过滤阻力或试样材料两侧的压力降。但有些产品或技术标准（如 YY 0469，YY/T 0969 等）对过滤阻力有特别要求，这时就需要使用专用的仪器进行测量（图 1-36）。

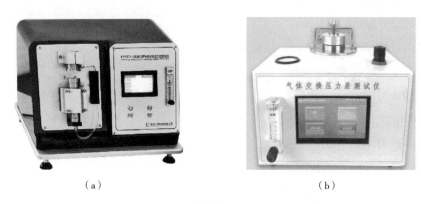

（a）　　　　　　　　　　　　　　　（b）

图 1-36　过滤材料气体交换压力差测试仪

5. 细菌过滤效率测试仪

当要测量过滤材料的细菌过滤效率（BFE）时，由于需要使用金黄色葡萄球菌气溶胶作

图1-37　细菌过滤效率(BFE)测试仪

为测试介质,就要使用专用的 BFE 测试仪器(图1-37),其测试过程和方法与 PFE 测试有很大差异。

由于测试过程所使用的介质是细菌,细菌是有生命周期的,因此,每次测试前要先进行细菌培养工作,要消耗较多的时间。仪器的操作仓是负压的,测试过程中的介质不会泄漏到外面,保证了测试人员的安全。而仪器排出的气体也是经过严格过滤后再排放,避免污染环境。

第五节　典型熔喷法非织造布生产线

一、转鼓接收型熔喷法非织造布生产线

(一)国产单转鼓接收型熔喷法非织造布生产线

1. 单转鼓接收型熔喷法非织造布生产线主要性能

(1)产品有效幅宽:1600mm。

(2)纺丝系统数量:1个。

(3)产品定量范围:15~100g/m²。

(4)纤维直径范围:2~5μm。

(5)适用原料:聚丙烯(PP),切片原料 MFI1200~1500。

(6)生产线工艺速度:10~60m/min。

(7)产品均匀度 CV 值:≤5。

(8)接收方式:单转鼓接收。

(9)生产能力:60~100kg/h。

(10)产品能耗:2000~4000kW·h/t。

(11)设备总装机容量约500kW。

2. 单转鼓接收型熔喷法非织造布生产线主要配套设备性能

(1)螺杆挤出机规格(螺杆直径×长径比):φ90mm×30。

(2)熔体过滤器:不停机液压换网型,滤网直径90mm,最大熔体流量450kg/h。

(3)纺丝计量泵:排量46.2CC/r,转速90r/min,驱动电动机功率2.2kW。

（4）纺丝箱体：衣架式熔体分流，加热功率约 50kW，工作温度 300℃，工作压力 6MPa，最大熔体流量 80kg/h（使用 MFI 1500 原料时）。

（5）纺丝组件：布孔区长度 1750mm，喷丝孔直径×长径比＝0.30×12，布置密度 1654h/m（hpi42）。

（6）牵伸风机规格：螺旋式牵伸风机，流量 45m³/min，压力 100～110kPa。

（7）空气加热器规格：流量 3000m³/min，加热功率 240kW，压力≥150kPa。

（8）接收转鼓规格：直径×有效工作面宽度＝600mm×1800mm。

（9）抽吸风机：单面抽吸，流量 20000m³/min；压力 5500Pa，45kW。

（10）冷却吹风装置：制冷能力 15×10⁴kcal，冷风温度 16～25℃，风机流量 20000m³/min，压力 2000Pa，22kW。

（11）卷绕分切机：有效宽度 1800mm，布卷最大直径 1000mm，最小分切宽度 100mm，气胀式卷绕杆直径 76mm。

（12）压缩空气系统：排气量 1m³/min，压力 0.8MPa 螺杆式空气压缩机，1m³ 容积储气罐及空气净化附件。

（二）国外大型转鼓接收型熔喷法非织造布生产线

生产线特点：纺丝系统带冷却吹风装置，转鼓接收，热轧机低温固结，加热系统使用燃气，带在线疵点检测设备（图 1-38）。为纺丝系统处于在线状态的一条转鼓接收型热轧熔喷生产线，主要性能如下：

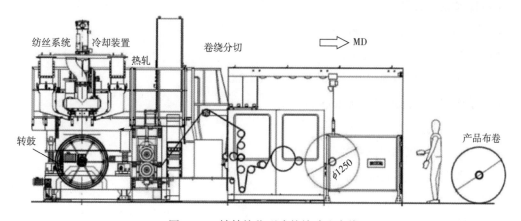

图 1-38　转鼓接收型冷轧熔喷生产线

（1）产品应用领域：卫生保健和医疗防护。

（2）使用的聚合物种类：PP（聚丙烯）。

（3）产品的定量规格：15～300g/m²。

(4)铺网宽度:1750mm(切边前),产品幅宽1600mm(切边后)。

(5)产品布卷最大直径:1250mm。

(6)最大熔体挤出量:90kg/h。

(7)生产线机械速度:最高80m/min(卷绕机)。

(8)接收转鼓直径:1200mm。

(9)电源AC 480V×3,±5%,60Hz,TN-S,辅助电压单相AC 230V,控制电压DC24V,电动机保护等级IP54(注意:这是仅适用于在欧美地区使用的设备)。

(10)压缩空气压力:6.0bar(无水无油的干净压缩空气)。

(11)安装使用环境地理条件。海拔高度≤500m;生产期中24h内的环境平均气温≤35℃,生产厂房室内温度:夏季25℃,冬季20℃;相对湿度50%~60%;电气控制房10℃~最高+40℃,安装期间的温度不低于18℃;要求厂房内空气压力:7~10Pa(即微正压)。

(12)设备标准机器标签 Standards DIN-ISO-IEC-VDE。

(13)操作语言和计量单位:英语操作环境,公制计量单位。

二、成网机接收及多工艺兼容型熔喷法非织造布生产线

(一)单纺丝系统成网机接收型熔喷法非织造布生产线

1. 熔喷法非织造布生产线主要性能

(1)产品有效幅宽:3200mm。

(2)纺丝系统数量:1个。

(3)产品定量范围:15~100g/m^2。

(4)纤维直径范围:2~5μm。

(5)适用原料:聚丙烯(PP),切片原料MFI 1500。

(6)生产线设计速度:10~80m/min。

(7)产品均匀度 CV 值:≤5。

(8)接收方式:成网机网带接收。

(9)产品最大直径:1200mm。

(10)生产能力:160kg/h。

(11)产品能耗:2000~4000kW·h/t。

(12)设备总装机容量:1100kW。

2. 主要配套设备性能规格

(1)螺杆挤出机规格(螺杆直径×长径比):φ120mm×30。

(2)熔体过滤器:不停机液压换网型,滤网直径90mm,最大熔体流量450kg/h。

（3）纺丝计量泵：排量 46.2CC/r，转速 90r/min，驱动电动机功率 3.0kW。

（4）纺丝箱体：衣架式熔体分流，加热功率约 100kW，工作温度 300℃，工作压力 6MPa，最大熔体流量 165kg/h（使用 MFI1500 原料时）。

（5）纺丝组件：布孔区长度 3420mm，喷丝孔直径×长径比＝0.30mm×12，布置密度 1654h/m（hpi42），喷丝板内部最高工作压力 2MPa。

（6）牵伸风机规格：螺旋式牵伸风机，流量 80m³/min；压力 100~110kPa。

（7）空气加热器规格：流量 5000m³/min，加热功率 450kW，压力≥150kPa。

（8）成网机规格：网带宽度 3600mm，透气量 9500m³/(h·m²)，驱动电动机 5.5kW 变频调速。

（9）主抽吸风机：单面抽吸，流量 50000m³/min；压力 5500Pa，110kW。

（10）冷却吹风装置：制冷能力 20×10⁴kcal，冷风温度 16~25℃，风机流量 40000m³/min，压力 2000Pa，37kW。

（11）卷绕分切机：有效宽度 3600mm，布卷最大直径 1000mm，最小分切宽度 100mm，气胀式卷绕杆直径 76mm。

（12）压缩空气系统：排气量 1m³/min，压力 0.8MPa 螺杆式空气压缩机，1m³ 容积储气罐及空气净化附件。

(二)双纺丝系统的 MM 型成网机接收式熔喷法非织造布生产线

（1）产品有效幅宽：1600mm。

（2）纺丝系统数量：2 个。

（3）使用聚合物原料：PP，MFI 1000~1500g/10min。

（4）产品定量范围：10~150g/m²。

（5）纤维直径范围：1.5~10μm。

（6）产品均匀度 CV 值：≤4。

（7）生产线运行速度：2~80m/min。

（8）生产能力(t/a，年生产时间为 7200h)：450t/a（相当于 62.5kg/h，纤维直径在 1.5~2μm 范围时）；600t/a（相当于 83.3kg/h，纤维直径在 2.0~4.0μm 范围时）。

（9）单产能耗：3000~4000kW·h/t。

（10）验收状态条件：产品规格 20g/m²，纤维直径 1.8~2μm。

（11）验收状态产量：1.5t/24h，能耗≤4000kW·h/t。

(三)德国兼容单行孔(SR)和多行孔(MR)工艺的熔喷法非织造布生产线

德国熔喷生产线(图 1-39)的特点是在同一个纺丝箱体上，既能使用只有一行喷丝孔的传统埃克森工艺的 SR(single row)型纺丝组件,也可以使用有多行喷丝孔的应用双轴工艺的 MR(multi row)型纺丝组件,以适应不同的要求(图 1-40)。

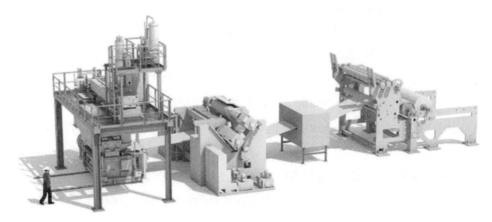

图 1-39　单行孔和多行孔两种工艺兼容的熔喷生产线

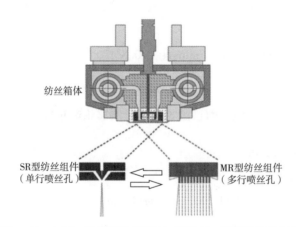

图 1-40　在同一纺丝箱体使用 SR 型及 MR 型两种纺丝组件

(1)纺丝系统配置:M 型、MM 型。

(2)纺丝系统的纺丝工艺:单行喷丝孔(SR)、多行喷丝孔(MR)。

(3)幅宽范围:1000,1600,2400,3200mm(或其他要求规格)。

(4)适用聚合物原料:PP、PE 或 PET、PLA 等。

(5)产品定量(g/m²):根据产品用途而定。

(6)成网机运行速度:根据产品的用途及定量规格而定。

(7)卷绕机运行速度:根据产品的用途及定量规格而定。

(8)喷丝板最高喷丝孔密度:SR 型工艺 hpi 75(2953h/m);MR 型工艺 hpi 178(7008h/m)。

(9)纤维直径:SR 型工艺<1~5μm;MR 型工艺 3~15μm。

(10)单位幅宽生产能力:SR 型工艺 100kg/(m·h);MR 型工艺 150kg/(m·h)。

三、气流加热熔喷法非织造布生产线

（一）1600mm 幅宽 MM 型熔喷法非织造布生产线技术指标

（1）生产线有两个结构相同的、用牵伸气流加热的熔喷系统,纺丝箱体为三角形结构（图 1-41）,比一般扁平状箱体占用更少的空间。

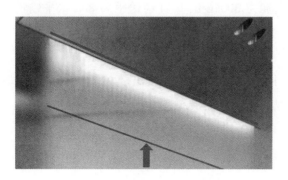

图 1-41　三角形结构的纺丝箱体

（2）产品布卷宽度:分切后产品布卷幅宽 1600mm。

（3）产品布卷最大直径:1200mm,最大重量≥500kg。

（4）切片原料流动特性:MFI 500～1800。

（5）运行速度:250m/min。

（6）产能:单个纺丝系统单位幅宽的最高产能可达 110kg/（m·h）,具体生产能力则与纤维细度,也就是产品的应用领域有关（表 1-20）。

表 1-20　熔喷纺丝系统单位幅宽产能与纤维平均直径的关系

单位产能/[kg/（m·h）]	8	10	20	30	40	50	60	70	80	≥90
纤维平均直径/μm	0.8	0.9	1.3	1.6	1.8	2.0	2.2	2.4	2.6	~

（7）DCD 及在线/离线方式:均是纺丝平台升降、移动。

（8）空气加热方式:采用热空气加热型纺丝箱体,体积及外形较小,可以在较小空间布置两个纺丝系统。组件使用周期 8～12 周,更换操作时间小于 30min。

（9）喷丝板孔密度:hpi 35（相当于 1400h/m）,喷丝孔直径 0.30mm。

（10）纺丝组件寿命:正常寿命可超过十年。

（二）1600mm 幅宽 MM 型熔喷法非织造布线配套设备性能

本生产线的特点是两个纺丝箱体是直接利用牵伸气流加热的,箱体上没有传统的电加热设备和控制系统,共用同一台成网机的一个抽吸风箱,并配置有一台热轧机进行压花

加工。

1. 原料干燥系统（2 套）

每台螺杆挤出机配套一个干燥系统，切片有效容量 450kg，最短干燥器时间 2h；干燥热空气温度 100℃；干燥用空气露点 -40℃；最低流量 420m³/h。

2. 原料输送计量系统（2 套）

每个系统切片输送能力 300kg/h，垂直输送距离 8m，水平输送距离 40m，输送速度 ≤ 25m/s。配置有两套三组分混料系统。

3. 螺杆挤出机（2 台）

螺杆挤出机直径×长径比=120mm×32，挤出量 225～260kg/h，驱动电动机功率 75kW，转速 20～70r/min，加热功率共 80kW，最高温度 80～295℃，熔体最高压力 6.9MPa。

4. 熔体过滤器（2 台）

过滤器形式：双柱塞不停机连续换网型，常规过滤精度 30μm。

5. 纺丝泵（2 套）

机型为一出一入型齿轮泵，变频调速驱动，转速 45r/min，防爆膜爆破压力 6.8MPa。熔体管道设计温度范围 235～295℃，设计工作压力 20MPa。

6. 牵伸气流系统（2 套）

GD 公司 9CDL18 螺旋风机，转速 1800r/min，流量 46.4Nm³/min，压力 103kPa，驱动电动机功率约 110kW。空气加热器功率约 265kW，最高工作温度 295℃。

7. 喷丝板

喷丝孔密度：hpi 30～50，一般为 hpi 35（1400 孔/m），喷丝孔直径 0.1～0.3，长径比 10～15，一般为 10。

8. 成网机

网带宽度 1800mm，长度 8000mm，抽吸区 CD 方向长×MD 方向宽=1700mm×600mm。抽吸风机流量 56000m³/h，压力 2500Pa。

9. 热轧黏合设备

辊面宽 1750mm，设计速度 50～275 m/min，线压力范围 26～175N/mm，黏合温度（93～175）℃±1℃（导热油炉加热）。

10. 卷绕分切机

布卷宽 1700mm，布卷最大直径 1200～1500mm，设计速度 50～300m/min。

11. 供电设备

电源 AC，50Hz，输入电压 380V×3，TN-S 系统，次级电压 AC 220V，控制电压 DC 24V。

四、双组分型熔喷法非织造布生产线

(一)双组分高孔密度熔喷法非织造布生产线

(1)生产线幅宽:1600mm。

(2)运行速度:10~100m/min。

(3)产品定量范围:10~40g/m²。

(4)生产能力:80~107kg/h。

(5)螺杆挤出机:每个组分一套,螺杆直径×长径比=50mm×30;挤出量56kg/h(PP),工作压力5~15MPa;工作温度(200~320)℃±2℃。

(6)熔体过滤器:连续式;加热功率2.8kW;出料段管道带静态混合器、加热功率0.5kW;滤后压力:24MPa。

(7)纺丝箱体:双组分型;工作温度:320℃;加热区功率10.25kW。

(8)纺丝泵数量:6只,每一个组分3套;单泵每转排量3.0CC×4/r(一进四出型泵);转速0~35r/min;单泵加热功率0.6kW;熔体总管与分流箱加热功率4kW(每一个组分);泵分流底板加热功率2×2kW(每一个组分侧)。

(9)喷丝板:孔密度hpi35,喷丝孔数2234个,布孔区宽度1700mm,设计产量107kg/h;孔密度hpi100,喷丝孔数6669个,布孔区宽度1700mm,设计产量80kg/h。

(10)牵伸风机:流量45Nm³/min,功率180kW,吸入棉空气过滤器过滤精度3μm。

(11)空气加热器:最高出风温度400℃±5℃,流量2700m³/h,功率250kW。

(12)成网机速度:5~90m/min;网带驱动电动机:功率3.0kW。

(13)成网抽吸风箱:上游溢流区风机流量11400m³/h,功率12kW;主成网区风机流量27000m³/h,功率75kW;下游溢流区风机流量11400m³/h,功率23kW。

(14)DCD调节范围:100~1000mm。

(15)冷却侧吹风:温度15℃,流量2640m³/h,出风口高度50mm,风机功率4kW。

(16)控制精度要求:温度±1℃,螺杆压力±5%,转速±0.5%,抽吸风机速度±5%。

(17)电源:三相380V,50Hz,单相230V,50Hz。

(18)压缩空气消耗量:0.15m³/min。

(二)双组分2700mm可变幅宽熔喷法非织造布生产线

(1)产品幅宽范围:1900~2700mm(本系列设备的最宽幅宽为3300mm)。

(2)产品幅宽可调,最大变幅偏转角度:45°(表1-21)。

(3)螺杆挤出机:直径(A、B组分)63mm。

(4)纺丝泵驱动电动机:0.55kW×4。

（5）纺丝组件：喷丝孔孔径 0.35mm，组件内滤网 100 目。

表 1-21　纺丝系统旋转 45° 后产品幅宽的变化范围

产品名义幅宽/mm	3300（最大）	2700	2300	1700
旋转后最小幅宽/mm	2370	1950	1660	1240

（6）牵伸风机：流量 86m³/m，压力 0.2MPa，电动机功率 250kW。

（7）成网机：网带宽度 3950mm，驱动电动机功率 22kW。

（8）抽吸风机：风量 55500m³/h，静压 10.4kPa，电动机功率 261kW。

（9）DCD 调节行程：900mm，平台升降电动机功率 15kW。

（10）成网机在线/离线轨道：总长 11.5m，减速比 750，功率 0.55kW。

（11）冷却侧吹风系统：风机流量 40582Nm³/h，静压力 1140Pa，温度 9.4℃，冷冻水消耗量 300t/h，3.9℃。

五、复合型熔喷法非织造布生产线

（一）MPM 型复合生产线

MPM 型复合是指熔喷纤维（M）与木浆纤维（P）干法混杂复合，是在两个熔喷系统间设置一个气流成网系统，在成网机网带上方的空间时，就将粉碎的木浆短纤维混杂在两个熔喷系统的纤维间，然后在网带表面混杂成网，生产线配置有热轧压花设备。这是一种具有良好吸收性能的产品，主要用于卫生制品，隔音、隔热等应用领域。

MPM 型生产工艺采用原生植物纤维为主要原料，生产过程无须废水处理，无三废产生，产品废弃物可降解，M 系统如果使用可降解生物基塑料，如用 PLA 或 PHA 纤维代替 PP 纤维，则这种 MPM 材料就是可完全生物降解的复合非织造布产品。

MPM 材料已在国外使用多年，美国称为"孖纺"（是 MultiForm™ 的音译），德国近年也推出类似的生产线和产品，称为 BiForm 产品或幻影（Phantom），这个技术已引起关注，国内也已开始开发应用。

（1）每台螺杆挤出机的挤出量为 225kg/h，两个 M 系统最大挤出量合计 450kg/h。

（2）木浆纤维加工能力约 550kg/h。

（3）产品布卷宽度（分切后）1600mm，最大产品卷径 1200mm。

（4）运行速度 250m/min。

（5）布卷重量直到 500kg 或更大，取决于布卷的直径。

（6）最大热黏合压力约 290kN，最高黏合温度 175℃±1℃，黏合花纹式样待定。

（7）牵伸风机流量 3800Nm³/h，最高压力 100kPa。

（8）牵伸气流最高温度约300℃,空气加热器功率约250kW。

（9）成网机网带宽度1800mm。

（10）设计生产能力8500t/a,年产量约8000t(按生产产品定量为45g/m²的产品,年运行时间8000h)。

（11）主要消耗:绒毛浆(针叶木浆,含水率6%)6500t/a;聚丙烯切片2600t/a;水4516m³/a;电能98×10⁵kW·h/a。

（二）SSMMS型复合生产线

纺粘法技术与熔喷法技术相结合,用一步法生产SMS复合型非织造布产品是熔体纺丝成网非织造布技术的一个重要发展方向。SSMMS型生产线配置有三个纺粘法纺丝系统(SB)和两个熔喷法纺丝系统(MB),具有较大的运行灵活性。既可以生产卫生制品材料,也可以生产医疗防护制品材料,这是国内曾竞相发展的一种主流非织造布生产设备(图1-42)。

图1-42　SSMMS型纺粘/熔喷复合非织造布生产线

（1）生产线的名称及加工路线:SSMMS,热轧固结,在线后整理,离线分切。

（2）适用原料:聚丙烯(PP)切片,SB系统使用的原料MFI为35~40;MB系统使用的原料MFI≥900~1500。

（3）产品幅宽:3200mm。

（4）产品定量:10~80g/m²。

（5）生产能力:每个纺粘法纺丝系统160kg·h/m,每个熔喷法纺丝系统60kg·h/m。

（6）生产线工艺速度:600m/min。

（7）纺粘系统纺丝工艺:整体喷丝板,宽狭缝低压、半开放式纺丝牵伸通道。

①供料系统为负压抽吸式自动供料,输送能力800kg/h。

②称重式四组分计量、混料装置,配置小螺杆计量,供料能力≤800kg/h。

③螺杆挤出机的直径×长径比＝180mm×30,驱动电动机功率200kW,螺杆最高转速60r/min。

④边料回收螺杆挤出机的直径×长径比＝105mm×18,驱动电动机功率22kW,螺杆最高转速80r/min,最大挤出量100kg/h。

⑤双柱双工位熔体过滤器,长圆形滤网尺寸144mm×230mm;最大通过能力1500kg/h,过滤器工作温度≤300℃,最大工作压力30MPa。

⑥纺丝计量泵排量178CC/r,最高转速85r/min,工作温度300℃,出口熔体压力≤25MPa,变频调速驱动电动机功率5.5kW。

⑦纺丝箱体熔体为单泵、单衣架方式分流,箱体工作压力10MPa,工作温度280℃,共有23个加热区。

⑧纺丝组件喷丝板布孔区宽度3500mm,孔密度为6600个/m,喷丝孔直径×长径比＝0.50mm×4。

⑨单体抽吸装置为双排并列多管式,带单体冷却器,风机流量3963m³/h;风机压力4661Pa,风机电动机功率7.5kW。

⑩双层冷却侧吹风结构,风箱CD方向出风宽度3550mm,设计最高风速为1.5m/s;冷却风出风温度15~22℃。

⑪牵伸风道结构带保温层,风道内腔CD方向有效宽度3600mm;风道下出风口调整范围20~30mm(MD方向)。

⑫扩散通道入口切向补风;扩散通道牵伸气流入口宽度30~40mm(MD方向);通道CD方向宽度3600mm;风道下出风口宽度90mm。

(8)熔喷系统埃克森纺丝工艺。

①供料系统为负压抽吸式自动供料,输送能力400kg/h。

②称重式三组分计量、混料装置,配置小螺杆计量,供料能力≤400kg/h。

③螺杆挤出机的直径×长径比＝130mm×30,驱动电动机功率90kW,螺杆最高转速75r/min,工作温度300℃。

④双柱双工位熔体过滤器,长圆形滤网尺寸100mm×145mm;最大通过能力800kg/h,过滤器工作温度≤300℃,最大工作压力30MPa。

⑤纺丝计量泵排量94CC/r,最高转速65r/min,工作温度300℃,出口熔体压力≤15MPa,变频调速驱动电动机功率3.0kW。

⑥纺丝箱体熔体分流方式为单泵、单衣架式,箱体工作压力10MPa,工作温度300℃,共有21个加热区。

⑦喷丝板的布孔区宽度3400mm(CD方向),孔密度为hpi 42(相当于1654h/m),喷丝

孔直径×长径比=0.30mm×3.6。

⑧热牵伸风系统风机压力124kPa,流量81.8m³/min,风机功率220kW。

⑨空气加热器功率450kW,温度300℃,流量5000m³/h,压力124kPa。

⑩双侧冷却吹风结构,喷嘴CD方向出风宽度3600mm;风速15~20m/s;出风温度15~22℃,制冷系统制冷量20×10⁴kcal/h;冷却风流量40000m³/h。

⑪DCD调节方式。熔喷系统为双平台结构,纺丝平台由下方支承机架支承,用改变纺丝平台与支承机架间的高度实现DCD调节,其最大调节行程在350mm左右,调节速度一般约在250mm/min。

⑫离线运动方式。熔喷系统为双平台结构,纺丝平台下方的支承机架带有承重及电动行走机构,在需要进行离线运动时,纺丝平台会随同支承机架在轨道上沿CD方向运动离线,其最大行程要大于纺丝箱体的长度或成网机的宽度,一般会大于4000mm,运动速度约为3000mm/min。

⑬网带应急保护装置,用于运行期间发生意外时防止成网机的网带被熔体污染损坏。

如在生产线一侧另行配置接收成网设备和卷绕机以后,有的生产线可以利用处于离线位置的熔喷纺丝系统,独立进行熔喷法非织造布生产。

(9)钢结构平台。钢结构平台是用于安装各个纺丝系统熔体制备设备的基础,纺粘系统一般有三层固定的结构,还用于安装纺丝、冷却牵伸装置和其他附属设备;熔喷系统是两层结构,而且其上层钢结构是活动的,用于满足熔喷纺丝系统运行时的DCD调节和进行离线/在线运动要求。

各个纺丝系统的固定钢平台之间是相互联通的或配置有操作走廊联通,钢结构都是由各种规格的型钢,如H形、工形、槽型及角钢构建,平台表面为防滑的花纹钢板。高端的平台构件间之间、地板与骨架之间一般采用螺钉固定。

由于大型生产线平台的高度一般都在4~7之间,平台要设置符合安全规范要求的护栏及踢脚板(高度不小于100mm)防止物品和人员滑落。

(10)成网机。成网机是生产线中的一台大型设备,一般为墙板式结构,两侧墙板由厚钢板(≥40mm)制造,刚性、稳定性都较好。成网机利用网带来接收纺丝系统的纤维,并在网带面上依次叠层成为复合型纤网,成网机选用透气量10000m³/(m²·h),宽度为3800mm的网带。

网带由变频调速电动机驱动,运行速度为600m/min,配置有各种传动辊筒:网带张紧机构、纠偏系统;在纺粘系统配置有由导热油加热的热压辊;而与压辊相对的网带下方,还配置有由电动机驱动的橡胶支承辊。成网机最下游采用两段结构的纤网转移辊(鼻端辊),缩小了辊筒的直径,可以使复合纤网尽量靠近热轧机,有效控制了纤网的"缩幅"和变形。

在成网机内,与每一个纺粘系统纺丝通道对应的位置都配置有成网抽吸风箱,还配置有防止环境气流干扰及防止发生"缠辊"的辅助抽吸风箱;熔喷系统虽然只有一个抽吸风箱,但在主抽吸口的上下游方向,一般也设有辅助抽吸区,以便更有效控制成网气流和环境气流。

(11)在线后整理系统。在线后整理系统包括两个部分,一部分是将整理液施加到非织造布产品上去的"上液"装置及与其配套使用的整理液制备系统,另一部分就是干燥系统。由于设计运行速度较快(700m/min),生产线配置的"上液"装置为带有轧液机构的双面"Kiss Roll"型设备,而干燥系统则是干燥效率较高,对产品结构影响较小的热风穿透干燥机,使用天然气为能源,循环风机功率75kW,水分蒸发能力大于200kg/h。

(12)在线检测机构。卫生保健与医疗防护制品对材料的要求较严,因而必须配置在线疵点检测装置,用于发现、检测产品存在的各种疵点。生产线配置了光学照相在线检测系统,可以及时发现疵点,并对超出"阈值"的缺陷报警提示。

(13)热轧机。热轧机是可以快速更换花辊的Y型三辊机,花辊直径520mm,刻花点宽度3700mm,加热功率120kW;光辊(S辊)直径420mm,工作面宽度3800mm,加热功率100kW;最大线压力110N/mm,轧辊最高温度180℃;机械速度650m/min,工艺速度600m/min。

(14)卷绕机。卷绕机运行模式:张力自动控制,自动换卷,工艺速度700m/min。接触辊工作面宽3700mm,母卷最大直径2000mm,卷绕轴(杆)直径200mm,与分切机之间配置双轨电动吊车转运母卷,另配A型储布架。

(15)分切机。分切机机型:恒线速度主动退卷,恒张力卷绕。工艺速度1200m/min,母卷最大直径2000mm,子卷最大直径1200mm,辊面最大宽度3700mm,最小分切宽度110mm,配套32把直径150mm圆盘剪切刀。

退卷端母卷卷绕轴直径200mm,卷绕端卷绕杆直径75mm。

第六节　熔喷法非织造布技术及产品的应用

熔喷法非织造技术主要应用在两个方面,一方面是以独立生产线的方式直接生产熔喷法非织造布产品;另一方面是作为多纺丝系统生产线的组成部分,生产含有熔喷纤网的复合型材料等。

一、熔喷法非织造布技术的应用

1. 以独立熔喷生产线的方式生产熔喷法材料或产品

(1)将熔喷布当作基本材料使用。这些熔喷布材料在直接进行深加工后成为各种产品,如擦拭布、湿巾,空气或液体过滤产品,环境保护用品,电池隔板等;

(2)作为其他最终制品中的一种材料,如口罩中的核心滤料,汽车内饰中的隔音、隔热层等。

(3)直接制造成其他形式的产品,如各式气体、液体、石油产品的滤芯。

2. 用插纤、混杂或二步法叠层复合工艺制造复合材料

(1)在生产过程中添加其他材料成为特殊功能材料,如利用插纤工艺,在纺丝过程中添加三维卷曲短纤维,便成为保温性能及尺寸稳定性好的保温、隔热材料;添加活性炭便成为具有吸附性能的空气过滤材料;添加浆粕短纤维便成为有良好吸收性能的卫生产品材料。

(2)利用纤维混杂工艺,将熔喷纤维与其他纤维(如木浆纤维P)混杂在一起,成为高吸收性的,或具有良好隔音、隔热的新型复合材料,如在卫生护理产品上应用的MPM型材料。

(3)采用二步法叠层复合工艺,将熔喷布产品与其他柔性材料(其他类型非织造布、纺织品、金属箔等)叠层,再利用热轧、热熔胶、超声波黏合等方法复合,成为一种新型材料。

3. 用于SMS型多纺丝系统复合生产线

熔喷纤网作为提供阻隔、过滤功能的材料,配套在各种多纺丝系统的SMS型生产线中,产品主要用作卫生、保健和医疗制品材料,这是熔喷法非织造材料的一个主要应用领域。

在2019年,中国的SMS复合型非织造布的实际产量为70.3万吨,按熔喷层的平均占比为15%计算,其中的熔喷层约占了10.5万吨,而独立熔喷生产线的产量只有5.6万吨。因此,在正常情况下,用于SMS复合是熔喷法非织造材料的一个最大应用领域。

而在2020年,为了防控新冠肺炎疫情,有大量的SMS复合生产线转为专门生产口罩用熔喷布的生产线,用于SMS领域的熔喷布大幅减少,而在同一时期的短时间内,还增加了数量极多的熔喷生产线,导致熔喷布的产量发生了异常的超高速增长,空气过滤材料(口罩用材料)成为熔喷布的最大应用领域。

二、典型熔喷法非织造布产品的应用

(一)熔喷法非织造布产品的主要应用领域

1. 过滤材料

过滤材料是熔喷法非织造布最早开发的应用领域,主要利用熔喷纤维超细的特征以及纤维随机铺网成布的特点。这些特点使其构成的纤维网具有更大的比表面积和更高的孔隙率,使产品具有优良的过滤性能。

因此,熔喷法非织造过滤材料主要应用于空气过滤、水过滤、油过滤、饮料过滤、油水分离等领域。

熔喷法非织造布是制造高效空气净化器(high efficiency particulate air filter, HEPA)的重要材料,对空气中粒径为0.3μm的气溶胶的阻隔率可高于99.7%,可用于制造H10~H14等级的高效过滤器。

2. 医疗、卫生制品材料

熔喷法非织造布因其良好的阻隔性和透气性,在与纺粘法非织造布复合加工后普遍适用于一次性医疗卫生材料。如用定量规格为 $30 \sim 80 g/m^2$ 的熔喷纺粘复合材料可制成医用防护服,能有效阻隔微生物、颗粒物和流体。

经过驻极处理后的熔喷法非织造材料,可制成医用口罩,能有效阻隔细菌病毒和血液的渗透。熔喷布在个人防护用品(personal protective equipment,PPE)和医疗卫生领域有广泛的应用。与其他非织造材料复合后,可制成绷带、急救包、手术布以及妇女卫生用品、纸尿裤、护理垫等产品。

3. 吸油材料

以聚丙烯为原料生产的熔喷产品,具有很好的疏水、亲油性能,且具有不溶于油类和耐酸碱等稳定的化学特性,是非常优良的吸油材料。经测试,聚丙烯熔喷非织造布可以吸收相当自身重量 $17 \sim 20$ 倍的油料,且具有吸油速度快,吸油后能长期浮在水面而不下沉,并可重复使用的特点。

熔喷吸油材料已在油水分离工程,港口、海洋石油泄漏事故处理等环境保护领域获得广泛应用。

4. 保暖、吸音材料

熔喷法非织造材料具有比表面积大,孔隙率高、孔隙小的特点。因此,其内部含有大量静止空气,使材料的导热系数变小、热阻较大,阻截了由于空气流动而发生的热量交换。熔喷材料广泛用于有隔热、保暖,隔音、减震要求的场合,如交通工具、家用电器,家纺制品、运动服装、建筑等领域。

利用聚丙烯熔喷纤维与三维中空卷曲的 PET 纤维混纺(也称为"插纤"工艺),可制成服装保暖材料,其保暖性能是羽绒的 1.5 倍,特别适合制作高寒地区的防寒被服、滑雪服、登山服等。

利用插纤工艺制造的汽车内饰材料、汽车的空气过滤和液体过滤材料、地板、顶棚和隔热层等,具有容易定型加工、重量轻、吸音隔热性能好、吸音频普特性宽、阻尼性好、阻燃、安全环保的特点。

5. 擦拭材料

用熔喷法非织造布制造的擦拭材料,常用于工业精密仪器擦拭、机电设备的清洁和维护,家庭生活擦拭用布等。

(二) 常见的熔喷法非织造材料与制品

由独立熔喷生产线生产的熔喷材料,既可以独立使用,也可以与其他材料复合后使用,主要应用在空气过滤、液体过滤、擦拭材料、美容用品、隔音、隔热和保暖材料、汽车内饰材料、环境保护等，在国民经济的诸多领域都获得了应用。

2019 年，我国的连续型熔喷产品产量有 5.4 万吨，为了防控新冠肺炎疫情，根据不完全统计，2020 年熔喷法非织造布的产量达到 54 万吨，增长了近 9 倍。

（1）擦拭类产品（MB）。如卸妆湿巾、湿面巾、个人清洁湿巾、玻璃擦拭巾、家具擦拭湿巾、消毒湿巾、清洁用耐用抹布、生物降解擦拭巾、仪器擦拭布。

（2）卫生用品。如纸尿裤（SMS）包芯层材料、防漏隔边、吸收芯体，卫生棉（SMS 或 MB）中的底面防漏层材料、芯体材料，吸收垫、宠物垫等。

（3）医用制品材料（SMS 或 MB）。如防护衣、手术衣、隔离衣。

（4）空气制品过滤材料（MB）。如口罩、空气过滤器、除尘设备过滤材料。

（5）液体过滤材料。如水过滤、油过滤、血液过滤、燃油过滤材料。

（6）吸附材料、环境保护材料。如吸油毡，吸油围栏，高温烟气过滤、除尘材料。

（7）复合材料。与其他柔性材料复合成 SMS、SMSF、MPM、MC、MCM 等材料，其中 F—塑料膜、C—短纤维梳理成网。

（8）隔音材料。汽车内饰隔音、隔热材料，家用电器隔音材料。

（9）保温隔热材料。保温棉、防寒服、高寒地区军工用品。

（10）建筑用保温隔热材料。

（11）汽车内饰材料及相关结构件。

（12）电池隔板。

（13）植物栽培及寒冷地区农用大棚保温材料等。

（三）熔喷法非织造布技术的扩展应用

以熔喷生产工艺为基础，利用插纤生产技术，将多种不同线密度的人造或天然三维卷曲短纤维、低熔点短纤维加入熔喷纤网中，表面则用纺粘非织造布加强，形成一个多层结构混合体。

本生产工艺流程中包括：短纤维梳理混合装置（图 1-43 中的 1~3），熔喷系统（图 1-43 中的 4~10、15），纤维混合成形装置、喷胶黏合装置（图 1-43 中的 11~13）和两个复合表面加强层的放卷装置（图 1-43 中的 14），卷绕机（图 1-43 中的 16）。

这种由多种聚合物纤维形成的材料具有优良的均匀度、透气性、抗张强度、弹性回复率、吸音和保温效率、环保性，可以广泛应用于汽车、飞机、轨道车辆、轮船等交通工具以及工程建筑等领域。

这类吸音、保温材料由 20%~80%（质量分数，下同）超细熔喷纤维、20%~80% 短纤维组成，表面再由表面加强层构成，厚度范围为 1~100mm，面密度为 30~1000g/m²，超细熔喷纤

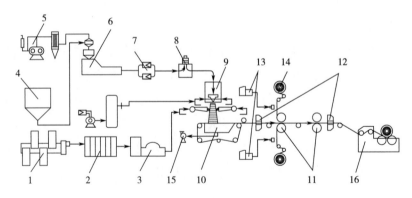

图 1-43　插纤吸音、保温材料生产工艺流程

维直径范围为 0.05~10μm，平均直径为 1~3μm，直径≤5μm 的纤维占熔喷纤维总量的 60%~90%。

短纤维包括多种不同线密度人造或天然三维卷曲短纤维和低熔点短纤维，其中人造或三维卷曲短纤维含量在 50%~100%，低熔点短纤维含量≤50%；短纤维线密度为 1.50dtex，平均长度为 20~70mm；低熔点短纤维的熔点≤165℃；表面加强层可为非织造布、镀铝膜或本体热轧黏合层。

多组分聚合物纤维吸音、保温材料的生产工艺如下：

1. 短纤维混合梳理

将多种不同线密度的人造或天然三维卷曲短纤维以及低熔点短纤维送入开松机进行预开松，然后按照组成原料的比例称量，送入纤维混合机混合均匀，再送入梳理机处理成已分梳成单纤状态的混合纤维片状物。

2. 熔喷混合成形

通过专用输送装置，将混合纤维片状物与未冷却的熔喷丝混合，经侧吹风冷却，在接收装置上加固，形成多种纤维均匀混合的蓬松态基材。

3. 表面加强处理

通过以下两种方式进行表面加强处理：

(1)在上一工艺步骤形成的多组分纤维蓬松态基材的表面复合非织造布或镀铝膜。

(2)对多纤维蓬松态基材进行 90~140℃ 的热轧处理，使表面黏结，成为一层较内层致密、强度提高，并带特定热轧花纹的表面加强层结构，最后得到该多组分高分子聚合物纤维吸音、保温材料。

第二章　熔喷法非织造布生产线设备配置

第一节　原料供给系统

原料供给系统处于生产流程的最上游位置,担负了向生产线输送生产过程所需的原料、辅料的工作。包括原料的输送、预处理、计量和混合等装置(图 2-1)。

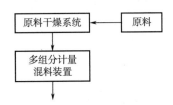

图 2-1　原料供给系统在生产流程中的位置

一、原料的输送

在非织造布生产线中,生产过程所需要的切片原料,一般都是采用气力输送,按输送系统内的压力高低,常分为正压输送和负压输送两种,正压输送就是用压力气流把原料"吹"到目的地,输送距离远,系统复杂,能耗较高;负压输送就是用低压把原料"吸"到目的地,输送距离较近,系统简单,能耗较少。这是目前较为广泛应用的气力输送技术。

(一)输送系统的基本要求

(1)有足够的输送能力,既有足够的输送量,又有足够的输送距离(水平距离及垂直高度),能保障生产线长时间连续、稳定运行。

(2)在输送过程中,物料破损率低、产生粉末少,劳动强度低。

(3)系统阻力小,输送效率高,自动化程度高、输送过程所消耗的能源较少。

(4)容易管理,容易拆卸清理,出现故障时容易维护。

(5)运行可靠,故障率低,输送管道耐磨,不容易破损泄漏。

(6)对环境影响小,运行过程没有强烈的噪声,产生的粉尘不会污染环境。

在熔喷法非织造布的生产过程中,原料先从地面的料斗输送到高位设备,然后依靠重力由上而下流入设备中。使用聚烯烃(如 PP、PE 等)类聚合物的熔喷法非织造布生产线,普遍使用负压(真空抽吸)气力送料装置将地面料斗的原、辅料送往钢平台高处的螺杆挤出机机前料斗或计量配料装置。

如果熔喷生产线是使用聚酯类(如 PET、PLA 等)聚合物,除了要进行干燥处理外,输送干切片时,则必须使用正压输送系统,用干燥气体输送这些已经过干燥处理的原料。因为采用负压输送时,系统将吸入大量含湿量较高的环境空气,会使已经干燥好的干切片吸湿、返潮。

图 2-2 为负压供料系统示意图,负压(真空抽吸)输送系统包括:地面料斗,负压源(泵或风机),抽吸及输送管道,除尘装置和电器控制系统组成。

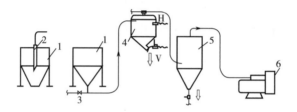

图 2-2　负压供料系统示意图

原料投入地面料斗 1 后,依靠自重流向料斗下方的出料口,在漩涡泵 6 启动后产生负压,气流经料斗、出料口和补风阀 3 将原料带往高位吸料斗 4,与空气分离,并沉积在料斗下部,当系统停止抽料后,吸料斗内的负压消失,原料就依靠重力推开阀门 V 而进入下方的用料设备;而气流则经过除尘器 5 过滤后进入旋涡泵,随后排出至大气,除尘器内收集、积累的灰尘可以用人工手动的方法,打开除尘器下方的阀门排出。

(二)原料输送系统的主要技术指标

1. 输送能力

输送能力是指在额定条件(输送水平距离、垂直高度差、物料密度)下,系统每小时可以输送的原料重量,由于输送系统只能是以间歇方式运行。因此,这是在额定时间内的平均输送能力,而短时输送能力要比平均输送能力高 1.2 倍以上。熔喷纺丝系统的产能较小,一般都是与幅宽成正比。表 2-1 为不同幅宽的通用型单熔喷纺丝系统的理论产能。

表 2-1　不同幅宽的通用型单熔喷纺丝系统的理论产能

幅宽/mm	1000	1600	2400	3200
产能/(kg/h)	50~70	80~112	120~168	160~224

注　1. 当纺丝系统生产粗纤维产品时实际产能要比表中数值更大些。

　　2. 应用双轴工艺(MR 工艺)或其他新工艺时,实际产能要更大一些。

为了保障系统不会发生断料停机,选配输送系统的输送能力时,必须比实际产能更大,以便在系统因故(如除尘器、空气过滤器出现堵塞阀门发生泄漏)导致输送效率降低时,仍可保证系统正常运行。输送能力主要是由负压源(风机)的流量决定,流量越大,也就是风机的功率越大,输送能力也越强;而风机的压力(或真空度)则会影响输送距离,压力越低,输送距离越大。

负压源普遍选用漩涡风机(图2-3),由于熔喷系统的产量较低,所需输送的物料量较少,输送距离(垂直高度及水平距离)较短,独立的熔喷系统常选用功率小于4kW的机型。如输送距离较长,管道阻力大或高差较大,可以考虑使用功率更大的机型或双级漩涡风机。

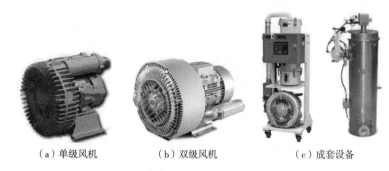

（a）单级风机　　　　（b）双级风机　　　　（c）成套设备

图2-3　送料系统用漩涡风机和成套负压送料装置

目前,已经有系列化成套输送设备供应,表2-2为CAL-G系列成套粒料输送装置性能指标。

表2-2　CAL-G系列成套粒料输送装置性能指标

型号	输送能力/(kg/h)	配套料斗型号	料斗容量/L	管道通径/mm	电动机功率/kW
CAL-1HP-G	300	CHR-6(或6E)	6	40	1.1
CAL-2HP-G	500	CHR-12(或12E)	12	40	1.5

2. 输送距离

负压输送系统的输送距离与负压源的压力有关,一般单级漩涡风机的输送高度≥12m,管道的总长度>15m,如选用双级漩涡风机或罗茨风机,也就是选用功率更大、压力更高的机型,可将原料输送到更高、更远距离的用料点。

3. 输送管道通径

要根据原料的输送量来选则输送管道的通径(DN),熔喷系统的熔体挤出量较小,输送管道的通径一般在$DN\ 25\sim40$mm,管径小、阻力大,会影响输送能力;管径太大、管道内的气流速度慢,容易发生拥堵,影响系统正常运行。

输送管道一般使用铝合金材料或不锈钢材料制造的管子,以减少原料的输送阻力,并防止被原料磨穿漏气,影响系统正常运行。输送管道还要保持静电接地,避免产生静电,将原料吸附在管壁。

4. 原料输送模式

在气力原料输送系统中,还会根据管道内的固态物料密度或输送的物料量与耗用的空气量的比例,即气料比(气料比=输送的原料重量/输送气流的重量)的大小来区分不同的输送状态。按气料比的大小可分为稀相输送和密相输送两类。当管道内固态物料的密度为100kg/m³,或气料比为0.1~25时称为稀相输送,在这种状态下的粒状或粉状物料是悬浮在气流中进行输送,气流的速度较高,一般在18~30m/s。

在采用稀相输送时,按管道内的压力,如果低于大气力就是抽吸式负压输送,如果管道内的压力比大气压力高,就是压送式正压输送。负压输送的设备较简单,但输送距离或高度较小;正压输送的距离和高度都较大。

当管道内固态物料的密度>100kg/m³,或气料比>25时称为密相输送,在这种状态的气流速度较低,但需要较高压力的气流。一般使用的发送罐正压脉冲送料和旋转阀正压送料都属密相输送。

当纺丝系统没有配置多组分计量配料系统,而是预先在地面将所需各种原料、辅料混合好,再集中送往纺丝系统的螺杆挤出机时,就要使用密相输送,否则在输送过程中,各种不同特性、形状和密度的物料会发生分离,影响进入螺杆挤出机的物料均匀性。

5. 原料输送系统的运行方式

吸料风机的启动/停止动作由控制系统自动控制,在多组分计量装置中,风机的运行受每一组分吸料斗内的料位传感器控制。排料阀关闭后,低料位传感器就发出缺料信号,触发吸料风机启动运行,并向相应组分的吸料斗供料,当原料的料位到达高料位时,表示料斗已满,风机就自动停止。

根据吸料装置控制系统的设计方案,有的吸料斗没有配置高料位传感器,而是按设定运行时间的长短决定系统的连续运行时间,到达设定时间后,系统会自动停止运行,而其启动运行信号是由低料位传感器发出的。

为了防止留存在管道内的原料将管道堵塞,有的系统在停止运行前,会自动关闭地面料斗下方的出料阀,风机继续运行至把管道中留存的全部原料抽空后才停机,这样,下一个供料循环就能很顺利启动,提高了供料的可靠性。

(三)地面料斗与投料方式

当需要向纺丝系统投放原料时,先要将原料投入输送系统地面料斗,常用的方法是将原料运送到料斗旁,再根据原料的包装规格、生产线的消耗量及输送方式,决定将原料投进地面料斗或纺丝系统的方法。

采用小包装(一般为25kg/袋)时,一般是人工搬运、解包投入;对大包装(500~1000kg/袋)

的原料,则需要起重设备配合作业。对于一些用量较少的原料(添加剂)有时就不一定需要投入料斗,把吸料管直接插入包装袋内吸料即可。

如地面料斗采用底出料型[图 2-4(a)],则在生产过程中时无须频繁照看料斗内的存料状况,因为当料斗内存留的原料料位低于额定容量时,低料位传感器会发出缺料报警信息。

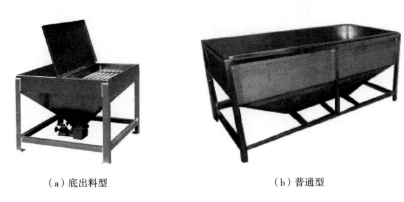

（a）底出料型　　　　　　　　　　　　　　（b）普通型

图 2-4　底出料型地面料斗与普通型料斗

气力输送系统的气料比大小对系统的正常运行有很大影响,气料比越大,系统的效率越高,消耗的能量较少,但气料比太大、管道容易发生拥堵。影响系统安全运行。因此,地面料斗的底部出料口或吸料管上都要有调节气料比的阀门或结构。

当输送设备出现突发故障,而又无法迅速排除时,为了避免生产线缺料停机,可直接利用人扛肩背的方式,把原料直接投入螺杆挤出机的机前料斗,以赢取排除故障的时间,地面料斗的容量要恰当,要有足够容量,避免频繁加料,一般加料一次应能支持系统连续运行 2h 左右;如果容量太大,会增大转换原料时的清理工作量。

二、原料的干燥

(一) 干燥机理

原料中的水分主要以两种形式存在,即沾附在切片表面的非结合水和存在于切片分子结构内部的结合水。除去表面的非结合水较为容易,一般的加热干燥设备就可胜任,但无法除去结合水;而要除去结合水则较为困难,工艺和设备也较为复杂。

对于聚酯类聚合物原料,水分含量太多,会使原料在加热熔融过程中发生强烈降解,使聚合物的相对分子质量降低,纺丝时容易发生断丝,影响纺丝稳定性;而没有经过干燥处理的原料的软化点较低,容易在螺杆挤出机的进料口发生环结,阻塞进料,因此,原料务必要经过干燥处理后才能投入纺丝系统使用。

干燥就是将各种原料中的水分去除的过程,所用的干燥方法主要为加热干燥法。干燥过程是一个传热和传质的过程,也就是利用热空气(热能)加热物料,使物料中的水分汽化,并被带走移除的过程。除去结合水的干燥系统是一个较复杂的系统。

要除去原料中的结合水,通常采用真空干燥或除湿干燥等方法降低结合水的含量,使原料的含水率达到小于50mg/kg的要求。原料的干燥系统是一个装机容量和占用空间都较大的系统,所有切片原料通过的管道、容器均要使用不锈钢制造。

在经过干燥处理后,要有有效的措施,防止干切片在输送过程中回潮,如要保持系统的密封,或用惰性气体保护,要用经过处理的干空气输送等,因此,一般都是密相正压送料,以便防止原料返潮。目前,熔喷系统很少使用聚酯类原料,因此,在生产线中很少配置这种干燥系统。

(二)干燥设备

1. 简易型干燥装置

由于一般聚丙烯原料的含水量很少(500mg/kg),正常条件下是不需要进行干燥处理就能满足纺丝要求,并可直接投入纺丝系统使用的。

若要除去原料的附着水,可以使用简易型加热干燥设备。这种干燥设备主要由干燥桶、空气加热器、风机和控制系统组成。风机将热空气从下部的加热器吹入原料中,将热量传递给干燥桶内的原料,使原料及水分升温,汽化形成水蒸气,吸收了水分的热空气则从上方排出。

这种加热干燥设备能清除物料表面的附着水,常用于干燥受潮的切片及添加剂(图2-5)。干燥聚丙烯切片的温度在65~80℃,视原料的初始水分含量不同,所需干燥时间约为1~2h。

图2-5 两种不同品牌的原料干燥器

在塑料制品行业较多采用这种干燥设备,在一些小型熔喷生产线中也配置这种干燥设备,表2-3为PHD系列干燥器的主要性能指标。

表2-3　PHD系列干燥器的主要技术性能

设备型号	25	50	75	100	150	200	300
装料量/kg	25	50	75	100	150	200	300
干燥功率/kW	3.5	4.5	6.5	6.5	9.0	12.0	15.0
风机功率/kW	0.09	0.10	0.25			0.35	0.75
干燥温度	常规机型为120℃,带后缀H为高温型,温度180℃						
干燥时间设定	加装定时器的机型带后缀T,干燥时间可在0~99h						
设备重量/kg	34	45	56	68	100	129	160
适用电源	1P230V50Hz		3P400V50Hz				

2. 聚酯类原料的干燥设备

在生产用PET、PA等聚酯类原料或PLA原料的产品时,则必须进行干燥处理,因为过量的水分会导致聚合物在高温状态发生水解和热降解,影响产品的黏度和流动性能,分子量分布变宽。而利用上述这种简易型热风干燥器,难以消除原料中的结合水,需要使用专用干燥装置,转鼓干燥器就是其中一种。

转鼓型干燥器由转鼓、回转驱动装置、加热系统、抽真空系统几部分组成。

转鼓型干燥器(图2-6)是在真空状态对原料进行干燥处理的,并以间歇方式运行,适用于产量较小的纺丝系统。连续型干燥系统是用低露点的热风进行干燥,过程是连续进行的,适用于产量较大的纺丝系统,但设备配置及工艺流程会相对复杂得多。

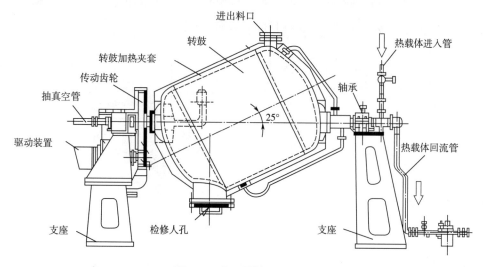

图2-6　真空转鼓型干燥器

转鼓型干燥器是一个带加热夹套(层)的密封容器,夹套内的热载体使转鼓及转鼓内的湿切片受热升温、脱水,并发生预结晶,提高软化点,防止切片出现粘连;由于转鼓内处于真空状态(罐内压力为 $0.033×10^4 ~ 0.0053×10^4 Pa$),可降低水的沸点温度,水分更容易蒸发,还可以防止原料的热氧化降解,更容易将干燥过程中挥发的水分移除。

由于转鼓的几何中线与回转轴中心线呈倾斜 25° 角,在干燥过程中转鼓一直在低速转动,转鼓内的原料便不停在翻动,可获得到均匀的加热和干燥。为减少原料破碎及产生粉尘,转鼓的转动速度一般低于 4r/min。

转鼓的干燥时间与干燥温度有关,当干燥温度为 120~140℃时,干燥时间为 4~8h,干燥后的 PET 切片的结晶率可提高至 25%~30%,软化温度可提高至 210℃,水分含量可控制在 0.003%~0.005%(相当于含水量为 30~50mg/kg)。

由于熔喷系统的原料消耗量较少,可以使用间歇运行的转鼓型干燥器进行原料干燥处理,干燥好的原料不能暴露在空气中,要密封存放在专用的容器中或充惰性气体保护,以免原料返潮。

由于聚酯类原料的干燥过程要消耗大量能量和时间,加上生产过程的其他工艺因素(如熔体温度、牵伸气流速度都更高等)的影响,增加了较多的能量消耗,单位产品的总能耗也要比聚丙烯产品高很多。

三、原料、辅料的计量和混合

(一)计量和混料装置的功能及组成

生产过程中可能用到各式各样的添加剂,如色母粒、功能母粒、改性剂等,并与原料一起共混纺丝。因此,在供料的同时还要对各种添加物做必要的计量和混合,保证熔体质量的均匀一致。计量和混料装置就是实现这一目的的设备(图2-7)。

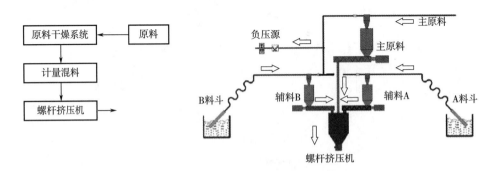

图2-7 计量混料装置在生产流程中的位置和示意图

在计量混料装置中,每一种原料(或辅料)称为一个组分,由于熔喷系统喷丝板的结构特点,加入添加剂后对纺丝稳定性的影响很敏感。因此,生产过程尽可能少用添加剂。在熔喷系统的计量混料装置中,组分数一般仅为 2~3 个。即除了主要聚合物切片外,还可以添加 1~2 种色母粒及其他添加剂。因此,在熔喷生产线中经常仅配套三组分计量混料装置。

多组分系统一般是由供料装置、存料装置、计量装置、搅拌装置及控制系统组成,有一些多组分系统计量装置仅有计量功能,而没有配置搅拌装置。多组分系统的各种装置一般是从上而下设置,便于物料依靠重力自然向下流动进入下一流程。

根据其工作原理,计量装置分为体积式和称重式两大类,熔喷系统一般都是使用结构较为简单的体积式计量系统(图 2-8),并使用螺杆供料,通过改变计量螺杆的挤出量(转数),就可以调整物料的配比。

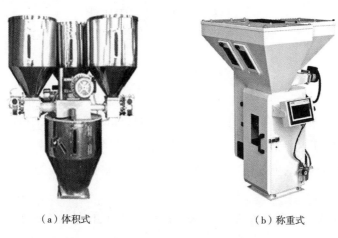

(a)体积式 (b)称重式

图 2-8 体积式和称重式三组分计量混料装置

(二)计量及混料装置的主要性能指标

1. 组分数量

组分数量是可以独立计量的原料、辅料种类,一个组分就代表一种原料(或辅料),多个组分就表示可以使用多种原料或辅料。由于辅料对熔喷系统的纺丝稳定性影响大,大部分产品都不需要添加辅料,故熔喷系统的计量装置的组分数一般不会多于三个。体积计量装置是所有组分同时进行计量。因此组分数不影响处理能力。

由于称重式计量装置采用排队顺次计量的方式运行,组分数会影响装置的处理能力,组分数越多,完成一个周期计量过程耗用的时间越长,装置的处理能力下降。

2. 配比调整范围

配比调整范围是指本组分的原料占总量的百分数(质量分数),主要原料的配比一般可在 95%~100%,其主要特征是该组分料斗的容量(体积)最大,而其他组分的容量较小,配比则一般在 0.5%~10% 范围,同一组分的配比变化范围(最大/最小)一般在 5 左右。

配比是一个相对值,是设备在额定能力条件下,各组分硬件的性能。但在实际使用中,可以灵活调节各个组分的实际配比,这时系统的处理能力就会降低。如设定主料为95kg,辅料为5kg时,辅料的配比就是5%,总处理能力为100kg;当主料减为80kg,辅料仍为5kg时,辅料的配比提高为5.9%,但系统的处理能力会同时下降至85kg。

3. 计量误差(精度)

计量误差是指计量精度,就是实际添加量与目标添加量的差异,误差越小,计量越准确,误差为零时最准确。目前,关于多组分计量装置的误差,还未见有相关标准规定,设备制造商对多组分计量系统的计量误差(或精度)的定义也较为笼统,目前主流定义:

$$计量误差 = \frac{目标添加量-实际添加量}{目标添加量} \times 100\%$$

或

$$计量误差 = \frac{目标配比-实际配比}{目标配比} \times 100\%$$

这种表示方法较为科学合理,计量误差不会随目标添加量的大小而变化,是一个相对值,具有可比性。由于这种计量的本质仍是"重量"计量,显然添加量越大,允许的误差会较大,而添加量越小,对误差的要求会越严格,否则相对误差会很大。这是最常用的计量误差的方法之一。

计量精度与所应用的计量方法有关,采用体积计量时,计量精度<±2%;采用称重式计量时,计量精度<±0.5%;

注:业界还有使用"计量误差(%)=目标添加比例(%)-实际添加比例(%)"这种较为直观的表示方法,但无法准确表述误差的真实大小,其计量结果没有可比性,因为按这个方法计算,由于有的组分本来设定的配比范围就较小,这样必然会导致出现"添加比例越小,误差也必然越小"这种假象,是不合理的。

由于添加剂(填充剂例外,但熔喷系统基本上不使用填充剂)的价格一般远比主要原料高,计量误差除了会影响产品质量外,还直接影响产品的生产成本,因为会不可避免存在影响计量精度的其他因素,为了准确控制各种原辅料的配比,在生产过程中经常会通过核算原辅料的实际耗用量来核算实际的配比,并以此为据修正计量装置的设定值。

4. 处理能力

处理能力是指计量混料装置可以正常处理的物料量,应用体积式计量时,由于各个组分是同时进料,因此,处理能力与组分数量无关;应用称重式计量时,由于各个组分是按顺序依次进料,完成每一批次所耗用的时间与组分数正相关。因此,处理能力与组分数量负相关。同一系列的设备,组分数越多,处理能力越弱。

多组分计量装置的处理能力要与纺丝系统的产能相对应,并应必须大于纺丝系统的最大产能。

(三)吸料装置的运行方式

吸料装置是每个组分用于自动供料的一套装置,与计量装置配套使用。

在生产线运行期间,给料装置与三组分系统是自动运行的。当吸料斗缺料时,排料阀自动关闭,其"低料位"传感器开关启动给料系统,料斗内处于负压状态,将低处(或地面上)的原料抽送至高处的吸料斗[图2-9(a)],直至吸料斗的高料位传感器开关发出满料信号,停止给料系统运行,料斗内恢复常压状态;随后吸料斗中的原料依靠重力,经自动排料阀进入下方的储料斗[图2-9(b)、(c)]。

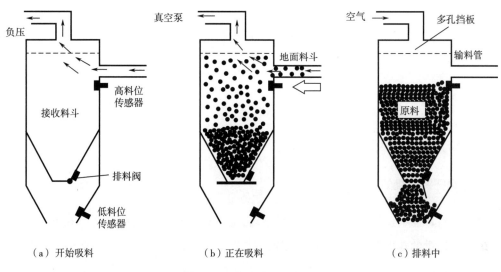

|（a）开始吸料|（b）正在吸料|（c）排料中|

图2-9　吸料斗自动吸料过程

如果更换原料或添加剂,必须对计量和混料装置进行彻底清理,因此,其结构都会做成不用工具即能快速拆卸及装配的形式。

(四)多组分计量系统的运行控制关系

(1)利用混料斗的低料位传感器启动各组分的计量装置(如计量螺杆)运行,向混料斗供料,到达混料斗的高料位时,相应组分的计量装置停止运行。

(2)各组分存料斗的低料位传感器监视计量装置的供料状态,到达低料位时会发出报警信息,如果不能在规定的延时时间内消除报警信号,也就是无法在这个时间内及时补料,纺丝系统有可能被强制停机。

(3)各组分吸料斗的低料位传感器启动送料装置的风机运行,或启动送料装置发料,向吸料斗供料,到达高料位时送料装置停止运行。

(4)各组分的计量装置可独立设定配比。

第二节　螺杆挤出机

螺杆挤出机的基本功能是将计量混料装置输送来的固态聚合物原料熔融、塑化、输送、加压和混合均化,成为压力稳定、塑化均匀的聚合物熔体,再输送到纺丝系统的熔体过滤器(图 2-10)。

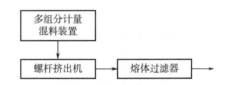

图 2-10　螺杆挤出机在生产主流程中的位置

一、螺杆挤出机的工作原理及功能

(一)螺杆挤出机的工作原理

固态原料从加料口进入挤出机的进料段后,随着螺杆转动被向前推送。在此过程中,通过加热装置提供的热能及螺杆本身在套筒内转动过程中产生的摩擦热和剪切热,以及由于螺杆螺槽容积的变化,使原料不断被挤压,并相互产生强烈的摩擦而产生热量并升温;使原料由最初的固态(玻璃态)转变为高弹态,到最终全部熔融成为黏流态的聚合物熔体,在螺杆的推力作用下,以一定的压力从螺杆的后部挤出。

在熔喷法生产线中,螺杆挤出机是一种较为大型的设备(图 2-11),大多数安装在钢结构平台上。螺杆挤出机与计量配料装置、熔体过滤器、熔体管道、纺丝泵、挤出机转速和压力控制装置组成了熔体制备系统,这个系统功能是将固态的切片熔融成纺丝熔体,并供应给纺丝组件。

(a)　　　　　　　　　　　　　(b)

图 2-11　螺杆挤出机外形图

目前,在熔喷纺丝成网非织造布生产线使用的螺杆挤出机,基本上都是单螺杆型,即一台挤出机仅有一根螺杆。但在一些使用聚酯类原料的纺丝系统中,会用到具有自动排气功能的双螺杆挤出机,即在一台挤出机的套筒中配置有两根螺杆。

使用双螺杆挤出机就可以实现原料的干燥、除湿,从而无须另行配置独立原料干燥系统,节省了设备购置费用和占用的厂房空间,还降低了产品的能耗,具有很好的经济效益。

对于双组分纺丝系统,每一组分都要独立配置一个熔体制备系统,也就是要配置一台相应性能的螺杆挤出机。

螺杆挤出机主要由螺杆与套筒、减速装置、驱动电动机、温度控制系统、压力控制系统、变频调速控制系统六个部分组成。

(二)螺杆挤出机的功能段

螺杆与套筒是螺杆挤出机的核心部分,也是决定螺杆挤出机技术性能的决定因素,而其中的螺杆则是最关键的零部件。螺杆挤出机一般沿着螺杆长度方向,分为三个功能区段,从入料口到出料端,分别为固体输送区、熔融区和熔体输送区(图2-12),而螺杆也相对应于挤出区域设计成进料段、挤压熔融段(压缩段)和计量混合段。三段式螺杆属常规设计,应用较为普遍。

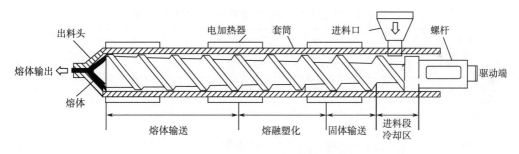

图 2-12　螺杆挤出机原理和功能分区

三个功能段长度的总和称为螺杆的工作段长度。已经制造好的螺杆,这三个功能段的几何尺寸是不变的。设计良好的螺杆,各段的功能可以较好地适应聚合物物料从固态到熔融状态挤出过程中的变化。但这些区段的长度仅是设计尺寸,而实际的功能段长度是会随着运行工况的变化而改变,并非固定不变的。

因此,在进行熔喷系统螺杆挤出机设备选型时,要适当增大螺杆的直径,避免螺杆长期处于高速状态运行,或要求螺杆与套筒之间的间隙要更小,才能保证有设计要求的熔体挤出量,特别是经过运行、螺杆与套筒发生磨损后,挤出量仍不会有明显的下降。

(三) 螺杆挤出机的性能指标

1. 螺杆的直径与长径比

螺杆挤出机直径是指螺杆有螺槽部分的最大直径,是螺杆挤出机的主要性能指标,也相当于套筒的内径,对聚合物熔体的塑化能力和质量有关键性影响。螺杆挤出机的挤出量直接与直径相关,近似与螺杆直径的平方成正比。直径越大、塑化能力越强,熔体挤出量也越大。

螺杆的长度(L)与直径(D)的比例称为螺杆挤出机的长径比(L/D)与聚合物的种类有关,长径比越大,塑化质量越好,加工聚烯烃类(PP、PE)聚合物的螺杆挤出机,其长径比一般为 28~32。由于聚酯类原料较容易在高温下发生降解,螺杆的长径比越大,聚合物在螺杆套筒内的停留时间越长,更容易发生降解。因此,加工聚酯类聚合物时,螺杆挤出机的长径比一般为 24~26。

但在一些多用途、能使用多种聚合物原料的纺丝系统中,螺杆长径比的概念已逐渐淡化,仅用一台长径比在 26~28 的螺杆挤出机,就可以分别用于聚烯烃类原料或聚酯类原料的加工。

熔喷法纺丝系统的螺杆直径与幅宽有关,常用螺杆的直径在 70~130mm(表 2-4)。

表 2-4　熔喷法纺丝系统的螺杆直径与对应的幅宽

螺杆直径范围/mm	60~70	70~90	90~120	100~130	150
幅宽/mm	1200	1600	2400	3200	4200
熔体挤出量/(kg/h)	20~60	60~100	80~150	150~250	>300

注　螺杆挤出机的长径比均为 30。

在同样幅宽的双组分纺丝系统,熔体的总挤出量是由两个组分的螺杆挤出机共同提供的。因此,其中任一组分的螺杆挤出机的直径要比单组分系统小一些,而且也会根据两个组分设计配比及聚合物的特性,选用不同规格的螺杆挤出机。如有一条 1600mm 幅宽的双组分熔喷试验系统,其中 A 组分的螺杆直径为 75mm(额定挤出量为 85kg/h),B 组分的螺杆直径为 60mm(额定挤出量为 60kg/h)。

2. 螺杆挤出机的转速与驱动功率

螺杆挤出机的挤出能力与转速成正相关,转速越快、挤出量也越大,但并不是呈线性关系;螺杆挤出机配套的驱动电动机功率与熔体挤出量正相关,挤出量越大,电动机所需要的功率也越大,同一规格的螺杆挤出机,由于配套电动机的功率不同,挤出量会有较大差异。

螺杆挤出机的转速与螺杆直径有关,直径较大的螺杆,其转动速度不宜太快,避免塑化不均匀及产生过量的摩擦热引起聚合物降解。熔喷系统的挤出量不大,所配置的螺杆挤出机直径相对也较小,所允许使用的速度也较高,在熔喷法非织造布生产线中,螺杆挤出机的额定转速会高于 70r/min。

3. 螺杆挤出机的挤出量

螺杆挤出机的挤出量(产量)主要与螺杆的直径、长径比和熔体的黏度有关,螺杆的直径、长径比越大,挤出量也越大;在一定转速范围内,熔体的黏度越高,密度越高,则挤出量也越大。

熔喷系统熔体的流动性很好,黏度也较低,螺杆挤出机实际挤出量受黏度的影响较明显,内部的漏流、逆流量增加,螺杆挤出机的效率减低。也就是说同样一台螺杆挤出机,在同样的转速下,配置在熔喷系统使用时,其熔体挤出量比在熔体黏度较高的纺粘系统要小一些;或在挤出量相同的条件下,与使用高黏度原料的纺粘法纺丝系统比较,熔喷系统的螺杆挤出机的转速要更高一些。

螺杆挤出机的挤出量还与螺杆的线型有关,与同样规格的普通单线螺杆相比,双线封闭式螺杆的挤出量要增加 20%~30%。

螺杆挤出机的挤出量还与熔体的压力有关,在同样的转速条件下,挤出机的出口压力(即熔体熔体过滤器的滤前压力)越高,挤出量也会越小,这也是在运行期间,更换过滤器滤网前压力会较高、螺杆的转速会较快,而更换滤网后,压力会降低、转速会变慢的原因。

4. 螺杆挤出机的工作温度

螺杆挤出机允许的最高工作温度受设计限制(一般高于 300℃),实际使用的温度则与所使用的聚合物原料品种、特性及纺丝工艺有关,使用聚丙烯原料时,最高温度一般比熔点高 100℃左右,可达 250~270℃或更高,熔喷法纺丝系统螺杆挤出机的工作温度一般要比纺粘法纺丝系统高 30~60℃。

螺杆挤出机的工作温度因原料的特性而定,原料的熔点越高、螺杆挤出机的工作温度也越高,如配置在 PET 生产线的螺杆挤出机,最高工作温度就比 PP 生产线高,一般在 250~300℃。

有些聚合物原料对温度很敏感,在温度偏高时很容易发生降解,影响流动性和可纺性。因此,配置在聚酯纺丝系统的螺杆挤出机的套筒要配有冷却风机,将运行过程中产生的过量剪切热量带走、移除,防止发生超温现象。在温度高于 250℃后,PLA 会发生过分降解,因此,在使用 PLA 原料的纺丝系统中,螺杆挤出机的温度被严格控制在低于 250℃的范围(表 2-5)。

而流动特性不同的原料,其温度设定值也不一样,如 PP 原料的 MFI 较小时,所需的工作温度就较高。当使用低熔指的切片原料时,熔体的温度就比使用高熔指原料时要更高一些。

表2-5　PLA供应商推荐的熔体纺丝工艺温度

温度区位置	螺杆挤出机温区					纺丝计量泵	纺丝箱体
	进料口	1	2	3	4		
温度/℃	25	200	220	230	235	235	235

螺杆挤出机仅容许套筒内的聚合物都处于熔融状态才能启动运行,如果温度太低,物料还没有全部熔融,甚至还没有到达聚合物的熔点,螺杆挤出机是不允许启动运行的,否则驱动电动机会因负荷太重而自动保护跳停,甚至会使驱动系统损坏,扭断螺杆。

因此,螺杆挤出机的控制系统应该有防止低温启动的保护功能,当螺杆挤出机所有加热区及有熔体流通的其他设备,如熔体管道、熔体过滤器、纺丝泵、纺丝箱体的实际温度,必须到达控制系统的"最低温度"设定值,并经过一段延时后,才允许螺杆挤出机启动运行。

螺杆挤出机的加热功率直接与螺杆挤出机的熔体挤出量有关,并呈线性关系,其单位熔体挤出量所需要的加热功率(kW/kg)越小,螺杆挤出机的加热效率也越高。按照JB/T 8061—2011标准的要求,直径≤120mm的螺杆挤出机,应能在两个小时内从冷态启动至达到180℃。因此,大部分正常配置的螺杆挤出机,其加热系统的功率,可以保证从冷态启动到可以正常开机运行,所需要的时间都在两个小时以内。

二、螺杆挤出机的工艺参数设定

(一)螺杆挤出机的温度设定

螺杆挤出机各加热区温度是根据所使用的聚合物种类、聚合物的流动特性、纺丝工艺及熔体挤出量这几个因素决定的。每种聚合物都有一定的熔点,因此,螺杆挤出机任何一个加热区,其温度设定值必须比聚合物的熔点更高。

如果温度低于聚合物的熔点,聚合物就不会熔融成熔体,而且会影响螺杆挤出机的安全运行。因此,允许螺杆挤出机启动运转的限制条件是:"所有加热区的温度均要达到设定值,并有一段不小于30min的恒温延时"。

由于温度会影响熔体的流动性或黏度,温度越高,熔体的流动性越好,黏度也越低。也就是聚合物原料的熔体流动性好,可以使用较低的温度设定,而流动性较差的就要设定较高的温度。

温度设定值还与熔体挤出量相关,当系统的挤出量较大时,螺杆转速较快,熔体在系统内的停留时间较短,流动速度快,为了使聚合物熔体能获得充足的热量,就需要适当提高螺杆各温区的温度设定值,提高温度差,增加传导的热量,从而使聚合物能充分受热熔融,成为高质量的熔体。

以 PP 原料为例,"最低温度"的设定值一定要高于熔点(165℃),因此,螺杆挤出机的第一段加热区温度一般比原料的熔点高 10~20℃。但一般不适宜太高,以免聚合物原料在螺杆的进料口发生环结,阻塞进料口。因此原料入口区不仅没有加热功能,而且还设置有水冷却夹套,以控制入口温度。随后,螺杆挤出机各温区的温度将逐区递增,到了最后一个温区,或螺杆的出料头,其温度设定值就基本接近正常的纺丝工艺温度,各加热区温度在 180~260℃。

在生产期间的实际温度,还与聚合物原料的特性、熔体挤出量、产品的质量等多个工艺因素有关。当挤出量较大时,温度也要相应提高一些。实际的温度设定值还与工艺习惯有关,使用同样的原料,国外非织造布厂家的温度设定值可能会更高一些。

(二)螺杆挤出机的转动速度

螺杆挤出机是处于被动状态由熔体压力控制系统自动控制的,无须人为干预或设定。在运行状态,螺杆挤出机的转速是处于上下波动状态的,但其波动范围一般在±(2~3)r/min 的范围内。

纺丝泵的入口熔体压力(控制压力)的设定值越高,对应的螺杆转速也会越快;螺杆挤出机的转速还会随螺杆出口压力(滤前压力)的变化而改变,因此,在运行期间,螺杆挤出机的转速会随着压力的升高而加快,而在压力下降后,又会随之变慢。

螺杆挤出机许用的最高转速与螺杆的直径及长径比有关,螺杆的直径越大,许用的最高转速会较慢,当螺杆的长径比较大时,聚合物原料可以得到充分塑化,许用的最高转速会较快。在 PP 熔喷系统使用的螺杆挤出机,其最高转动速度一般在 80~120r/min。

螺杆挤出机只有在启动运行阶段,才可能以手动状态、人为设定和调整螺杆挤出机的转速,但在日常运行时要进行定期巡视及维护。正常情形下,螺杆挤出机的速度约在额定最高转速的 60%~80%这个区间运行,如果运行速度太高,螺杆挤出机的调控性能会降低,如若转速太慢,熔体在螺杆内部的停留时间太长,聚合物容易发生降解。

但在一些没有配置纺丝泵、熔体过滤器的简易型纺丝系统中,螺杆挤出机还是需要人工设定的,这是一种开环控制系统,在长时间的运行过程中,系统的状态将发生一些不可避免的变化(如滤网、喷丝板堵塞引起的阻力变化),很难用人工跟踪控制的方法来保持熔体挤出量的均匀一致和稳定,因此,也就很难保证产品的质量,工艺的重现性会很差。

(三)螺杆挤出机的压力保护

螺杆挤出机的设计工作压力一般≥25MPa,而熔喷系统正常运行时的熔体压力一般仅在 6MPa 左右的,远没有达到螺杆挤出机的设计工作压力,但熔喷纺丝箱体的设计压力一般≤10MPa,因此,要以保证熔喷纺丝箱体的安全运行这个原则来设定螺杆挤出机的压力保护,其设定值一般≤6MPa。

当熔体制备系统配置有熔体过滤时,螺杆挤出机熔体输出端的压力称为滤前压力,其实际压力会随熔体过滤器滤网使用时间的增长而升高,是一个不可逆的累积过程,因此,当滤前压力提示过滤网已经堵塞,必须及时更换过滤元件,更换上新的滤网后,滤前压力会恢复到正常的压力较低的状态。滤前压力的设定值同时也是螺杆挤出机的压力保护设定值。如果实际压力到达这个设定值,控制系统会发生警示信号,如这个状态没有及时处理,经过延时后系统会自动切断电源,使纺丝系统中断运行。

第三节　熔体过滤器

一、过滤器的功能

熔体过滤器是串联在熔体制备系统的螺杆挤出机与纺丝计量泵之间的设备(图 2-13)。

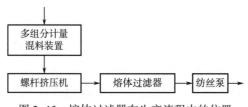

图 2-13　熔体过滤器在生产流程中的位置

(一)过滤器的功能和作用

熔体过滤器的主要作用是利用滤网的阻隔、过滤功能,阻挡及滤除熔体中的杂质、保护纺丝泵和喷丝板。由于熔喷系统中的聚合物熔融指数较大,熔体具有很好的流动性,流动阻力较低,而且流量也较小,熔体压力较低,在熔体过滤器产生的压力降也较小。

熔喷法非织造布的生产过程是一个连续不断的过程,因此,必须配置不停机切换式过滤器。常用的熔体过滤器的过滤元件载体主要有双柱塞型(又称双圆柱型)、双滑板型,与这种过滤器配套使用的过滤元件是圆形或长圆形的多层滤网,并配套有液压换过滤网驱动系统和过滤器加热系统。

在熔喷生产线纺丝系统中,熔体过滤器的入口压力,即滤前压力一般在 2~3MPa,是一个变量,要比纺粘纺丝系统低很多。

(二)熔体过滤器的要求

对熔体过滤器的要求主要有:具有适当的过滤精度,较低的过滤阻力,通道中无残留熔体的死角,足够的纳污能力,较长的使用时间,切换时熔体压力变化小,能自动排放熔体中的空气,在正常工作压力下有良好的密封性、无熔体渗漏现象,熔体损耗少等。

熔体过滤器的熔体通过能力必须大于其上游螺杆挤出机的实际熔体挤出量,工作压力必须不低于螺杆挤出机的出口熔体压力。

由于过滤器的熔体通道截面较大,而熔体的导热能力很差,熔融过程所需时间也较长。因此,在系统重新启动升温时,必须给予足够的保温时间,使内部残留的大截面熔体全部熔融,以免造成堵塞,发生意外。为了加快这一过程,也可以反复进行切换过滤网的动作,将这些尚未彻底熔融的熔体从过滤器内带出,并给予移除。

柱塞式熔体过滤器必须有排气槽,为在换滤网过程中进入熔体通道的空气提供泄放通道,以免成为熔体中的气泡影响正常纺丝。排气槽必须在柱塞上方表面。因此,熔体过滤器是有固定安装方向的,不能倒置安装。在进行纺丝平台设备布置时,必须确定过滤器进行换滤网作业时的位置,并对过滤器的安装方向提出明确要求。

熔体过滤器的安装方位会影响换滤网的操作和安全,在大部分生产线中,换滤网的操作都是在靠近平台通道一侧,并有较大避让空间的场所进行的。操作人员既可以远离其他高温设备,又有足够的规避熔体喷溅的避险空间,还能方便清理滴落的熔体和使用过的废滤网。

当熔体过滤器由常温升高到工作温度的过程中,也会出现热伸长,为了防止产生过大的热应力,在设计及安装时,过滤器的底座应是能沿管道的轴向自由移动的,以便在螺杆挤出机及过滤器受热膨胀时,可以不受约束地自由伸缩,将热膨胀形变传给熔体管道,并通过管道的弹性变形将应力吸收,从而保障系统的安全运行。

二、过滤器的性能指标

(一)过滤器的形式

熔体过滤器有很多种形式,但熔喷纺丝系统配套使用的过滤器机型相对较少,常用的熔体过滤器主要是双柱塞、双工位型的不停机切换式过滤器(图2-14),或双滑板、双工位的不停机切换式过滤器,这两种过滤器常使用圆形(或异形)的多层滤网。配套有液压换过滤网装置和加热系统,因为熔体的流动性好,黏度很低,工作时在过滤器两侧的熔体压力降也较小(0.5~1MPa)。

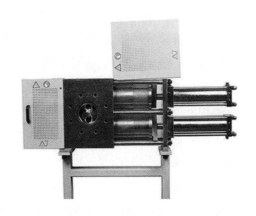

图2-14 双柱塞型熔体过滤器外观

熔喷系统在运行过程中,由于滤网上积累的杂质越来越多,滤网的阻力增加,滤前压力也会随之不断上升,当到达换网设定值时,压力控制系统会发出信号,提醒要进行换网作业。因此,在运行中要根据滤前压力的变化,进行人工换滤网作业。通常每班(8h)要换网一次。一般情况下,每次长时间停机后,再开机正式生产前,或更换产品的颜色、添加剂时,都要更换滤网。

(二)过滤精度

1. 过滤精度选择

熔体过滤器的过滤精度要与纺丝组件内的滤网精度及喷丝孔直径相适应,其过滤精度要高于组件内滤网的精度。喷丝孔的孔径越小,对过滤精度的要求也越高。而熔体过滤器的熔体通过能力必须满足纺丝系统最高产量时的流量要求,以免在正常生产时,熔体流过过滤器时产生过大的压力损失。

用于生产过滤、阻隔性材料的熔喷喷丝板,其喷丝孔的直径大都在 0.30~0.35mm(目前,最小直径在 0.15~0.18mm),呈单行排列,任何一个喷丝孔不能正常纺丝,对产品质量都有影响,因此,要求熔体过滤器要有较高的过滤精度。

过滤器的过滤精度用可以通过的最大微粒尺寸表示,计量单位是微米(μm),一般过滤装置(滤网或滤芯)的过滤精度应不大于喷丝孔直径的 1/10,也就是相当于 30~35μm,可根据这个原则选用滤网。

因而滤网的密度(目数)也要较大,才能保证喷丝孔不容易堵塞。

2. 过滤精度与目数

以前常用滤网的目(mesh)数多少表征过滤精度,目数是指在 25.4mm 长度内网孔的数量,而不是网孔(孔径或边长)的大小。其计算公式为:

$$目数 = \frac{25.4}{孔径 + 丝径} \qquad 或 \qquad 孔径 = \frac{25.4}{目数} - 丝径$$

从上述计算公式可知,目数是与丝径(mm),也就是编织滤网材料的粗细有关的,丝径越大,目数会越小;或丝径越粗、孔径会越小。因此,用目数来表示过滤精度具有不确定性,应以过滤精度(μm)表示较合理,即先计算出所要求的过滤精度,才根据这个要求来选择商品不锈钢编织网的目数。

由于网孔的尺寸与金属丝的直径有多种组合方式,因此,可根据计算结果,选用最为接近的商品不锈钢网规格(参见 GB/T 5330—2012)。

在编织网行业,这种与丝径有关的性能指标常用开孔率(%)表示,开孔率就是单位面积内,孔的总面积 a 与滤网面积 A 的百分比值:$\phi = a/A$,其中已考虑了编织不锈钢网的丝径粗细的影响;目数相同、开孔率不同的滤网,开孔率较大,则表明丝径较细。

在由多层不锈钢网组合而成的熔喷过滤器滤网中,当核心层不锈钢网规格为500~625目时,相当于过滤精度为25~20μm。当喷丝孔径更小时,对过滤精度要求更高。目前使用的滤网最高过滤精度不大于20μm,相当于600目左右。不锈钢网的目数与过滤精度的对应关系可参考表2-6。

表2-6　不锈钢网的目数与对应的过滤精度

钢网目数	80	100	120	150	180	200	250	325	425	500	625
过滤精度/μm	200	165	125	100	83	74	61	47	33	25	20

注　过滤精度(μm)与不锈钢网规格(目数)可按以下公式换算:
$$筛子过滤精度(μm) \approx 15000/(筛子目数)$$

除了在熔体过滤器中会用到过滤网外,在纺丝组件内还有一个滤网,其主要作用是阻截熔体在流动过程中形成的低分子量凝胶颗粒,由于这些凝胶颗粒尺寸较大,因此,滤网的过滤精度要比熔体过滤器中的滤网低很多。滤网的过滤精度不能太高,否则很容易被堵塞而导致喷丝板无法正常纺丝,要停机更换纺丝组件。

目前,熔喷法纺丝组件中,会用到160~200目(相当于96~75μm)的滤网,滤网均为用即弃型,更换出来的旧滤网不再作清洗处理,也不再重复使用。

滤网的过滤精度偏高,会导致熔体的流动阻力增大,在过滤器产生的压力损失增加,上游的螺杆挤出机要以更高的速度运行,会增加能耗。

(三)熔体过滤器的通过能力

熔体过滤器的通过能力是指在规定压力降的条件下,每小时通过熔体过滤器的熔体质量。

熔体的黏度或流动特性会影响过滤器的通过能力,在压降不变的情形下,同一规格的过滤器,熔体的黏度越低或熔融指数越大,熔体的通过能力也越大。在相同压力降的条件下,同一过滤器,滤网的过滤精度越高(或目数越大),熔体的通过能力越小。

因此,熔体过滤器的规格与通过能力并不是绝对的,与运行工况有关,这是选择熔体过滤器的一个重要参数。熔体过滤器的熔体通过能力必须大于纺丝系统的最大挤出量,以免在正常生产时,熔体流过过滤器时产生过大的压力损失,并降低了过滤精度。

由于在更换滤网期间,短时间内熔体过滤器仅有一块滤网工作,过滤面积仅有正常状态的一半,而且有效过滤面积也减少了,使过滤阻力迅速上升、压力降增加,螺杆挤出机转速随之升高。因为螺杆加速可以提高滤网两侧的压力降,从而可以增加熔体的通过能力,弥补由于过滤面积减少而导致的熔体流量损失,保持有足够的流量保持系统正常运行。

因此,在进行熔体过滤器选型时,就必须考虑在这种工况下的通过能力,也就是熔体过滤器的标称通过能力,要接近纺丝系统的最大挤出量的两倍左右(表2-7)。

表2-7 熔体过滤器规格与对应的熔喷纺丝系统幅宽

熔体过滤器型号	SZ70	SZ90		SZ120	
聚丙烯熔体通过能力/(kg/h)	≤250	≤450		≤600	
熔喷纺丝系统幅宽/mm	1000	1600	2400	3200	4200

注 根据郑州安吉塑料机械有限公司产品目录整理。

(四)熔体过滤器的温度

熔体过滤器的设计工作温度都在300℃以上,过滤器有两种加热方式,一种是导热油加热,另一种是电加热,熔喷系统温度高,而导热油又存在泄漏及着火的风险,因此,熔喷系统不宜采用导热油加热。

常用的电加热器有管式和板式两种,由于安装、固定方式,安装位置不同,视设计方案而异,熔喷纺丝系统的熔体流量小,熔体过滤器的体积也较小,加热功率也不大(≤8kW),在控温系统中,熔体过滤器的加热系统一般作为一个独立控制单元。

其具体的温度设定值,一般是参照螺杆挤出机出口段的加热区,或熔体管道的温度,可以相同,也可以稍高一些。

三、熔喷系统常用双柱双工位过滤器规格

双柱双工位熔体过滤器是熔喷纺丝系统常用的设备,有两个圆柱形的熔体滤网载体,称为两个工位,而每个圆柱上都有一块熔体过滤网,并有一条独立的熔体通道,称为一个通道,过滤器的每个工位的熔体通过能力都能满足纺丝系统的正常纺丝要求(表2-8)。

表2-8 AJ双圆柱型双工位液压换网过滤器

型号	滤网直径与数量/mm	滤网面积/cm²	流量/(kg/h)	加热功率/kW
SZ—70	φ52×2	23×2	≤250	2.4
SZ—90	φ62×2	32×2	≤450	3.4
SZ—120	φ94.2×2	69×2	≤600	5.2
SZ—160	φ124.2×2	120×2	≤900	8

注 根据郑州安吉塑料机械有限公司产品目录整理。

两个通道既能短时间独立运行,换滤网时就是这个运行模式;也可以长期以双通道并联的形式运行,这是纺丝系统正常运行的模式。由于任何时候最少都有一个通道有熔体通过,因此,也称为不停机换网型过滤器。在熔喷法非织造布生产线中,必须使用不停机换网型熔

体过滤器,并在任何时候至少有一个工位处于工作状态,否则将造成很大的经济损失。

四、更换柱式(或板式)过滤器过滤网的操作

为了避免螺杆的转速出现大幅度波动,影响熔体的压力和流量,当过滤器两侧的熔体压力降到达设定值(可由设计而定,一般≥1MPa)后,也就是滤前压力已上升到预设值时,就要及时更换滤网。

在更换滤网时,由于有一个滤网退出了运行[图2-15(b)],有效过滤面积减少了一半,过滤阻力发生较大的变化(增加了一倍多),熔体通过滤网的流速增加,压力降将变得更大,滤前压力变得更高,并不可避免地引起系统的压力波动,而且过滤质量也会下降。

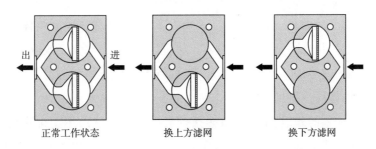

出　　　　　进

正常工作状态　　　换上方滤网　　　换下方滤网

图2-15　双柱塞式熔体过滤器换网过程的熔体流动路径

特别是在熔体的压力降较大,而操作水平又跟不上的情况下,这种波动尤为严重。会对产品的质量(主要是定量或均匀度)产生明显的影响,如挤出量波动、局部断丝等;同样会对设备的正常运行产生干扰(如使螺杆挤出机的转速大幅度波动),并很容易导致系统因熔体压力大幅下降而停机。

在运行时,熔体过滤器两侧的压力降越大,换网时的操作难度也越大,发生停机的风险也越高。因此,要及时更换熔体滤网。

使用经验证明:当有一个滤网退出运行,仅用剩下的另一个滤网时,其有效的使用时间将远小于同时用两个滤网的时间的1/2,而且由于熔体的流速增加,过滤精度也会降低。因此,每次换滤网时,必须同时更换两个滤网,而不能仅更换其中的一个。

当更换多片组合式滤网时,必须注意滤网的安装方向,如经常在熔体过滤器中使用的组合式滤网,一般是由3~4块过滤精度各不相同的不锈钢网组合而成,过滤精度最高的一块夹在中间(图2-16)。

使用多层滤网可以应用梯度过滤原理,利用精度不同的各层滤网拦截不同尺寸的杂物,可避免杂物集中淤积在核心层滤网,增加滤网的纳污量,延长滤网的使用周期。

熔体先经过前面两片精度稍低的滤网,将其中较大尺寸的杂质顺次阻隔在不同精度的滤网上,再由过滤精度最高的中间滤网作精滤,最后是精度最低的滤网,主要是对中间层滤

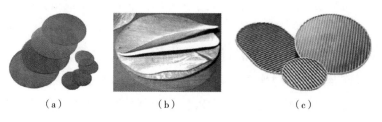

（a）　　　　　　　　　　（b）　　　　　　　　　　（c）

图 2-16　普通滤网与带铝包边滤网

网起支承作用,避免其在高压力作用下严重变形或被击穿,各层滤网的典型排列顺序(以熔体流过的先后)为 60 目、200 目、500 目、50 目。在实际运行中,有的熔喷系统使用了 600 目或更高密度的过滤网,主要根据喷丝孔直径的大小而定。

在过滤器中,滤网后面是一块厚实多孔的承压板,承压板除了承受熔体通过滤网时所产生的强大压力外,熔体从滤网及承压板的小孔通过后,由于小孔节流效应,其部分损失了的压力能会变成熔体的内能,使熔体的温度升高(具体数值与压差大小相关)其流动方向也变得较为有序,可使熔体质量得到改善。

在过滤器两个柱塞的表面,都加工有多条排气槽(图 2-17),用于排除在换滤网期间进入熔体通道的空气。如果有空气混入熔体中,这些空气随熔体从喷丝孔喷出时,会急剧膨胀导致断丝,影响纺丝的稳定。

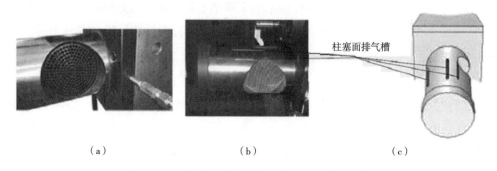

（a）　　　　　　　　　　（b）　　　　　　　　　　（c）

图 2-17　过滤器中的承压板及柱塞表面的排气槽

每次移除旧滤网后,也同时要将承压板[图 2-17(b)]表面清理干净后,才更换上新的滤网。更换滤网时有一个排气过程,容易发生危险的熔体喷溅。为了防止发生安全事故,熔体过滤器一般都配置有安全护罩。因此,只要不妨碍操作,护罩都应处于放下的状态,这样还可以减少热量的散失。

第四节　纺丝泵

一、纺丝泵的功能

在熔喷系统的工艺流程中,纺丝泵串联在熔体过滤器与纺丝箱体之间(图 2-18)。

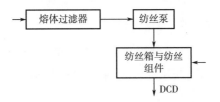

图 2-18　纺丝泵在生产流程中的位置

在纺织行业标准(FZ/T 92026—1994)中,化纤纺丝计量泵又称纺丝泵或计量泵。纺丝泵是可以用于输送高温(≥300~400℃)、高压(≥35MPa)、高黏度(≥30000Pa·s)介质的齿轮泵。纺丝泵不需要提供另外的润滑介质,其轴承是依靠自身熔体润滑的。

在熔喷非织造布生产线的纺丝系统中,所用聚丙烯原料的熔融指数可达 1500~1800,熔体黏度很小,一般≤100Pa·s,流动性很好,因此,纺丝泵有较高的效率,运行速度也可以较高。

纺丝泵的主要功能如下。

1. 输送

将螺杆挤出机产生的、经过熔体过滤器过滤的洁净熔融聚合物熔体输送到纺丝箱体。

2. 计量、定量

使输送过程中的熔体流量、质量(重量或体积)保持均匀一致,不会随纺丝箱体阻力的增加而发生明显的变化。

3. 稳压、隔离压力波动

纺丝泵可以隔离螺杆挤出机产生的压力波动,使输送到纺丝箱内的熔体压力保持稳定,免受螺杆挤出机转速及压力变化的影响。

纺丝泵还可以使螺杆挤出机在较低的压力下运行,提高螺杆挤出机的效率、增大挤出量,降低能耗;减小螺杆挤出机的磨损,延长设备使用寿命;可降低熔体的温度(纺丝泵的机械能转换为熔体的内能,使熔体的温度升高)。

熔喷系统的熔体压力一般都较低,随着纺丝组件使用时间的延长,纺丝泵运行工作时,有可能工作于泵的出口压力比入口压力更高的增压工况,这是最普遍的工况;也可能工作于泵的出口压力比入口压力还低的减压工况。

纺丝泵系统一般包括:纺丝泵、驱动电动机、传动装置、加热系统、熔体管道、静态混合器及防护装置等。

二、纺丝泵的工作原理

纺丝系统用的纺丝泵均为齿轮式,配置数量与纺丝箱体的熔体分流方式匹配,大部分是采用"一进一出"这个接口形式的纺丝泵。一个纺丝系统所配置的纺丝泵数量与纺丝箱体的熔体分配方式有关,但最少要配置一台纺丝泵。

在纺丝泵的8字形腔体内,有一对相互啮合的齿轮,其中一个是主动齿轮,直接由驱动装置驱动;另外一个是被动齿轮,与主动齿轮啮合,并被带动旋转(图2-19)。

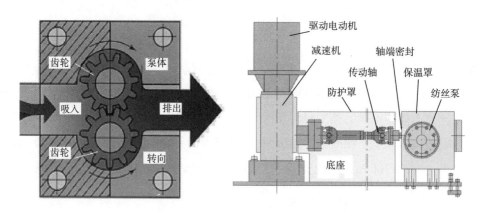

图2-19　纺丝泵工作原理与系统配置

在纺丝泵的吸入腔中,两个齿轮的齿逐渐脱离啮合接触,释放出啮合时占用的空间,使吸入腔内密闭容积增大,形成局部真空,熔体在压力(泵前压力)和腔内负压的联合作用下进入、充满纺丝泵的吸入腔和轮齿间的空隙。

随着齿轮旋转,嵌入在两个轮齿间的熔体,分两路在齿轮与壳体之间被齿轮推动前进,送到排出腔;在排出腔中两齿轮又逐渐进入啮合状态,容积减少,轮齿间的熔体被另一个轮齿挤出,排出腔内的熔体增加,压力上升而被挤压至排出口。

纺丝泵实际输出的熔体流量与其容积效率有关,纺丝泵的容积效率一般在93%~98%,制造加工水平高的纺丝泵,容积效率会较高。纺丝泵实际输出的熔体流量与熔体的黏度有关,黏度越高(相当于MFI越小)的熔体,流动性越差,允许使用的转速越低,泵的熔体流量也会越小,这个特性刚好与螺杆挤出机相反。

因此,同一型号规格的纺丝泵,输送黏度不同的熔体,流量会有很大差异。这个变化并非是泵的排量发生改变或效率发生变化,实质上则是为了使泵能正常运行而允许使用的最高转速发生变化所致。

由于熔体的流动性较差,仅依靠纺丝泵产生的负压很难将熔体吸入泵内,因此,纺丝泵的入口侧必须保持一定的压力,即保持在正压状态,使熔体能自动将泵内空间填充满,而且对纺丝泵的最高转速有一定限制,防止入口侧出现真空而发生气蚀。

因为气蚀会破坏泵的正常工作状态,引起熔体压力波动和机械震动,影响泵的安全运行。因此,熔体的黏度越高,纺丝泵容许使用的最高转速也越低,导致流量会大幅度减少。

由于纺丝泵的入口是压力较高的熔体,在运行中如果电动机或传动系统发生故障而没有扭矩输出,纺丝泵有可能在熔体的压力推动下继续转动,而熔体则自行从泵内流过,继续向纺丝箱体流动。这时虽然可以维持纺丝,但流量是不稳定的。

目前大部分国产纺丝系统都仅配置一台纺丝泵,出现这个情况时引起的压力波动较易发现。而在一个纺丝箱体配有多个纺丝泵的纺丝系统,这种纺丝泵停转故障很容易被忽视,误以为纺丝泵仍在正常运行,会产生大量的不良品。

三、纺丝泵的类型和性能指标

1. 纺丝泵的类型

纺丝系统用的纺丝泵均为齿轮式,一般是用工具钢或其他耐高温性能较好的合金钢材料制造,在输送一些有较强腐蚀性熔体(如 PA、PLA)时制造泵的材料要有防腐蚀性能。一个纺丝系统的纺丝泵配置数量与纺丝箱体的熔体分流方式匹配。有时一个纺丝系统要使用多个纺丝泵。

泵的外形主要有方形、矩形、圆形三类。泵与熔体管道的连接方式可分为管式和板式两种(图 2-20),采用管式连接时,进出方向的接口可能分布在泵体的不同平面,主要以法兰连接为主;采用板式连接时,所有接口都布置在同一平面。

可以根据熔体接口的大小来识别接口的功能,一般熔体的吸入口尺寸较大,而排出口的尺寸较小。泵的转向是由设计决定的,对于同一台泵,熔体出口、入口的位置是固定不变的,不会随安装状态而发生变化,也就是泵的转向是不能改变的。

一个纺丝泵只有一个进口,但可能会有一个或多个出口,只有一个出口时称为"一进一出"型,属于基本型,在一些直接利用纺丝泵分配熔体的系统,会用到一进四出型纺丝泵,即有 4 个出口。在多组分纺丝系统,还会用到一进八出型纺丝泵,即有 8 个出口。

纺丝泵一般是作为一个独立单元安装的,由于熔喷系统的熔体挤出量较小,纺丝泵的体积也较小,有的体积较小的纺丝泵,可直接安装在纺丝箱体上,一个纺丝箱配有多只纺丝泵的纺丝系统,就较多采用把纺丝泵安装在纺丝箱本上的安装方式。有的熔喷系统的纺丝泵则可能直接安装在熔体过滤器的机体上。

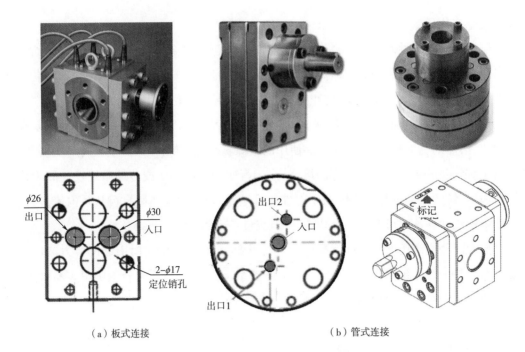

（a）板式连接 （b）管式连接

图 2-20 纺丝泵与熔体管道的连接方式

2. 纺丝泵的排量

纺丝泵的主要性能指标是每转的排量,单位为 CC/r,是由其结构决定的一个固定参数,也是用于计算纺丝系统挤出量(或产量)、产品定量规格等工艺数据的一个基本参数。同一系列的纺丝泵,基本上都是通过改变齿轮的轴向长度来获得不同排量。纺丝系统的挤出量越大,配置的纺丝泵排量也越大。

同一规格的纺丝泵,用在挤出量较大的纺丝系统,纺丝泵的实际转速会较快,而在挤出量较小的纺丝系统,纺丝泵的实际转速会较慢。

纺丝泵的排量是固定不变的,但实际的熔体挤出量还与熔体的黏度有关。熔体的黏度不同,纺丝泵的挤出量会有很大差异。熔体的黏度越高,纺丝泵许用的最高转速也越低,导致挤出量大幅减小。转速太快,高黏度的熔体很难充满纺丝泵的入口侧空间,使泵不能正常运行。因此,限制了纺丝泵的最高转速,国产 JR 系列纺丝泵的最高转速为 40r/min,主要性能见表 2-9。

表 2-9 国产 JR 系列纺丝泵适配熔喷纺丝系统幅宽

纺丝泵排量/(CC/r)	70	100	150
最大挤出量/(kg/h)	124	178	266
适用纺丝系统幅宽/mm	1600	2400	3200

注 正常运行的转速应该在最高转速 60%~80% 这一区间。

如选用排量为 47CC/r 的纺丝泵输送黏度为 200Pa·s 的聚丙烯熔体时,挤出量为 418kg/h,对应的转速约为 200 r/min;当熔体黏度为 5000Pa·s 时,挤出量仅为 220kg/h,此时对应的转速大幅度下降到 105r/min,仅为前者的 52.5%。

3. 纺丝泵的工作压力

纺丝泵都有额定工作压力,纺丝计量泵的最高工作压力一般在 30~40MPa,但从保证泵的安全运行角度考虑,有的纺丝泵制造商对纺丝泵的进口和出口间的熔体压力差有要求。在熔喷纺丝系统内,纺丝泵一般以增压状态,即出口压力比入口压力更高的状态运行,熔体的最高压力一般在 3~5MPa 范围。

纺丝泵的入口压力与熔体的黏度或流动特性有关,熔体的黏度越高,纺丝泵的入口压力也要越高,才能使熔体及时充满纺丝泵的吸入侧空间,熔喷纺丝系统的熔体黏度很低,因此,入口的熔体压力一般≤3MPa。

纺丝泵的出口压力会随纺丝组件使用周期的延长而缓慢升高,在更换纺丝组件前达到最高,这是一个累积的、不可逆过程。只有换上新的纺丝组件,压力才会恢复到最低的状态,在纺丝泵进出口压差升高后,除了泵的驱动功率随之增加外,也容易导致传动轴端发生熔体泄漏。

4. 纺丝泵的转速

纺丝泵的转速是根据设计而定,不同品牌的产品,其额定转速也不一样。而随着纺丝泵排量的不同,转速也有较大差异。纺丝泵在额定转速范围内运行,可以保证其计量精度和输出量、流量及压力也较为稳定。

目前国产泵(如 JRA 系列)的设计转速一般在≤40r/min,由于转速偏低,在转速方面的选择余地不多。而国外引进产品或国产类似仿制型号产品的转速会较高,常用规格的纺丝泵转速可以高于 100r/min。因此,既可以选用不同排量,也可以选用同一排量而运行转速不同的纺丝泵,以适应不同挤出量的纺丝系统要求这也更有利于设备管理工作(表 2-10)。

在熔体纺丝成网生产线的纺丝系统中,如果纺丝泵的转速太低,效率将下降,容易产生压力波动,而且会影响纺丝箱体内的熔体分配,造成纺丝不稳定,产生断丝,滴熔体,生产线无法正常运行。因此,在实际生产过程中,为了能得到较高的产量,纺丝泵一般选择在最高转速的 60%~90% 范围内运行。

表 2-10 马格公司 ExtrexEA 系列齿轮泵不同黏度下的最大输送能力 单位:kg/h

泵型号	排量/(cm³/r)	PP 熔体密度 0.73/(g/cm³)		PE 熔体密度 0.75/(g/cm³)		PET 熔体密度 1.15/(g/cm³)	
		200Pa·s	5000Pa·s	200Pa·s	5000Pa·s	150Pa·s	1500Pa·s
45	47	418	220	412	184	531	284
56	94	726	361	699	313	892	480

泵型号	排量/(cm³/r)	PP 熔体密度 0.73/(g/cm³)		PE 熔体密度 0.75/(g/cm³)		PET 熔体密度 1.15/(g/cm³)	
		200Pa·s	5000Pa·s	200Pa·s	5000Pa·s	150Pa·s	1500Pa·s
70	178	1189	624	1120	501	1413	762
90	376	2132	1120	1959	876	2442	1301
110	723	3599	1891	3241	1449	3999	2163

如果纺丝泵的转速太高,入口的熔体会来不及充满泵的空间,会产生空蚀现象,除了导致压力和流量波动外,还会加剧泵的磨损,影响泵的使用寿命。

与小排量泵相比较,大排量泵的齿轮模数较大,在低速运行时的压力脉动变化明显。因此,宜选择小排量、高转速的纺丝泵,这时输出的熔体压力会较稳定。也就有可能使用同一排量的纺丝泵,只需改变其运行速度,就有可能与不同幅宽的纺丝系统配套使用。

5. 纺丝泵的工作温度与温度控制系统

熔喷系统的设计工作温度一般都在 300℃ 以上,有导热油加热和电加热两种加热方式,由于熔喷系统温度高,而导热油又存在泄漏及着火的风险,因此,熔喷系统很少,也不宜采用导热油加热。

常用的电加热器有管式和板式两种,实际使用的加热元件视设计方案及安装、固定方式,安装位置而异。熔喷纺丝系统的熔体流量小,纺丝泵的排量和体积也较小,所需要的加热功率也不大(≤3kW)。在控温系统,纺丝泵一般作为一个独立的温度控制区管理,具体的温度设定值,一般可参照熔体管道的温度,或纺丝箱体的加热区温度,可以相同或稍高。

为了减少热量散失,纺丝泵要有相应的保温措施,还可以降低对环境的影响,以防止发生灼伤事故。

四、纺丝系统的熔体压力控制

纺丝系统的熔体压力控制系统主要由螺杆挤出机、熔体过滤器、纺丝泵及压力传感器、变频器等组成(图 2-21)。装在螺杆挤出机出口与熔体过滤器入口之间的压力传感器称为滤前压力传感器(P_1),所测量的压力称为滤前压力。主要用于螺杆挤出机的超压保护,并作为更换熔体过滤器滤网的参考依据。

装在熔体过滤器出口与纺丝泵入口之间的压力传感器称为滤后压力传感器(P_2),所测量的压力称作滤后压力,由于这个压力是控制基准,因此,也称为控制压力,而所使用的传感器也是精度和可靠性最高的品牌。这个传感器的安装位置对系统的调控灵敏度有很大影响,如将 P_2 直接装在熔体过滤器本体的出口侧,则可以较快反馈出口压力的变化,控制系统有较快的响应速度,减轻反馈信号延时。否则会因熔体流动速度慢,螺杆挤出机对滤后压力

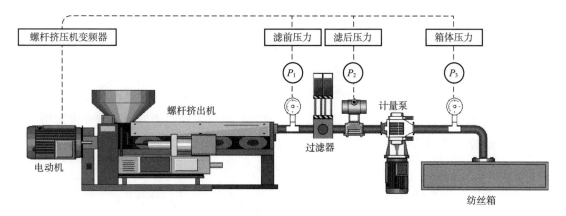

图 2-21　熔体压力控制系统

的变化存在一定的滞后延时,导致传感器有明显的大幅波动和运行噪声。

在运行过程中,是不希望 P_2 发生变化的,P_2 波动将直接影响纺丝稳定性和产品质量。因此,一定要使滤后压力保持稳定。熔喷系统的滤后压力设定值 P_2 主要与熔体的黏度或流动特性相关,黏度越低或 MFI 越高,P_2 也越小,而 P_2 是一个由人工设定的工艺参数,设定值一般在 $1.5 \sim 3 \mathrm{MPa}$。

装在纺丝泵出口或直接装在纺丝箱体上的压力传感器称为箱体压力传感器(P_3),所测量的压力称为箱体压力,主要用于纺丝箱体超压保护,并作为是否需要更换纺丝组件的参考依据。

在纺丝系统运行期间,随着熔体中的杂质、灰分等便开始在滤网的工作面上积累,使滤网的有效流通面积逐渐减少,过滤阻力增大,流量降低,这是一个单向不可逆的积累过程。导致过滤器前的压力 P_1 上升,而过滤器后的压力 P_2 下降。

当滤网投入工作后,为了能为纺丝泵提供压力和流量都稳定的聚合物熔体,常以熔体过滤器的滤后压力 P_2,也相当于纺丝泵的入口压力为基准,根据它的变化来调整螺杆挤出机转速,使滤后压力保持稳定。压力控制系统是一个闭环的负反馈系统。设定纺丝泵的入口熔体压力 P_2 后,控制系统会根据 P_2 的变化自动调整螺杆挤出机的运行速度,使熔体压力 P_2 保持稳定。

由于过滤器的熔体出口与纺丝泵入口之间会有一段距离,熔体在这段管道会形成一定的压力降,因此,视传感器 P_2 的具体安装位置不同,如果紧靠熔体过滤器,则测量的是滤后压力,如果紧靠纺丝泵入口,则测量的是纺丝泵的入口压力,安装位置不同,会影响压力控制系统的反应灵敏度,因此,应尽量紧靠熔体过滤器的出口,这样能及时反馈压力变化,保持系统的压力稳定。

当压力 P_2 出现下降趋势时,为了使滤后的压力保持稳定,控制系统就会使螺杆加速,进而提高滤前压力,增大过滤器两侧的熔体压力降(差)来增加流量,使 P_2 回复正常设定值;如

果 P_2 升高,螺杆挤出机就会自动降速,减小挤出量,使 P_2 下降至设定值。

在运行期间,滤前压力是波动的,随着滤网使用时间的增加,压力 P_1 会不断升高,这是不可控的积累过程,只有在更换滤网以后,升高的压力才会回复到较低的状态。

如果人为调整纺丝泵的运行速度,P_2 也会跟着发生变化,提高纺丝泵的转速时,流量增加,P_2 会降低,螺杆挤出机就需要加速,以增大挤出量,使滤后压力上升并保持在设定值;降低纺丝泵的转速时,流量减少,P_2 会上升,螺杆挤出机就自动降速,减小挤出量,使滤后压力下降至设定值。

其中的压力传感器 P_1 为滤前压力显示,主要用于螺杆挤出机超压保护,当滤前压力到达设定值时,就会报警或切断电动机电源,防止超压损坏螺杆挤出机。另外,P_1 输出的信号还被用来作为更换熔体过滤器滤网的提示信号,到达预设的换滤网压力后,控制系统一般会给出一个闪烁的换网提示信号。

P_3 为箱体压力传感器,主要用来保护纺丝箱体的安全,防止出现超压时纺丝箱体或纺丝组件发生熔体泄漏,当压力到达预设值后,经过一定的延时,也会报警或切断螺杆挤出机的电源,这个压力信号同时还是更换纺丝组件的一个提示信号。

有的高端设备还直接在纺丝组件(喷丝板)上安装有压力/温度复合传感器(图 2-22),其作用是保护喷丝板的安全,防止发生超压损坏事故,其输出信号也是用来切断螺杆挤出机电源的。

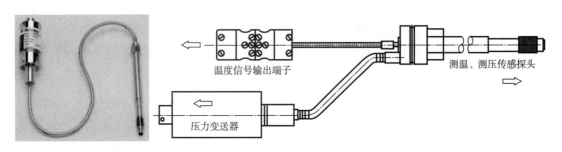

温度信号输出端子　　　　测温、测压传感器探头

压力变送器

图 2-22　压力传感器及压力温度复合传感器

P_2 为熔体压力自动控制系统的关键传感器,用于检测控制滤后压力,即进入纺丝泵的熔体压力是否稳定,对其测量精度、可靠性要求较高,常选用质量过硬的产品。而 P_1、P_3(包括喷丝板上的传感器)则是连锁保护系统的传感器,分别用于保护螺杆挤出机、纺丝箱体及纺丝组件的安全,并为更换熔体过滤器的滤网、更换纺丝组件提供提示信息,对其测量精度要求稍低。

五、纺丝泵的驱动装置与性能

纺丝泵的驱动装置包括:驱动电动机、减速机、传动轴、纺丝泵、电气调速控制器等。

1. 纺丝泵的驱动装置

纺丝泵与驱动装置间会配置一段较长的万向传动轴(图2-23),用于弥补纺丝泵与驱动装置间的位置偏差,避免温度变化产生热应力和安装误差产生的附加应力影响纺丝泵运行,还可以避免纺丝泵的高温热量传导到减速机和电动机。

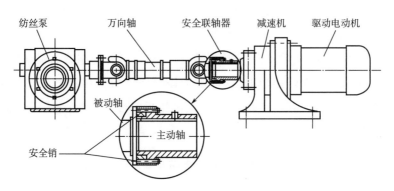

图2-23　驱动装置的万向轴与超载保护安全联轴器

纺丝泵是一台经过精密加工的设备,内部间隙很小,如果熔体不干净,很容易因为超载损坏。因此,在减速机输出轴与纺丝泵之间一般会有超载保护装置,常见方法是在两半联轴器之间设置一只安全销,当扭矩大于安全销的强度后,安全销就会被剪断,纺丝泵即自动与驱动装置脱开,保证了安全。

由于纺丝泵的熔体吸入口、排出口的位置是固定的,因此,纺丝泵的转向同样也是固定不变的,不会随安装位置或熔体管道的连接方式而发生变化。因此,纺丝泵的转动方向必须符合纺丝泵标示牌指示的方向,或根据纺丝泵熔体吸入口、排出口方向来推断输入轴的正确转向。

目前,主要使用交流变频调速电动机作为纺丝泵的驱动电动机,可以连续平滑调节速度。为了能提高纺丝稳定性和获得较高的产量,纺丝泵的实际转速一般选择在额定转速70%~90%的区间内运行。为了防止发生机械事故,传动轴系统必须配置有可靠的安全防护罩。

纺丝泵的转速是进行工艺计算的一个基础数据,因此,要求调速装置要有较高的调速精度(0.1%~0.2%)和较过硬的机械特性,转速设定值要达到小数点后的一位数。因而调速系统是一个闭环控制系统,要使用带速度反馈装置(如编码器)的电动机。

与化纤行业关注纤维的质量不同,非织造布生产线要关注的是非织造布的质量,因此,纺丝泵转速的瞬间波动不会影响熔体的流量稳定,而熔体的非牛顿特性会吸收瞬间的熔体压力波动,不会明显影响非织造布产品的质量,故追求更高的调速精度意义也不大。

为了便于输送熔体,简化管道配置,一些纺丝系统的纺丝泵会增加一些用于改变熔体流动方向或管道连接方式的附属过渡装置,但这也将无法直观判断纺丝泵的入口和出口,给检查、判断纺丝泵的正确转动方向带来麻烦,因此,要在纺丝泵的传动端刻上永久性的转向标记。

2. 纺丝泵驱动电动机的功率

目前,除了少量机型采用同步电动机以外,纺丝泵一般使用交流变频调速电动机驱动,而驱动电动机的功率与熔体的流动性能、熔体压力、出入口熔体压力差、泵的排量、实际运行转速、泵的型号等因素有关。

目前国内制造商极少提供纺丝泵这类型的设计参数,国外的制造商根据传动轴的强度,提供纺丝泵允许使用的最大转矩数据,这样就为设计纺丝泵的传动系统提供基本的依据。表2-11为根据熔体的设计黏度、最大压力差、泵的排量等设计参数,瑞士马格纺丝泵输入轴许用最大转矩和加热功率。

表 2-11 瑞士马格纺丝泵输入轴许用最大转矩和加热功率

型号	36	45	56	70	90	110
排量/(CC/r)	25.2	46.3	92.6	176	371	716
转矩/(kN·m)	0.4	0.8	1.6	3.2	6.4	12.8
加热功率/W	315	900	900	1250	2000	2500

根据机械传动的扭矩 $T(\mathrm{N \cdot m})$、功率 $P(\mathrm{kW})$、转速 $n(\mathrm{r/min})$ 之间的关系:

$$T = \frac{9550P}{n}$$

式中:9550 为换算系数。可根据表 2-11 提供的扭矩和工艺所需的转速,便可以计算出驱动电动机允许配置的最大功率,但这个功率是根据材料的强度计算的,而实际运行时的熔体压力、黏度都小于设计值,因此,实际配置的电动机功率远小于这个数值。

例如:马格的 45 型纺丝泵的额定转矩为 0.8kN·m,(即相当于 800N·m),当纺丝泵的转速(也就是减速机的输出轴转速)为 90r/min 时,则允许电动机的最大功率为:

$$P = T \cdot n / 9550 = 800 \times 90 / 9550 = 7.5(\mathrm{kW})$$

此时,纺丝泵的 PP 熔体挤出量 = 46.3×0.74×90×60×0.001 = 185kg/h,已相当于一个幅宽为 3.2m 的熔喷系统熔体挤出量。由于熔体的黏度很低,压力也比设计压力低很多,而且实际的运行速度也较低(即实际的熔体挤出量较低),而纺丝泵的负载转矩是恒转矩特性,因此,配置的电动机功率仅为 3.0~4.0kW 即能正常运行。这也是在实际使用过程中,绝大部分驱动电动机都处于较轻的负载状态运行的原因。

3. 防止熔体泄漏的轴端密封方案

由于纺丝泵是利用熔体润滑轴承的,并且有传动轴伸出泵体外部,这就存在轴端熔体泄漏问题。常有多种技术方案应对传动轴泄漏熔体,其机理主要是:

（1）拦截。通过增大熔体向外泄漏过程中的阻力，防止熔体向外泄漏，其主要形式有：填料密封、密封圈密封、迷宫密封等，这些都是接触式密封，经过长期运行后传动轴、密封件会产生磨损。其中，迷宫密封结构复杂，密封效果好，免维护。

（2）降低熔体的流动性，使其无法连续流动。用冷却介质使熔体降温失去流动性，如空气冷却套密封，水或空气冷却腔密封等（图2-24），这是一种非接触式密封，不会磨损传动轴等零件，但要消耗额外的能量。

图2-24　翅片式空气冷却套与螺旋槽密封装置

第五节　纺丝箱体

纺丝箱体是安装在纺丝泵熔体出口一侧的设备，纺丝泵输出的聚合物熔体进入纺丝箱体后，经过均匀分流后分配给纺丝组件纺丝（图2-25）。

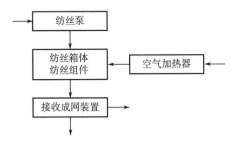

图2-25　纺丝箱体在生产流程中的位置

一、纺丝箱体的功能及相关设备

（一）纺丝箱体的名称

熔喷技术是从国外引进的，由于历史原因，纺丝箱体经常被翻译为模头；而在非织造布行业,有时会将安装在纺丝箱体上使用的纺丝组件也称为模头;也有人则将"纺丝箱体+纺丝组件"统称为模头。

当要更换纺丝组件时,通俗的说法就是换模头,其实只是更换纺丝组件(如喷丝板)而已。由此可见,"模头"这个词会有多种解释,容易产生歧义。因此,本书将不使用"模头"这个词,而使用纺丝系统、纺丝箱体、纺丝组件这几个规范的名词。

熔喷纺丝箱体处于纺丝泵的下游,除了有熔体管道相连接外,还与牵伸气流系统的热风管道连接,箱体(下方)的熔体出口位置还用于安装熔喷纺丝组件(图2-26)。

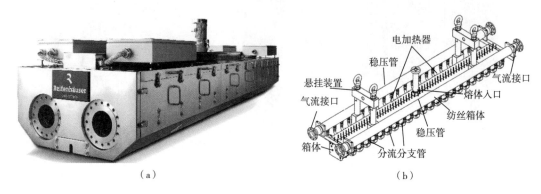

（a）　　　　　　　　　　（b）

图2-26　熔喷纺丝箱体外观和内部结构

(二)纺丝箱体的主要功能

纺丝系统是非织造布生产线中最重要的系统,而纺丝箱体是系统中的核心设备,也是价格最昂贵的设备(正常市场条件下,有些引进品牌的价格可达300多万元)。纺丝箱体还是整个纺丝系统的安装基准,也是安装纺丝组件的基础。

纺丝箱体的重要功能,是将纺丝的聚合物熔体和高温牵伸气流均匀分配到纺丝组件的各个位置,以便稳定纺制出均匀一致的熔喷纤网。

二、纺丝箱体的结构和熔体分流及加热方式

(一)纺丝箱的结构与熔体分流方式

随着纺丝组件的安装、紧固方法不同,纺丝箱体与纺丝组件的配合结构也有很大差异,通常纺丝箱体只能与纺丝组件配对使用,与其他品牌产品不一定具有互换性,就是同一品牌而不同技术发展阶段的设备也不具备可互换性。纺丝箱体的设计、安装水平对产品的质量有关键性的影响。

纺丝箱总成包括:安装纺丝组件的纺丝箱体,纺丝箱体悬挂(固定)装置,加热系统的加

热器和传感器,内部牵伸气流通道,外部牵伸气流的稳压分配装置,熔体通(管)道,保温隔热材料、防护罩等(图2-27),有的机型还包括直接装在箱体上的纺丝泵。

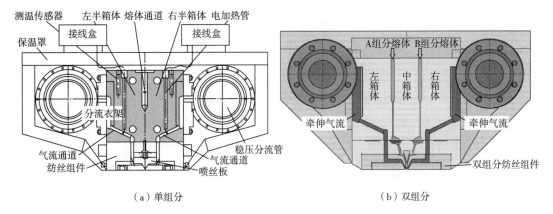

（a）单组分　　　　　　　　　　　　　（b）双组分

图2-27　单组分与双组分熔喷纺丝箱体的截面结构

除了在纺丝箱体上、下游方向两外侧附装牵伸气流一次稳压、分配装置、分配管道外,纺丝箱体内还加工有熔体通道、牵伸气流通道。有的纺丝箱体内还加工有贯通全长的二次稳压腔(直径40~50mm的大圆孔)和节流孔,结构较复杂。

1. 衣架式分流

熔喷法非织造布生产线纺丝系统中的纺丝箱体,主要是采用衣架式的熔体分配流道。所谓衣架式,即因分配流道的轮廓与日常晾晒衣服的衣架形状相似而得名。根据具体的设计方案和纺丝系统的宽度,除了常用的单衣架分流纺丝箱体外,还有多衣架分流纺丝箱体(图2-28),相对而言,衣架的尺寸越小,设计及加工的难度也越低。

（a）单衣架式　　　　　　　　　　　　（b）三衣架式

图2-28　单衣架式和三衣架式半边纺丝箱体

采用衣架式分流的纺丝箱体,设计、制造要求高,要使用耐热不锈钢材料,如SUS630(国产牌号0Cr17Ni4Cu4Nb)、SUS431(国产牌号1Cr17Ni2)等材料制造,流道是由两半对称的箱体接合面的凹下部分组成,表面都经过精密加工和抛光处理,仅依靠这两个精加工的平面,而不用其他辅助材料就能实现对熔体的有效密封,保持分流通道的尺寸稳定性。

这种结构的接合面和熔体分配流道表面不会有熔体残留,转换产品速度快、过渡性不良的产品少,而且可以利用调节特定温区温度的方法调控产品的均匀度。纺丝箱体为对称的两半块式结构,用大直径(M30)的 10.9 级或 12.9 级高强度螺栓相向连接,依靠精密加工的接合平面实现熔体密封。

在纺丝箱体的装配过程中,这些螺栓必须按工艺要求,在额定的温度下、分多次进行热紧固,只有这样接合面才能保持有良好的面接触,保证熔体的密封性。两个接合面之间是不能加入任何密封材料的,否则会改变原来设计的流道截面结构和尺寸。

由于熔喷系统的熔体流动性很好,黏度低;加上纺丝箱体的运行温度高,热变形量大,如果没有按工艺要求进行装配,接合面有一丝缝隙都容易出现熔体泄漏,在不少熔喷纺丝箱体会见到这种泄漏现象。

纺丝箱内的熔体一般都是采用衣架式分流,但衣架的数量会因机型而异。国产熔喷纺丝箱体、德国莱芬豪舍公司基本都是采用单衣架式分流,即一个纺丝箱体仅有一个熔体分流衣架,也仅配置一台纺丝泵。

美国、法国、意大利及德国一些品牌的熔喷系统,较多采用多纺丝泵、多衣架式的熔体分流设计,即一个纺丝箱体内有多个衣架式熔体分配流道,而每一个衣架则独立配置一台纺丝泵。

一般情况下,一台纺丝泵仅对应一个衣架,也有一台纺丝泵向多个小衣架供应纺丝熔体的机型,这时就要使用一进多出型纺丝泵,泵的出口数量一般有三四个。纺丝泵输出的每一路熔体就会对应纺丝箱的一个区域或一个小衣架。由于这种分配流道的熔体分配范围较小,因此,这种衣架式的结构就较为简单。

2. 纺丝泵分流

一般情况下,一进多出型纺丝泵只有一个熔体入口,但会有多个熔体输出口。如一条幅宽为 1600mm 的双组分熔喷生产线,每一个组分都配置有三台一进四出型的纺丝泵,从熔体过滤器输送来的熔体先用外部管道均分为三路,分别供应给三个纺丝泵,纺丝泵的 12 个熔体输出口将通过在箱体内部加工的管路,将熔体均分到全幅宽范围。

国外还曾有一种利用箱体外的管道与多纺丝泵分流的机型,熔喷产品有很好的均匀度,但实质仍是一个纺丝泵分流机型(图 2-29)。

(二)纺丝箱体的加热方式

由于熔喷纺丝箱体内布置有精密的熔体分配流道,还有复杂的气流通道及各种附件的安装孔,加上其位置还可能是不固定的,因此,限制了熔喷纺丝箱体可以采用的加热方式,最常用的加热方式是电加热,少量采用热气流加热。

1. 电热管加热

为了避免进入纺丝箱体的聚合物熔体由于热量散失、温度降低而影响流动性,纺丝箱体

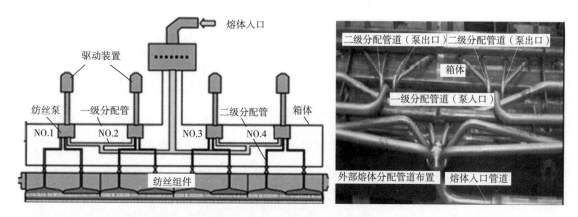

图2-29　外部管道与多纺丝泵相结合的熔体分流方式

要配置有加热系统。电热管加热是熔喷法纺丝箱体的主要加热方式,也是最常用的加热方式。加热元件是管状电加热器,箱体上安装有数量众多的加热管和温度传感器,设置了多个独立的温度控制区,控制系统也较复杂。

熔喷纺丝箱体大多采用电加热,由于温度场是以电热元件为中心成一定梯度向外分布的圆形。因此,用单个功率较小而数量较多的加热原件,以较为密集的方式分布时,其温度分布梯度较小。相对于用较少数量,但单个功率较大的元件,以较大间隔的配置方式,能得到更为均匀的温度分布。

如功率及布置间隔过大,两个加热元件的中部位置温度会明显偏低,熔体的流动性较低,严重时会直接影响质量,导致产品出现条状的缺陷。电加热管在 CD 方向的间距一般≤75mm,而其加热段的长度要尽量延伸到纺丝箱体的下方,因为纺丝箱体的下方是裸露在空气中的没有加热设备的纺丝组件,这样使箱体的下方也能获得足够的热量。

纺丝箱体的温度会影响熔体的流动性,直接影响产品的均匀度,因此,控温精度(实际温度与设定温度的差异)一般要达到±1℃。由于纺丝箱体是一个厚重的金属制品,而金属材料有良好的导热性能,加上受内部正在流动的熔体影响,在相邻温度区的交接位置,实际温度是不可能出现突变的。

纺丝箱体的加热功率主要与聚合物熔点、产品幅宽及熔体流量(产量)有关,聚合物的熔点温度越高,纺丝系统的幅宽越大,熔体流量越大,则纺丝箱体的加热功率也会越大。在 PP 纺丝系统,最高工作温度一般在 300~350℃。

在正常的功率配置情况下,纺丝箱体从室温冷态升至工艺所需温度消耗的时间≤2h,而一些配置功率偏小的箱体,升温时间会较长,个别品牌可达 4h。表2-12 为一些常用品牌的各种幅宽规格熔喷纺丝箱体的加热功率。从表2-12 中可见,不同品牌的纺丝箱体,其加热功率差异会较大,如幅宽同为 3.2m 的纺丝箱体,其最大加热功率在 85~130kW 范围。

表 2-12　熔喷纺丝箱体的幅宽与加热功率

纺丝系统幅宽/mm	1200	1600	2400	3200
纺丝箱体加热功率/kW	~30	45~56	56~82	85~130
加热区数量	9	12	15~16	18~24

管状加热元件使用的电压有 220V(单相)和 380V(三相)两种。在不同品牌或不同幅宽或同一个纺丝箱体不同位置上使用单只管状加热元件,其加热功率有可能也是不同的,而单只管状加热元件的功率为 0.55~1.20kW,有的机型会用到最大功率>2kW 的管状加热器,所以在更换加热元件或接线时必须关注上述各种情况。

中间区域的各个加热区,一般都是按等功率分布方式配置,即每个加热区的功率都一样,但两端的加热区的功率会较大。由于在运行时的散热状态(或热负荷)不同,相邻加热区之间又互相影响,在实际运行时,温度设定值也有可能是不同的,各加热区的加热器的实际工作状况(负载率)也是不一样的。

纺丝箱体的加热区的数量很多,如一般幅度为 3.2m 纺丝箱体上有 18~22 个加热区,个别品牌可有 25 个。每个加热区最多由 6~8 只电加热管和一只温度传感器组成,也就是一个温区的最大加热功率在 6~7kW。

温度控制系统可以对所有温区的温度集中统一设定,即实现群控,而无须逐一设定各温区的温度。在具体操作时,只要给定一个设定值,所有加热区的温度即可同时设定好。

温度控制系统还可以对个别加热区进行个性化设定,并根据工艺要求修订设定值。因此,纺丝箱体的温度设定值、实际的温度并不一定是相等的,只要不影响产品的均匀度,能保持纺丝稳定即可。

熔体的温度差异会直接影响产品的均匀度,因此,经常通过人为制造温区间的温度差异,用于改善相关区域的熔体流动性,从而调整产品的均匀度。温度较高的区域,熔体流动性较好,相应位置纤网的纤维会较多。但也要关注由此引起的其他变化和对产品质量的影响,如熔体的流量增加以后,喷丝孔的单孔流量随之增加,纤维变粗后对产品各项质量指标的影响。

普通的单组分纺丝箱体结构较简单,加热区是沿 CD 方向逐段划分的,而双组分纺丝系统两个组分的熔体是分别从箱体上、下游(MD 方向)两侧进入纺丝箱体,两个组分的熔体温度是不一样的,因此,双组分纺丝箱体的加热区是先按不同组分分为两个大区,然后分小区。两个大区的温度会有明显差异,但温差不宜太大,除了会形成偏大的热应力外,其相互影响干扰也会较大。

2. 气流加热

由于熔喷系统的牵伸气流温度比熔体温度更高,因此,可以直接利用高温牵伸气流的热能来加热纺丝箱体,这时除了作为牵伸气流外,高温的牵伸气流还兼作纺丝箱体加热热源,这是熔喷系统特有的一种加热方式。

目前,美国的双轴熔喷系统、美国 EG 公司的熔喷系统纺丝箱体,就是直接利用高温牵伸气流加热的。由于以上两种熔喷系统的生产效率比普通的熔喷系统更高(可达 1.5 至几倍)。因此,尽管是利用比热容(比热)较小、效率较低的高温气流加热,但其产品的能耗还是要比直接用电能加热低一些。有的小型间歇式熔喷系统也是使用牵伸气流加热的。

由于没有复杂的电加热、温控设备,纺丝箱体的结构简单、紧凑,外形也较小(图 2-30),可以在较小的空间安装使用,还便于在一些特定使用场合倾斜安装。目前,这种加热方式还没有在国内大型连续式熔喷系统中应用,因为对产品质量要求不高,在一些小幅宽的简易型纺丝系统仍被应用。

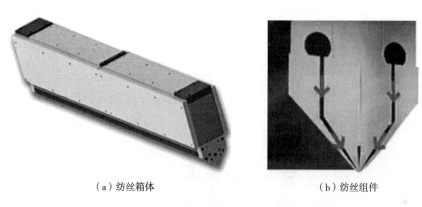

（a）纺丝箱体　　　　　　　　　　（b）纺丝组件

图 2-30　仅用气流加热的熔喷纺丝箱体和纺丝组件

纺丝箱体虽然没有直接用电能加热,而是利用牵伸气流加热,并非不用加热。只是所使用的热源及传热介质不同而已。

3. 纺丝箱体的保温

熔喷纺丝箱体的最高工作温度与聚合物的品种有关,加工聚烯烃类原料的纺丝箱体的最高设计温度在 300~350℃。在运行期间的温度一般都高于 250℃,而加工聚酯类原料和其他特种原料的纺丝箱体,实际工作温度则会更高。纺丝箱体向周边环境辐射的大量热能,除了降低能量利用效率、增加产品的能耗外,还污染了车间的工作环境,对稳定产品的质量也是不利的。

为了减少热量损失和对生产环境的影响,一般都采用厚度较大(≥50mm)的耐高温的绝缘材料对纺丝箱体进行保温处理。少数机型会将保温材料做成可以快速穿着的衣服状,直接将纺丝箱体包裹起来,但更多的是在保温材料外面,设置可以快速拆卸和安装的不锈钢外层保温护罩。

在纺丝箱体的防护罩内,还布置有大量的电加热器、温度传感器、压力传感器、接线盒等电气设施。因此,护罩内的所有电气连接线必须使用耐高温(≥300℃)的阻燃型绝缘导线。

当有飞花进入护罩内,或因管道、纺丝箱体本身有熔体泄漏时,泄漏出的熔体都是可燃性物质,在一定的条件下会发生阴燃或明火燃烧,这是熔喷系统运行期间存在的一种安全隐患,要注意做好定期清理工作。

表2-13为3200mm幅宽熔喷纺丝箱体及纺丝组件技术参数。

表2-13　3200mm幅宽熔喷纺丝箱体及纺丝组件技术参数

序号	项目	技术参数
1	产品有效宽度/mm	3200
2	熔体出口长度/mm	3470
3	熔体分流通道表面处理	铬钢抛光
4	加热器形式	管状电加热器
5	加热区数量/个	24
6	总加热功率/kW	约130
7	气隙(air gap)宽度/mm	0~3(可调)
8	锥缩(set back)值/mm	-0.3~1.7
9	箱体净重(不含支架)/kg	~4000
10	支架重量/kg	~950
11	运行噪声/dB(A)	<85

三、纺丝箱体的安装和固定

熔喷法的接收距离(DCD)较小,为了适应不同应用领域产品的要求,独立熔喷生产线的DCD会较大,有的可达1000mm,在SMS生产线中的熔喷系统,主要用于生产阻隔性纤网,因此DCD会较小,一般都<400mm。因此,纺丝箱体与成网机(接收装置)的距离会很近,如果直接将纺丝箱体固定在钢平台上,则钢平台下方的作业空间会很小,妨碍正常作业。

因此,熔喷系统基本都是采用悬吊方式,将纺丝箱体装在钢结构平台的下方,这样在纺丝箱体顶部与钢平台底部及钢结构与地面间都能保持足够的操作空间。

纺丝箱体总成的重量较大,如3200mm幅宽的纺丝箱体重量可达3000kg或更重,因此,吊环或螺栓的规格较大,常用规格为M30~M36。

除了少数机型的悬吊装置设置在纺丝箱体的两侧外,早期箱体大部分都在顶部设置有四个环状吊耳,利用上方的四个吊钩把箱体悬挂在钢平台的承重结构上,并可以利用吊杆上的螺纹调节箱体的水平度。这种四点活动吊挂方式虽然能减少沿箱体悬挂装置散失的热量,但仍不能将箱体完全固定(图2-31)。

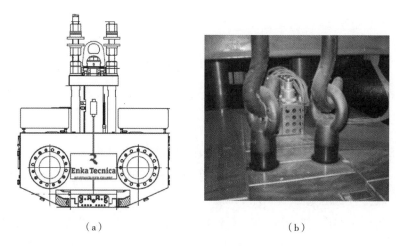

|（a）|（b）|

图2-31　国内常用的熔喷纺丝箱体及吊装方式

曾有采用悬挂式安装的纺丝箱体,还可以在垂直方向相对钢结构平台做升降运动,用于调整接收距离(DCD)。这时吊钩是固定在DCD调节机构的支架上,并能随之做升降运动。采用这种调节DCD方式时,保持熔体的连续供应,需要熔体管道要做成柔性或活动结构,以适应纺丝箱体与纺丝泵之间的距离变化,但因难以解决熔体的密封性及伴热问题,现在已较少应用。

为了避免箱体发生晃动,目前有的系统用固定在纺丝平台下延伸到箱体上方的钢结构代替长吊杆,然后用两只短螺栓将纺丝箱体可靠地固定在钢结构底部,既消除了纺丝箱体发生晃动的可能性,又同时避免了吊杆与箱体大面积接触,螺栓的截面又很小,增加了热阻,从而减少了热传导损失,这种安装方式主要用于配置在SMS生产线中的熔喷系统(图2-32)。

图2-32　用钢结构固定安装的纺丝箱体

当采用垂直方式接收,即牵伸气流和纤维是沿水平方向喷出的,纺丝箱体以侧卧方式安装在固定的,并可以沿地面轨道移动的机架上,通过移动机架调节DCD。也有通过移动接收装置的方法调节 DCD,这是一些小型系统纺丝箱体的常用安装方式,这样就不需要建造钢结构平台了。

第六节　纺丝组件

一、纺丝组件的功能和结构

在熔喷法非织造布生产线中,纺丝组件的作用是将纺丝计量泵输送来的聚合物熔体均匀分配到每一个喷丝孔,并在压力作用下从喷丝孔喷出,喷出的熔体细流经过高温、高速气流牵伸、冷却,成为有特定截面形状的纤维。

不同品牌的纺丝组件,其具体结构、配置也不同。一套完整的熔喷纺丝组件应包括喷丝板、刀板(气刀)、熔体分配板、滤网和调整垫板等几个基本零件。有的机型还有连接板、牵伸气流阻尼网、熔体静态混合器,或加工有迷宫结构的气流通道及其他相应的附件等。

纺丝工艺不同,纺丝组件的形状和结构会有很大差异,但其功能及要求是基本相同的。由于纺丝组件工作在高温、高压状态,其技术状态直接影响纺丝质量。因此,纺丝组件必须与纺丝箱体配对使用,并用与纺丝箱体热力学性能(主要是热膨胀系数)一样的材料制造。纺丝组件应具有以下功能,并满足以下要求。

(1)能均匀地分配熔体,使熔体均匀地分配到每个喷丝孔,并使熔体有相同的"流动经历",温度、流量和压力。

(2)利用纺丝组件中的滤网将熔体过滤,去除熔体中可能残留的机械杂质和形成的凝胶粒子,防止堵塞喷丝板的喷丝孔,延长喷丝板使用周期。

(3)使熔体能进一步充分混合,使各处熔体的温度及黏度保持一致。

(4)喷丝板是纺丝组件中阻力最大的零件,能使组件前的熔体压力升高,有利于把熔体均匀地分配到纺丝板的所有喷丝孔中。

(5)熔体通过纺丝组件时,由于压力及速度下降,机械能变成热能,使熔体的温度升高,增加其流动性及改善温度分布均匀性,从而提高纤维的均匀性。

二、快装式纺丝组件

熔喷纺丝组件有两种安装方式,一种是现场安装式,就是将所有处于常温状态的零件运抵现场后,顺次一件一件装到纺丝箱体上,并在安装过程中不断进行检查和测量,反复调整,直至将全部零件装好,升温后检查无误再开始生产。这是熔喷技术领域初始采用的安装方式。

显然,现场安装式的安装过程漫长,纺丝系统停机时间久,劳动强度大,技术要求高,零件容易变形。因此,现已基本被淘汰,只在一些旧设备上仍有使用。

　　另一种是快装式,即纺丝组件在进行现场安装前,就已经按技术要求组装好,仅需在现场装到纺丝箱体上,而无须再进行详细调整。目前,基本都使用无须在现场再做调整的快装式纺丝组件,这样就降低了安装技术要求,也减少了现场安装工作量,降低了劳动强度。如果配合使用预热安装工艺,可以将等待升温时间缩短至 1h 左右,在纺丝组件在箱体上安装好以后,可以在 1h 内进入生产运行,提高了设备利用率,经济效益显著。

　　快装式熔喷纺丝组件在 20 世纪 90 年代初已出现,但在常温状态安装快装式组件,仍需要较长的升温时间,虽然其效率已比现场安装式高,但仍需要一段等待升温的时间,未能充分发挥其优点。

　　目前,主流的快装式熔喷纺丝组件有三种(图 2-33),分别源自日本、德国和美国,前两种社会拥有量较大,后一种因为也有几个设备制造商在使用,其他机型都是与这三个机型大同小异的。

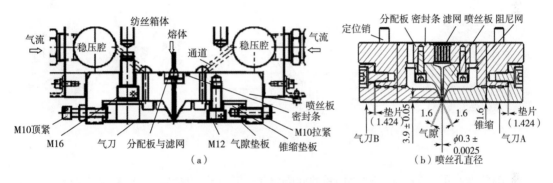

（a）　　　　　　　　　　　　　　　　（b）喷丝孔直径

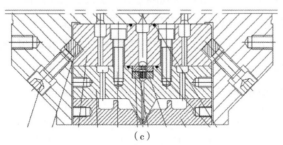

（c）

图 2-33　三种常用的熔喷纺丝组件

(一)快装式纺丝组件的核心零件

1. 喷丝板

(1)喷丝板的角度。喷丝板是纺丝组件中的核心部件,其作用是将熔体变为熔体细流进行纺丝。其形状为一个等腰(或等边)三角形,在其山字形的尖端有一排经过精密加工的喷丝孔,聚合物熔体从熔体通道进入喷丝板,再从喷丝孔中喷出后,熔体细流即被两侧的高温、高速气流牵伸,使其成为很细的纤维。当这些纤维落在收集装置上后,便依靠自身的余热互相黏合成为熔喷布。

熔体细流的牵伸过程通常在 0.25~0.50ms 内完成,牵伸过程是一个非稳态过程。喷丝板的性能是决定产品质量和生产能力的主要因素。

喷丝板两个斜面的角度,即两股牵伸气流的夹角,也称热空气喷射角,会影响牵伸力的大小。角度较小时,会产生较多的平行纤维和束状纤维;角度较大时,气流会使纤维产生较大的振动,同样可以获得较细的纤维,还可以提高纤维的取向度。

喷丝板夹角一般在 60°~90°,常用于 60°角较多,有的引进设备的喷丝板组件的热空气喷射角为 90°(图 2-34)。夹角的大小对喷丝板的强度有很大的影响,夹角越大、喷丝板的强度越高。

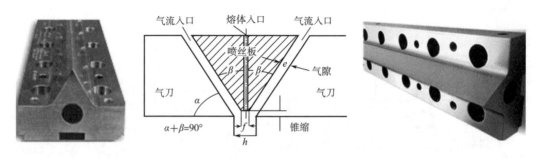

图 2-34 喷丝板与工艺相关的各部位尺寸

熔喷喷丝孔的直径很小,喷丝孔间的间隔仅是一层很薄的金属层,按常规的设计方法相邻喷丝孔的中心距一般等于两倍喷丝孔直径。如当喷丝孔的直径 $D=0.30$mm 时,金属层最薄部位的厚度也仅有 0.30mm。喷丝板的两个斜面间仅依靠这些很薄的金属材料以间隔方式连接起来,导致喷丝板的结构强度较差,不能承受太大的压力。

正常运行期间组件内的熔体压力一般在 1~2MPa(或更低),如果熔体的压力高于3MPa,就可能会危及喷丝板的安全。大部分在运行过程中损坏的熔喷喷丝板,都是沿尖端的喷丝孔中线裂开的,其原因多因操作不当,导致喷丝板内形成太大的压力所致。

喷丝孔都布置在三角形中线的尖端,目前,顶尖部有三种形状,第一种是喷丝孔直接布置在尖端,但尖端宽度小于喷丝孔直径部分的金属被切削掉,这时喷丝板的尖端为交错的锯齿状缺口,虽然加工精度要求高,但牵伸气流的流线较为平顺,主流的喷丝板产品多为这种形式;第二种是将喷丝板顶部加工成宽度大于喷丝孔直径的平面(图 2-35),把尖端削平了,从气隙喷出的牵伸气流在这个位置有可能会形成涡流;第三种是把顶端加工成圆弧状,喷丝板的顶部形状介于上述两者之间,既没有平面,也没有锋利的锯齿,既可以使气流的流线较为连续、圆滑,又能使喷丝板的顶部有较高的强度,不容易被碰撞损坏。

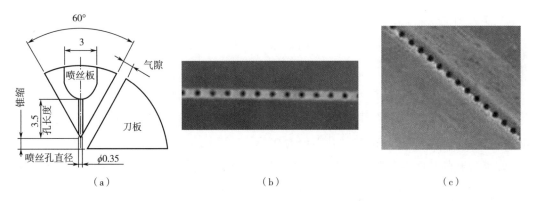

（a）　　　　　　　　　　（b）　　　　　　　　　　（c）

图2-35　尖状、平面、圆弧状的熔喷喷丝板顶部

（2）与喷丝孔有关的结构参数。喷丝孔的结构参数主要包括喷丝孔的直径 D(mm)、长度 L(mm)、喷丝孔的长径比(L/D)、布孔区长度(mm)、喷丝孔的布置密度(孔/m 或 hpi)等。

①布孔区长度。应用埃克森熔喷工艺的喷丝板,喷丝孔都是沿 CD(横向)方向一行排列,布孔区长度就是加工有喷丝孔位置的长度(图2-36)。

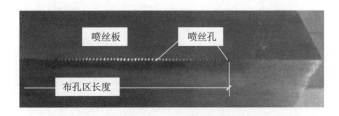

图2-36　埃克森熔喷系统喷丝板布孔区的参数

布孔区的长度决定了熔喷系统的最大铺网宽度,是一个最基本的参数之一,与生产线中的纺丝系统配置、运行速度等因素有关,是由设计决定的,也是设计接收成网装置的抽吸风入口宽度(CD 方向)的依据。

在熔喷系统的运行过程中,影响铺网幅宽的因素还有很多,如成网机的抽吸风流量、接收距离 DCD 等,这些工艺参数值增加后,只会使成网宽度变得更窄,而牵伸风的流量大一些,速度快一些,接收装置配置有挡风板,则有可能缓解这种铺网宽度变窄的程度。

而在成网过程中,纤网的两个侧边不可避免存在一定宽度的、无法使用的稀网区域,在交付使用前要将其切除。为了保证切出来的废边能可靠成卷,单侧的切边宽度最少要大于60~75mm。因此,布孔区的长度一般要比产品的名义宽度大 150~200mm 或更多。

因此,同一厂家制造的熔喷喷丝板,有可能在独立的熔喷生产线互换使用,但就不一定能与在 SMS 生产线中熔喷系统使用的喷丝板互换使用,因为 SMS 生产线的运行速度比独立熔喷生产线快很多,同样的产品宽度,其铺网宽度也要求更宽所致。

②喷丝孔的直径 D。喷丝板的喷丝孔直径与产品用途有较大的相关性,也是决定生产

线生产能力的主要因素。生产阻隔型产品时,要求有较细的纤维和较好的均匀度。因此,喷丝孔的直径要求较细;生产吸收型产品时要求有较高的产量,允许纤维较粗。因此,喷丝孔的直径可以较大。

喷丝孔的直径越小,每个喷丝孔在1min内的熔体流量(ghm)就越小,有利于获取直径更细的纤维。用于生产阻隔型产品喷丝板,喷丝孔的直径一般为0.25~0.35mm。从国外引进的高孔密度熔喷纺丝组件,喷丝孔直径为0.15~0.18mm。

③喷丝孔的长度 L 与长径比 L/D。由于聚合物熔体的非牛顿特性,即聚合物熔体有可压缩性,熔体从喷丝板挤出以后,会发生出口胀大现象,胀大部分的最大直径与喷丝孔的直径比例值称为胀大比。出口胀大会影响纺丝稳定性,如会发生熔体破裂、熔体滴落、断丝等,由于熔喷喷丝板的喷丝孔之间的距离很小,如果过分胀大,相邻喷丝孔喷出的熔体会发生粘连而形成并丝(图2-37),对产品质量就会产生很大影响。

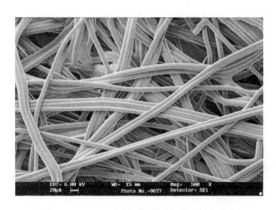

图2-37   PBAT熔喷纤网中的并丝现象

实践证明,使用高流动性的低黏度熔体,增大喷丝孔的直径、孔的长度,也就是增大喷丝孔的长径比,都能舒缓出口胀大现象,即能稳定纺丝。这就是熔喷系统要设定更高的温度和使用高流动性熔体,喷丝孔要有更大长径比的原因。

由于熔喷喷丝板的结构限制,无法使用直径更大的喷丝孔,除了使用高流动性的低黏度熔体外,还要减少出口胀大效应的影响,增大喷丝孔的长径比就是必然要采取的措施。

早期喷丝孔的长径比仅有10左右,随着加工技术的发展,喷丝孔的长径比有越来越大的倾向,在当前国内使用熔喷喷丝板中,$L/D \geqslant 12 \sim 15$ 是主流,从欧美等地引进的熔喷系统,喷丝孔的长径比 L/D 为35~40。

增大喷丝孔的长径比有利于减小熔体的弹性形变,缓解喷丝孔的出口胀大效应,有利于稳定纺丝和消除并丝。因此,熔喷喷丝孔的长径比越大越好。目前使用PP原料时,常用的长径比为10~12。长径比还应该与喷丝孔的孔密度相关联,孔密度越高的喷丝板,对减少出口胀大效应的要求也越高。因此,喷丝孔要有更大的长径比(图2-38)。

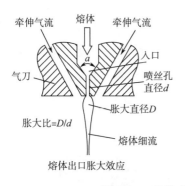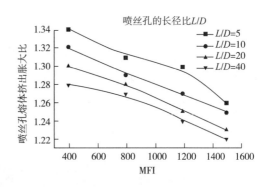

图 2-38　熔体出口胀大效应与喷丝孔长径比的影响

长径比越大,加工难度越高,加工喷丝孔时产品报废的风险也越大,因此,喷丝板的价格也越贵。目前引进喷丝板的喷丝孔长径比为 20~70。

目前,生产空气过滤材料的小幅宽(≤1000mm)熔喷系统,喷丝孔的直径为 0.20~0.25mm,而喷丝孔的长径比一般在 10~12;国外有的喷丝孔直径已在 0.10~0.15mm,最大 $L/D≥100$ 的喷丝板。这种大长径比的喷丝板是应用特殊工艺制造的,虽然喷丝板的结构很复杂,是由 5~7 片元件组合而成,但可以纺制出亚微米级的纳米尺寸纤维。

④喷丝板的孔密度。喷丝孔的密度就是布孔区单位长度内的喷丝孔数量。当采用公制计量单位时,喷丝孔密度的单位为个/m,一般为四位数。

$$孔密度 = \frac{喷丝孔数量(个)}{布孔区长度(m)} \tag{2-1}$$

当采用英制计量单位时,喷丝孔密度的单位为个/英寸,用 hpi(hope per inch)表示,由于数字仅有两位,比公制单位更便于记忆,是熔喷行业较为通用的专业术语。

$$hpi = \frac{25.4}{孔间中心距(mm)} \quad 或 \quad hpi = \frac{25.4 \times 喷丝孔数量(个)}{布孔区长度(mm)} \tag{2-2}$$

公制孔密度(个/m)与英制孔密度(hpi)的换算关系式如下:

$$公制孔密度(个/m) = 39.37 \times hpi \tag{2-3}$$

熔喷喷丝板的喷丝孔的密度与产品的应用领域有关,一般在 800~2000 孔/mm,相当于每英寸长度内有 20~50 孔,即 hpi 20~50。

孔密度的大小是喷丝板制造技术水平的体现,这不仅是喷丝孔的布置密度问题,还关系到小孔径长孔的加工,即由于孔间距离缩小后所要采取的相关工艺措施。如为了防止因熔体出口胀大而产生的纤维互相粘连现象,喷丝孔要有更大的长径比等。

虽然国内已有 hpi 50~70 的个别机型在运行,也有设备制造商开发出了 hpi 64 的喷丝板,但绝大多数熔喷系统喷丝板的 hpi 35~42。在生产阻隔、过滤材料的熔喷纺丝系统,有使用更高孔密度喷丝板的趋势,如在国外引进的商业化熔喷纺丝系统中,已分别应用 hpi 70,

75,100 的喷丝板。

国外用于纺制超细纤维、使用特种工艺加工的喷丝板,其 hpi 可达 100,这种喷丝板孔径小、孔密度高,长径比大(可达 100,但目前国内使用喷丝板的长径比一般仅为 20 左右,极限的长径比约为 25)。由于孔密度高、喷丝孔的直径较小,喷丝孔的单孔流量较小,纤维的直径会较细,而且分布也较窄,纤网的平均孔径会较小,比用普通喷丝板生产的产品会有更好的过滤、阻隔性能(图 2-39)。

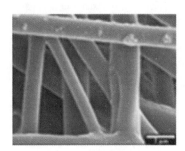

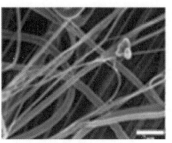

（a）普通喷丝板　　　　　　　（b）高孔密度喷丝板

图 2-39　普通喷丝板与高孔密度喷丝板纺制出的纤维对照

在对纤维直径要求不高,如在建筑、隔音、吸收领域应用的熔喷材料,其纤维直径甚至可以达到 20μm,而要求有较高产量的纺丝系统,会用到孔径较大,孔密度较低(hpi<30)的喷丝板,其产能可达到 100kg·h/m。

在纺丝泵排量相同或纺丝系统的产量相同的状态,孔密度越高,就意味着喷丝孔的数量越多,单孔流量越小,用同样的牵伸速度,可以获得更细的纤维,使产品获得更高的过滤效率或更好的阻隔性能,并有更佳的质量。

孔密度会影响喷丝孔直径的大小,孔密度较高的喷丝板,意味着在同样的布孔区范围内,要加工数量更多的喷丝孔,喷丝孔的直径就必然较小。这时喷丝板的结构强度较低,允许的熔体压力、单孔流量较低,产量也较小。

但喷丝孔直径的大小与喷丝板的孔密度没有必然的关联,即喷丝孔较小的喷丝板,其孔密度不一定会较大,这种喷丝板的技术水平一般都较低。主要是一些设备制造商为了规避大长径比的深孔加工风险或节省加工成本,甚至是缺乏深孔加工能力所致,虽然可以生产直径较细的纤维,但纤维的数量减少了很多,影响了产品的均匀度,降低了系统产量。

此前曾有一些喷丝孔直径为 0.25mm 的喷丝板,由于喷丝孔的长径比仅为 10,为了规避出口胀大风险,只可人为增加喷丝孔间的距离,孔密度仅为 hpi 35~38。

正常设计的熔喷喷丝板,其喷丝孔间的中心距约为孔径的 2 倍,而这种喷丝板的孔间的中心距接近孔径的 3 倍,虽然用这种喷丝板纺出的纤维会较细,但因为纤维的数量少,会影响产品的均匀度,而在相同喷丝孔熔体流量条件下,还降低了纺丝系统的产能(图 2-40)。

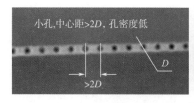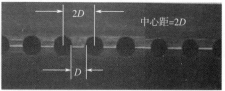

图 2-40　孔径较小的喷丝板

表 2-14 为国内一些在用的不同品牌熔喷喷丝板技术参数,从表中数据可见,由于设计理念及应用场景不同,在同样幅宽的纺丝系统,不同品牌的喷丝板数据存在较大差异。

表 2-14　不同品牌熔喷喷丝板技术参数

产品幅宽/mm	布孔区长度/mm	孔径 D/mm	长径比 L/D	孔密度(hpi)/(个/m)	总孔数/个
1200	1300	0.25	15	45/1772	2303
1600	1700	0.12	100	100/3937	6669
	1800	0.18	40	70/2756	4961
	1703	0.20	20	56/2218	3778
	1730	0.28	10	35/1378	2384
	1700	0.35	10	35/1378	2344
2400	2550	0.35	10	38/1496	3815
	2550	0.30	12	42/1654	4217
3200	3350	0.15	20	100/3937	13190
	3429	0.25	10	50/1969	6751
	3350	0.32	10	42/1654	5548
	3420	0.32	12	42/1654	5854

2. 刀板(气刀)

刀板也称气刀,每个纺丝组件有两块近似对称结构的刀板(图 2-41),刀板的斜面与喷丝板的斜面之间,各构成了一条牵伸气流通道,称为气隙(图 2-34);两块刀板刃口之间的间隙构成牵伸气流的出口,在同等流量状态,刃口间隙越窄,喷出的牵伸气流速度也越高,可以达到超音速(>340m/s),实现了对熔体细流的高速牵伸,同时也会产生很大的噪声。

刀板的刃口要保持锋利、无缺损。两块刀板尖端刀口间隙就是牵伸气流和纺丝熔体的出口,出风间隙宽度一般在 1.0~1.6mm。出风间隙尺寸越小,阻力越大,相对宽度偏差也越大,越难保证宽度的均匀性,对加工精度、材料热稳定性要求更高。

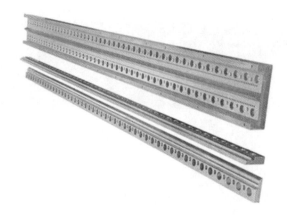

图 2-41　喷丝板(上)与刀板(下)

有的刀板还在气流通道中加工有阻尼挡板,使气流通道形成曲折的迷宫式结构,增加气流的流动阻力,改善全幅宽方向的气流均匀性。有的刀板在与喷丝板的结合面上加工出可以互补的凹凸结构,调换刀板的安装位置就能改变纺丝组件的工艺参数。

由于牵伸气流的质量流量与熔体挤出量是正相关的,而气隙的大小与牵伸气流的压力和流量有关,气隙大、牵伸气流通道的阻力较小,需要的牵伸气流压力较低,在同样的压力下的流量较大。这就是不同的机型,牵伸气流的流量可以有较大差异的原因。

3. 熔喷纺丝组件的气隙和锥缩的关系

(1)纺丝组件中的喷丝板与气刀之间,存在两个对纺丝稳定性和产品质量、设备配置有很重要影响的工艺尺寸,即熔喷纺丝组件的气隙和锥缩(图 2-42)。

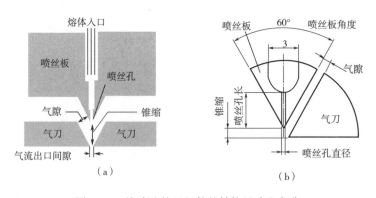

图 2-42　熔喷法纺丝组件的结构尺寸和名称

纺丝组件的气隙宽度一般在 0.80~2.00mm 范围,具体所用的气隙值由设计确定,不同的机型会有较大差异。气隙的大小一般只能在离线状态,通过改换不同规格垫板或改变装配方式进行有级的调整。

在装配过程中,纺丝组件上的调整螺栓(拉紧或顶紧用螺栓)并非用于调整气隙宽度,而是用于微调气隙的均匀性。

在绝大部分情形下,纺丝组件两侧的气隙是对称、相等的,这时可保证牵伸气流沿喷丝板中线呈较为收敛的、对称的状态喷出,此时产品会有较好的均匀度。如果气隙不对称,牵伸气流会以较为发散,甚至以交叉的状态喷出,对产品的质量会有很大影响。

气隙太窄,不仅会增大牵伸气流的阻力,要求牵伸风机的输出压力要更高,而且将很难保持其宽度在全幅宽范围的均匀一致。

两块刀板的下平面至喷丝板尖端的距离称为锥缩(set back),这是一个对纺丝过程是否会形成晶点有关键性影响的因素。为了不成为产生晶点结构性的诱因,必须保证锥缩为正值(锥缩>0),即喷丝板的尖端是后缩在刀板的平面内部,锥缩实际尺寸为 0.6~2mm。

同样,纺丝组件的锥缩也是由设计而定,通常可通过更换相关垫片(锥缩垫板),或调换刀板安装位置的方法来改变。不同品牌的纺丝组件,所配置的系统也不同,结构尺寸不宜简单仿照。

(2)熔喷纺丝组件装配好以后,存在如下参数,如喷丝板的角度 ϕ,气刀与喷丝板之间的气流通道宽度(气隙)a,喷丝板尖端与气刀平面之间的距离(锥缩)s,两张气刀尖端间形成的间隙(熔体与牵伸气流的出口)f(图 2-43)。根据美国田纳西中心(TANDEC)Piter Tsai 的推导,这几个参数间存在如下关系:

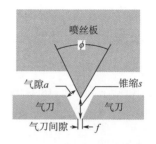

图 2-43 纺丝组件结构尺寸的关系

$$f = 2 \times \left(\frac{a}{A} - s \times B \right)$$

其中:$A = \cos\left(\dfrac{\phi}{2}\right)$,$B = \tan\left(\dfrac{\phi}{2}\right)$

目前,实用的喷丝板角度 ϕ 主要有 60° 和 90° 两种,把这两个角度 ϕ 带入上述公式后,这样就可以知道 A,B 的数值,在进行工艺计算时就不必进行三角函数运算。A,B 的数值可以根据表 2-15 的数据选用。

表 2-15 系数 A,B 与喷丝板角度的关系

符号	计算公式	喷丝板角度/(°)	
		60	90
A	$\cos\left(\dfrac{\phi}{2}\right)$	0.8660	0.7071
B	$\tan\left(\dfrac{\phi}{2}\right)$	0.5774	1.000

在实际生产实践中,是很少测量两张气刀尖端间所形成的间隙 f 的。因此,一般的工艺文件都没有标注对这个间隙 f 的尺寸要求,但根据以上的几个公式可知,只要设定好气隙 a 和锥缩 s 这两个参数,则间隙 f 的尺寸就自动确定了。

当喷丝板角度 $\phi = 60°$ 时,

$$f = 2 \times \left(\frac{a}{A} - s \times B \right) = 2 \times [(1.1547 \times a) - (s \times 0.577)]$$

例如 $\phi = 60°$,$a = 0.9$,$s = 0.9$,则 $f = 1.0398$。

当喷丝板角度 $\phi = 90°$ 时,

$$f = 2 \times \left(\frac{a}{A} - s \times B \right) = 2 \times [(1.7331 \times a) - s]$$

例如 $\phi = 90°$,$a = 0.9$,$s = 0.9$,则 $f = 1.3196$。

由于这个间隙 f 是两束牵伸气流和熔体细流的出口,在这个位置的气流速度最快,f 值的大小会影响出口阻力大小,也就决定了牵伸气流压力高低或牵伸风机的排气压力的高低,f 值越小,阻力越大,要求牵伸风机的排气压力也越高,否则牵伸气流的流量就很难达到要求。

(3)国内常见的引进熔喷纺丝组件的配对气隙、锥缩值如下:

日本 Kasen:气隙 0.70(1.60),锥缩 0.70(1.60);

德国 Enka:气隙 0.70(1.60),锥缩 0.70(1.60);

美国 Nordson:气隙 0.1(1.2),锥缩 0.1(1.2);

美国 Accurate:气隙 0.51,锥缩 0.76,出风口宽度 0.30,配对数据很多,仅为其中一组。

4. 分配板

在纺丝组件中,熔体分配板是一个加工有多行小孔的、制造精度低的长条状零件,利用小孔的阻尼作用,将熔体沿 CD 方向均匀分配到喷丝板的全幅宽(图 2-44)。由于熔喷法非织造布用的喷丝板只有一行喷丝孔,因此,分配板的结构较为简单。

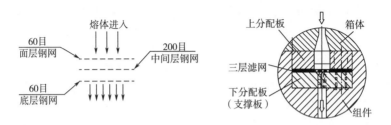

图 2-44 熔体过滤网的规格与分配板的装配方式

分配板的结构一般为整体式,幅宽较大($\geqslant 2400 \mathrm{mm}$)纺丝组件的分配板可为多段榫卯组合式结构(图 2-45),可以防止产生太大的热变形;有的分配板则与滤网支撑板组成上、下两片组合结构,把滤网夹在中间。这种组合可以使滤网定位准确、可靠。

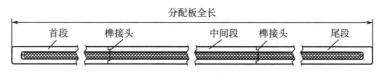

图 2-45　分段式榫卯连接结构分配板

5. 过滤网

过滤网的功能是滤除熔体中的杂质,使熔体在进入喷丝孔前再过滤一次,能改善熔体分配均匀性。组件内的滤网并不承担主要过滤任务,仅需滤除熔体中在输送过程中形成的、尺寸较大的凝胶粒子。

因此,组件内滤网的过滤精度一般要比熔体过滤的过滤精度要低一些, 如熔体过滤器使用 600 目(25μm)滤网,纺丝组件内使用 160~200 目(90~75μm)规格的滤网即可,而使用高孔密度喷丝板时,在纺丝组件内会用到 350 目(~40μm)的滤网。

过滤网的过滤精度太高,容易被堵塞,其对应位置的喷丝孔熔体压力较低,会影响纺丝稳定性;过滤精度太低,将无法拦截较大尺寸的杂质,容易堵塞喷丝孔,也会影响纺丝稳定性和产品的质量,并容易产生均匀度缺陷。

有两至三层结构带铝边框的滤网(图 2-46),当仅有两层编织网时,其中过滤精度高的(160~200 目)一片为滤网,放在熔体的进入端;过滤精度较低的(60~100 目)一片仅作为支撑网使用,置于滤网的下方。也有不带铝边框、仅用一层不锈钢网的滤网,这一类型的滤网都是由卷状展开,然后按需要在现场裁剪的。

图 2-46　组件内带铝包边的熔体过滤网

组件内滤网的精度太高或太低,都会缩短喷丝板的使用周期。从运行过程得知,很多纺丝组件无法正常纺丝,并非喷丝孔被堵塞,而是过滤网上淤积的杂质太多,导致相应区域的喷丝孔熔体压力下降,无法正常纺丝所致。因此,不宜盲目提高组件内滤网的过滤精度。

(二)快装式纺丝组件的配件与附件

1. 垫片

熔喷纺丝组件内的垫片一般分为气隙垫片和锥缩垫片两种,分别用于在离线状态调整气隙和锥缩值。一般会在垫片刻有永久性标记,并与刀板配对使用。但有的机型并不一定需要使用这些垫片,纺丝组件的结构参数在设计、制造时就已确定,不可改变。

早期一些品牌(如美国精确)的纺丝组件,在喷丝板上加工有一系列高度不同的定位销孔,把刀板固定在不同的定位销孔,并配合使用相应规格的垫片,就可以同时改变气隙和锥缩值。实际上,纺丝组件的这些结构尺寸并不是经常调整的,经过使用优化后,基本没有太大变化。

这些垫片都是厚度较薄的长条状零件,长期处于高温、受力的状态下使用,很容易发生变形。因此,有的配合关系很精密的配对零件(包括一些定位销孔),在使用一段时间后,便无法使用了。

2. 密封件

密封件用于零件间的压力熔体密封,常用的密封材料有:聚四氟乙烯(PTFE)、紫铜、铝等,大部分密封件均为圆形,一些机型(如日本卡森)曾有采用空心的金属圆管结构,而在组件的表面一般都加工有放置密封件的沟槽。

为了使压力熔体得到有效的密封,纺丝组件与纺丝箱体将必须留有尚可以压缩的间隙,这个间隙的存在可以保证熔体得到可靠密封,但同时也是牵伸气流的泄漏通道,由于通道的间隙很小,而气流的压力较低,泄漏并不明显。

由于纺丝组件是通过紧固螺栓和这个间隙从纺丝箱体获得热量的,这个间隙越大,热阻也越大,空气传导给纺丝组件的热量会减少,影响系统正常运行。

圆形聚四氟乙烯(TPFE)密封条是最常用的密封材料之一,目前使用的密封条直径一般为 2.8~3.2mm(有的意大利机型用到直径 4.0mm),如直径或厚度太大,虽然可以密封熔体,但会影响气流密封性,并使喷丝板承受额外弯矩,还有可能造成牵伸热风从纺丝组件与纺丝箱体之间的间隙大量泄漏出来。

前期纺丝组件与箱体间的密封主要是为了防止压力较高的熔体泄漏,并没有考虑密封牵伸气流,而无法杜绝高温牵伸气流外泄。为了彻底防止牵伸气流泄漏,目前有的纺丝组件改进了密封设计,采用两圈环形密封(图 2-47),其中内圈用于密封熔体,外圈用于密封牵伸气流,这样就可以同时实现对纺丝熔体和牵伸气流的有效密封。

这些密封件的存在,将影响两个零件间的相互位置和距离,在双组分纺丝组件中,分配板及其他零件的数量较多,特别是分配板表面的分配流道很多,且排列紧密,很难再用其他密封件实现可靠的相互隔离、密封。因此,在双组分纺丝组件内,有一部分零件是依靠精密

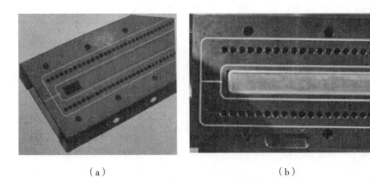

（a） （b）

图2-47 熔喷纺丝组件与纺丝箱体接合面间的密封条

加工面实现密封的。

为了使纺丝熔体进入纺丝组件后仍能保持足够的流动性,就必须使组件保持有足够的温度,为熔体提供热量,熔喷纺丝组件的热量有以下几个来源。

（1）流动的高温熔体直接传导的热量,但熔体在把热量传导到纺丝组件后,自身的温度会降低,传导的热量越多,熔体与组件两者间的温度差也越大,会导致熔体的流动性变差。

（2）高温牵伸气流直接传导的热量,这是纺丝组件的主要热量来源,特别是在纺丝泵还没有启动、没有熔体流动的升温阶段,纺丝组件的升温过程主要是依靠热风提供的能量。在牵伸气流加热纺丝组件的同时,自身的温度同样也会降低,为了使纺丝组件能保持工艺所需的温度,一般就需要把牵伸气流的温度设定得比熔体温度更高。

（3）纺丝箱体通过与纺丝组件接触,把箱体的热量传导给纺丝组件,由于组件密封件的存在,使纺丝箱体与纺丝组件间必然存在间隙,其中的空气导热能力仅为金属材料的几百分之一,这个热阻会很大,所能传导的热量就很少。间隙越大,接触越不紧密,传导的热量也越少。

纺丝组件两个垂直侧面与纺丝箱体间也是间隙配合,存在同样的热传导情况。由于纺丝组件的出丝面是必须要暴露在空气中,会散发不少热量。因此,有的机型为了尽量减少纺丝组件在空气中暴露的面积,就将纺丝组件缩入纺丝箱体内,这样既消除了两个侧面散发的热量,又增加纺丝组件与箱体进行热交换的面积,对提高纺丝稳定性有一定的作用。

因此,密封条的尺寸太大,还会影响组件的受热程度。有些小尺寸窄幅机型的纺丝组件,结构很简单,会直接利用精密加工的平面密封,可能就没有独立的密封件。

3. 阻尼网

一些纺丝箱体内设计有容积较大的牵伸气流稳压腔,所有从纺丝箱体外部,通过小分支管道进入纺丝箱体内的气流,先进入稳压腔扩张、平衡,才分流到纺丝组件中去,这样可使全幅宽范围内的牵伸气流压力更为均衡。

由于一些机型的纺丝箱体内没有稳压腔,多路分支气流经过箱体内的管道便直接进入纺丝组件内,而组件内的空间容积有限,阻力较小,不容易在幅宽方向扩散,会影响气流的均匀性。

因此,在纺丝组件内的牵伸气流通道中设置多层结构的阻尼网,人为增加纺丝组件内牵伸气流通道的阻力,用于改善沿 CD 方向的牵伸气流均匀性。

2015 年以后,这种阻尼网开始出现在德国 Enka 公司制造的新型纺丝组件内,这种纺丝组件是按德国莱芬豪舍公司许可的技术制造的。由于牵伸风机入口的空气过滤器过滤精度一般在 5μm 左右,而目前用的这种阻尼网过滤精度约 125μm。因此,其过滤功能并不明显,实际是利用网的阻尼作用,使牵伸气流在进入组件的气隙前,能进一步均匀扩散展开(图 2-48)。

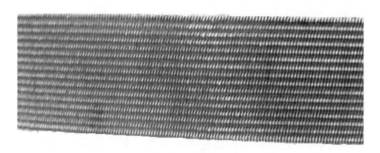

图 2-48　阻尼网

这种阻尼网的宽度约为 22mm,很厚,因此有较高强度和刚性,能承受牵伸气流的压力。这种阻尼网一般以卷状供货,可以据实际需要,从展开的卷状材料剪裁。阻尼网是在组件已装配好,但还没有安装两端封板前,从一端的安装槽插入内(图 2-49)。

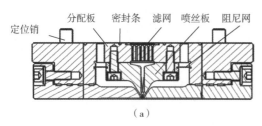
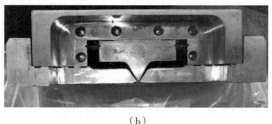

（a）　　　　　　　　　　　　　　　　　（b）

图 2-49　两种 Enka 快装式熔喷纺丝组件

4. 其他配件

(1)端封板。由于纺丝组件的气隙在 CD 方向的两端是开放的,因此,一般的纺丝组件会配置有两套端封板,用于密封牵伸气流。除了钢压板外,还配置有用软金属材料制造的垫板,如紫铜垫板或黄铜垫板(图 2-50),用于密封两端的牵伸气流通道。

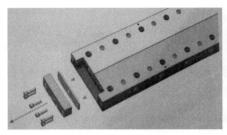

图 2-50 Enka 纺丝组件的端封板

因此,在装配纺丝组件时,要注意检查喷丝板、刀板的长度及端面的平整性,以免形成较大的错位台阶,影响密封效果。

(2)紧固件。包括螺栓、定位销、定位键、垫板等。用于安装、定位、紧固零件或调整相互关系,都是用高强度的耐高温金属材料制造。如快装式组件的螺栓、垫板,快速定位用方形键,刀板在喷丝板机座上的长圆形定位键,组件与箱体间的定位销等。

对于快装式纺丝组件,在将组件装到纺丝箱体的过程中,紧固机构可能会用到特殊的垫片和紧固件。

(3)连接板。连接板是一个较大型的零件(图 2-51),美国、德国及国内也有个别机型的纺丝组件配置有连接板,用于连接纺丝箱体的熔体通道、牵伸气流通道,并将纺丝熔体、牵伸气流导入纺丝组件内,同时也把纺丝箱体的热量传递到纺丝组件。

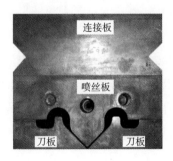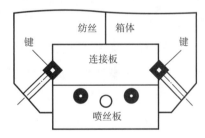

图 2-51 纺丝组件的连接板

采用这种紧固方式的纺丝组件,结构相对复杂,其外形不是普通的常见的扁平状,而是高度(厚度)增加了很多,外形已近似方形,因此,重量较大,在操作过程要多加小心。

当纺丝组件在纺丝箱体中就位后,连接板两侧的 V 形开口与箱体对应位置的 V 形开口构成了一个正方形的空间(图 2-51),只要在这个空间插入两条方形定位键,纺丝组件就会被快速卡在箱体上,既提高了劳动效率,也提高了作业过程的安全性。

定位键的长度一般与组件的外形长度是一致的(或稍长一点),便于拔出,有的将定位键一分为二,即加工成总长度比组件长度更大一些的两个定位键,这样可以方便在组件的两端作业,节省 CD 方向的操作空间,也可减少弯曲变形和便于存放。

安装使用这种结构的纺丝组件时,不存在由于纺丝箱体与组件间存在温度差,螺栓与螺纹孔无法对中这个问题,无须耗用较长时间等待升温,就能将所有螺栓拧入螺纹孔,提高了工作效率,也减少了停机时间,经济效益明显。

由于螺钉的头部受力很大,容易发生变形,在使用过程中,要注意检查及修磨其头部,避免无法将螺钉顺利退出。

(4)传感装置。组件上的传感装置用于直接测量、监视组件内熔体的温度、压力,一般使用复合型温度/压力传感器。除了很直观地检测、显示组件的运行状态外,传感器的信号还可以输出至安全连锁保护系统,提供安全保护,特别是超压保护,以保障喷丝板的安全。

一个纺丝组件会在喷丝板的两端,分别加工有安装传感器的两个螺纹孔,用于直接检测喷丝板内部的熔体压力和温度。一般的纺丝组件没有测量牵伸气流温度/压力的传感器,而是在纺丝箱体的每个牵伸气流入口测量牵伸气流的温度和压力。

(5)防护装置。国外很多熔喷喷丝板,除了安装有传感器外,一般还安装有防爆管,防止组件内存在危害安全的高压力,在压力达到额定值时,防爆管会自动爆破、泄压,保证喷丝板的安全。

防爆管是专用器材,要按照组件的性能选用对应爆破压力的防爆管,熔喷系统用防爆管的爆破压力一般≤7MPa,而防爆管的安装螺纹规格与传感器是一样的。因此,可以根据需要选定安装位置,一般装在喷丝板另一端的螺纹孔中。

5. 简易型纺丝组件

在一些小型简易熔喷系统中,曾出现过一种既没有纺丝箱体,也没有纺丝泵和熔体过滤器的小型设备(图 2-52),由螺杆挤出机产生的熔体直接送到纺丝组件纺丝。纺丝组件仅有两块刀板和一个喷丝板,牵伸气流分别进入两块刀板中,直接利用牵伸气流加热,有的则在喷丝板加工有加热管的安装孔,可以沿 CD 方向插入电加热器。

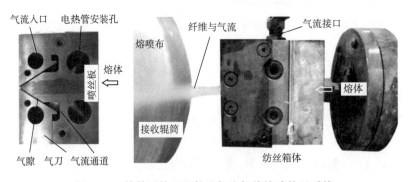

图 2-52　简易型纺丝组件及气流加热熔喷纺丝系统

虽然这类型设备结构简单,并曾风靡一时,但由于配置简陋,很难调控纺丝组件的温度及温度分布的均匀性,其工艺性能很差,只有极少数仍可用于生产一些要求不高的产品外,大量类似的设备很快便被淘汰了。

由于直接用螺杆挤出机转速来控制熔体的挤出量,这种开环控制熔体流量(或熔体压力)系统无法保证挤出量的均匀一致,纺丝装置的温度既受牵伸气流影响,还受电加热系统和熔体温度的影响,过程不容易控制,加上熔体分配极其简单,在全幅宽方向又无法控制不同位置的温度。因此,产品质量的重现性也很差,只能用于要求不高的应用领域。

(三)纺丝箱体与纺丝组件的性能

熔喷系统的纺丝箱体一般是与纺丝组件配对使用的,因此,纺丝系统的性能参数包括两个部分,一个是纺丝箱体的技术参数,另一个是纺丝组件的技术参数。一般情形下,纺丝箱体是固定不变的,主要安装及配合尺寸一样,可以配用不同技术性能的纺丝组件,甚至可以兼用不同纺丝工艺的纺丝组件。这些都是重要的应用数据,对正确使用和管理维护有重要的指导作用。

但不同品牌的产品,其技术参数会有差异,并且还会随着对应用经验的不断总结,技术的进步而得到不断优化和完善,以下为一套幅宽为3200mm的熔喷纺丝系统技术参数。

1. 纺丝箱体技术参数

(1)纺丝系统的幅宽:3200mm。

(2)纺丝箱体的最高工作温度:300℃。

(3)适用的聚合物品种和特性:PP,MFI 800~1800。

(4)最大熔体挤出量:165kg/h。

(5)总加热功率:104.415kW。

(6)加热区数量:共18个加热区,其中熔体管道1区1.215kW,箱体17区,其中2个区共4.4kW;1个区共6.4kW;14个区共92.4kW。

(7)箱体内熔体最高工作压力:4MPa。

(8)牵伸气流的流量:3600m³/h,最高工作压力0.2MPa。

2. 纺丝组件技术参数

(1)喷丝板的角度:60°。

(2)布孔区长度:3350mm,布孔密度:1653个/m或hpi=42。

(3)喷丝孔直径D:0.30mm,长度L:3.60mm,长径比$L/D=12$。

(4)喷丝孔的总数量:5538个。

(5)气隙/锥缩配对参数:1.00/1.00,1.50/1.50。

(6)材料牌号:1.4542,AISI630。

（7）组件内熔体最高压力：2MPa。

三、纺丝箱体与纺丝组件的配对与安装

（一）纺丝组件与纺丝箱体的配对关系与兼容性

纺丝组件安装在纺丝箱体的正下方的开口中，一般都嵌入纺丝箱体中，通过与纺丝箱体接触传导热量，并将纺丝熔体和牵伸气流导入纺丝组件内。熔喷纺丝组件是生产线中的关键设备，虽然不同制造商生产的纺丝组件，其工作原理都基于早期的埃克森公司的专利，但结构不完全相同，因此一般也不具备互换性。

目前，由于存在两种完全不同的熔喷纺丝工艺，即只有一行孔的埃克森工艺（SR）和多行孔的双轴工艺（MR）。一般情形下，纺丝箱体仅适用于与特定的纺丝组件配对使用，而不能通用或互换。

目前，德国莱芬豪舍公司有一种纺丝箱体，既能与只有一行喷丝孔的 SR 型的埃克森纺丝组件相配，也能同时与有多行孔的 MR 型双轴纺丝组件相配，即同一个纺丝箱体，可以匹配两种不同的纺丝组件，拓展了纺丝箱体的使用范围，也提供了更大的工艺选择空间（图 2-53）。

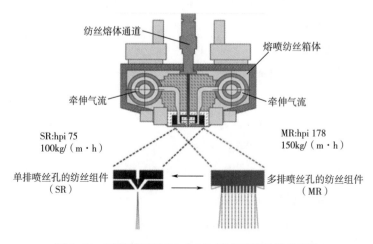

图 2-53　可以适用于 SR 或 MR 两个系统的纺丝箱体

SR 型熔喷系统生产的产品纤维较细、分布较为集中，适宜在过滤阻隔领域应用，但产量会较低；而 MR 型熔喷产品的纤维较粗、分布较为离散，但产量较高、能耗也较少，产品适宜在吸收、隔音、隔热等领域使用。

（二）不同纺丝组件的安装

按将纺丝组件装到纺丝箱体的操作方向不同分类，有从箱体下方往上装的下装式，作业

过程是在纺丝箱体的下方完成的;有从箱体上方往下装的上装式,作业过程是在纺丝箱体的上方完成的。国内的熔喷系统的纺丝组件基本都是下装式。

按将纺丝组件装到纺丝箱体的方法不同分类,可分为现场安装式和快装式两种。现场安装式是将纺丝组件的零件逐件安装到纺丝箱体,而快装式是将纺丝组件的总成安装到纺丝箱体。

1. 现场安装式熔喷纺丝组件

现场安装式就是在常温状态,将纺丝组件的各个零件,按预定程序逐件装到纺丝箱体上,安装过程中要不断检测、调整零件间的配合尺寸。当全部零件都安装好以后,纺丝箱体才开始升温,并在升温过程中按照工艺要求进行检查和调整。

为了方便作业,纺丝箱体一般处于常温或低于聚合物熔点的状态,可以防止聚合物熔体滴落,保证操作安全。但组件安装好后升温到正常生产温度还需要几个小时的时间。

由于现场安装式的操作技术要求高,耗时多,安全风险大,劳动强度高,目前仅在一些旧设备中仍在使用。而在新设备、特别是在与 SMS 生产线配套的熔喷系统中,已基本被淘汰。

2. 快装式熔喷纺丝组件

快装式组件是在日常工作中,事先就已将所有的零件装配为一个纺丝组件的"总成"备用,到需要安装使用时,就可以直接整体装到纺丝箱体上,而无须再进行装配调整。降低了作业要求,提高了工作效率,降低了劳动强度。目前,新建造的熔喷系统基本都是使用快装式纺丝组件。

按安装时组件的温度,快装式纺丝组件可分为常温安装和预热安装两种作业方式。采用常温安装工艺时,纺丝组件是处于室温,而纺丝箱体处于低于正常纺丝温度状态,由于纺丝组件与纺丝箱体间存在一两百摄氏度的温度差,导致两者的螺栓孔与螺纹孔的中线有很大偏移而无法安装,要等待纺丝组件升温、膨胀、伸长,消除温差后才能拧入螺纹孔,因此要耗用较长的时间。

在采用预热安装工艺,即将纺丝组件预热、升温至比正常纺丝温度稍高的温度进行安装,由于纺丝箱体已处于正常工艺要求温度,因此,所有的紧固螺栓能一次性全部拧入螺纹孔安装好,可以节省大量停机、等待升温的时间,一般在两个小时内就能完成换板作业,但采用预热安装工艺的操作技术要求高,而且需要配置专用的组件预热炉。

不管采用那一种安装方式,在温度没有到达设定值、并经过规定的保温、恒温时间前,仅允许吹热风协助升温,而绝不允许开动纺丝泵试纺丝,否则将威胁纺丝组件的安全。

第七节　牵伸气流系统

一、牵伸气流系统的功能和运行

(一)牵伸气流系统的功能及技术指标

1.牵伸气流系统的功能

牵伸气流也称工艺气流或一次气流(primary air)。熔喷纤维的牵伸过程是依靠牵伸气流的能量进行的,包括了气流的温度和气流的速度(或流量)两个要素,牵伸气流系统的功能是提供牵伸纤维所需要的高温、高速气流。

牵伸气流还有一个重要功能是加热喷丝板,特别是加热远离高温热源的喷丝板的尖端,使熔体进入喷丝孔时,仍处于纺丝工艺所要求的温度和流动状态。

2.牵伸气流的作用原理

从熔喷组件喷出来的熔体细流是依靠高温、高速的热空气牵伸成熔喷纤维的。熔喷牵伸气流的速度为300~550m/s,可达到音速或更高,因此,纤维的直径仅有微米左右。

牵伸风的风量(或风速)、风温都会影响纤维的细度。在风量大(风速高)、风温高的工艺条件下,牵伸气流的速度越高、牵伸力较大,越容易生成细纤维;在同样的风速下,熔体的黏度较低、阻力小,越容易生成较细的纤维。

从图2-54可看出,随着牵伸气流速度的提高,纤维的牵伸速度也随之加快,纤维的直径迅速减小。在一定的范围内,随着牵伸气流的流量(或压力)的增加,纤维的直径会变细。空气过滤材料或阻隔性材料都需要较细的纤维,因此,生产这些产品时,一般都是采用低熔体流量、高风速、高风温的工艺。

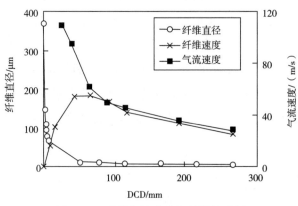

图2-54　牵伸气流速度与纤维的直径

但随着纤维离开喷丝板距离的增加,纤维直径的变化速率变小,到了距离更远的位置后,纤维的速度与牵伸气流速度已差异很小,也就是牵伸力已经很小,加上纤维已被冷却到玻璃化温度以下,直径就再无明显变化。从图 2-54 可看出,由于纤维和气流受环境空气的阻尼、速度降低,当牵伸气流的速度与纤维的运动速度相等后,牵伸作用消失,在 DCD 大于 200mm 的位置以后,纤维的直径变化趋缓。

3. 牵伸气流系统的主要设备

牵伸气流系统的主要设备包括:气源设备(高压风机或空气压缩机),空气加热器,牵伸气流输送、分配管道,流量控制系统和温度控制装置等(图 2-55)。牵伸气流系统的装机容量很大,所消耗的能量占了产品能耗的主要部分,对产品的质量也有很大的影响。

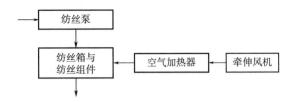

图 2-55　牵伸气流系统在生产工艺流程中的位置

4. 牵伸气流的技术指标

牵伸气流的技术指标主要有:流量、压力和温度三项。

要求气源设备要能产生一定压力和流量的气流,而且气体要保持洁净,特别是不得含油。目前,较多使用最高工作压力约 0.14MPa 的螺旋风机,除了还有极少纺丝系统使用低压(≤0.25MPa)的空气压缩机外,已基本淘汰将普通空气压缩机的高压气流降压使用这种方案。

(1)流量。熔喷牵伸风的流量与系统的幅宽成正比(表 2-16),还与熔体的挤出量成正相关。理论上一般按每米幅宽需要的牵伸气流量为 20~30m³/min,或平均耗气量 1500m³/h 计算,此时对应的熔体挤出量约为 50kg/(m·h),如果熔体的挤出量较大,所需要的牵伸风流量也要较大。

表 2-16　熔喷纺丝系统牵伸风流量与纺丝系统幅宽的关系

纺丝系统幅宽/mm	1200	1600	2400	3200	4200
牵伸风流量/(m³/min)	24~36	32~48	48~72	64~96	84~120

注　牵伸风机与生产空气过滤材料的纺丝系统配套使用。

由于牵伸风机不可能长期在最高转速下运行,因此,牵伸风机的额定流量也应留有余量。大多数纺丝系统在进行牵伸风机选型时,一般按每米幅宽 1500~2000m³/h 这个流量范围选配风机,高端机型会选上限。这样风机可以一直在 80%左右的转速下运行,能提高设备的可靠性,并有更大的工艺调节窗口。

牵伸风机的流量一般以 m³/min 为计量单位,因此,在实际选配牵伸风机时,可直接按每米幅宽所需的流量 25~33m³/min 计算,也可以按每米幅宽 29m³/min 的平均流量计算。

牵伸风机是一个高分贝噪声源,不宜放在生产车间内,但也要注意不要成为污染环境的噪声源,在附近作业要做好职业安全防护工作,如佩戴耳塞等。

但当牵伸气流的流量(或压力)增加到一定值后,纤维的尺寸不仅不会变细,反而变粗了,这是因为熔体刚离开喷丝孔出口就被吹断,由于没有得到牵伸,熔体就成为粗短的纤维或成为晶点,影响产品的质量。

牵伸气流的流量太大或温度太高,很容易形成飞花或晶点,污染产品和环境,特别是对产品的静水压或过滤效率有十分不利的影响。

(2)温度。由于机型、原料特性(主要是流动性能)及工艺不同,在不同品牌的熔喷系统,牵伸气流的温度和流量会有一定的差异。原料流动性能好,热风温度就可以低一些,而流动性能差的原料,就要使用较高的温度。当 PP 原料的 MFI 为 1000~1500,熔喷系统常用的牵伸风温度在 260~280℃。

(3)压力。牵伸风机的压力与纺丝系统的管网阻力有关,为了保证纺丝所需要的流量,在纺丝组件的气隙小、出风间隙(即刀板的刀尖间距离)小,组件和均压装置的阻力较大的情况下,要选用压力较高的牵伸风机;而在均压装置和组件阻力较小的情况下,使用压力较低的牵伸风机就能获得工艺所需的流量。

牵伸风机的压力决定了牵伸气流的速度,压力高、牵伸速度也高,有可能纺出更细的纤维,但能耗较多;压力低、牵伸速度也低,纺出的纤维会较粗,但能耗较少。要尽量选用额定压力与工艺要求相同或接近的机型,要避免选用排气压力高的机型,因为再将高压空气降压使用会增加能量消耗。

牵伸风还会影响产品的物理力学性能,气流的速度较高或风温较高时,纤维的直径变细,产品的纵横向强力增大,阻隔性能或过滤性能提高,单位产品消耗的能量增加。

牵伸气流的均匀性和稳定性还会影响铺网的均匀性,对熔喷产品的均匀度有很大影响。在生产过程中,刮板能改善产品的均匀性,其机理就是通过刮板清除了气隙中的异物,保持了牵伸气流的均匀性。

(二)牵伸气流系统对产品能耗的影响

以生产空气过滤材料熔喷法非织造布生产线,或配置在 SMS 生产线中的 3.2m 幅宽的熔喷法纺丝系统为例,产生牵伸气流设备的驱动电动机容量一般可达到 200~250kW,而空气加热器的装机容量也会有 450kW,总装机容量达 700kW,几乎占了熔喷纺丝系统总装机容量的 50%。

因此,在熔喷法非织造布生产线中,牵伸热气流会消耗很大部分的电能,单位产品消耗的能量远比通常的纺粘法产品多,根据产品的用途,能耗一般在 2000~3500kW·h/t,是纺粘法产品的 3~5 倍。

由于在生产过滤材料时,为了获得有较高的过滤效率和较低过滤阻力的产品,纺丝泵的运行速度会较低,使喷丝板在单孔流量较小的状态下工作,这时系统产量将大幅度下降,仅为额定生产能力的 1/3 ~ 1/2,单位产品的总能耗有可能增加至 3500~4500kW·h/t。

但在生产吸收类产品时,纤维可以略粗,对产品的质量要求相对较低,喷丝板的单孔流量可以较大,产量较高,而牵伸速度也无须太高。因此,总能耗有可能会下降至 2000 ~ 2500kW·h/t。

在纤维平均直径相同的条件下,纤维分布呈单分散性时所消耗的能量要比纤维分布呈多分散性少很多,如在纤维平均直径为 10μm 时,纤维分布呈多分散性(直径为 3~17μm)时所消耗的能量,是纤维分布呈单分散性(即纤维的直径基本集中在 10μm 附近)时的 3.8 倍。而在纤维分布呈多分散性(直径为 1~19μm)时所消耗的能量,则是纤维分布呈单分散性时的 27.7 倍。

(三)牵伸气流的温度与安全运行

1. 低温牵伸气流的潜在风险

喷丝板的尖端与纺丝箱体的距离最远,热量的传导路程最长,依靠金属材料热传导获得的热量也较少,温度会较低,熔体进入喷丝孔后,黏度上升,流动阻力增加,导致喷丝板内的压力升高,会危及结构强度较低的喷丝板安全,而且会增加牵伸阻力,使纤维难以变得更细。

基于上述原因,热牵伸风的温度要比熔体的温度稍高,在 PP 熔喷系统中,热风温度常比熔体的温度高 5~10℃,利用这个温差可以用气流的热量加热喷丝板尖端,使熔体进入喷丝孔时还保持良好的流动性,较容易通过喷丝孔喷出,而不至于在内部形成危险的压力,并更容易被牵伸为细纤维。

运行经验证明,在开机生产的最初半个小时左右,很多喷丝板发生了开裂而报废的事故,究其原因,多与操作不当有关,如预热时间不足、急于开机、纺丝泵加速太快等。

如果牵伸风的温度比熔体温度低,不仅没有加热功能,反而要吸收喷丝板的热量,起到了冷却作用,会影响正常纺丝。因此,牵伸气流的实际温度一般不能低于熔体温度。作为极端状态,如果空气加热器停止工作,就相当于吹冷风,这是绝对不能出现的情况。

由于纺丝箱体与牵伸气流系统是两个热惯性相差很大的系统,纺丝箱体从室温升高到工作温度(如 250℃),可能需要一两个小时;而空气加热器的升温和降温却可以很快,最高速率可达 10℃/s。因此,热牵伸风系统的温度会在很短的时间(如 10min)内就能达到设定值。

热的牵伸气流与熔体都是从同一纺丝箱体流过,并从喷丝板喷出,两者若存在太大的温差,会使箱体产生巨大的热应力,从而导致箱体变形、纺丝熔体或牵伸气流泄漏,或使紧固件被剪断、破坏等。因此,在实际生产中,必须严格控制两者的温差不得超出设计范围(如±30~60℃),并应杜绝在纺丝箱体处于高温状态吹冷风的情况出现。

为了防止两者在升温期间存在太大的温度差异,除了要控制升温速率(首次调试时的参考值约为50℃/h)外,在控制系统中常以纺丝箱体的实际温度为依据来设定牵伸气流温度,并按预设定的程序投入运行。或在电气控制系统采用串级控制技术,使牵伸气流温度自动跟随纺丝箱体温度变化,并能保持在允许的偏差范围内运行。

2. 牵伸气流突然中断的安全风险

在纺丝系统运行期间,依靠高温高速的牵伸气流,可以将喷丝板喷出的高温熔体牵伸为细纤维,如果在生产期间牵伸气流突然中断,熔体没有被牵伸为纤维,而是以高温熔体状态喷射、滴落在成网机的网带面上。

由于熔喷系统熔体的流动性极好,滴落在网带面上后仍未冷凝,便无孔不入地渗入网带的结构内部,将网带的气流通道堵塞,这些熔体凝固后是很难清理的,被大面积污染的网带有时只好作报废处理。

熔喷系统的熔体温度一般≥250℃,而成网机的网带是用熔点在250℃(软化点约240℃)的PET材料编织的,熔体的温度已高于编织材料的软化温度,滴落在网带面上会导致相应部位发生变形、损坏。

因此,纺丝系统在线运行期间,为了保障网带的安全,是绝对不容许中断牵伸气流的,也就是不容许牵伸风机停止运行,否则会导致网带损坏。为了应对这种意外,熔喷系统一般都要设置成网机的网带应急保护装置。

二、牵伸风机

在熔喷技术的发展过程中,曾使用过多种机型的牵伸风机,如空气压缩机、罗茨风机、螺旋风机等。

由于牵伸气流的压力有越来越低的发展趋势,因此,结构复杂、购置费用大、运行管理要求高的空气压缩机已退出工业生产领域。早期曾有使用空气压缩机(排气压力>0.6MPa)作为牵伸气源的机型,由于排气压力高,要用调压阀降压后使用,加上空气压缩机对排气的温度有限制,气流一般要经过冷却降温才能输出使用,浪费了大量热能。

目前在熔喷纺丝系统使用的牵伸风机主要有以下几类设备。

(一)罗茨风机

虽然罗茨(Rootz)风机具有结构简单,造价较低的特点,但其输出压力波动大,工作中无压缩过程,最高输出压力(表压)低(≤100kPa),因此,不适宜配套在管网阻力较大的系统中使用;噪声强度高,不仅影响生产工艺,而且对周边环境干扰很大,因此,噪声治理压力大等问题较为突出(图2-56)。

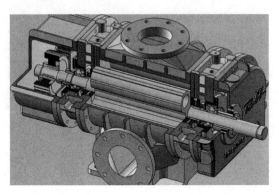

图 2-56　罗茨风机

然而由于罗茨风机的购置价格较低,供应渠道多,仍在一些小型的简易系统,或在早期制造的熔喷系统中使用。在2020年,由于供应链中断,在无法配置螺旋风机的市场态势下,很多新建造的熔喷生产线也选用了这类型的机器。

按转子的形状来分,罗茨风机有两叶型和三叶型两种。三叶型罗茨风机的输出压力较平稳,脉动也较小,效率也较高。目前,罗茨风机的机型较多,而且设备的成套性较好,配置有入口空气过滤器、入口消声器、出口消声器、安全阀等。

要注意市场上对罗茨风机的混乱叫法,甚至与下述的螺旋风机混为一谈,其实是两种性能及工作原理都不一样的设备,罗茨风机工作效率也较低输出的压力也较低,但价格比螺旋风机低一些。

(二)螺旋风机

螺旋风机(cycloblower)是一种从螺杆压缩机演变出来的压力较低,但流量较大的一种机型,也属容积式风机,工作原理类似于螺杆压缩机。其具有结构简单、压力稳定、效率较高、可靠性高、排气不含油等优点,虽然价格较贵,但仍是高端熔喷系统牵伸风机的首选,是目前普遍使用的牵伸气流设备(图2-57)。

螺旋风机有直联型和V形带传动型两种,常规机型的最高输出压力0.14MPa,通过改变传动带轮的直径能派生出多种性能的产品,最高转速可达4000r/min。可以应用变频调速技术平滑调节排气压力和流量,常用机型的流量在$30 \sim 100 \mathrm{m}^3/\mathrm{min}$,电动机功率在$90 \sim 250 \mathrm{kW}$,但选型时需要注意,转速越高的机型,其噪声干扰也越强烈。

风机的主要性能指标有排气压力和空气流量两项。螺旋风机的工作过程对气体有压缩

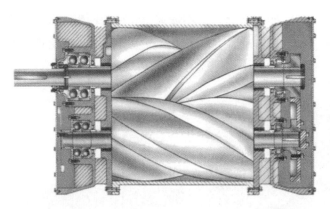

图 2-57 螺旋风机

作用,可以将环境气流增压,能输出较高的压力,提高气流克服流动阻力的能力,以获得更高的流速。

螺旋风机的最高输出压力一般在 0.14~0.25MPa(或 140~250kPa)范围,分为 35、62、83、103、124、138kPa 几个等级(相当于英制压力单位的 5、9、12、15、18、20psi)。而大部分熔喷系统牵伸气流压力一般≤138kPa(约 0.14MPa),而在纺丝组件内的牵伸气流压力一般在 80~110kPa,甚至更低,这与纺丝组件的气隙大小,即纺丝组件的阻力有关。

牵伸气流的流量则与纺丝系统的幅宽成正比,如目前配置在 3200mm 幅宽熔喷系统的螺旋风机,其最大流量一般<100m³/min。

同一台螺旋风机的主机,通过改变其转速和电动机的功率,可以衍生出 6~7 个性能不同的机组。其中传动方式有电动机直联型和 V 形带传动型两种。图 2-58 是螺旋风机的一种典型配置,在熔喷系统使用时,并不需要配置其中的放空阀、放空管、回风冷却器、进气止回阀、排气止回阀及相关连接管道等附件。

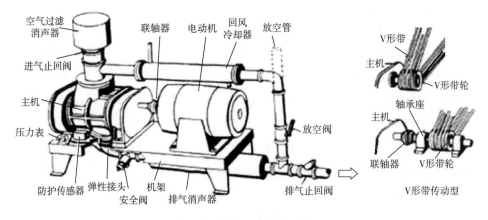

图 2-58 螺旋风机典型配置

如用于 3200 幅宽系统的螺旋风机,流量在 80~100m³/min,驱动电动机的功率一般在 200~250kW,能满足熔喷系统的纺丝工艺要求。

螺旋风机是因其转子的形状为螺旋形而得名,其工作原理与螺杆式空气压缩机相类似,具有能耗低(比罗茨风机节能 8%~15%)、噪声比罗茨风机低 5~10dB(A)、压力高(一般为 138kPa、高压机型可达 250kPa,而罗茨风机的出口压力≤100kPa)、故障率低、运行无须水冷却、安装简单等突出的优点。

螺旋风机与罗茨风机是两种工作原理不同的流体输送设备,不能混为一谈。在工作过程中螺旋风机存在内压缩,排气压力可以高于一个大气压,机械效率较高;罗茨风机的工作过程不存在内压缩,排气压力不会高于一个大气压,因此大部分机型的排气压力<100kPa,机械效率也较低。

螺旋风机输出气体的压力无波动、较平稳;由于机械传动机构与工作转子的工作腔是分离开的,润滑油不会窜入工作腔。因此,排出的气体干净、气体绝对不含油,对提高产品的质量有很大的好处,排气的温升可使进入空气加热器的温度高于室内温度,提高了空气加热器的入口空气温度,能减少空气加热器的能耗,适合用作熔喷系统的高速牵伸气流发生设备。

但螺旋风机的转速高,噪声大,温度也较高;对润滑油的要求很严格,只能使用牌号为 AEON® PD-XD 鼓风机专用的润滑油料,维护技术要求高。

目前国内使用的螺旋风机,其主机部分是外国引进产品,因此,其说明书或标牌常用到一些非法定计量单位,主要有:

压力单位:1psi=6.89kPa,100kPa=14.5psi;1 英寸汞柱(Hg)=3.385kPa。

流量单位:1CFM=0.0283m³/min。

(三)多级离心式风机与空气悬浮鼓风机

2020 年,由于供应链异常,罗茨风机及螺旋风机资源匮乏,多级离心式鼓风机(图 2-59)也在熔喷法非织造生产线获得应用。这种风机的排气压力<100kPa,最高排气温度≤80℃,噪声也比罗茨风机低,在 70~80dB(A),驱动电动机的功率也较小。其购置费用比罗茨风机高,但比螺旋风机要低一些。因此,在熔喷法纺丝系统也有一定的应用前景。

由于中国熔喷设备市场的迅猛发展,空气悬浮式离心鼓风机(图 2-60)、磁悬浮离心鼓风机等设备也进入熔喷领域,这种风机的特点是轴承利用空气悬浮技术、磁悬浮技术,大幅度减少了机械摩擦损失,有较高的可靠性,维护工作量很小,设计工作寿命 20 年,具有机械效率高、转速高、噪声低、驱动功率小、启动电流小,能耗可比普通风机节省 20%以上,可选机型较多等特点。

图 2-59　多级离心式风机　　　　　　图 2-60　空气悬浮鼓风机

如一种与 1600mm 幅宽熔喷系统配套的空气悬浮离心风机,其主要性能如下:额定流量 45m³/min,排气压力 100kPa,转速 36000r/min,驱动电动机功率为 88kW,连接管通径 DN200。

空气悬浮式离心鼓风机、磁悬浮式离心鼓风机是《国家工业节能技术装备推荐目录》推荐的节能产品,已获得实际应用,但购置价格较高。各种风机的性能参见表 2-17。

表 2-17　螺旋风机、三叶型罗茨风机和空气悬浮式离心鼓风机性能

设备名称型号		流量/(m³/min)	压力/kPa	电动机功率/kW
螺旋风机 7CDL23R		40~80(最大 116)	120	200
三叶型罗茨风机 ZG200-200		79.4	98	160
空气悬浮式离心式鼓风机	TB150-0.1	72	100	110
	TB200-0.1	93	100	150

目前,国产熔喷系统有向低牵伸压力方向发展的趋势,2009 年以后制造的设备,其中也包括了使用引进纺丝箱体和纺丝组件的系统以及配置在 SMS 生产线中的熔喷系统,其牵伸风机的最高压力≤0.14MPa, 有的国外熔喷系统,配置的牵伸风机的最高压力≤0.25MPa。

对熔喷系统牵伸风机的要求与普通的空气压缩机不一样,普通的空气压缩要求排气温度不能高于 50℃,以免影响用气设备的正常运行使用。因此,系统中经常配置空气冷却器,将机器排出的高温气流降温除湿后,再输送至其他用气设备。

在社会上,就有一些利用空气压缩机作为熔喷系统牵伸风机的生产线,照搬这种配置模式,把冷冻式空气干燥机配置在系统中,浪费了大量的能量,也增加了运行管理费用。

而牵伸气流系统的作用是将环境气流加压、升温成为高温、高速的熔喷牵伸气流,其中升温的能量主要由空气加热器提供;虽然风机的主要功能是加压,但在压力升高的同时,气体的内能增加,温度也会随之升高,这部分热量可以提高进入空气加热器的气流温度,能减少总的能量消耗。

熔喷产品经常用作医疗、卫生、保健用品材料,因此,要求牵伸气流要保持洁净,对灰尘及油分的含量有相应的要求。由于熔喷系统的牵伸风机直接吸入环境气流,因此,要合理选择风机吸入口的空气过滤器的过滤精度(如 3~5μm),并尽量选择无油型的设备,所有管道都要用耐热的不锈钢材料制造。

第八节 空气加热器

一、空气加热器的功能及性能指标

(一) 空气加热器的功能

空气加热器的功能是将环境空气加热到工艺所需要的温度,也就是升温。常规的熔喷牵伸气流的温度一般比熔体温度高 5~10℃,即在 260~300℃之间。

在熔喷系统中,空气加热器一般都是使用电能加热,近来利用燃气加热的技术也日趋成熟(图 2-61)。在用不锈钢制造的加热器壳体内,装有大量不锈钢材质的电热管,选用带翅片的电热管可增加换热面积,而在内腔设置多道折流板,可以延长气流在加热器内的滞留时间,这些都是提高换热效率的有效措施。

(a) 电加热式   (b) 燃气加热式

图 2-61 空气加热器

空气加热器的配置功率与纺丝系统幅宽、机型、原料品种、入口空气温度有关,但主要还是与纺丝系统的生产能力相关,而与生产线的运行速度无直接关系。纺丝系统的幅宽越大、产能越高、原料的熔点越高,加热器的功率就越大;而加热器入口气流的温度越高,则加热器将空气加热到工艺要求温度所消耗的功率就可以较小。

因此,当牵伸风机的排气温度较高时,空气加热器的负荷就可以轻一些,这也是同样幅宽的熔喷系统,所配置的加热器功率或加热器的实际负载率有较大差异的主要原因。

(二) 空气加热器的性能指标

1. 最高工作温度

最高工作温度是指在额定工况运行状态,加热器输出的气流可以达到的,并允许正常使用的温度,这个温度必须满足纺丝系统的工艺要求,而气流的温度并非是一个独立的指标,还与加热器的功率、气流的流量有关。

2. 加热功率

加热功率一般是指加热器的发热元件的装机容量,但在实际使用中,并非所有发热元件(电热管)都接入线路,而是有一定比例的发热元件作为备用元件安装在发热器内,但并没有接入线路中使用。

在设计加热器时,加热元件的表面热负荷(W/cm^2)是一个重要的指标,表面热负荷越大,电热管表面温度与气流的温度差也越大,电热管的使用寿命也就越短。电热管表面热负荷与制造电热元件的材料有关,在熔喷系统中的气流是工艺气流,不允许发生锈蚀,因此,常用不锈钢材料制造。

电热管表面热负荷还与被加热的介质的种类和运动状态(静止或流动)有关,空气加热器应根据加热流动空气设计。因此,在运行中对牵伸气流的流量(也是流速)有限制,防止流量太小导致表面热负荷太大,烧毁电热管。

除了用 kW 表示加热功率外,一些使用燃气能源的加热器,有时会用热量单位 kcal 表示加热功率。

3. 额定空气流量

额定空气流量必须满足工艺要求,而且不得小于牵伸风机的额定流量(单位为 m^3/h),一般与纺丝系统的幅宽有关,幅宽越大,所需要的空气流量也越大。

4. 额定工作压力

由于空气加热器处于牵伸风机的输出端,因此,其设计工作压力不得低于牵伸风机的额定压力,目前各种熔喷系统使用的牵伸风机压力范围很宽,从不高于 0.10MPa 到不低于 0.14MPa 都有,有的空气加热器已接近压力容器的监管范畴。

因为至今尚没有与空气加热器相关的技术标准。因此,在空气加热器的设计、制造和运行管理等方面,要加强安全意识,以免成为安全隐患。

5. 材质

牵伸气流是从纺丝组件内很小的气隙中喷出的,除了牵伸风机的进气口要安装相应过滤精度的空气过滤器外,制造空气加热器的材料及牵伸气流经过的管道,都必须与设计工作温度相适应,并具有耐高温抗腐蚀性能,因此,一般都用不锈钢材料制造,避免发生锈蚀时脱落的锈蚀物堵塞纺丝组件。

(三) 空气加热器的实际配置

1. 空气加热器的功率

空气加热器的功率常按每米幅宽 130~160kW 的功率配置,配置功率的大小将直接影响系统的装机容量、供配电装置的容量,控温过程的响应时间和灵敏度、加热器的使用寿命等。表2-18 为常用空气加热器的功率与纺丝系统幅宽。

表 2-18　加热器的功率与纺丝系统幅宽

系统幅宽/mm	1200	1600	2400	3200	4200
加热功率/kW	180	160~250	300~350	400~500	500~650
加热功率/×10⁴kcal	15.5	14~22	26~30	35~43	43~56

较大的配置功率有较好的响应速度,而电加热元件的表面负荷较低,将使加热器有高的可靠性和较长的使用寿命(十年以上)。如果配置功率偏小,加热元件将长时间处于满载状态运行,会影响可靠性和使用寿命。空气加热器有多种安装方法,一种是直接水平放置在车间地面上,这种安装方法的优点是不占用纺丝平台的空间,与牵伸风机的距离较短,但缺点是高温气流管道很长,散热损失较多。

2. 加热器使用的能源种类及安装方式

目前,在一些能保证燃气供应的地区,空气加热器可以直接使用燃气作为加热能源,燃气是一次能源,理论上的加热成本要比二次能源低一些。但用燃气加热时,现场设备较复杂,还要考虑燃气管道布置,空气加热器一般只能固定安装,高温管道会较长。

图 2-62　安装中的立式空气加热器

当使用燃气空气加热器时,要配置与牵伸风机连接的进气管道和燃气高温排烟管道、燃气供给管道等,因此,多采用将空气加热器放置在地面这种安装方式。

另一种安装方式是将加热器水平安装在纺丝平台上,其优点是空气加热器至纺丝箱体间的高温管道很短,热损失小,但要占用纺丝平台的空间,大部分熔喷系统的电加热空气加热器都采用这种安装方式。

在一些独立的熔喷生产线中,由于纺丝平台固定不动,会将空气加热器作为管道的一部分,将空气加热器垂直安装在纺丝平台的下方(图 2-62)。图 2-62 中是一个配置有两个空气加热器的熔喷系统,每个空气加热器各向纺丝组件的一端(或一侧)提供牵伸气流。

国内曾有极少量熔喷生产线以燃烧固体燃料的方式加热导热油,再以导热油作为热媒向熔喷系统供热。虽然这种加热方式成本低,但要面对一些环境保护问题,还要解决可燃的高温导热油的安全输送等问题。因为如果发生泄漏,高温导热油很容易诱发火灾,造成重大事故。

二、空气加热器的控制和运行

空气加热器是一台大功率的设备,其控制功能包括控制模式、温度自动控制、安全连锁保护等。

(一) 加热器的接线方式和控制模式

加热器中的电加热管常采用分组接线,分为主加热组和辅助加热组两类,辅助加热还细分为一组、二组。分组方式对控制设备的容量、控温精度、风机最低流量(转速)、控温装置的造价都有影响。

1. 空气加热器的控制方式

控制方式有全部控制和部分控制两种,全部控制是指所有的发热元件都处于受控范围,其输出功率随温度的变化而变化;部分控制是指仅有部分发热元件处于受控状态,其输出功率随温度的变化而变化,而其他发热元件只有接通和断开这两种状态。

控温系统的执行器件主要是三相功率调节器,简称调功器,这种调功器适用于分路很少的大电流、大功率控制,一个空气加热器只需配置一两台调功器即能满足要求;无触点开关也是常用的控制设备,由于无触点开关的负荷能力较小,因此,常用于分组数多,但功率较小的系统,一台空气加热器要配置数量很多的无触点开关。

温度波动大容易造成纺丝不稳定,产品的静水压也会发生变化,因此,要求控温精度为±2℃。

虽然空气加热器的使用寿命在十年以上,但在空气加热器内安装及使用了数量很多的电加热元件,而个别元件发生故障、损坏在所难免,由于更换原件不仅需要停机、停产,而且工作量很大,并不是一般企业都具备这个技术能力。

因此,制造商一般会在加热器内按一定比例(5%~10%)预留备件,从加热器的接线端子板上,会发现有部分电热管的端子是没有连接线的,这些都是备用电热管。

通常空气加热器内的所有电热管都应使用不锈钢材料制造,其技术性能应该符合 JB/T 2379—2016《金属管状电热元件》的要求。

2. 全部控制模式

全部控制模式运行灵活,精度较高,对电网的影响较小,电热管的使用寿命较为一致,线路简单,有较高的可靠性,对牵伸风机的转速限制较小,但因为要求控制器的容量较大,造价也较贵。

采用这种控制方式时,两组功率相等的加热元件都以自动控温方式投入运行,这种控制方式需要两个相同的控制系统,所需控制的功率较大,要求调功器的负载能力也较大。由于有较大功率的负荷在不断调整,对电网也有一定的影响,会使电网电压产生波动。但由于两组元件均投入运行,负载率较低,其使用寿命基本相同,系统的故障率会较低。

3. 部分控制模式

部分控制模式是将全部电加热器分为基本组和控温组两部分,其中一组功率较大的加热元件作为基本加热,仅由交流接触器控制,长期接入系统,并满负荷运行,提供系统所需要的基本热量;而另一组功率稍小的元件还会细分为一至两个小组,用来进行自动温度控制,会随温度的变化自动调整输出功率。

这种控制方式所需的控制元件功率较小,对电网的影响也不大,控制元件的规格也较小,由于基本加热组的功率基本接近系统的要求,并长期全功率投入运行,提供系统所需的基本热量,但因没有温度控制功能,如风机的转速偏低、气流量较小时,就可能无法将加热器所产生的热量带走,导致加热器内部出现超温现象。因此,采用这种控制模式的系统,必须对风机的最低转速进行限制,避免出现温度失控、超温。

由于部分控制模式可以节省控制设备,故得到较多应用,国产设备多以部分控制为主:一般选用无触点开关或固态继电器作为执行器件,由于系统中的单元线路很多,可靠性稍低,但造价也较低廉,个别控制元件出现故障时,系统仍能继续运行。

有的空气加热器会用一组功率较大的加热元件作为基本加热,长期投入运行,并进行温度控制,提供系统所需要的基本热量;而另一组(或两组)功率较小的元件则用作辅助加热,辅助加热是没有自动控温功能的,当基本加热长时间无法满足要求时,表示加热功率不足,可将其中一组(或两组)辅助加热元件投入运行,增加加热功率。当总的加热功率偏大时,可以通过基本组的自动调节功能,使温度保持在设定值要求的偏差范围。

(二)空气加热器的运行保护

空气加热器必须配置可靠有效的安全保护措施,并有相应安全连锁,防止出现类似短路、低流量干烧、电热管超温等事故。

1. 气流超温保护

气流超温保护是空气加热器的基本保护,保证为纺丝系统提供工艺所需的高温气流。在空气加热器出口安装有一个温度传感器检测,利用这个传感器可以测量及控制工艺气流的温度,使气流的温度保持在生产工艺要求的偏差范围内。

当气流的温度超过设定值后,温度控制系统就会自动降低输出功率或切断加热系统的电源。当温度低于设定值后,会自动提高输出功率或重新接通电源。

2. 加热器内部超温保护

在正常运行状态,空气加热器内部的电热管表面温度要比气流温度高很多(>100℃),当空气加热器的电加热管出现超温现象时,工艺气流的超温保护系统可能无法提供有效的保护,系统内部就会存在危及加热器安全运行的高温。

为了保证加热器的安全,空气加热器必须配置相应的安全保护装置。一些功率较小的加热器,仅在贴近加热器筒体的外表面装设传感器,通过测量外壳的温度提供间接的保护。

而功率较大的空气加热器,则将温度传感器的敏感部位直接伸入加热器内,且位置较靠近电热管,这时显示的正常温度会比出口气流的温度高很多,而且更为接近电热管表面的实际温度。

由于空气加热器内部的轴向温度是沿着空气流动的方向从入口到出口递增的,而径向温度则是由中心向外围递减的。因此,传感器在外壳上的安装位置不同,检测到的温度也有差异,正常状态显示的温度会比出口气流的温度低一些。而装在内部的传感器,显示的温度也与传感器的安装位置有关,但更能接近及反映电加热管的实际状态。

由于不同部位的温度有很大差异,因此,所使用的温度传感器也是不同的。在气流温度≤350℃(最高550℃)的系统中,常用 Pt100 铂热电阻测量气流和壳体温度;而测量加热器内部温度时,则要用分度号为 E(测量范围900℃)或 K(测量范围1250℃)的热电偶,以适应内部 500~600℃ 温度的环境。

3. 连锁保护

电加热管的"表面负荷"是按在流动空气的条件下选定的,如果空气的流动速度低于设定值,甚至处于静止状态时,电热管的热量无法被空气带走,将严重超温,并可能很快烧毁,而造成干烧事故。

牵伸气流系统中的空气加热器与牵伸风机间,必须在电气控制系统设计有连锁保护功能,避免发生干烧事故。

空气加热器的连锁功能可以保证:只有牵伸风机处于运行状态,加热器才能上电、投入运行;风机停止运行,加热器会自动断电;当风机处于停止状态时,加热器是无法投入运行的。

4. 低流量保护

低流量保护的效果类似超温保护,但检测的物理量不是温度,而是空气的流量。如风机转速太低导致流量偏小时,加热器将自动断电,该功能与控制模式及加热器分组形式相关,基本加热功率越大,要求的空气流量越大,而要求牵伸风机的最低运行转速也越高。

由于低流量保护需要配置流量检测设备(一般是用孔板),利用流量检测装置检测到的压力差作为控制信号,当压差小于设定值时,就会切断空气加热器的电源。因此,仅在一些功率较大的系统(如 3.2m 的熔喷线)中才配置,目前,绝大多数熔喷系统没有这个保护功能。

与低流量保护相类似的还有高压力保护功能,即当运行期间,如果管道堵塞、误操作、调节阀门开度太小(甚至关闭)时,系统就会出现异常的高压力,这时超压保护装置也会自动切断空气加热器的电源,这个功能还同时保护了牵伸风机向安全运行。

三、空气加热器的安装

根据设计要求,大多数空气加热器都是采用卧式安装,也有少量立式安装,为了防止管式电加热器在工作时出现下垂、挠曲,卧式空气加热器内部设置了相应的支承。但无论采用何种安装方式,一定要考虑消除加热器在工作时的热膨胀应力,在其膨胀方向不得加以约束以及采取必需的保温措施来提高热效率。

空气加热器一般都设计有两个支承点,由于空气加热器的温度变化范围宽,壳体的热胀冷缩尺寸也较大。因此,两个支承点不能都固定在安装基础上,其中位于气流出口端的支承点必须设计成可以沿纵向自由移动的形式;另外,在连接管道时,进气管道要靠近接线端子箱这一端,排气出口管道则为另一端连接。

在日常维护工作中,要注意对数量众多的接线端子进行检查、紧固,防止因端子松动产生高温导致绝缘损坏。由于加热器的功率很大,一旦发生打火、放炮等短路事故,会造成较大的损失。

当空气加热器的规格(工作压力、直径、容积)已属国家规定的压力容器后,其制造、运行管理都要按照 TSG 21—2016《固定式压力容器安全技术监察规程》的相关规定执行。

四、牵伸气流输送与分配方式

(一)牵伸气流输送与分配

为了使喷丝板全幅宽范围的喷丝孔能获得压力相同、温度一样的高温、高速牵伸气流,纺丝系统配置了相应的管道和气流分配系统。

选用何种方式分配气流,主要与纺丝箱体的设计有关,国内使用的纺丝箱体都设计有四个规格相同的、对称布置的牵伸气流接入口(图 2-63)。必须保证四条分支管道的结构、外形及阻力都保持一致,这样可使四个接口的气流压力、温度、流动状态都是相同的。

因此,不仅箱体内的分配管道是对称的,箱体外的气流管道从结构尺寸到布置方式也都是对称的,以保证实现物理上的对称性和一致性。

从空气加热器出来的气流总管为一次管道,随即将气流一分为二进入两条二次管道;两条二次管道各自再一分为二成为四路对称的三次气流,并与纺丝箱体的四个接口相连接,进

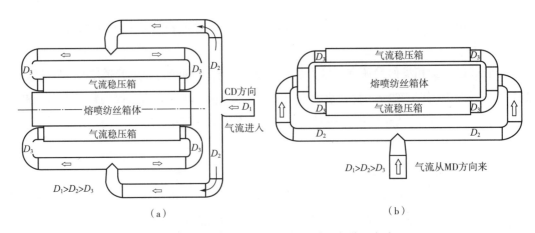

图 2-63　两种常见的牵伸气流的输送与分配方式

入箱体两侧的两条稳压管。

在纺丝箱体两侧的稳压管一般采用套管式结构,内管与三次气流管道连接,经过稳压后从内管管壁上的小孔进入与外管构成的环形腔内,再通过很多分支小管直接送至纺丝箱体,这种分支管一般为耐高温不锈钢波纹管,管道的通径为 $DN20\sim25$,而相互间隔在 $160\sim220\,\mathrm{mm}$,幅宽较大的纺丝箱体,其相互间隔会较小。

分支小管与纺丝箱体有两种连接方式,其一是小管直接与纺丝箱体连接,将气流引入纺丝箱体[图 2-64(a)],为了使气流沿全幅宽均匀展开,这种纺丝箱体内还加工有一个直径在 $40\sim50\,\mathrm{mm}$ 的 CD 方向稳压腔,分支小管的气流先进入稳压腔稳压后,然后通过箱体上数量更多的小孔(直径约 8mm)将牵伸气流导入纺丝组件内。

有的纺丝箱体,除了在箱体的上下游方向配置有口径较大的稳压管外,还在箱体两侧设计了迷宫式牵伸气流稳压、分流装置[图 2-64(b)],在气流进入箱体前,再一次进行稳压、分流,使沿 CD 方向的气流尽量保持均匀一致。其二是分支小管将气流导入附着在箱体两侧的迷宫式稳压分流箱内,才通过众多在纺丝箱体上加工的气流通道进入纺丝组件内(图 2-65)。

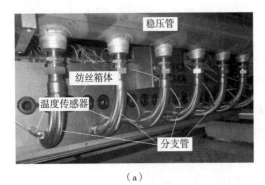

（a）

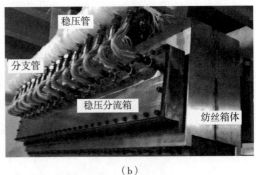

（b）

图 2-64　箱体外侧的牵伸气流稳压分配管道

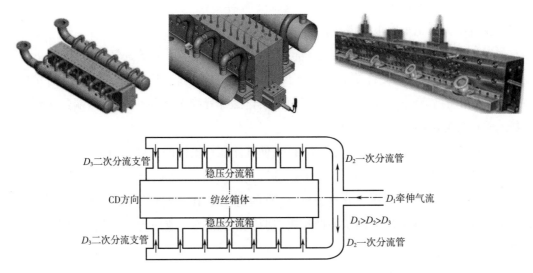

图 2-65　单端进风二次稳压分流型牵伸气流系统

　　牵伸气流进入各自的稳压分流系统后,沿箱体的全幅宽方向提供压力、温度、流动状态都是相同的牵伸气流,再利用众多分流管道送入纺丝箱体内。所有牵伸气流管道都要用不锈钢材料制造,以防止在高温状态下发生氧化锈蚀,堵塞纺丝组件的气隙;高温部位管道和设备都要有保温措施,避免热量散失。

　　国外还有仅用两个规格相同的、布置在纺丝箱体一端的牵伸气流接入方式,牵伸气流从箱体的一端分为两路进入箱体上下游方向的两支一次稳压管后,再从稳压管分成多个分路,将气流送入各自箱体下方的二次稳压腔后,便沿在纺丝箱体全幅宽方向加工的小孔进入纺丝组件内,这种纺丝箱体配套使用带方形定位键和连接板的快装式纺丝组件。

　　这种牵伸气流分配方式与图 2-64(b)的分配方式类似,其主要区别是稳压管为单端进风,其次是稳压腔与迷宫式稳压分流装置间的分支管通径较大,数量也较少。

　　除了采用套管式,并利用小孔节流原理稳压外,稳压装置还经常采用迷宫式结构,人为延长气流流经的路径、增加气流阻力来达到均匀分配气流的目的(图 2-66)。

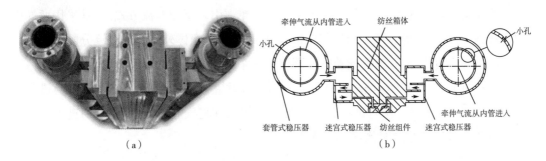

（a）　　　　　　　　　　　　　　　　　　　（b）

图 2-66　套管式稳压与迷宫式稳压相结合的分流系统

由于牵伸气流的稳定性、流量均匀性及温度均匀性对产品的质量有关键性影响,因此,其输送及分配方面也采取很多措施。

经过加热的牵伸气流由总管输送到布置在纺丝箱体两侧上方的进气支管;支管上有时还装有平衡流量的阀门,支管常采用直径不同的套管方式制造,气流从小的内管进,然后通过内管管壁上的节流小孔进入大的外管环形腔,再经外管稳压,便从外管的两端分送到安装在纺丝箱体两侧的两个容积较大稳压腔。

在稳压腔内设置有迷宫式气流通道,使牵伸气流能在箱体的长度方向均匀展开后,再通过箱体两侧下方的进气孔进入箱体内的气流通道。

除了采用两层结构的稳压分流套管外,有的稳压管有三层套管,内有两个环形腔,牵伸气流经过两次小孔节流和两次扩散膨胀,使幅宽方向的气流压力更为均匀(图 2-67 和图 2-68)。

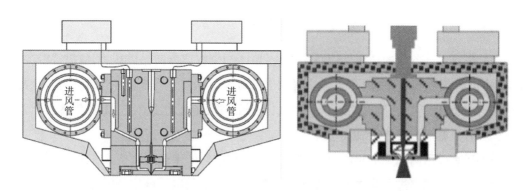

图 2-67　多层套管式稳压分流系统

由于节流小孔和曲折的迷宫式气流通道(包括组件中的气隙宽度)会增加流动阻力,使气流的压力和速度出现衰减,对牵伸风机的性能也有不同的要求。

当这种阻力较大时,就必须选用压力较高的风机,从而增加产品的能耗。而当这种阻力较小时,就可以选用压力较低的牵伸风机,可以减少产品的能耗。正因为如此,不同品牌生产线的风机压力会有较大差异。

目前在运行使用的熔喷纺丝箱体,不管是采用单端引入牵伸气流方式,还是采用两端引入的方式,一般每一端都有两个牵伸气流接入口,导致纺丝箱体外的牵伸气流分配管道较为复杂。而在实际应用中,还有纺丝箱体一端仅有一个牵伸气流接入口的机型(图 2-68)。

在这种机型中,仅在纺丝箱体 CD 方向的两端各设置一个牵伸气流接入口,气流进入两端附在纺丝箱体 CD 方向外端的分流模块,通过模块内部将气流分为两股,分别进入纺丝箱体两侧的上下游气流通道中,结构较为简约。

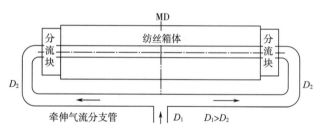

图 2-68　箱体两端仅有一个牵伸气流接口的分流系统

(二)牵伸气流管道与 DCD 调节,离线运动的匹配

输送牵伸气流的方案要与系统的 DCD 调节及离线方式相匹配,保证在这些系统动作时能保持牵伸气流的供给,并在正常运动行程内,不对相关系统的运动产生约束。

使用固定的金属管道时,要在与设备连接处设置软连接,隔离设备的振动和噪声,并可以补偿连接管线的中心线偏差。有时要使用挠性管道,以适应运动需要,常用的挠性管道有金属编织波纹管(软管)、旋转接头等。所有的高温管道要有有效保温隔热措施,避免热量散失,改善生产环境,提高安全性。

可拆式连接是一种较为简单、经济的连接方法,但这种方法只能在"离线"运动的两个终端才与系统连接,而无法在离线运动期间保持系统的牵伸气流供给。由于在离线/在线运动期间停止了纺丝,恢复运行后要重新进行刮板等操作,对纺丝组件的使用周期影响较大,实际操作较为麻烦,劳动强度也较大,因此仅在一些早期的纺丝系统应用过。

第九节　接收成网系统

熔喷法纺丝系统的纺丝牵伸冷却过程是在开放的空间进行的,在纺丝组件的气流及纤维出口下方,形成的空气紊流和环境气流的阻尼作用,导致纤维互相分离,便随牵伸气流一起流动,期间与周围的低温空气混合,同时使纤维冷却。

接收装置是用来承接纺丝组件喷出的气流和纤维,并吸收牵伸及冷却气流,使纤网在接收装置表面固结成熔喷布(图 2-69)。常用的接收成网设备有:使用网带接收的成网机和使用转鼓接收的成网装置两大类。

一、接收方式

熔喷系统的成网(接收)装置有多种结构和方式,按接收装置的结构来分,有使用网带的

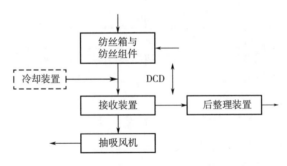

图 2-69　接收成网系统在生产流程中的位置

平面接收的成网机和利用转鼓的圆弧面或两转鼓之间的缝隙接收的双转鼓接收机。

由于接收转鼓是一个表面开孔的金属圆筒，又称辊筒、滚筒，滴落在转鼓表面的熔体仅会堵塞转鼓的透气小孔，但不会损坏转鼓，因此，无须配置相应的保护装置，用于防止熔体滴落。

按照牵伸气流的运动方向，接收装置还可分为气流与水平面平行的垂直接收及气流与水平面垂直的水平接收装置两种。采用垂直接收时，生产线的纺丝系统无须建造复杂的钢结构平台，全部设备都是放置在地面上，建造费用较低，是很多简易型熔喷系统所采用的接收方式。

（一）成网机网带式接收

采用网带式平面接收时，都要配置网下吸风装置，即在网带的工作面背后（或下方）与牵伸气流相对的位置，设置一个封闭的抽吸风箱，使这个成网区域成为一个负压区。因为成网机表面有较大的设备空间，可以布置不同的功能抽吸区，能更有效地控制成网气流和环境气流，有较好的工艺调控性能，可以适应不同应用领域的产品质量要求（图 2-70）。但成网机的结构较复杂，制造成本较高，占用的空间也较大。

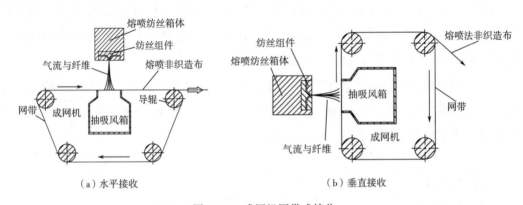

（a）水平接收　　　　　　　　　　　（b）垂直接收

图 2-70　成网机网带式接收

成网机是大型熔喷生产线普遍使用的接收装置,也有水平接收及垂直接收两种方式,但以用网带式水平面接收方式较多。由于还要与其他纺丝系统匹配,用于 SMS 生产线中的熔喷系统,则毫无例外地都采用成网机的水平面接收。

(二)转鼓(滚筒)接收

1. 单转鼓接收

按使用的转鼓数量来分,转鼓接收可以分为只有一个转鼓的单转鼓圆弧面接收,应用两个转鼓的圆弧面,或两者间的缝隙接收的双转鼓接收。接收转鼓有光滑圆柱面、开孔滚筒的无抽吸风辊筒和辊筒内部具有抽吸风功能的两种结构。

由于光滑圆柱面的转鼓无法吸收牵伸气流,牵伸气流及熔喷纤维到达转鼓表面后,会发生漫反射和散射,容易产生飞花,很难控制,因此,仅作为一些简易试验设备使用,而很少在工业生产中应用。

网面转鼓具有透气性能,可以减少气流的反射,提高熔喷纤维在表面的附着性,即使转鼓内腔也是一个没有抽吸风装置的开放空间,其应用效果也比光面转鼓好,因而还在一些低端小设备中有所应用。在实际中,主要还是使用带抽吸风装置的封闭式转鼓,由于可以在转鼓表面形成负压,可以提高牵伸速度,其工艺调控性强,产品质量也较好。

转鼓接收机结构简单,占用空间少,布置较为灵活,运行管理简单,不存在类似网带式接收成网机的走偏问题和要配置防止熔体滴落的防护措施。

转鼓接收也有水平接收与垂直接收两种方式,图 2-71 分别为单转鼓水平接收及垂直接收方式,由于牵伸气流及纤网到达转鼓的圆弧表面时,距离是不一样的,中线两侧的距离会较大,因此,产品的结构会较为蓬松。

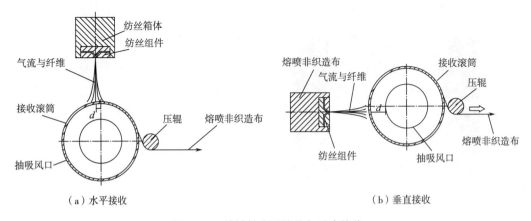

(a)水平接收　　　　　　　　　　　(b)垂直接收

图 2-71　单转鼓水平接收与垂直接收

单转鼓接收机结构简单,广泛用于小型熔喷生产线,实验线及往复式熔喷生产线。

在实际使用中,纺丝箱体的中线并一定是与辊筒的中线对齐(重合),而一般是纺丝箱体偏向辊筒的上游侧(图2-71中的 d),也就是接收转鼓偏于纺丝箱体下游,即偏向卷绕机这一侧。这样能防止转鼓气流入口的上游侧大面积暴露在环境中,导致大量环境气流没有经过纤网就进入抽吸风机,降低了对熔喷纤维的吸力和冷却效果。这样能提高抽吸风的利用率,纺丝会更稳定,可以大幅度降低发生飞花的概率。

2. 双转鼓接收

接收装置也可以由两个转鼓组成(图2-72),而且也分为双转鼓水平接收及双转鼓垂直接收两种方式,接收纤网的位置既可以选在偏向一侧辊筒的圆弧面,也可以选在两者间的对称缝隙,即纺丝箱体的中线有可能偏向其中一个转鼓的一侧,也可以处于两个转鼓所形成的缝隙中。

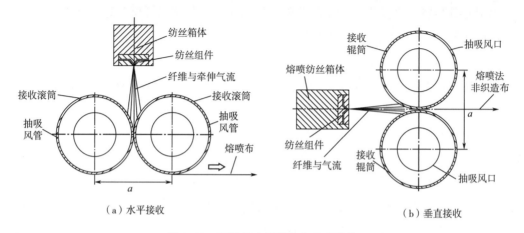

（a）水平接收　　　　　　　　　　　（b）垂直接收

图2-72　双转鼓水平接收与垂直接收

通过调整两个转鼓间缝隙的宽度,也就是两个转鼓的轴线距离 a,可以生产厚度不同的高蓬松型产品(图2-73)。

图2-73　高蓬松性熔喷产品

3. 接收转鼓

转鼓接收是小型熔喷系统较多使用的接收装置,接收转鼓的基本结构是一个中空圆筒状设备,其内部还套着一个同心的内胆,芯轴仅起支承转鼓和固定内胆的定位作用,是固定不动的。

转鼓是一个不锈钢多孔板(常用材料牌号 304,开孔率≥50%)制造的直径为 630~1200mm 的圆筒,在多孔圆筒表面还覆盖有一层目数为 10~20 目的不锈钢网(图 2-74),不锈钢网有接收承载纤维和提高抽吸气流均匀性两个功能,钢网的目数会影响透气量及熔喷布的表面结构,如果目数太少,熔喷布的表面会显得较为粗糙。其结构和驱动系统比成网机简单,即使有熔体滴落或被污染,也很容易清理。

图 2-74　各种接收转鼓的内部多孔圆筒与表面钢网

转鼓利用轴承空套在芯轴上,可以环绕芯轴自由转动。转鼓的圆桶与内胆之间有一个几毫米的间隙,由驱动装置带动环绕内胆自由旋转(图 2-73 和图 2-74)。驱动装置一般是变频调速设备,可以调节转鼓的速度,采用套筒滚子链传动,最高速度约 80m/min。

转鼓的内胆是在芯轴上固定不动的,其两端有管道(或法兰)可与抽吸风机的吸入口相联,转鼓绕其转动。内胆朝向接收纤网的方向开有一个缺口,与缺口对应的圆心角一般在 60°~90°这一范围(图 2-75),具体的角度与接收方式、产品的应用领域要求有关。

牵伸气流和环境冷却气流,透过面层的钢网和多孔圆筒后,通过内胆这个缺口进入内胆,并被抽吸风机抽走。而熔喷纤网则被阻截、附着在外圆的钢网表面,利用自身余热固结、冷却、定型成熔喷布,并跟随转动着的辊筒,在卷绕张力作用下被从表面剥离。

图 2-75　接收转鼓的端面及内胆开口

设计较为讲究的转鼓内部(图 2-76),设置有较为复杂的导流结构,使全幅宽范围的抽吸气流保持均匀一致,转鼓结构一般是轴向对称的,在轴向的两端都设置有与抽吸风机连接的法兰,便于采用两端同时抽吸。

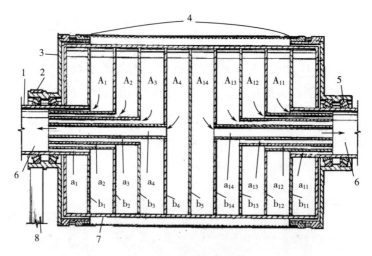

图 2-76　转鼓内部结构

1—内胆套管　2—传动用带轮　3—接收辊筒　4—与内胆缺口对应的纤网接收区域

5—轴承　6—抽吸风管　7—内胆　8—传动带

A_i—抽吸气流分区　a_i—与分区对应的套管环形气流通道　b_i—分区隔板

如果仅使用转鼓的一端与抽吸风机连接,则内胆的分风、均压结构就要设计为非对称的等压结构,以保证在全幅宽范围内的负压尽量相同,使进入内胆的抽吸气流保持均匀一致,这对成网均匀度有很大影响。

小型或简易型的转鼓一般都没有内胆,转鼓内侧的空间是完全开放的,牵伸气流仅依靠自身的动能穿透转鼓,或在转鼓表面逸散到环境空间。因此,也就无法配置抽吸风装置。

接收转鼓表面是一个开孔率较高的金属多孔板或不锈钢网,由于金属材料有良好的导热性能,对熔喷纤网的冷却有较好效果,布面上留下的不锈钢网纹路可以比通用的 PET 编织网带更为细腻,熔喷布表面就不会因强力吸附而形成明显的印痕。

一些简易型熔喷系统的转鼓是开放式的,即圆周及轴向两侧都是直接与环境大气相连通的,没有内胆,外圆多孔转鼓是固定在轴上,并由轴上的传动装置驱动的,也没有配置负压抽吸风装置。在运行期间只有少量牵伸气流能穿透纤网及转鼓进入转鼓的内腔,再散发到环境空间。而大量的气流则直接在转鼓表面反射、溢散到周边环境,很容易产生飞花,因此这种接收方式不宜生产大定量的厚型产品,但产品的手感会较为蓬松。

转鼓接收装置结构简单,无须配置复杂的、像成网机一样的网带张紧机构和网带纠偏机构,由于负荷很轻,速度低,驱动电动机的功率也很小(≤3kW),维护管理要求低。而转鼓是金属制品,被污染后可直接用高温清理污染物,容易清理,因此,也不是损耗件,管理成本较低。

(三)混合接收

由不同的接收机构与不同的接收方式可以组合出很多种接收装置,由于接收装置的传热特性和结构不同,对产品的物理性能有一定的影响。

图 2-77 是一个具有多种接收方式的熔喷纺丝系统,其接收装置包括单转鼓、双转鼓及成网机网带接收三种可选的方式,可以根据生产工艺需要,将接收装置沿地面的 MD 方向轨道移动到纺丝系统的下方,就可以选用其中的一种接收方式。

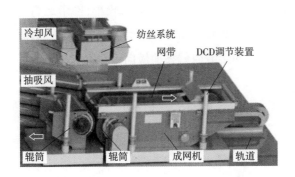

图 2-77　可用单转鼓、双转鼓及网带接收的多用途熔喷接收系统

二、成网机的结构

(一)基本型成网机

1. 成网机的机架结构

成网机的机架有墙板式和框架式两种,一般以墙板式较多。具体结构与纺丝系统的 DCD 调节方式和离线运动方式有关,有的成网机机架还配置升降机构用于调节 DCD,配置行走装置用于做离线运动。

2. 驱动装置

驱动装置的功能是用于驱动成网机的主驱动辊,带动网带稳定运行,由于成网机网带的线速度是计算产品定量规格(g/m^2)的基础数据,要求运行过程保持稳定,并能连续平滑地调整速度。目前,成网机的网带基本都是用交流变频系统调速,电动机的功率一般≤7.5kW。

独立的熔喷系统较难生产较小定量(≤$10g/m^2$)的产品,网带运行的线速度并不高,一般要求调速精度在±(0.2%~0.5%)。由于低定量规格的熔喷布产品拉伸断裂小,在高速传输时容易断裂,也容易受静电和环境气流干扰而不能稳定运行。因此,限制了生产线可以生产的最小产品规格,单个纺丝系统成网机的最高运行线速度也不会很高,常在≤80 或≤100m/min。当生产大定量规格的厚型产品时,运行速度会很慢,最低速度会低于 5m/min。

3. 网带张紧系统

网带是依靠摩擦力由驱动辊驱动运行的,摩擦力与材料的摩擦系数和摩擦面的正压力有关。为了能提供足够的摩擦力,除了驱动辊表面与网带间有较大的摩擦系数外,网带必须贴紧在驱动辊表面,并要求网带与驱动辊间有足够的压力,网带张紧机构就是通过张紧网带来形成这个压力的。

除了形成摩擦力外,张紧机构的另一个重要作用是使网带在全幅宽范围保持均匀一致的张力,以免网带的结构发生扭曲变形(图2-78),并在运行期间发生横向偏移。相对于过度张紧而被拉长的两侧网带,中间部位网带的周长较小,网带运行一圈所需要的时间较少,因此就朝运动方向趋前运动,而导致网带出现变形。利用张紧机构可以调整网带两侧的张紧程度,能消除导致网带发生固定方向偏移的横向力。

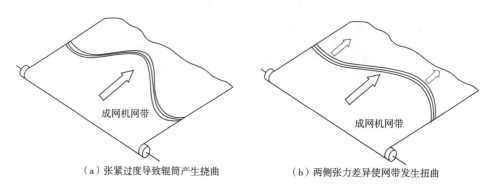

(a)张紧过度导致辊筒产生挠曲　　　　　　(b)两侧张力差异使网带发生扭曲

图2-78　由于两侧张力不平衡造成的网带变形现象

在制造过程中,不同品牌网带的实际长度(周长)必然会存在长度偏差,网带张紧机构可以通过改变成网机辊筒间的相对位置来适应这种差异,为网带的安装、维护工作带来便利。

熔喷生产线成网机的网带很短,运行速度慢,驱动功率较小,需要的张紧力也不大。因此,网带的张紧机构也较为简单,一般由人力操作,主要由张紧辊、张紧辊移动机构、操作机构三个部分组成。

张紧装置应既能调整单侧网带的张力,也能两侧同时进行张紧。网带的许用张力与编织工艺有关,一般常用网带的最大许用张力为300daN/m(3000N/m),但在实际使用过程中,并不需要张紧到这个程度,特别是熔喷生产线的网带较短,单个纺丝系统的实际传动功率一般≤5.5kW,更没有必要把网带张得太紧。

4. 网带自动纠偏系统

导致网带走偏的因素有很多,包括网带本身的制造质量、辊筒工作面本身的锥度偏差,成网机辊筒之间的轴线平行度偏差,网带无承托装置或承托装置的结构不对称,网带两侧张力不平衡,网带两侧的运动阻力不对称,纠偏装置故障等。

由于网带是一种柔性传动件,不能采用强制限位的方法来使其一直保持在规定的位置运行,为了防止在运转期间发生走偏而损坏,成网机需要装设网带走偏检测及越限报警装置,以便自动纠正偏移,并在出现意外时停止成网机的运转。

网带走偏是不可避免的,加上生产线是长时间连续运行的设备,依靠人工去发现,并纠正是不现实的。因此,成网机必须配置网带自动纠偏系统。

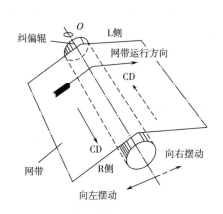

图 2-79　网带在 CD 方向的移动与纠偏辊
摆动方向的对应关系

纠偏系统主要包括:网带位置检测传感器、纠偏辊、纠偏驱动装置、控制装置等。利用检测传感器检测出网带位置(边缘或中心线)偏移,通过控制装置输出的信号使驱动装置动作,驱动纠偏辊往纠编方向摆动或移动,使网带逆着偏移方向移动恢复到正常位置。其工作原理如图 2-79 所示。

网带位置检测装置有机械接触式(如挡板、摆杆、触须)、光电非接触式(红外线、超声波、电容接近开关)等,纠偏执行机构有电动式、气动式、液压式等。当使用光电传感器时,必须注意网带的颜色对传感器灵敏度的影响。

成网机的运行速度越高,对纠偏装置的性能要求(如反应速度、纠偏能力)也越高。熔喷生产线成网机的运行速度较慢,对纠偏装置的要求也不高。

纠偏方式以比例控制方式最佳,可以根据网带发生偏移的速率调整纠偏速度和纠偏行程,并能在任何位置稳定停留。纠偏动力有电动式(丝杆螺母或电动推杆)、气动式(气缸或气囊)、液压式(气—液联动)等。电动推杆、气缸或气囊是较为常用的。

由于气动系统不容易在任何位置停止、定位,如果使用单个气缸纠偏,活塞杆只能在全部伸出和全部缩入的两个极限位置停留。在运行过程中,活塞杆会在两个位置间做往复运动,不能在"中间位置"稳定停留,无法精确控制网带的偏移。导致网带不停地向两侧周期性偏移,增加了铺网宽度,虚宽的边料降低了系统的一次合格品率,也增加了压缩空气的消耗量。但因为气缸便宜,系统简单,在速度较低的小型系统中仍得到应用。

熔喷生产线一般使用单纠偏辊纠偏,网带在纠偏辊面上的包角会影响纠偏力的大小和灵敏度,网带包角的推荐值一般≤25°。纠偏效果还与网带的宽度和厚度及纠偏辊与上游导辊(即进入纠偏辊前的辊筒)的距离有关;网带越宽、距离越小,纠偏效果越差。

纠偏装置的运动方向,实际上与纠偏辊的运动方向既可以是水平的,也可以是垂直的。但一般都是沿水平设置的导轨移动的,而纠偏辊的自重则由导轨承受,在两个方向驱动纠偏辊移动的力基本相接近,仅需克服与导轨的摩擦力即可。

如果是沿垂直方向运动,则纠偏辊的自重会影响驱动力的大小,当向上方移动时,辊子的自重与移动方向相反,驱动力要大于纠偏辊自重(的一半)及与导轨摩擦力的总和。而在向下方移动时,辊子的自重与移动方向一致,会与驱动力叠加,这时驱动力仅需要克服与导轨摩擦力,甚至仅依靠自身的重量纠偏辊就会自动降下来,驱动装置输出的力就会很小。

从上述分析可见,纠偏辊沿垂直方向移动时,上升和下降所需要的驱动力相差很大,纠偏辊是不适宜沿垂直方向移动的。而且在使用气缸驱动纠偏辊时,一旦压缩空气供应中断,纠偏辊就无法停留在正常的纠偏位置,而会受自重作用而下降到极限位置,使网带很快发生大幅偏移。

纠偏辊的最大行程和摆动速度与生产线幅宽,也是网带的宽度有关,以3200mm幅宽为例,摆动角度一般≤±1°行程一般≤±50mm,而最高摆动速度约30mm/s,驱动力一般在1000~2000N。

5. 传动辊筒与压辊

成网机中有很多辊筒,按其结构不同有外置轴承(辊筒与轴一起转动)及内置轴承(仅辊筒转动而芯轴固定不动)两种。按功能不同又可分为以下几种:

(1)压辊。用于在运行,特别是进行DCD调节时,使熔喷布始终贴紧在成网机的网带表面,并跟随网带同步运行。使用升降成网机调节DCD时,如果在最大DCD状态,纤网有可能离开成网机的表面被牵伸气流扰动,此时就要专门配置导向压辊。

压辊的另一个重要作用是使熔喷布更容易从接收装置表面剥离,熔喷布与接收装置表面的结合力一般都较大,加装压辊后,改变了熔喷布的受力方向,牵引张力从与熔喷布的平行方向变成近似垂直方向,就更容易从接收装置表面剥离(图2-80)。

图2-80 接收装置纤网输出端的压辊

在使用转鼓接收的纺丝系统,同样也会用到类似功能的压辊,把熔喷布从转鼓表面剥离出来,然后输送到下游机台。熔喷系统的压辊较多使用内置轴承结构。

(2)驱动辊筒。这是成网机中直径最大的辊筒,与驱动装置联接,其功能是利用摩擦力将驱动电动机的转矩驱动网带运行,为了增加摩擦力,辊筒表面经常会包覆一层摩擦系数较大的材料。驱动辊筒负荷重,加上要利用芯轴传递扭矩,一般都采用外置轴承这种结构。

(3)张紧辊。张紧辊一般可沿固定的轨道平移,轴线位置可调。通过移动张紧辊,可以改变成网机辊筒间的间距,从而控制网带的张紧力,并与驱动辊间产生足够的摩擦力,保持网带能正常运行。

张紧辊一般应布置在网带的松边,即布置在驱动辊的网带出口方向,这样既能使网带与驱动辊表面保持有足够的接触压力,又可以降低调整张力时的操作阻力。

(4)导向辊。导向辊用于改变网带的运行方向,或增加网带在驱动辊面上的包角,导向辊的轴线位置一般都是固定的。由于熔喷布所承受的张力较小,导向辊都可以采用轻型结构,有的芯轴是固定不动的,辊筒由轴承支承,在轴上转动,安装也较为方便(图 2-81)。

图 2-81　熔喷生产线中芯轴固定的导向辊

除了在成网机上配置有导向辊外,熔喷法非织造布生产线中的静电驻极装置、卷绕机上也配置有类似功能的辊筒。

(5)纠偏辊。用于纠正网带运行期间出现的横向位置偏移,在运行状态,纠偏辊一般是以固定端轴承为支点,做一定角度的往复摆动。

纠偏装置一般应布置在网带的松边,并处于水平状态工作。由于熔喷纺丝系统的接收装置运行速度慢,对纠偏装置的要求也较低,驱动纠偏辊的动力可以是气缸、气囊、油缸和电动推杆等,目前,趋向选用已定型的商品化设备,可以提高可靠性和减少设计、制造及维护的工作量。

(二)可倾侧成网机

德国莱芬豪舍公司的熔喷系统成网机,可绕 CD 方向的水平轴线翻倾,改变了气流和纤维喷射到成网机的角度,从而可以改变纤网的结构和性能。

当以成网机的平面接收纤网时[图 2-82(a)],产品的密度较大,厚度较薄,而纤网平均孔径较小,透气性较低,但有较高的过滤效率,适用于生产高阻隔、高过滤效率型产品。

当成网机向下游方向移动,并倾斜一定角度后,以成网机的圆弧面接收纤网时[图 2-82(b)],产品的密度较低,厚度较大、结构蓬松,有纤网有中等的平均孔径,透气性较好,有中等或较低的过滤效率,适用于生产较蓬松的中等阻隔、过滤性能的产品。

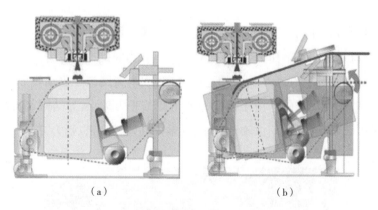

（a）　　　　　　　　　　　（b）

图 2-82　可翻倾的熔喷成网机的两种运行状态

（三）可回转成网机

一般的生产线是无法改变铺网宽度的，当顾客需要的产品总宽度 w 小于生产线的铺网宽度 W 很多，而剩余部分又不足以获取一个所需规格的子卷产品时，通常只能将两侧多余的合格产品当成废料切除，导致生产线的合格品率下降，生产成本升高。这是日常生产过程中经常要面对而又缺乏有效改进措施的问题。

可回转型成网机是应对这个难题的有效技术手段，对市场需求有更强的适应性和灵活性。这种技术最先由美国企业开发，至今其商品化设备已出现有近二十年时间了。

这种成网机的核心是抽吸风箱及其纺丝系统可绕垂直轴线在水平面转动，任何时候都使纺丝组件中心线与抽吸风箱中心线在水平面的投影是重合的，当与生产线 MD（或 CD）方向垂直（或平行）回转一定的角度 β（β_{max}<30°），则铺网宽度就由原来的 W 变成 $W \times \cos\beta$，就更加接近市场所需要的规格（图 2-83 和图 2-84）。

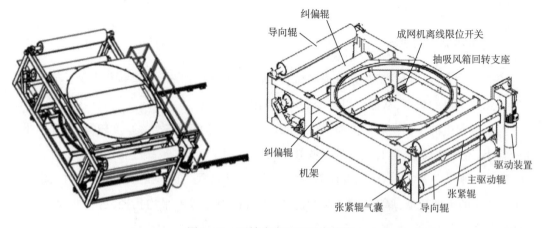

图 2-83　回转式成网机基本结构

图 2-84　成网机可回转的双组分变幅宽熔喷生产线

以铺网宽度为 2600mm 的系统为例,当回转角度 β 由 0 变为 30° 时,铺网宽度就会由 2600mm 变成 2600× cos30° = 2252mm,铺网宽度窄了 2600−2252 = 348mm。表 2-19 为纺丝系统的名义幅宽及回转后最小幅宽。

表 2-19　纺丝系统的名义幅宽及回转后最小幅宽

名义幅宽/mm	1600	2000	2400	2800	3200
回转后最小幅宽/mm	1360	1700	2050	2400	2750

注　按两侧边料总宽度为 200mm,回转角度 30° 计算。

可回转型成网机除了能十分灵活地适应客户的幅宽要求外,还能保证生产线的产量不会随幅宽发生变化,而且由于纺丝箱体回转后,产品的单位宽度内对应的喷丝孔数量,即纤维的数量随之增加,产品的均匀度或质量也会更好。

可回转型成网机实际上是一种可变铺网宽度的设备,其基本结构与一般的成网机相似,但增加了一系列为配合调整铺网宽度的相应机构,这种技术被应用于结构相对简单的、使用开放式纺丝通道的熔喷系统,这种可回转型成网机的原型是一条双组分熔喷系统,结构更为复杂。

可回转式成网机并非是成网机作整体回转运动,成网机的网带位置还是固定不变的,仅是在成网机的接收网带下的成网风箱绕着通过纺丝系统 MD 与 CD 方向中线的交叉点的虚拟垂直轴线,在水平面上回转。这种生产线的成网机是沿地面上的轨道,在 CD 方向做离线运动的。

除此之外,在成网机上方的纺丝箱体、冷却侧吹风装置也要跟着成网风箱做同步运动。因此,成网风箱与抽吸风机之间的管道连接,侧吹风的吹风装置与冷却风系统间的连接,螺杆挤出机至纺丝泵间的熔体管道,热牵伸气流与纺丝箱体间的连接管道以及相关的线缆都要设计成可活动型的结构。

三、网带应急保护装置

网带应急保护装置的功能是在纺丝系统处于异常状态时,保护网带的安全。如在纺丝泵运行期间,如突然中断热牵伸气流的供给,未经牵伸的熔体细流便以熔体状态滴落在网带上,并随即渗透入网带内部,除堵塞网带的气流通道外,高温的熔体还会导致网带严重变形。若不能及时终止纺丝泵的运转,将网带停下来,熔体将大面积覆盖在网带面上,会导致网带报废。

如果在生产线运行期间突然发生断电事故,成网机突然停止运行都会危及网带的安全。

熔喷系统的熔体流动性很好,当其滴落在网面时,非常容易渗透入网带的内部结构,并堵塞网带的气流通道(图2-85)。由于清理十分困难,大面积的熔体滴落将会导致网带报废,这是熔喷系统在运行管理过程中极需注意的问题。

网带保护装置既可以装在成网机上,也可以装在纺丝箱体上,只要能阻挡熔体不滴漏到网带上就达到目的了。在结构上要保证在DCD值最小时仍可无障碍动作,并不妨碍刮板和组件维护作业。

图2-85 由于牵伸风系统故障污染的网带

同样的原因,熔喷系统在启动及停机阶段,纺丝系统也一定要处于离开网带的离线状态(位置)运行,避免产生的废丝或高温熔体污染网带。

激活网带保护装置动作,需要同时满足多个逻辑关系,只有这样才能在满足现场安全的前提下,起到应有的保护作用,否则有可能成为安全隐患。网带保护装置动作要同时满足如下条件:

(1)纺丝系统处于"在线"位置与纺丝泵处于运行状态,这是两个前提条件,因为纺丝系统不是处于"在线"位置,或纺丝泵没有处于运行状态,就不存在网带被污染的可能。

(2)牵伸风机从正常运行状态转为事故状态、系统失电,成网机突然停止,这是触发保护装置动作的几个信号,其中也包括了供电系统突然停电这个因素。

因此,应急保护装置不能使用电力作为驱动力,必须以压缩空气或重力等为驱动力。在不具备这些前提条件时,即使有触发信号,系统也不会动作,因为没有实际意义。

网带应急保护就是当出现险情时,迅速动作,遮断、隔离喷丝板下方的网带。遮断物可以是刚性的金属盘,也可以是柔性的耐高温编织材料(如旧的网带,图2-86),而在应急状态,还可以就近用硬纸板、三夹板类的物体放在喷丝板下方承接流下来的熔体,避免滴落在网带面上。

图 2-86　抽吸风箱的入口网带支承和应急保护装置

当网带应急保护装置动作的同时,纺丝泵、成网机也必须自动停止运行。随后,纺丝系统或生产线就必须停机处理,并进行一些必要的人工操作,如增加 DCD,使纺丝箱体与接收装置尽量分离开;纺丝系统及时离线等。

除了可以在成网机上配置网带应急保护装置外,也可以在其他位置,例如在纺丝组件的下方设置网带应急保护装置(图 2-87)。

图 2-87　装在纺丝箱体上的网带应急保护装置

在一些简单的系统中,网带应急保护装置也可以用手动控制。但配置在 SMS 生产线中的熔喷系统,由于熔喷纺丝系统的数量较多,岗位人员又远离成网机。因此,必须是自动控制的,否则无法起到应有的防护作用。

四、抽吸风箱和抽吸风机

(一)抽吸风箱

抽吸风装置是成网机中的重要系统,主要由抽吸风机、抽吸风箱、管道及调节机构组成。其功能是吸收纺丝过程产生的牵伸气流、冷却气流和环境气流,并将熔喷纤维收纳在网带面上形成熔喷布。

抽吸风的均匀性直接影响纤网、熔喷布的质量,抽吸风箱会配置一些流量调节机构,内部设置有相应的分风和导流装置,使全幅宽范围的抽吸气流均匀一致。

熔喷系统抽吸风箱的结构会影响熔喷纤网的密度,从而对产品的过滤效率、静水压有明显的影响。为了适应不同用途产品的要求,独立熔喷系统的抽吸风箱 MD 方向的入口一般都较宽(B),以适应生产不同应用领域、不同定量规格的产品,因为生产大定量产品时,堆积在抽吸风箱入口的纤网密度较高,如果风箱的入口较窄(b),就要求风机有很高的压力才能控制成网气流(图 2-88)。

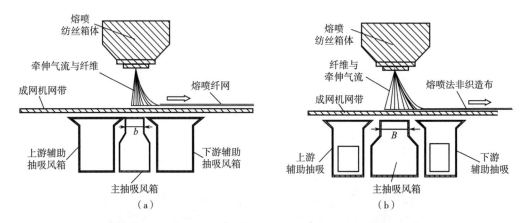

图 2-88　抽吸风箱入口宽度对产品的静水压和过滤效率的影响

由于 SMS 生产线主要关注产品的阻隔性能,因此,配置在 SMS 生产线中的熔喷系统,其抽吸风箱的入口一般都比独立的熔喷纺丝系统更窄,这样能提高纤网的密度,使产品具有较高的静水压。

但抽吸风箱的主入口宽度(b 或 B),也就是主成网区的宽度会牵涉抽吸风机的性能,入口越小,阻力越大,需要配置压力更高的风机,消耗的能量也会多一些[图 2-89(a)]。选用较宽的入口,可以选用压力稍低的风机,风机驱动电动机的功率也会较小一些[图 2-89(b)]。

由于进入抽吸风箱的气流速度较快,一般在 12~25m/s,抽吸风机会产生很高的负压,网带在大气压力作用下,会在抽吸风箱的入口承受很大的压力而向下弯曲变形,并与抽吸风箱口产生很强的摩擦,除了使网带和风箱入口快速磨损外,还容易使熔喷纤网发生变形、折皱。

因此,经常在风箱的入口设置可以透气的托板,防止网带向下弯曲变形,同时还使网带纠偏装置的动作有更明显的效果。

设置主抽吸风箱入口的网带托板或支承装置时,会影响网带相应区域的透气量,因此,这些装置的结构不得有与 MD 方向平行的构件,常将这些支承装置设计为倾斜的,或棱形的

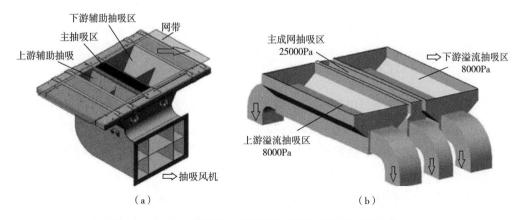

图 2-89 带上、下游辅助抽吸区的抽吸风箱及配套风机压力

网状结构(图 2-90),而与网带接触的条形构件表面宽度不宜大于 10mm。

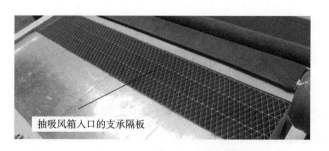

图 2-90 抽吸风箱入口的支承隔板

配置在 SMS 生产线的熔喷系统,主要用于生产阻隔型产品,要求有较高的静水压。生产空气过滤材料的独立熔喷系统,产品要有较细的纤维和较小的平均孔径,要求有较高的过滤效率。因此,其主抽吸风箱的结构与 SMS 生产线中的熔喷系统相似,其抽吸风箱入口宽度为 110~325mm。

视产品的具体应用领域,独立运行的熔喷生产线,要考虑其市场适应性,其主抽吸风箱入口可能较宽,有的机型可>400mm。有的熔喷系统的抽吸风箱入口宽度是可以在线调节的,这样便增加了一个工艺调节措施,以获得适应市场需求的最佳产品质量。

在穿透网带和纤网的气流中,除了少部分是热牵伸气流外,进入抽吸风箱的气流中还有大量环境气流,这些环境气流使牵伸气流受阻尼、减速,消减了牵伸气流的速度,并吸收了牵伸气流部分能量,环境气流的另一个重要工艺作用是吸收高温牵伸气流的热量,使纤网和牵伸气流得到充分的冷却、降温,对提高熔喷布的质量有很大作用。

没有受控的环境风还会干扰成网,影响均匀度,产品容易产生卷边、皱褶,幅宽变窄等缺陷。

设置上、下游辅助抽吸区的抽吸风箱系统,除了用于控制环境气流和溢散的牵伸气流外,还有一个重要的功能是增加了熔喷纤网的冷却速率。温度较低的环境气流穿透纤网、进入下游的辅助抽吸区这个过程,也是一个冷却过程,能使纤网迅速冷却降温,提高了产品质量。

抽吸风箱气流吸入口的 CD 方向长度必须大于喷丝板的"布孔区"长度,而成网机网带的宽度必须比抽吸风箱入口长度多 100mm 以上,防止在生产运行期间网带走偏,无法完全覆盖抽吸风箱入口,导致抽吸风箱入口外露。为了使网带仍获得承托,抽吸风箱气流吸入口的 CD 方向长度又必须小于成网机工作面的宽度。

由于在吸入抽吸风箱的气流中,含有聚合物单体、短纤维及空气中的灰尘,容易污染网带及网带支承板、抽吸风机的叶轮、蜗壳及系统的管道,堵塞抽吸风箱内的多孔板,使透气量下降,降低了系统的效能,调控能力下降,容易出现飞花等。因此,要经常拆洗成网机的网带。

(二)接收转鼓的抽吸风设计

接收转鼓的气流入口已经固定在转鼓内胆,而且是不会随转鼓转动的,转鼓内胆的气流进入通道开口圆心角一般在 60°~90°,气流穿透转鼓的网孔后通过这个开口被抽吸风机吸走。同样,开口角度的大小也会影响风机的性能,开口角度大,配套风机的压力会较低,功率也较小,产品的密度会较低。

转鼓的开口一般要与纺丝组件相对,但其角平分线不一定与纺丝组件的中线重合。对于双转鼓接收系统,其开口基本是以对称的形式分布在纺丝组件中线的两侧,并呈一定的角度倾斜布置(图 2-91),而两个转鼓的转动方向相反,其转动方向的切线与牵伸气流是同向的。

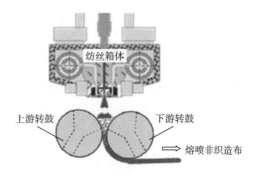

图 2-91 双转鼓接收的倾斜抽吸气流入口

(三)成网机抽吸气流的冷却功能

熔喷纤网是依靠余热自黏合成网的,纤维能得到快速、充分的冷却可以改善纤网的物理力学性能和手感,还可以减少产品在下线以后的性能衰减。因此,抽吸风的流量越大,表示参与冷却过程的气流也越多,冷却效果也越好。

但成网机两侧的环境气流在流向抽吸区时,会压缩纺丝组件喷出的成网气流,使铺网宽度缩窄,这种情况在较大的 DCD 状态,因为成网气流的速度已经下降,动能较小更容易受干扰,影响会特别严重。横向的环境气流还有可能使网带表面的熔喷布出现卷边现象,如果网带没有托板支撑,网带下方的气流会从下往上穿透网带,将熔喷布(或熔喷纤网)吹起,脱离网带表面飘动,容易形成皱褶。

抽吸气流偏小容易产生飞花,污染设备和环境。

熔喷系统是一个开放式纺丝系统,抽吸风机除了要吸收纺丝组件喷出的牵伸气流及冷却风外,还要吸走大量的环境空气(简称野风)。使车间内形成负压,对保持生产环境的清洁卫生不利,甚至影响厂房门窗的启闭。

抽吸风机的排气温度反映了纤维的冷却效果,温度越高,冷却效果越差。在没有配置冷却风装置时,熔喷抽吸风机吸入口气流温度一般在 45~55℃,在冬天环境温度较低、抽吸流量较大时,则排气温度会较低,而在配置冷却风装置,或在线水驻极装置时,进入风机的气流温度及排气温度都会更低一些。

由于气流进入风机后被加速、压力升高,内能增加,温度会升高。因此,风板排气温度则要比吸气温度高 4~6℃。风机的全压越高、转速越快,由于升压而引起的温升也越大。风机的排气温度较高,可接近 60℃,管道和风机辐射的热量对车间内环境影响较大,一般将热气流直接排到室外,但这可能成为一个噪声和废气的污染源,要妥善处置。

(四)抽吸气流对设备的污染

在有加热、氧气和水分存在的环境中,聚合物会不可避免地发生一定程度的降解,产生一些分子量较小的气态"单体",当熔体中含有色母粒或功能母粒等添加剂时,还会产生一些其他挥发物或烟气。

单体烟气的产生量与聚合物的质量有很大关系,高质量的聚合物原料,其性能稳定、杂质少,产生的单体也会较少。而一些质量较差、性能不稳定的聚合物原料,特别是一些应用过氧化物降解工艺生产的原料,在纺丝过程中不仅会产生大量烟气和异味。纺丝系统的温度越高,熔体挤出量越大,产生的单体烟气也会越多。

由于熔喷系统的生产工艺和设备结构特点,没有配置单体处理系统,纺丝过程产生的单体烟气与牵伸气流一起穿过成网机的网带后,被抽吸风机吸走,并被排放到室外环境中。

熔喷系统的熔体挤出量较小,而抽吸风量又很大。因此,排放气体中的单体含量(浓度)较低、总量也很少,但长年累月的运行,烟气仍会在温度较低的管道中冷凝、积聚,甚至在水平管道接头的下方发生泄漏,还会污染车间内其他空气调节系统的空气过滤设备。

单体会污染成网机和网带,在配置有熔喷纺丝系统生产线,成网机的网带支撑面会很脏,网带的非工作面经常被一些油泥状物体污染、堵塞,使网带的透气量减少,要频繁进行清洗。

单体烟气还会在风机的叶轮、蜗壳内积聚,增加气流的流动阻力,改变了风机的特性,运行效率下降,能耗增大。如果发现生产同样的产品时,随着运行时间的增加,风机的设定转速呈现越来越高的变化趋势时,就要对风机或相关管道进行检查和清理。

(五)抽吸风机与选型原则

在熔喷法非织造布生产线中,要用到各式各样的风机,由于牵伸气流系统的压力较高(>100kPa),一般要用容积式风机(鼓风机)。而配套在成网机中的抽吸风机,其压力与抽吸风箱的结构、产品的用途有关。抽吸风箱入口较窄、或生产阻隔过滤型产品的系统,要配置压力较高的风机;抽吸风箱入口较宽、或生产吸收型蓬松产品的系统,可配置压力较低的风机(图 2-92)。

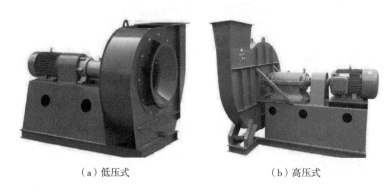

(a)低压式　　　　　　　　　(b)高压式

图 2-92　大流量离心式通风机

而配置在多纺丝系统的 SMS 型,或 MM、MMM 型生产线中使用的熔喷法纺丝系统,由于处于下游方向的纺丝系统,其纤网层数要比上游系统更多,阻力也随之顺次增大。因此,抽吸风机的压力也是递增的,而且一般要比独立的熔喷系统更高。

因此,不同机型成网机配套抽吸风机的压力范围很宽,一般在 4~14kPa,而以 5~10kPa 较多,实际上一些引进熔喷系统的抽吸风机,其最高压力可达 20~25kPa。选用普通的离心通风机,或高压通风机即能满足要求。

由于通用型风机是在 20℃标准状态下标定其技术参数的,将这种风机用作熔喷成网机抽吸风机时,由于进入抽吸风机的气流温度一般在 50~60℃,气体的密度低于标准工况,会导致风机的实际压力低于铭牌压力。因此,必须进行修正,或选用工作温度较高的引风机,就是风机牌号中一般带有 Y 字的这类机型,或说明书的技术性能中标注可在较高气体温度工作的机型。

如果熔喷系统应用在线水驻极技术,而且驻极系统是直接向牵伸气流和熔喷纤维喷出水雾的热驻极,这时进入抽吸风箱的气流温度会低一些,而且会含有大量的水雾,气流的密度会高很多,对风机的工况也有影响。在这种状态使用时,更防止风机的蜗壳积水,叶轮也需要具备防腐蚀功能。

就是在同样的运行条件下,由于空气密度增大,风机的压力(或吸力)会更高,负载会变重,甚至可能发生超载。因此,有的熔喷系统会在驻极装置与主抽吸风机之间,配置一个水汽分离装置,将水分分离出来以后,才进入风机被抽走。

同样,在水驻极系统的真空脱水段,也存在同样的问题,宜配置水汽分离装置,将水分分离出来后,才进入风机被抽走。

抽吸风机的压力取决于抽吸风箱的设计,当抽吸风箱的入口较宽时,适用于生产较为蓬松的材料,如保暖、隔离、吸收型产品,这时就可以选用压力较低的风机,风机的压力一般≤8kPa。这类型风机外形的显著特征是风机的蜗壳较为厚、宽。风机的功率较小,如在3200mm 幅宽系统,风机的功率一般≤100kW。

当抽吸风箱的入口较窄时,主要用于生产高阻隔型或高过滤效率的产品,所使用的风机压力较高,风机的压力一般≥10kPa,有的引进设备的风机压力可达25kPa。在同样的熔体挤出量条件下风机要抽吸的空气流量却是相差不多的。但因抽吸风箱入口宽度有较大差异,因此,与入口较宽的机型比较,入口宽度较窄时,穿透纤网和网带的气流速度要高很多,就要求配套抽吸风机有更高的压力。因此,驱动电动机的功率会较大。

如在国产的 3200mm 幅宽的独立熔喷纺丝系统中,抽吸风机的驱动电动机功率≥110kW,最大可达280kW。而配置在仅有一个熔喷系统的 SMS 生产线中的熔喷系统,其配套抽吸风机的功率一般≥160kW,有的机型甚至大于250kW。

抽吸风机的流量必须大于"牵伸气流+冷却风+环境风"的总流量。抽吸风机的流量与牵伸气流成正相关,即牵伸气流越大,抽吸气流也要越大,否则将发生飞花而无法正常运行。

在进入抽吸风机的气流中,绝大部分是环境气流,这些气流有助于熔喷纤维及熔喷布的冷却。因此,抽吸风机的风量一般按牵伸风流量的5~10 倍选型,这既是抽吸风机功率较大的一个原因,也是同样幅宽的纺丝系统,不同纺丝系统抽吸风机的功率有较大差异的一个原因。

由于抽吸气流中含有大量环境气流,在这些环境气流进入主抽吸区域时,会存在水平方向的运动分量,干扰铺网过程。因此,在主抽吸区域的上、下游方向设置溢流控制区(图2-88和图2-89),可以有效控制这一部分的横向运动环境气流和从主抽吸区逸散的无序气流,并分流一部分牵伸气流。

上、下游溢流控制区的特征是入口很宽,因此,由于可以控制的网面区域较大,溢流区域不需要很高的负压和很高的气流穿透速度。气流既可以并入主抽吸风机,也可以配置独立的溢流风机,一般要求的气流穿透速度仅有 3~6m/s,其中上游溢流区的纤网助力小,速度会较高,而下游溢流区的纤网较厚,层数多、阻力大,速度会较低,配套风机的压力也仅为 3~5kPa,其中配置在下游溢流区的风机压力会相对较高。

(六)熔喷系统各类型风机性能的匹配

在熔喷法纺丝系统中,会配置有牵伸风机、抽吸风机、冷却风机等设备。目前,尚没有一个较为统一的、获得共识的风机选型原则,这就导致尽管主要的核心设备,如纺丝箱体、纺丝组件都一样,但由于配套风机的性能五花八门,使熔喷纺丝系统的工艺调控性能,产品的质量也出现很大的差异。

首先,牵伸风机的额定流量是参照系统熔体挤出量进行选型的,按照目前的技术水平(喷丝板的喷丝孔直径、喷丝孔布置密度、喷丝孔的熔体流量等),喷丝孔的单孔流量一般在 0.5g/min,单位幅宽的熔体流量以 50kg/h 为基数进行牵伸风机选型时,牵伸风机的流量应为 $20\sim30m^3/(m\cdot min)$,也就是相当于 $1200\sim1800m^3/(m\cdot h)$ 这个范围,取平均值约为 $25m^3/(m\cdot min)$ 或 $1500m^3/(m\cdot h)$。

抽吸风机的额定流量一般为牵伸气流流量的 $8\sim10$ 倍,即应该在 $12000\sim15000m^3/(m\cdot h)[=1500\times(8\sim10)m^3/(m\cdot h)]$,抽吸风机吸入的气流包括大量的环境气流,由于熔喷系统是一个开放式纺丝系统,即使增加了冷却吹风装置,也不会影响进入抽吸风机的气流总量,因为增加这部分冷却风仅是替代了部分环境气流而已。

但抽吸风机的压力则与抽吸风箱入口面积有关,面积大,压力可以低一点;而面积小,则必须配置压力更高的风机,如果风机的压力偏低,再大的流量也无法获得利用。大部分抽吸风机的压力在 $5\sim13kPa$,最高的可达 25kPa,这是产品质量(如静水压、过滤效率等)和能耗产生差异的主要原因。

冷却风流量一般为牵伸气流流量的 $6\sim8$ 倍,即 $1500\times(6\sim8)m^3/(m\cdot h)$,应该在 $9000\sim12000m^3/(m\cdot h)[$平均为 $105000m^3/(m\cdot h)]$。因为冷却吹风系统的阻力小,风机的压力一般在 $2\sim3kPa$,差异不大。

如幅宽 3200mm 的熔喷系统,牵伸风机的流量为 $80m^3/min(=25\times3.2)$,抽吸风机的流量在 $38400\sim48000m^3/h[=(12000\sim15000)\times3.2]$,冷却风机的流量在 $28800\sim38400m^3/h[=(9000\sim12000)\times3.2]$。

除了牵伸风机的流量会偏小以外,现有机型中的多数风机流量要比上述流量更大。

第十节　网带

一、网带的功能

网带是熔喷纤维的收集装置,也是纤维的载体,牵伸气流伴随纤维喷射到成网机的网带后,依靠自身尚处于高温的余热及热空气的热量,使纤维互相黏合、缠结成布,网带的性能对成网质量有重大影响。

非织造布生产线普遍使用在现场驳接的、用聚合物(PET)单丝编织的网带,还有用金属材料编织网带,网带的编织方法会影响剥离性能和熔喷布的手感,产品表面会形成网带的纹路(网带痕迹);用聚合物单丝编织的网带要具备抗静电性。

使用青铜丝编织金属网带及用不锈钢材料编织的金属网带的机型,由于铜丝较细、布面的质量较平滑细腻,抗静电性能良好。由于金属网带不便于在使用现场进行驳接,一般都是制造成没有端头的环形结构。因此,成网机要做特殊设计,以便将网带套入成网机中。

成网机的网带是一种易耗品,一个纺丝系统必须最少以"一用一备"方式进行管理。网带的主要性能指标包括:透气量、剥离性能、附着性能、抗静电性能等。编织网带的聚合物的种类和基本性能见表2-20,但使用量最大的还是PET聚酯网带。

表 2-20　编织网带的聚合物的种类和基本性能

材料种类	PA66	PET	PPS	PTFE	PEEK
线密度/dtex	1480	2680	2770	3350	2540
密度/(g/m³)	1.14	1.38	1.37	2.10	1.30
直径/mm	0.40	0.50	0.50	0.50	0.50
强度/(cN/tex)	37	32	22	17	33
熔点/℃	250	260	285	327	335
工作温度/℃	140~170	150~180	200~220	260	240~250
清理温度/℃	190	200	235	290	300

二、网带的主要性能

成网机网带的性能对成网过程有很大影响,网带的性能指标有很多,主要包括以下几种。

(一)网带的透气性能

1. 透气量的定义、计量单位及换算关系

透气量是网带的一个核心技术指标,编织方法决定网带透气量。使用公制计量单位时的定义是:每平方米面积网带在一小时内流过的气流体积,单位是 $m^3/(m^2 \cdot h)$,这是一个法定的计量单位。

使用英制计量单位时,透气量常用 CFM(cubic feet per minute)表示,是指在一分钟内流过一平方英尺面积网带的空气体积(用立方英尺表示),其单位为 $ft^3/(ft^2 \cdot min)$,这是一个

惯用的非法定计量单位。

当使用这两个不同单位表示网带的透气量时,不仅使用了公制和英制两种不同的长度计量单位,而且进行测试时的压力和测试的时间也不一样。根据 GB/T 24290—2009《造纸用成形网、干燥网测量方法》中的规定,用公制计量单位时,长度单位为 m,测试压力为100Pa,时间为 1h;用英制计量单位时,长度单位为英尺(ft),测试压力为 125Pa(相当于 1/2英寸水柱压力),时间为 1min。

由于两种计量单位之间还包含有不同的物理因素,两者之间就不能用纯算术方法进行换算,即不能仅使用 1 立方英尺 = 0. 0283 立方米的公英制体积换算系数进行网带透气量直接计算。

由于流量 A 在压力 P 变化时,存在 $\frac{A_1}{A_2} = \sqrt{\frac{P_1}{P_2}}$ 的物理关系,再考虑其中的计量制度转换:1 英尺 = 0.3048m,1 平方英尺 = 0.0929m^2,1 立方英尺 = 0.0283m^3,1h = 60min 等因素,经分析计算后,得知公制、英制网带透气量两者间的换算关系为:

$$1CFM = 16.2m^3/(m^2 \cdot h)$$

根据上述流量与压力之间的物理关系,可以知道在由网带与熔喷纤网组成的同一个系统,也就是在系统阻力不变的条件下,气流量(或速度)与压力之间存在平方关系,即流量增加一倍,压力要提高四倍。因此,成网机的抽吸风机必须有足够的压力,才能克服系统的阻力,有效控制成网气流。

2. 网带透气量选择原则与方法

由于不同的纺丝工艺,需要处理空气流量不同,在一般情形下,开放式纺丝系统要处理的气流量要比封闭式纺丝系统大;熔喷系统是开放式系统,其气流量一般也比纺粘系统更大,而且纤网的气流阻力也更大;而纺丝系统及抽吸风系统的结构又与气流穿透网带时的速度相关,要处理的气流量越大,或抽吸风箱入口的面积越小,要求穿透网带的空气流速也越快。

因此,选用网带时,一定要与纺丝系统的结构和工艺要求相结合,在多纺丝系统生产线,随着叠层的纤网层数增加,从上游到下游,纤网的定量(g/m^2)逐渐递增,阻力也随之递增,而透气量则越小。要增加对成网气流可控性,是无法通过改变网带的透气性能来同时满足不同纺丝系统,或不同纺丝工况要求的,因为处于不同位置的纺丝系统,其对透气性能的要求也不同。

气流要分别穿透产品纤网与成网机网带这个串联系统的两个阻力单元,穿透的气流流量是一样的,系统的总阻力则是两者阻力之和,相对而言,网带的阻力仍是较小的,系统的阻力主要还是受熔喷纤网影响。在压差相同的条件下,减少任何一个单元的阻力都可以降低这个串联系统的阻力,提高气流的流量。

由于熔喷纤网(或熔喷布的)阻力远大于网带的阻力,用降低网带阻力,即增加网带透气量的办法并不能明显降低系统的阻力或增大透气量。随着熔喷纤网定量(g/m^2)的增加,这个阻力会明显增大,用增加网带透气量的方法,对降低系统总阻力的贡献很小,主要还是采用提高抽吸风机压力的方法更为有效。

因此,要使成网过程质量较高,只能通过正确选择性能(压力、流量)合适抽吸风机,来满足不同纺丝系统的要求。如果纺丝系统的风机配置不合理,仅通过选用不同透气量的网带来改善铺网质量,特别是多纺丝系统铺网质量的效果是很有限的,尤其是在网带的质量没有重大缺陷时,还是用优化抽吸风机性能的方法最有效。

3. 熔喷系统网带常用的透气量

目前,熔喷系统常使用开孔率为 0,透气量在 8500~9500$m^3/(m^2 \cdot h)$(相当于 520~580CFM)这个范围的网带。在多纺丝系统生产线,为了适应随纤网叠层数量而不断递增的透气阻力,只能通过不断增加抽吸风机的压力来满足工艺要求。在一些小型简易熔喷系统的成网机中,由于没有抽吸风装置,或抽吸风机的性能偏低,也会用到开孔率>0,透气量更大的网带。

透气量较大的网带,其气流通道的截面也必然较大。高温的熔喷纤维喷在网带表面以后,由于温度高、纤维直径小,刚性低,除了会很贴服地覆盖在网带表面外,还很容易在抽吸气流的作用下,被嵌入网带的凹凸不平的结构中,并在熔喷产品表面复印出了网带的纹路,这种熔喷纤网就不容易从网带上剥离。

为了尽量消除产品表面的网带痕迹,就要改进编织工艺,选用尺寸(直径)更小的编织材料(经纬线)等。由于熔喷系统的网带运动速度很慢,用较小尺寸的经纬线材料仍有足够的耐磨性,并不影响网带的使用寿命。

熔喷系统的纺丝过程难免会产生一些直径很小的短纤维和飞花,若网带的透气量太大,或开孔率太大,纤维就容易被吸入网带结构内,甚至穿过网带进入抽吸风系统,加上纺丝过程产生的单体烟气会污染网带,使网带发生堵塞,使透气量降低,很容易产生飞花,无法优化生产工艺,影响产品质量。因此,要根据使用情况,及时清洗网带,恢复其正常的透气性能。

(二) 网带的附着性能和剥离性能

1. 网带的附着性能

附着性能是指熔喷纤网帖附在成网机网带时的紧密程度。

网带作为纤网的载体,还要求有良好的附着性能,使纤网能吸附在网带面上定位、输送,能抵御牵伸气流的冲击及高速运动时逆向气流的干扰,不会发生飘移。

如果网带的附着性能不佳,纤网很容易受气流干扰,出现翻网、皱褶、卷边等缺陷,均匀度变差。因此,要求网带有良好的附着性能。但只要网带的编织质量良好,结构和透气量均匀一致,网带本身是不会明显影响产品的均匀度。

改变编织方法使网带表面呈较大的凹凸状态,增加网带表面与熔喷纤网接触的经纬线粗糙度,都可以提高网带的附着性能。但附着性能好的网带,较容易在熔喷布面上留下凹凸不平的网带印,影响产品,特别是熔喷产品的手感和外观。

网带的附着性能与剥离性能是两个既矛盾又相互关联的性能。在改善网带附着性能的同时,也要兼顾网带的剥离性能,这是一条性能良好的网带应同时具备的基本特性。对于运行速度较快的 SMS 生产线,附着性能尤为重要,而在运行速度很慢的熔喷生产线,对于网带的附着性能要求并不高。

2. 网带的剥离性能

(1)网带的剥离性能。剥离性能是指纤网从成网机输出端输送到下游设备时,如驻极设备、卷绕机时,纤网与成网机网带互相分离开的难易程度指标。剥离性能好的网带,纤网能与网带顺利分离,纤网所受的附加张力小,对纤网的结构和质量影响很小(图2-93)。

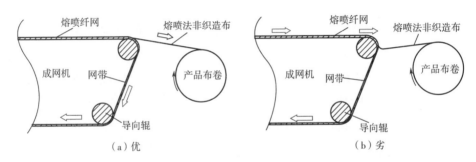

图 2-93　网带的剥离性能

剥离性能差的网带,纤网不能与网带顺利分离,而是附着、跟随网带继续向下方运动,要用较大的张力才能剥离,导致纤网出现轻度断裂、幅宽变窄等,对纤网质量影响很大,最坏状态就是发生缠网而需要停机处理。发生缠网时,熔喷布或纤网无法从网带面上剥离,一直附着在网带上循环积累,导致生产过程中断。

由于熔喷纤维的直径很细,刚性很小,熔喷纤网的温度较高,整体较为柔软、可塑性强,加上成网机的抽吸风机形成的负压力较高。因此,很容易帖附在网带带面上,甚至被吸入网带的结构中,复制出网带表面凹凸不平的形状,因此,不容易与网带互相分离,剥离性能较差。

在生产实践中,由于熔喷布的拉伸断裂强力较小,为了防止在与网带分离的过程中难以剥离而产生缺陷,如发生变形、断裂等,也不希望产品的表面有很明显的网带纹路,要求网带有较好的剥离性能。

（2）改善附着性能和剥离性能的措施。

①改变编织工艺和经纬线材料。为了改善网带的剥离性，除了改进编织方法外，还可以用扁形材料代替圆形材料（图 2-94），以增加网带与纤网的接触面积，增加了支撑面积，纤网就不容易变形，防止纤网被抽吸气流吸入网带编织结构嵌入其中。

图 2-94　网带的结构及带导电材料的网带

②使用填充材料。用小直径材料填充网带结构中的间隙等方法，可以增加网带与纤网的接触、支撑面积，还可以减少产品凹凸不平差异（图 2-95）。既增加了纤网与网带的接触面积，还可以改善网带表面的平整性，避免纤网被抽吸气流的负压吸入网带的透气通道间。

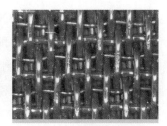

（a）扁平截面材料网带　　　　　　（b）带小支撑线的网带

图 2-95　网带

③熔喷生产线专用网带。熔喷组件喷出的高温气流和温度较高的纤维到达网带表面时，温度一般在约 80℃，甚至更高，加上抽吸风机的作用，这些牵伸气流将以很高的速度穿透网带，很容易将强度和刚性都很低的熔喷纤网吸入网带的结构中，导致熔喷布表面出现与网带纹路一样的粗糙表面[图 2-96（a）]，影响外观和触感。

为了避免出现这种情况，除了改变其他工艺参数，如降低牵伸气流速度、增大 DCD，降低抽吸风机转速等外，专用于生产空气过滤材料的熔喷系统网带，可以使用更细规格的编织材料。如直径小于 0.40mm 的网带经纬线材料，并使用特殊的编织工艺，使网带有较为平整的表面，改善其应用性能，淡化产品表面的网带痕迹[图 2-96（b）]。

由于经纬线的粗细会影响网带的耐磨性，即会影响使用寿命，但熔喷生产线的运行速度

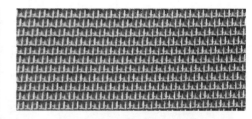

（a）网带痕迹　　　　　　　　　　　（b）细纹网带

图 2-96　熔喷布表面的网带痕迹和细纹网带

慢，即使用较细规格的经纬线，网带仍有足够的耐磨性和使用寿命。

④保持网带表面洁净，及时清理毛刺、废熔体。在生产过程中，难免有熔体滴漏到网带表面，这些有熔体的位置，都是不透气的，会在相应位置形成稀网缺陷。而且这些缺陷会以网带的周长为循环周期出现，影响产品的质量，所以要及时进行清理。

⑤改变网带表面的粗糙度。经过运行使用的网带，都会因为摩擦而形成一些带有方向性的毛刺（图 2-97）。

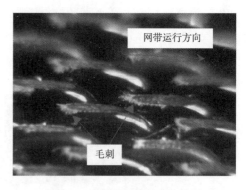

对熔喷系统成网机所用的网带，附着性能不是主要问题。如有必要，可用标号 ≥P320 砂纸，逆着运行方向轻度打磨附着性能不好的区域，人为使网带的支承面（经线）形成毛刺，以增加摩擦力。但打磨方向不能沿着网带的运行方向，否则将使熔喷纤网难以剥离。

图 2-97　网带表面形成的毛刺

如果局部网带的剥离性能不佳，则可以用 P500 以上高标号的砂纸进行打磨，消除网带表面可能存在的毛刺，使网带变得更光滑。

（三）网带的抗静电性能

常用的 PP 纤维具有很好的电绝缘性，相互摩擦很容易产生静电，静电的电压可高达 25000V，在运行期间可见到放电火花及听到放电声，影响现场作业安全，放电现象会影响产品的均匀度，增加薄型、小定量产品的剥离难度，并干扰输送过程。

成网机一般要使用抗静电型网带。目前，编织网带的抗静电单丝的电阻率可达到 10^3 Ω，用其作为编织网带的材料后，网带的体积电阻在 $10^6 \sim 10^7 \Omega \cdot cm$，具有良好的抗静电性能，可以防止静电积聚，使积聚的静电电压大幅度降至 125V，使铺网过程能稳定进行。

在使用抗静电网带时，相关的金属辊筒要做好接地，成网机也需要有接地线和配置有良好的接地极。使网带上的电荷通过辊筒释放到大地，避免积聚（图 2-98）。

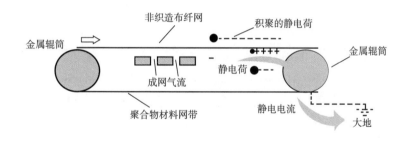

图 2-98　成网机抗静电网带的接地

三、网带的尺寸要求

网带的宽度是一个应用数据,产品的幅宽是基本依据,而产品的幅宽又与纺丝系统的铺网宽度相关,最大铺网宽度决定了网带的规格,为了能有效承载熔喷纤网,网带的宽度又要比铺网宽度大。一般而言,在独立熔喷系统成网机使用的网带,其宽度要比纺丝系统的名义幅宽大 300~400mm,或要比喷丝板的布孔区宽度更宽。如在 1600mm 幅宽的独立熔喷生产线,成网机一般要用到宽度在 1900mm 左右的网带。

若纺丝系统的 DCD 调节范围很大,宜选用宽度更大的网带。若已选用宽度偏窄的网带,就要求成网机的网带纠偏装置有更好的纠偏能力。

而在 SMS 生产线上使用的网带,由于工艺上的原因,加上运行速度很快,网带的宽度还要更宽。如在 3200mm 幅宽的 SMS 生产线,成网机一般要用到宽度在 3800mm 的网带。

由于熔喷系统成网机两侧没有限制网带运动的构件,对网带的宽度偏差要求较松,常规偏差要求是:-2cm,+1cm。

而对网带长度偏差的要求刚好与宽度相反,因为负偏差太大,就存在网带难以安装,甚至无法使用的风险;但长度太大也有可能无法有效张紧而影响使用。在只有一个纺丝系统的熔喷非织造布生产线中,成网机常用的网带长度在 5~8m 这个范围。

网带长度偏差值与网带的长度有关,长度较短的产品,允许的相对偏差较大,较长的产品,允许的相对偏差较小。网带的长度偏差还与网带的质量有关,质量较好的产品规定的长度偏差为:-0.25%,+0.8%,一般网带规定的长度偏差为±1.0%~±1.5%。

有关网带的其他技术要求,可参考 GB/T ××××《非织造布用网带》和 GB/T 24290—2009《造纸用成形网、干燥网测量方法》等标准。

四、网带的连接方式和填充线

1. 网带的连接方式

网带有两种供货方式,一种是环形的无接头网带,其接头是在网带制造厂内加工好的,产品以一个封闭的环形出厂,使用这种网带的成网机的结构要特殊设计,以便把网带套入成网机,其优点是产品表面不会出现周期性的接头痕。

另一种是有端网带,产品是带有两个端头的带状出厂的,其端头要在使用现场由使用方自行连接,这是非织造布行业用网带的主要形式,连接用的材料(如专用连接线、填充线等)都是网带供应商配套供应的,但在现场需要由使用方技术较熟练的人员,进行连接作业(图 2-99)。

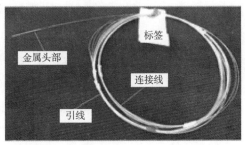

图 2-99　网带的接口和连接线

网带的两个端头相连接部位是网带的薄弱环节,除了会影响透气量,并形成接头痕迹(即一条厚度较大横向条状痕迹)外,也是最容易被撕断、损坏的位置。加填充线可消除痕迹,但填充线仅起填充作用,并不受力。连接线是一条首端带有金属引线的聚合物线条,因为要承受张力,常用耐高温的高强度材料,如聚醚醚酮(PEEK)制造,两者不可混淆。

2. 网带的连接线和填充线

网带的连接线是必需的,连接线的规格受金属引线限制,常用直径规格有 0.50mm、0.60mm、0.70mm、0.80mm 等。其实际长度要比网带的宽度更宽,由于有的连接线是用高价值的聚合物材料制造的,为了减少费用,一般是按网带宽度的两倍以上供应,这样一根连接线就可以分为两次或多次使用。

为了便于观察在穿连接线时金属引线的行进状态,目前已有带荧光金属头部的引线,只要使用光源照射,便可以清晰发现引线在网带内的位置和行进状态。

在穿连接线前,一定要把两个网带的端部对齐(或对中)(图 2-100),防止在接头位置形成偏向一侧的台阶,利用金属引线将连接线牵引进如网带接口时,要控制好牵引速度,避免引线与网带间发生强烈摩擦而烧蚀,影响操作和使用。在将连接线穿入并定位好后,即可以穿入填充线。

填充线的规格并无严格限制,视网带的接头结构而定,其粗细、数量(条数)以使填充后网带的空隙最小为原则,按实际需要而定。编织网带用的 PET 单丝(线)是常用的填充线材料,一般由网带制造商提供。

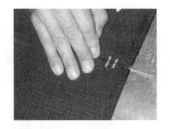

图 2-100　网带的连接与连接线两侧的填充线

第十一节　接收距离调节系统

纺丝组件(或喷丝板)出口至接收装置之间的距离,称为纺丝系统的接收距离,这是全球熔喷技术领域通用的专业用语(图 2-101),常用 DCD(die to collector distance)表示。

DCD 既可以是水平距离,也可以是垂直距离,还可以是与接收装置呈一定倾斜角度的,主要是与纺丝系统的设计方案,特别是与接收方式有关。

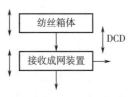

图 2-101　DCD 调节示意图

一、接收距离的调节及作用

DCD 调节就是调节纺丝箱体(纺丝组件)与接收装置间的相互距离,因此,既可以升降(或移动)纺丝箱体,也可以升降(或移动)接收装置等方式,实现 DCD 调节。

DCD 调节一般是调节纺丝箱体(纺丝组件)与接收装置间的垂直距离,也可能是纺丝箱体(纺丝组件)与接收装置间的水平距离,与具体所使用的接收方式有关。DCD 调节是熔喷生产过程经常使用的一个工艺调节措施。

通过调节 DCD,主要是控制纺丝过程的稳定性,DCD 值对产品的质量有很大影响,是一个非常重要的工艺参数。

(一)接收距离与产品应用领域的关系

熔喷系统的 DCD 值与产品用途有关,这是在设备选型阶段就要确认的事情。用于生产阻隔过滤材料时的 DCD 值较小;用作隔离、吸收材料时的 DCD 值较大。独立熔喷系统的 DCD 调节一般行程较大,以适应生产不同应用领域产品的要求,常用的可调节范围在 100～600mm,最小≤100mm 更小,最大可≥1000mm。而配置在 SMS 生产线中的熔喷系统,主要用于生产阻隔型材料,其 DCD 调节范围一般≤400mm。

DCD 值的大小会影响铺网幅宽,均匀度、纤维粗细,纤网的密度,产品强力、断裂伸长率、静水压、透气性、过滤效率、触感等物理力学性能。增大 DCD,纤网的密度呈减小的趋势,熔喷纤网变得更为蓬松,透气量会增大,手感也会变好,但阻隔性能下降,铺网宽度变小。

在一定范围内增大 DCD 可以延长纤维被牵伸的时间,可以降低纤维的细度。但随着 DCD 的增加,纤维直径变细的趋势变缓,当 DCD≥200mm 后,纤维的运动速度逐渐趋近牵伸气流的速度,运动加速度接近为 0,也就是牵伸力已消失,而且熔体细流已基本冷却固化,纤维不再被牵伸变形,直径变化也趋于稳定,此时的纤维直径最细。

在较小 DCD 状态,牵伸气流和纤维的运动速度还较快,熔喷纤网的密度也较大,熔喷产品的平均孔径会较小,产品具有较好的阻隔性能,因此,生产阻隔、过滤型材料时,其最佳 DCD 一般都在 150~250mm。

如果在这时再增加 DCD 值,熔喷纤维与牵伸气流的运动速度、温度都逐渐下降,纤维的运动形态会发生变化,并丝现象增加,但熔喷纤网的密度下降,产品会变得较为蓬松,手感也较好。因此,生产隔音、隔热、吸收型材料时,其 DCD 一般都较大,有的可达 600~1000mm。

(二)对 DCD 调节系统的要求

大部分纺丝系统的 DCD 调节过程,都是一个重量很大系统(或设备)的垂直升降过程,任何超出设计行程的运动,都将酿成很严重的后果。因此,所有的 DCD 调节机构必须配置有完备的保护措施,包括配置、安装各种限位开关,位置检测传感器、电动机超载保护等,以防止发生超行程操作。

除了与工艺有关外,DCD 调节机构的最大行程还要顾及维护喷丝板与纺丝箱体等所需的作业空间。通过调整 DCD 可以使纺丝箱体与纺丝组件安装车默契地配合作业,完成纺丝组件的安装或拆卸作业,减少劳动工作量和提高安全性。

由于 DCD 就是纺丝组件与接收装置间的距离,而网带的应急保护装置就是配置在这个空间中,因此,在最小 DCD 状态,必须留有应急保护装置的动作空间,以免在紧急状态,应急保护装置无法进入保护位置。如果纺丝系统还配置有冷却风系统,冷却风喷嘴还要占用一部分空间位置。在这种情形下,为了避免设备或构件间发生干涉,纺丝系统的最小 DCD 值会较大。

在大部分应用场合,纺丝系统都是利用网带的水平面接收的,为了防止系统的运行过程中受重力作用而发生移位、下降,DCD 调节机构必须使用带有自锁功能的蜗轮/蜗杆或丝杆/螺母等形式的驱动装置。

从质量控制的角度,现场人员需要随时了解纺丝系统当前的 DCD,视纺丝系统的技术含量高低,测量和显示 DCD 的方法有很大差异。技术含量较高的设备,配置有测量位移的传感器,就可以在控制系统的操作界面(HMI)上读取和设定 DCD,而且能提供超行程"软保护"。而目前大部分系统要用尺子在现场具体量度 DCD 值或用随 DCD 运动的标尺指示。

除了在开机或停机时需要较大幅度调整 DCD 外,运行期间都是对 DCD 进行微调,因此,对调节的速度并无严格的要求,但如果速度太快,则不容易微调,而且要增加驱动电动机的功率,运动速度一般为 150~250mm/min。

因为 DCD 的设计行程较小,其电气控制系统一般都采用点动控制模式,也就是在调节过程中,操作者不能离开控制装置(按钮或鼠标),否则调节过程会自动停止下来。调节DCD 的技术方案有多种,并经常与系统的离线运动相结合。

二、调节接收距离的方式

(一)改变接收成网装置的位置

采用这种方法调节 DCD 时,纺丝系统的设备固定不动,钢结构较为简单,而成网机可以做升降运动(图 2-102),这是独立熔喷生产线最常用的一种调节方式,而且成网机一般也兼做离线运动。当熔喷生产线配置有强制的冷却风系统时,冷却吹风喷嘴可以安装在与纺丝箱体位置相对固定的钢结构纺丝平台上,不用做升降运动,结构就较为简单。

图 2-102 用升降成网机的方法调节 DCD

采用这种调节方式时,成网机的抽吸风管道要设计成能随成网机升降的模式,一般是配置大型波纹管活动接头来适配高度变化,也有用长的柔性管道进行连接。与成网机有关的管线也要适应在调节期间的高度和距离的变化。

采用升降成网机方式调节 DCD 时,成网机就要配置升降机构,用于改变成网机的水平工作面与纺丝箱体间的距离。采用这种调节方式时,在 DCD 较小的状态,站在地面上无法观察纺丝过程,在生产运行管理方面有所不便。

在多数的熔喷系统中,升降装置都采用带有自锁功能的丝杠/螺母机构,或采用蜗轮/蜗杆减速机驱动。其中有丝杆固定不动,蜗轮驱动螺母转动,减速机跟随成网机升降;或蜗轮减速机固定在底座上,驱动丝杆转动,而螺母装在成网机上,并跟随成网机运动两大类型。

虽然两种传动方式的配置相类似,但从安全性角度来看,以丝杆转动、蜗轮减速机固定不动这种方式结构较简单,稳定性也较好。

升降机构一般都是用转动速度固定的交流电动机驱动,升降速度常控制在 100~150mm/min,由于在运行过程中较多采用的操作是精调、微调 DCD。因此,没必要使用太快的升降运动速度。

目前升降机构一般都是使用"四支腿"传动模式,即用四条丝杆将成网机支撑起来,而四条丝杆既可以用同一个电动机同步传动,也可以两条支腿为一组,用两台电动机分别驱动。目前一些幅宽较大的纺丝系统,也有采用四台小电动机,分别驱动四条支腿的蜗轮蜗杆升降机的 DCD 调节方案(图 2-103)。

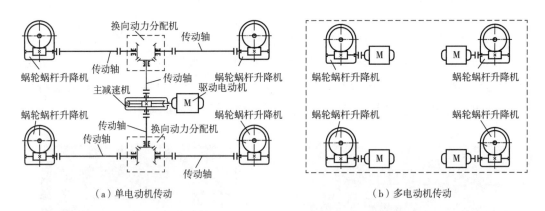

(a) 单电动机传动　　　　　　　　　　　　(b) 多电动机传动

图 2-103　DCD 机构单电动机传动与多电动机传动路线

根据纺丝系统的宽度及设备配置、升降速度,升降机构的驱动电动机功率一般在 1.5~5.5kW。当纺丝系统采用升降成网机调节 DCD 时,一般也是采用移动成网机实现离线运动。因此,成网机要安装在可以水平移动的底座上。

在进行 DCD 调节时,成网机与下游设备间的高差随时都在变化,因此,成网机与下游设备之间没有固定的硬件连接,在运行期间仅通过输出的熔喷布张力控制协调相互间的运行线速度。

在下游设备的高度比成网机更高的时候,熔喷布就有可能被从网带工作面剥离而悬空,熔喷布就有可能受网带表面逸散气流的干扰而剧烈飘动,为了避免出现这个情况,成网机的纤网输出端要配置相应的压辊,使熔喷布在进行 DCD 调节过程中,始终都贴紧在成网机的网带面上。

(二)升降熔喷纺丝系统

用升降熔喷纺丝系统的方法调节 DCD,有如下两种技术方案:一种是仅纺丝箱体升降而其他设备不动,另一种是安装有纺丝系统设备的钢结构平台做升降运动。当纺丝系统配置有冷却吹风装置时,冷却吹风装置要跟随纺丝系统做升降运动,两者间的相对位置保持不变。

1. 仅纺丝箱体升降而其他设备不动

仅纺丝箱体升降而纺丝平台上的其他设备不动,这时与箱体连接的熔体管道、热牵伸气流管道都要使用活动(或软)连接,以适应纺丝箱体做升降运动时,箱体与熔体制备系统之间的熔体管道,箱体与空气加热器之间牵伸气流管道距离的变化。这是20世纪90年代初从意大利引进的独立熔喷生产线及在早期建造的国产SMS生产线中,熔喷系统曾使用过这种方式(图2-104)。

由于用钢丝编织波纹管做熔体管道,结构很简单,但熔体管道是高温度、高压力的管道,而且还经常大幅度伸缩、弯曲。这种柔性熔体管道容易发生泄漏及熔体残留,加上受当时的技术所限,管道的伴热装置故障率较高、管道保温困难,现在已基本不应用了。

20世纪初,在国产的熔喷纺丝系统还曾出现过一种关节式熔体管道(图2-105),这种管道有三个可以回转的活动关节,在改变两条熔体管道的夹角的同时,也改变了熔体输入管道与输出管道间的距离,从而适应了系统进行DCD调节时相互距离的变化,曾在早期机型上使用过。

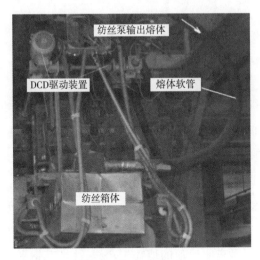

图2-104　熔喷系统

图2-105　关节式活动熔体管道

关节式活动熔体管道结构复杂,由于处于高温高压的工况,难以兼顾熔体密封和关节灵活性两个问题,经常会有高温熔体泄漏,泄漏的熔体滴落在纺丝箱体或高温加热器上很容易成为火险隐患,而且残留熔体多,加热、保温困难。目前,在高端纺丝系统中也基本被淘汰。

2. 纺丝系统整体相对成网机运动

利用纺丝系统整体相对成网机运动(升降或水平移动),可以调整接收距离DCD。此时,低温的牵伸气流管道(空气加热器装在纺丝平台上,而风机则安装在地面上)、原料输送管道都要使用软连接,这是 SMS 生产线中熔喷系统常用的方式,一些引进的独立熔喷线也采用这种调节方式。

而用纺丝系统整体升降调节 DCD 时,有三种技术方案,并与系统的离线方式相结合。

(1)纺丝平台既做升降运动,也做离线运动。此时,支撑纺丝平台的水平轨道与纺丝平台一起做升降运动,纺丝泵与纺丝箱体间的熔体管道,空气加热器与纺丝箱体间的高温牵伸气流管道都是固定的,有可靠的密封,其 DCD 调节高度可以很大(≥600mm),能适应不同应用领域产品的工艺要求(图 2-106)。

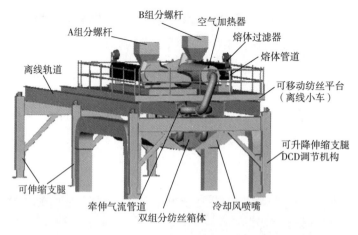

图 2-106　纺丝平台做 DCD 调节和离线运动的熔喷系统(在线状态)

这种运动方案源自从美国引进的一些机型,由于纺丝平台的支腿都是可以自由伸缩的,从而改变纺丝箱体与成网机之间的距离。但传动机构复杂,结构体积较大,传动链很长,可靠性较低,稳定性较差,驱动功率也较大,造价也较高。仅有少数机型选用这种方式,主要用于 2015 年前制造的 SMS 生产线熔喷系统,近年新制造的熔喷系统已基本被淘汰。

(2)纺丝系统做升降运动,成网机做离线运动。纺丝系统设备仅做升降运动,而成网机做离线运动,这种方式仅用早期引进独立的熔喷生产线和少量仿制机型。图 2-107 为一个纺丝系统做升降运动,进行 DCD 调节,成网机做离线运动的熔喷生产线,注意其钢平台的立柱是可以升降的内外套管式结构,利用内外套管间的伸缩改变立柱的高度,实现 DCD 调节。

由于纺丝钢平台的升降结构复杂,造价高,而稳定性、可靠性较低,维护工作量大,现在已基本被淘汰。

(3)纺丝平台仅做升降运动,但跟随支承平台离线。纺丝平台仅做升降运动,但可以跟随支承平台做离线运动,此时纺丝平台由四个升降装置支撑,并可以相对支承平台做升降运动,而由支承平台搭载着沿固定高度的水平轨道离线。

图 2-107 用升降纺丝系统的方法调节 DCD 的熔喷系统

这种方式需要两个平台,一个是安装有熔体制备系统的纺丝平台,另一个是用于做离线运动、兼为纺丝平台载体的支承平台,结构较复杂。当采用四个电动机分别驱动支承平台的四台升降机时,驱动功率较小,依靠电气控制保持同步运行。既省去了复杂的传动轴系统,可靠性又高。

除了一些早期引进的设备外,在独立的熔喷生产线中,很少采用这个技术方案,但这是目前配置在 SMS 生产线熔喷系统的一个主流技术方案。

(4)纺丝平台不动,仅纺丝箱体作升降运动。当采用纺丝平台不动,仅纺丝箱体做升降运动调节 DCD 时,纺丝平台的标高不变,但纺丝箱体会相对纺丝平台做升降运动,也就是纺丝箱体相对接收装置运动。此时,纺丝泵与纺丝箱体间的熔体管道,空气加热器与纺丝箱体间的高温牵伸气流管道都要使用长度可变的挠性管道或活动连接。

由于纺丝箱体的重量远小于纺丝平台及设备的总重量,采用这种调节方案时,驱动机构简单,需要的驱动功率较小,造价低廉。但驱动装置,即纺丝箱体的悬挂机构占用了纺丝箱体周边的空间,而且存在管道密封可靠性差,容易有熔体泄漏等弊端。

这种 DCD 调节方式仅用于一些初期设备及少量 SMS 生产线的熔喷系统,目前已很少应用。

第十二节 离线运动

一、离线运动方式

离线就是使熔喷纺丝系统与接收装置互相分隔开,其中包括分隔和离开两个概念。离线状态就是纺丝系统处于与接收装置(如成网机)已分隔开的状态,当系统处于离线时,表示并非处于正常生产运行的状态(或位置)(图2-108)。

当系统处于在线位置时,表示纺丝系统,或相应设备,或系统处于正常生产运行的状态。离线/在线位置是指系统处于运动行程的两个终端位置。离线过程都是沿轨道运动的,根据设计要求,轨道可以沿MD方向铺设,也可以沿CD方向铺设,轨道既可以在地面以上的空间布置,也可以直接铺设在地面上,有多种离线运动方案。

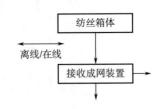

图2-108　离线/在线运动示意图

熔喷系统在开始正式生产前,或停机以后,为避免启动、升(降)温、刮板过程中产生的气流、废丝及滴落的熔体损坏成网机的网带,一定要采取措施将熔喷纺丝箱体与网带进行有效的隔离,保护网带的安全。

熔喷系统一般要在离线状态进行生产准备或停机,要在离线状态进行维修或更换组件的工作。满足工艺条件后才回到正常生产的在线状态开始生产。

离线就是使纺丝系统与接收装置互相分隔开,离线运动的对象只有两个,一个是接收装置(成网机或转鼓),另一个是纺丝系统,但仅需要其中的一个运动便可实现离线的要求。

对牵伸气流以水平状态喷出的垂直接收的熔喷系统,就没有专门的离线运动,因为只要纺丝系统停止了工作,纺丝系统与接收装置间的空间距离就使两者分离开,喷丝板喷出的熔体只会滴落到地面上,而不会滴落在接收装置上,实现了离线的工艺目的。

实际上,这类型垂直接收纺丝系统的离线运动与DCD调节是同一个方向及由同一个机构,在同一个空间实施的,也就不存在专用的离线机构或技术方案,如果在生产过程中需要离线,除了增大DCD外,最常用的措施就是在靠近接收装置这一侧,竖起一块与接收装置宽度相当的挡板即可。

对于采用水平接收的纺丝系统离线运动的距离较大,其实际行程(移动距离)的大小以保证接收装置能全部离开纺丝箱体的投影范围为原则,而且要让出足够的操作空间。

(一)接收装置(成网机或转鼓)做离线运动

1. 接收装置沿MD方向做离线运动

以接收装置做离线运动时,一般是逆着MD方向,向上游离线(图2-109和图2-110),这是绝大部分独立熔喷生产线所采用的离线方法。采用接收装置离线时,小型的小幅宽设备重量较轻,可以直接利用人力在地面轨道上推动,而幅宽较大的系统一般需要用电动机驱动。

接收装置沿MD方向铺设的轨道离线时,与接收装置配套使用的抽吸风机(或抽吸风管

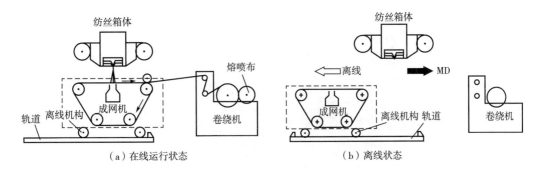

（a）在线运行状态　　　　　　　　　　（b）离线状态

图 2-109　熔喷系统在线运行与成网机沿 MD 方向离线

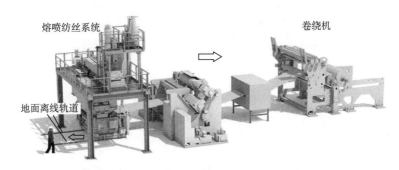

图 2-110　熔喷系统成网机沿 MD 方向上游离线

道）可以同时布置在 CD 方向的两侧，但在接收装置上游方向的离线运动行程内，不能布置任何可能干涉离线运动的设备。在做离线运动前，要解除两者间的连接管道。这是大部分独立的熔喷生产线普遍采用的离线方式。

在生产运行期间，一些管道，线缆是与接收装置连接着的，做离线运动前，要解除接收装置与抽吸风机两者间的单侧或两侧的连接管道，或将这些管道设计为软连接。而其他电线、电缆及压缩空气管道则可以集中布置在活动桥架内，无须拆卸。

采用软连接可以不用频繁拆卸、连接管道，但其缺点是这些管道必须按接收装置的最大行程配置，由于这部分管道都是大通径的负压管道，如果没有获得足够的加强，在运行期间很容易发生变形，甚至被吸瘪、凹陷和产生强烈振动。而这种波纹管的内壁的阻力是很大的，会造成很大的压力损失。

2. 接收装置沿 CD 方向做离线运动

接收装置可以沿着 CD 方向铺设的轨道离线（图 2-111），这时与接收装置配套使用的抽吸风机只能布置在 CD 方向的另一侧，与抽吸风箱的管道也只能采用单侧连接，在做离线运动前，要解除两者间的连接管道。有少量独立的熔喷生产线采用这种离线方式。而配置在 SMS 生产线中的熔喷系统，其接收装置（成网机）是多个纺丝系统共用的，没有采用这种离线方式的条件，只能采用纺丝平台沿 CD 方向离线。

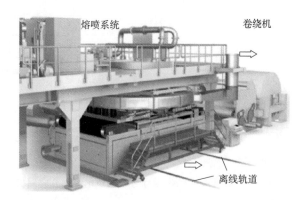

图 2-111　熔喷系统成网机沿 CD 方向地面轨道离线

当熔喷生产线是一条多纺丝系统的生产线时,如在 MM 型、MMM 型生产线中,成网机是难以沿 MD 方向运动的。因此,沿 CD 方向离线是这类型生产线接收装置的唯一选择。不过每个纺丝系统的成网机必须是独立的,在硬件方面没有任何构件牵连,可以各自进行 DCD 的升降调节而不会相互干扰,但成网机上会设置有压辊,使熔喷纤网始终都紧贴在网带面上。

由于在 SMS 生产线熔喷系统的上、下游方向都布置有其他纺丝系统,而且是与这些纺丝系统共用一台成网机,因此,也是无法沿 MD 方向做离线运动。综上所述,在 SMS 生产线中的熔喷系统,是不可能采用移动成网机的方法实现离线运动的。

(二)纺丝系统做离线运动

采用纺丝系统离线时,一般要沿着 CD 方向,即向生产线的两侧离线,此时、离线运动轨道处于高空,一般要用电动机驱动。由于这种离线方式需要建造复杂的钢结构,在独立的熔喷生产线较少应用。

但这是 SMS 生产线的熔喷系统的主流离线方式,也是多纺丝系统熔喷生产线可以采用的技术方案,少数外国的独立熔喷纺丝系统也采用这种方式离线(图 2-106)。而根据 DCD 调节方式,纺丝系统的离线运动也有两种方式。

1. 纺丝平台既做升降运动并兼做离线运动

当纺丝平台整体既做升降运动调节 DCD,并兼做离线运动机构时,纺丝平台是由可以自由升降的、沿 CD 方向设置的两根高空轨道支承,通过调节轨道的高度实现 DCD 调节,而纺丝平台可沿轨道在 CD 方向来回运动实现离线/在线。

这种离线运动方式源自早期引进的熔喷系统,传动机构复杂,所有支撑轨道的立柱都需要做同步升降(伸缩)运动,立柱的负荷较大,稳定性较差,而传动链很长,可靠性较差,由于整体重量很大,需要较大的传动功率,制造费用较大,因此已逐渐淘汰。

当纺丝平台既要进行 DCD 调节,又可以做离线运动时,与纺丝平台设备相关的管道、线缆会很长,必须保证能在平台移动到远端时,仍不会约束平台的运动,并且也要跟随升降、移动,因此,要配置活动桥架(坦克链),以便收纳、支承、导引这些管线能有序随动(图 2-112)。

图 2-112　纺丝平台做 DCD 升降调节时的管线软连接支架

2. 纺丝平台仅做升降运动,但随支撑平台做离线运动

纺丝系统采用双平台方式配置,上层平台用于安装熔体制备系统设备,下层的钢结构安装有四台升降机承载上层纺丝平台,而且装有多对走轮。纺丝平台仅相对于支承平台做升降运动,用于调节 DCD,并可跟随下层的钢结构在轨道上做离线运动(图 2-113)。

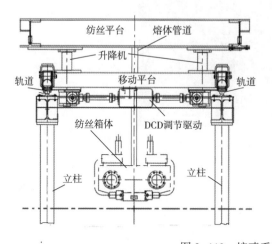

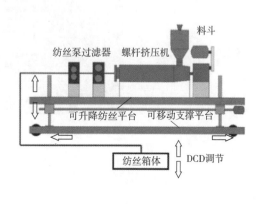

图 2-113　熔喷系统的双平台结构

由于高空轨道的标高保持不变,系统的稳定性大为改善,纺丝平台的四台独立的升降机构均为小型商品化设备,结构简单,可靠性高,驱动功率也较小,制造成本相对较低。

当纺丝系统沿 CD 方向离线时,设备平面布置的最大特征是在主体的钢结构一侧,会建造有一个宽度不小于成网机宽度的钢结构。设备在 CD 方向的尺寸几乎增加了一倍,要占用更大的厂房面积,但可以提供良好的宽敞的作业环境,这种 DCD 调节模式及离线运动方式已逐渐成为 SMS 生产线中熔喷系统的主流模式(图 2-114)。

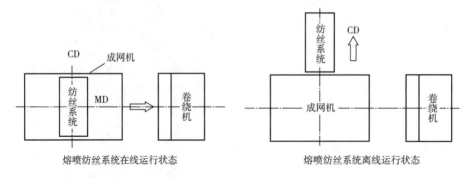

图 2-114　熔喷纺丝系统沿 CD 方向离线示意图

　　除了引进的熔喷生产线外,由于钢结构较复杂,造价较高,国产的独立熔喷生产线很少选用这种 DCD 调节方式和离线方式。

　　熔喷纺丝系统用升降纺丝平台的方法调节 DCD,而纺丝平台沿 CD 方向离线(图 2-115),这是多纺丝系统生产线中的熔喷系统采用的主流离线方案。在一些 SMS 型生产线中,还可以利用生产线中的熔喷系统,在离线位置生产熔喷材料。

图 2-115　熔喷纺丝系统沿 CD 方向离线

　　当熔喷系统离线以后,要在与主成网机平行的位置,增设接收装置(及相应的抽吸风装置)和卷绕分切机,并根据产品的特点,配置相关的后整理设备,如生产空气过滤材料时,就要配置静电驻极设备。而实际上,这些设备在熔喷系统的离线位置,已经被整合为一条熔喷法非织造布生产线。

　　表面上看,这似乎是一种提高设备利用率的较为灵活有效的方法,但只能适应对熔喷布产品需求量不大的企业,由于当产量较大时,SMS 型生产线就少了一个熔喷系统,对产品的质量影响很大,而在主流程设备旁增设的这一套熔喷系统,使设备布置显得过分拥挤,也挤压了更换熔喷纺丝组件的作业空间。

(三) 离线运动的驱动方式

小型纺丝系统多数是用移动接收装置(成网机或转鼓)实现离线,设备的体积、重量都较小,一般用人力作业推动就可完成离线运动。对于较为大型的纺丝系统,离线运动都要采用电力驱动,具体的驱动方式有以下几种。

1. 用轨道面上的支承轮直接驱动

纺丝平台的支承轮既是承重轮,也是驱动轮,在纺丝钢结构平台底下一般会对称布置多对承重轮,但仅需利用其中的两个承重轮作为主动的驱动轮,并由同一个电动机驱动,其他承重轮可自由转动(图 2-116)。

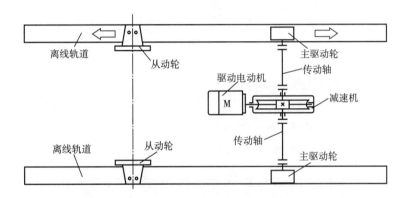

图 2-116　驱动装置布置在中部的离线运动机构传动路线

这种离线方式的优点是结构简单,运动过程直观。因轮子可以在轨道上打滑,对越限、过载不敏感,能适应较大的离线行程。由于轮子经常在两个终端位置停止、启动,难免使在这个位置的轨道发生局部磨损,除了磨损的金属材料碎屑会污染下方的成网机外,还导致在启动时出现爬坡打滑,停止时出现下坡失控现象。

因此,轨道要使用硬度合适的材料制造。对轨道的水平度要求高,而在线位置的定位准确度也较低,在运行过程容易受外力影响沿倾斜方向发生移位,加上大多数都是使用普通的定速电动机驱动,在两个终端容易产生局部磨损,并发生碰撞。

这是国内外最为普遍使用的一种离线运动驱动方案。此外,减速机输出轴与驱动轮之间既可以直联驱动,还可以使用套筒滚子链传动,有的简易机型还使用 V 形带传动。

电动机与减速机可以对称布置在系统的中部,也可以偏置在纺丝平台的一侧,两个驱动轮同轴驱动,设备可以灵活布置(图 2-117)。

在早期引进的 SMS 生产线熔喷系统,纺丝平台的设备同时兼做 DCD 调节和离线运动,结构较为复杂,可靠性也较低,加上造价也较高,目前已基本淘汰(图 2-118)。

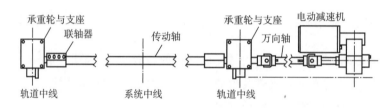

图 2-117　驱动装置布置在一侧的离线运动机构传动路线

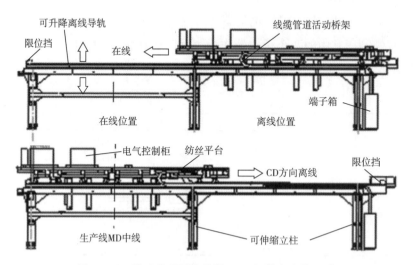

图 2-118　熔喷纺丝平台兼做 DCD 调节与离线运动

2. 齿轮、齿条驱动

用与轨道平行的分别安装在轨道上的两套长齿条和安装在纺丝平台与其相啮合的两个小齿轮驱动,承重轮可以在轨道面上自由转动,两个小齿轮由电动机驱动、同步运转,这种运动方式与普通金属切削机床类似。

齿轮、齿条这种驱动方式的优点是定位准确,无打滑,结构较复杂,加工精度高,但需要使用可变速的电动机驱动,接近终端位置前自动减速运行,如发生越限时容易发生过载。

因为加工成本高,安装技术要求严格,日常的维护、保养工作量大,是一种使用较少的驱动方案,曾在一些引进的早期设备上使用过。

3. 丝杆螺母驱动

用于轨道平行、悬空安装的两条长丝杆与安装在纺丝平台的螺母相啮合驱动,承重轮可以在轨道面上自由转动,螺母(或丝杆)由电动机驱动。这种方式的优点是牵引力大,耐振动、无打滑、定位准确,运动平稳。

但传动机构较复杂,加工及装配要求高,行程较大时丝杆很长,容易出现挠曲变形。因此,需要使用可变速的电动机驱动,接近终端位置前自动减速运行,如发生越限或碰撞时产生的过载力很大。

这也是一种很少使用的驱动方案,仅在引进的早期设备上使用过。

4. 电动减速机直接驱动

除了以上传动方式外,在一些 MD 方向较宽的熔喷系统,为了避免配置长度较大的传动轴,还有使用减速电动机直接驱动主动轮的方案,布置在两侧轨道的两个驱动轮,各自独立配置一台电动减速机,减速机的输出轴与驱动轮轴直联,直接由电动机驱动,由于没有轴系和中间传动装置,结构很简单,安装维修的工作量小,可靠性也较高。

二、相关技术要求

1. 离线的行程和速度

离线运动的行程与离线方向有关,采用成网机接收时,如果沿系统的 CD 方向离线,运动行程需要大于纺丝箱体的长度或接收装置的 CD 方向宽度。相对而言,沿 MD 方向离线时,离线运动行程与纺丝系统的宽度关联不大,但与接收成网装置的长度有关,离线以后,必须留有一个维护、更换纺丝组件的安全操作空间。

离线时的运动速度与在线运动的速度是一样的,具体的运动速度没有太多限制。速度太慢,消耗的时间较多,影响系统的效率;但不宜太快,否则在复位(在线)时会出现难以定位的问题,启动时容易打滑,到达终端时会发生强烈的碰撞,影响生产安全。

离线的速度一般不可调,约在 3m/min,视需要设计而定。由于速度很慢,传动装置的减速比很大,有很大的扭矩输出,而且是在轨道上滚动阻力较小。因此,尽管设备的重量很大,但驱动电动机的功率并不需要很大,成网机做离线运动的交流电动机功率一般在 1.5 ~ 2.2kW。

有的高端机型会使用多速电动机驱动,以"低速启动、高速运行,低速接近、低速停止"的模式运行。

2. 离线运动对管线的要求

为了使设备在离线运动过程中,或到达终点后能正常工作,进行离线运动时,与设备相连接的压缩空气管路,冷却水管路、原料输送管路、控制线路、电力电缆都要保持连通状态。因此,要使用活动连接或挠性连接,有时还要将这些管线放置在活动电缆桥架(俗称坦克链)中。

采用挠性连接时,在离线过程中,纺丝系统始终可处于正常工作状态,调试、管理较为方便,对纺丝组件的使用周期影响不大,这是目前普遍使用的一种方式。在幅宽较大的熔喷纺丝系统中,挠性软管的长度变化范围较大,通径可能在 DN200~300mm,自重很大而稳定性差,如果没有合适的支撑,会发生扭摆变形。图 2-119(a)为配置了一个圆形专用支架的牵伸气流管道。

而采用可拆式活动连接时(主要是口径较大的牵伸气流管道),仅能在纺丝系统两个终端保持牵伸气流供给,而在运动过程中是与牵伸气流系统脱开的,这种管线连接方式给现场

（a）牵伸气流管道及支架　　　　　　　　　　　（b）电缆桥架

图 2-119　牵伸气流管道及支架和电缆桥架

工作带来诸多不便，工作量大，效率很低，安全性差，对纺丝组件的使用周期影响明显，仅在一些早期机型应用过。

当纺丝系统配置有冷却吹风装置时，冷却吹风装置是不跟随纺丝系统做离线运动的，而是保持在原定位置，但会随纺丝系统做 DCD 调节。因此，其冷却吹风装置的紧固定位机构较为复杂，而且与送风装置的管道也需要采用活动连接，以适应 DCD 调节时的距离变化。

如采用接收装置离线方案时，与抽吸风机连接的抽吸气流管路就使用活动连接，或采用在离线前可以快速拆解的连接方式；在采用纺丝系统离线时，与牵伸气流系统连接的管路一般要使用挠性管路连接或活动连接。

采用长的柔性软管既可以适应接收装置做 DCD 调节时的长度变化，也无须在做离线运动时进行拆卸。但在抽吸风机压力较高的系统及流量较大的系统，这些管道很难抵御大气压力的作用，在运行期间容易被吸扁、塌陷，或发生严重的变形和振动。

第十三节　纤维的冷却系统

一、熔喷纺丝过程的纤网冷却

熔喷法非织造布生产过程是在开放的空间纺丝成网，纤维在车间环境的空气中冷却，并固结成网的。因此，环境气流的温度对成网过程及熔喷产品的质量有极其重要的作用。

当熔喷纤网得到较为充分的冷却时，能改善产品的质量，产品的拉伸断裂强力、撕裂强力变大，断裂伸长率增大，纤维的刚性较强，对产品的其他物理性能，如阻隔性、静水压、过滤效率、透气性及阻力等也有较大的影响，特别是对产品下线后的质量稳定性或各项物理性能衰减变化有很大的影响。

一般熔喷系统没有配置专用的冷却设备，仅依靠环境空气自然冷却，产品质量会随环境温度而波动，即使产品下线后，一些性能指标仍会出现变化，一般存在明显的衰减现象。在炎热的夏天,这种现象尤为明显,早上与傍晚的产品质量通常比中午好,晚间一般比昼间好。

如生产口罩用的空气过滤材料时,产品的过滤效率对环境温度特别敏感,中午环境气温最高,生产的产品过滤效率就特别低,而且不稳定,与其他时段生产的产品有很大差异。

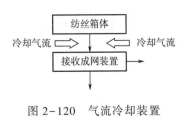

图 2-120　气流冷却装置

20 世纪末期,国外已有熔喷纺丝系统应用强制冷却风技术。21 世纪初,国内已有一些熔喷设备应用此技术,并在出口产品上获得应用。不仅在独立的熔喷纺丝系统中应用,在 SMS 生产线的熔喷系统也获得推广应用(图 2-120)。

二、配置冷却系统风的目的和效果

(一) 配置强制冷却风的目的

熔喷系统配置强制冷却系统后,由于冷却气流的温度比生产现场的环境气流低、与牵伸气流及熔喷纤网的温差大,而流动速度又较快,可以吹入并贯穿牵伸气流及熔喷纤维,使内部的纤维也得到冷却,因此,熔体挤出量越大,纤维及牵伸气流的热量也越多,应用强制冷却措施后,其冷却效果会比挤出量较小时的效果更明显。

强制冷却气流吸收了纺丝组件喷出的高温牵伸气流及纤维的热量,降低了熔喷纤网的温度,稳定了纤网的冷却条件,使生产过程的产品质量处于可控状态,不会因昼、夜,早、午、晚的温度变化,或春、夏、秋、冬的季节气温变化而出现波动。强制冷却风加强了冷却过程的可控性,能使熔喷纤维得到更为均匀、稳定的冷却(图 2-121)。

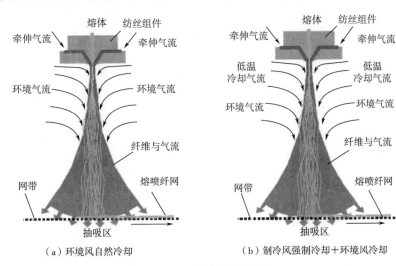

(a) 环境风自然冷却　　　　　　(b) 制冷风强制冷却＋环境风冷却

图 2-121　熔喷纤维的冷却

图 2-122 为配置了冷却吹风装置的熔喷纺丝系统的在线状态。

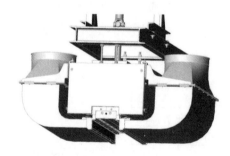

图 2-122　熔喷系统的冷却吹风装置

(二) 配置强制冷却风的效果

强制冷却气流的温度要比环境气流的温度更低,因此,与牵伸气流及熔喷纤维的温差会更大,其冷却降温的效果会更明显,由于熔体细流及纤维的冷却速率会更快,黏度增加,容易形成纤维的初始强度,能经受更高的牵伸速度或更大的牵伸力而不会发生断丝。

1. 抑制或降低出现飞花、晶点的概率

配置强制冷却系统后,在同样的工艺条件下,当冷却气流的温度较低时,能有效抑制、降低出现飞花、晶点(shots 或 spot)的概率, 就具备进一步优化各项运行参数,改善产品质量的可行性。

2. 可以降低纤维的直径

在同样的喷丝板单孔挤出量状态, 配置冷却风装置后,可以提高牵伸速度,设定更高的牵伸风温和熔体温度,使纤维更容易变得更细,为提高产品的过滤效率、阻隔性能和质量提供了基础。

3. 提高产品的均匀度

由于抑制或减少了飞花或晶点出现,就有可能进一步减少 DCD,从而提高产品的均匀度和物理力学性能。

4. 提高产品的阻隔性能或过滤效率

由于可以在较小 DCD 状态下运行,产品的密度会增大,纤网的平均孔径会变小,有利于提高产品的阻隔性能或过滤效率,产品的定量规格越大,冷却效果越明显,过滤效率的提高幅度也越大,即间接提高了产品的静水压或过滤效率(图 2-123 和表 2-21)。

5. 增加产量,提高运行效益

应用强制冷却风以后,就可以增加喷丝板的单孔熔体流量,也就是提高纺丝泵的转速等措施,在保持产品质量的前提下,达到提高生产线产量的目的,可以将产量提高 10%~15%。

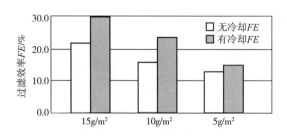

图 2-123　熔喷布在不同冷却状态的过滤效率

表 2-21　熔喷布在不同冷却状态的过滤效率变化（未驻极）

产品规格/ （g/m²）	冷却状态	过滤阻力/ mmH₂O	过滤效率 FE/%	
			FE	强制冷却后 FE 的增加值
15	环境自然冷却	1.8	20.6	+41%
	强制冷却	2.8	29.0	
10	环境自然冷却	1.0	14.4	+54%
	强制冷却	1.7	22.2	
5	环境自然冷却	0.6	11.4	+17%
	强制冷却	0.7	13.4	

采用强制冷却后，还可以设定更高一点的熔体温度和牵伸风温度，或使用更高的牵伸速度，使纤维变得更细，有利于提高产品的性能和质量。

三、冷却系统的配置

熔喷纺丝系统的冷却装置与所使用的冷却介质有关，一般有空调制冷风冷却和喷水雾冷却两种，其具体的设备配置、运行管理也是不同的。

（一）空气冷却系统

冷却风系统的设备包括：制冷设备（一般为冷水机组）、冷冻水循环泵、空气处理器（俗称空调箱，AHU）、冷却风管道、冷却水循环水泵、冷却水塔、冷却风喷嘴等。

当采用水平接收时，冷却风喷嘴设置在靠近纺丝箱体的上、下游的对称位置，并在纺丝系统进行 DCD 调节时，始终保持与纺丝箱体之间的距离，保持两者间的相对位置不变，这就要求冷却风喷嘴与冷却风系统之间，不能有约束进行 DCD 调节的机构或管道存在。但无论纺丝系统采用哪一种离线方式，冷却风喷嘴并不跟随做离线运动。

有的熔喷系统冷却喷嘴的下端设计为可快速拆装式，当需要更换纺丝组件时，可先将下端的喷嘴移除，便可以腾出足够的操作空间（图 2-124），但喷嘴的重量有上百千克，要小心搬运。这是一个早期设计方案,在系统进行离线运动前,还要拆卸冷却风管。

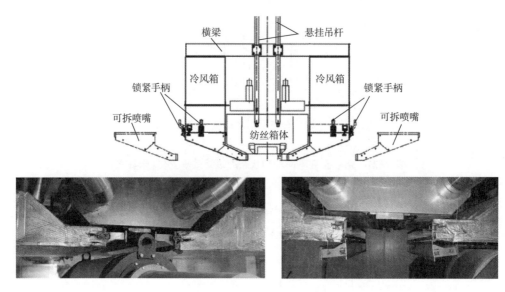

图 2-124　可拆卸的冷却风喷嘴

为了控制冷却气流的流向和提高利用率,有的冷却系统在喷嘴的下方设置两块向下伸出的、可调整倾斜角度的导流板,利用各自的电动推杆能改变导流板的角度,使从喷嘴喷出的冷却气流能继续伴随牵伸气流及熔喷纤维向下有规则地运动,而不是随即扩散,延长了被冷却的过程,提高了冷却效果。但设置这种导流板后,同时也缩小了 DCD 调节范围(图 2-125)。

图 2-125　安装在冷却风喷嘴的可控导流板

冷却系统所使用的介质可以是空气或水,冷却风温度为 11~16℃,即使没有使用低温空调风,而是直接使用更高温度的常温的或有序的室内气流替代无序的环境气流,也会有较好的效果。图 2-126 是一个带冷却装置的双辊筒接收熔喷系统。

根据实际使用经验,熔喷纤维与牵伸气流到达接收装置前,其温度还很高,与温度 30~35℃ 的冷却风仍有大于 50℃ 左右的温度差,还有很好的热交换作用,有明显的冷却效果。

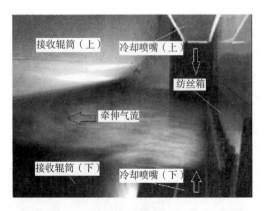

图 2-126　双辊筒接收熔喷系统的冷却装置

　　配置在 1600mm 幅宽熔喷纺丝系统的冷却风制冷设备,制冷量约为 $10×10^4$kcal(约相当于 116kW)。冷却风机的压力一般≤3000Pa,冷却风的流量一般可按牵伸风流量的 6~8 倍配置,达 10000m³/(m·h),喷嘴出口气流的速度与喷嘴的出口截面积有关,一般为 10~20m/s。

　　图 2-127 为德国纽马格带冷却吹风装置的熔喷纺丝系统,其冷却风管道都做了绝热处理,图 2-128 为国产带冷却吹风装置的熔喷纺丝系统。

图 2-127　德国纽马格带冷却吹风
装置的熔喷纺丝系统

图 2-128　国产带冷却吹风装置的
熔喷纺丝系统

　　由于冷却系统中的制冷设备、水泵、风机、冷却水塔等在运行过程都要消耗能量,因此,采用空气冷却后,会增加产品的能耗(约 10%),设备的造价也要高一些。在环境温度较低时,或制冷设备停机以后,即使直接用室温气流进行冷却,由于冷却风的流量很大,其冷却效果也要比自然冷却好。

(二) 喷水雾冷却与水驻极的冷却作用

　　由于水的比热容远大于空气,因此,也可以利用雾化的水进行冷却,所消耗的水量也较少。一般是将水加压雾化后吹向牵伸气流,利用喷出的水雾带走气流和纤维的热量,有更好的冷却效果。冷却水既可以用温度高于 4℃ 的冷冻水,也可以用常温水。

冷却水的流量一般为熔体挤出量的 0.4~0.8 倍计算,生产需要使用强制冷却的产品时,一般为阻隔、过滤型产品,熔体的挤出量为 30~50kg/(m·h),这时消耗的冷却水量约为 20kg/(m·h)。

喷水雾冷却技术最早是由美国精确公司与埃克森公司合作,于 1967 年就提出的一种冷却技术,并在实际应用中不断改进(图 2-129)。为了获得最佳的冷却效果,喷嘴相对纺丝组件的距离,喷嘴与牵伸气流的距离应设计为可以移动调节的形式。

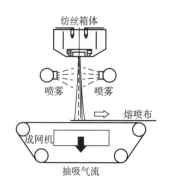

图 2-129　带喷雾冷却装置的熔喷纺丝系统

当产品采用在线水驻极工艺,并采用所谓热驻极工艺,也就是在熔喷纤维刚从喷丝板喷出,还没有到达接收装置前进行驻极处理,此时纤维还处于温度较高的状态,驻极喷嘴就布置在纺丝组件的下方,配置与水冷却系统类似,但对每个喷嘴的流量、雾化状态都应有调控手段。喷嘴喷出的扇形水雾应能无缝覆盖纤网的全幅宽范围。由于喷出的水流是经过净化处理的去离子水,而且要考虑雾化效果,压力会更高,流量也要比普通的喷水雾冷却大。

这些去离子水在与纤维摩擦的过程中,可使熔喷纤维带上静电荷,与此同时还兼具冷却功能。

使用普通硬水是无法达到驻极效果的,而且容易使设备生锈和积垢,还有可能污染产品。水冷却的效果很好,但会大幅度增加生产成本,因为喷水雾冷却以后,熔喷纤网将含有大量的水分,会影响产品的质量和储存时间,除了要采用负压脱水外,还要采用加热方法将熔喷布烘干,才能交付使用或储存。

第十四节　功能整理系统

一、功能整理的目的和效果

后整理设备可以赋予产品一些特定的功能,后整理过程是在产品已定型以后进行的。根据进行整理时设备的位置,后整理过程可分为在线后整理及离线后整理两种方式。

在线后整理就是将后整理设备直接配置在生产线的主流程中,一般是配置在接收成网装置与卷绕分切机之间(图2-130)。而离线后整理是在另外一个生产系统上进行的,根据要赋予产品的功能,设备配置较为灵活,具体的流程和设备会有较大差异。

图2-130　后整理装置在生产线中的位置

静电驻极也称电晕驻极,是生产空气过滤材料时较为普遍应用的工艺,用于改善、提高熔喷产品的质量。静电驻极系统占用空间很小,可以直接布置在熔喷生产线的接收装置与卷绕分切机之间,可以在熔喷布的生产过程中在线进行。因此,大部分企业都是采用在线驻极工艺,这种工艺路线对原来熔喷生产线的正常运行影响较小,生产工艺流程短,设备简单,投资费用低,运行费用也很低。

理论上,有多个位置可以进行驻极处理,如在牵伸气流的出口①,在纤网已经固结成布以后与卷绕机之间的任意位置②,这两个驻极处理过程都是与纺丝成网过程同步"在线"进行的,纺丝成网过程与驻极处理过程会存在互相牵制的现象(图2-131)。

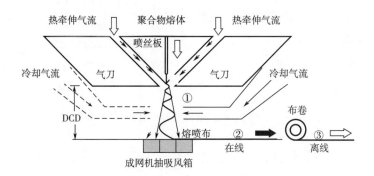

图2-131　熔喷法非织造布可以进行驻极处理的位置

在技术上,还可以在熔喷布产品下线后,可以在任何地点,在退卷装置与卷绕装置(或分切装置)之间的适当位置进行驻极处理③,这个工艺则属"离线驻极"工艺。由于纺丝成网过程与驻极处理过程互相独立进行,就不存在互相干扰、牵制的现象,但需要增加一些其他设备。而带电驻极材料的驻极效果、电荷的时间衰减速率等,则取决于聚合物的牌号(包括等规度、结晶质量、分子量分布宽度等)、驻极带电的方式和环境条件(温度、湿度等)等因素。

二、静电驻极工艺

(一)在线静电驻极工艺

静电驻极也称电晕驻极,在生产空气过滤材料时,对材料进行静电驻极处理是生产高过滤效率、低过滤阻力产品的重要措施,进行静电驻极处理并不改变材料的结构,是一种普遍应用的工艺。

1. 静电驻极技术

过滤材料的过滤效率与过滤阻力是两个相互关联,但又相互矛盾的参数,在材料具有较高过滤效率时,其过滤阻力往往也是较大的。而在实际应用中,要求空气过滤材料具有高效过滤性能的同时,又不能有太大的过滤阻力,但过滤效率与过滤阻力两者间存在正相关的趋势,即随着过滤效率的升高,过滤阻力也会随之增大。应用静电驻极技术可以使熔喷布同时具有这个特性,也就是具有高滤效、低阻力的优异性能。其工艺流程如图2-132所示。

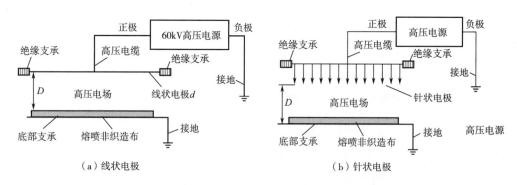

（a）线状电极　　　　　　　（b）针状电极

图2-132　使用不同电极的静电驻极系统原理图

材料对空气中颗粒的过滤功能是依靠五个机理实现的,分别是:筛分作用、惯性作用、扩散作用、截留作用、静电作用等。应用驻极技术处理后,使熔喷法非织造布带上永久性静电荷,可以在保持材料过滤阻力基本保持不变的状态,使过滤效率获得较大幅度的提升,同时实现"高效、低阻"这一目标,这是生产空气过滤材料时广泛应用的重要技术。

利用高压电场所产生的电晕放电现象,可以使熔喷布带上电荷。经过驻极处理后,能增强熔喷过滤材料对空气中颗粒物的静电吸附效应,可以大幅度提高熔喷布的过滤效率,而过滤阻力不会产生明显变化。

一般定量规格≤50g/m²熔喷布的微粒过滤效率仅在30%~60%,但经过驻极处理后可以达到99.9%以上(与熔喷布的定量规格有关),而阻力仅在几毫米水柱(即几十帕,具体数据与测试的气流流量有关)以内。表2-22是两种定量规格熔喷布在驻极前后的性能变化。

表 2-22 静电驻极整理对熔喷法非织造布滤效及阻力的影响

DCD/mm			100		150		250	
			驻极	未驻极	驻极	未驻极	驻极	未驻极
转速螺杆	8r/min	滤效/%	97.75	53.29	94.88	36.5	92.5	43.5
		阻力/mmH$_2$O	3.68	3.68	2.94	2.94	2.15	2.15
	12r/min	滤效/%	94.5	25.75	91.0	23.0	83.75	20.0
		阻力/mmH$_2$O	2.94	2.94	1.96	1.96	0.98	0.98

由表 2-22 可以明显看到,经过驻极处理后的熔喷材料,其过滤效率比未经驻极处理前提高很多;螺杆挤出机的转速越快,随着熔体挤出量的增加,产品的定量规格也会越大,但同时也会使纤维变粗,使材料的平均孔径增大,导致过滤效率降低,因此,在较高螺杆转速时生产的产品,其过滤效率会随之下降。

由于材料的过滤性能与其堆积密度(g/m^3)正相关,密度越大,过滤效率越高,而材料的密度则与 DCD 负相关,DCD 越小,密度越大。故从表 2-22 中可以看到,随着 DCD 的增加,过滤效率会随着 DCD 的增加而呈下降趋势。

在实际生产流程中,可以在两个位置进行驻极处理,一个是在纺丝过程,即将电极设置在纺丝箱体与接收装置之间,在纤维仍处于热态下进行驻极处理;另一个是在铺网成布以后,熔喷布已经降温的冷态下进行,这是最常用的方案之一(图 2-133)。

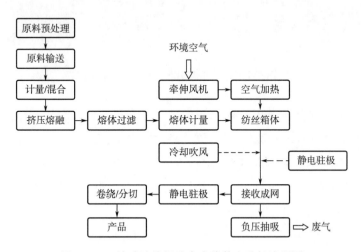

图 2-133 熔喷法非织造布在线静电驻极流程图

第一种驻极处理方式虽然很简单,但影响运行管理,如会影响刮板作业,电极容易被飞花污染缠绕等,而且安全防护措施也很麻烦。而后一个方案需要配置专用的驻极装置,还要占用接收成网装置与卷绕机之间的空间,但最大的好处是可以随意布置电极的位置及配置的电极数量,改善驻极效果的可控性。

按照进行驻极处理的位置不同,还可分为在线驻极及离线驻极两条工艺路线。上述两个技术方案都属在线驻极,即驻极过程是与熔喷生产线的主流程同步进行的。而离线驻极则是在生产线主流程以外的专用生产系统中进行的。

2. 静电驻极设备

静电驻极系统分别由高压驻极电源和驻极机架两个部分组成。

(1)高压驻极电源。高压电源将工频的 220V 市电电源变成高电压,目前,驻极工艺所使用的电流大多将用工频(50Hz)电流通过整流、高频逆变、升压、倍压整流输出的、带有高频波纹的高压直流电,电压一般在 60~100kV。

根据高压电源的工作原理,常分为线路板升压及变压器升压两种(图 2-134)。前者外形就是一台电子仪器,后者的明显特征是带有一个调压变压器的控制柜和内置升压变压器的笨重机箱。

图 2-134　静电驻极用的各种高压直流电源

目前,在熔喷行业使用的静电驻极电源大多并非专用电源,而是一些通用型设备,输出电压主要有 50/100kV 和 60/120kV 两种,同一品牌的电源,其面板的高度和宽度尺寸是一样的,可以通过辨别机箱的长度判断其输出电压的高低,电压越高,机箱越长,尺寸越大。

根据纺丝系统的幅宽,电极数量等配置条件,要求高压电源的输出电流一般在 20mA 这个档次,而输出功率则要在 1000W 左右。

在生产中实际使用的驻极电源,输出电压可达 120kV 或更高。驻极电源输出电压的极性就是电极的极性,可分为正极性(P)和负极性(N)两种,不同的电源极性会影响驻极效果,有观点认为采用负极电源有利于提高驻极效果和电荷的驻留时间,但没有获得更多验证。

如果电源功率足够大,可以同时作为两台(或多台)工况相类似的驻极系统电源,提供驻极处理用的高电压。有的相同品牌的驻极电源,既可将两台以串联的形式连接,以提高输出电压,也可以两台同极性并联使用,以增大输出电流,或分别向同一个驻极系统的不同电极供电。

由于在运行过程中难免会发生火花放电现象,因此,要求电源有良好的保护功能,如过电压、过电流、放电短路、过热保护等功能。在发生电源短路或发生超载时,自动切断电源,并尽快自动恢复到正常工作状态。电源的电压很高,存在较大的安全隐患,务必做好安全防护。在运行过程中一定要与这些带电装置保持安全距离,禁止接近或触及高压带电设施。

高压电源是利用专用的高压电缆与驻极机架中的电极相连接的,在驻极系统运行期间,驻极系统的各种配置的金属部分都要有有效的接地措施。

(2)驻极机架。驻极机架由机座、导向辊、电极、防护罩等组成(图2-135)。

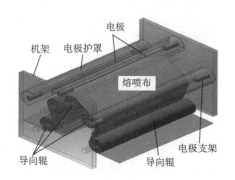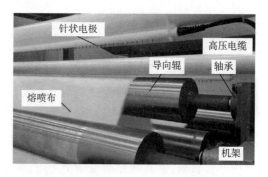

图2-135　静电驻极设备的电极及导向辊

机座是安装导向辊筒、电极、防护罩的基础,机座的两张侧板有时是用金属材料制造的,强度较高,有较好的隔离防护功能,也便于解决接地问题;而用绝缘材料,如有机玻璃、玻璃纤维板等制造的机座,更容易解决高电压的绝缘问题。

导向辊一般用铝合金材料制造,由于重量轻,轴承负荷小,容易转动。其形式有轴承外置,辊筒与芯轴一起转动的;也有轴承内置,仅辊筒转动而芯轴固定不动的,这种形式更容易安装使用。导向辊的数量与电极的数量有关,电极越多,导向辊也会越多,但增加的附加牵引张力也会越大,对熔喷布质量的负面影响也会越大。

因为电极一般与导向辊相对,辊筒直径的大小也会影响驻极效果,导辊直径大,电极电场所覆盖的面积大,即高压电场的作用区域会较大,驻极效果会更好,反映到电源端就是驻极电流会较大。导向辊的直径一般≥105mm,但直径太大会导致转动惯量大,会增加牵引张力,影响产品的结构稳定;但直径太小的导辊会明显影响驻极的效果。

(3)电极。目前,静电驻极系统所用的电极主要有线状和针状两种,电极的形状不同,其驻极效果也不一样(图2-136)。

线状电极的电场是以电极中心为轴线的一个同心圆,背离开熔喷布方向的能量没有被利用,但线状电极的电场在全幅宽方向较均匀,在实际使用时只要把电极张紧,使全长与熔喷布的距离保持一致,就可避免产品的带电量(过滤效率)出现太大差异。

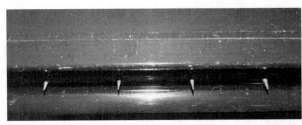

图 2-136　针状电极棒中的针

线状电极的直径越细,驻极效果会越好,但直径太小不容易张紧,而且在发生放电时容易被击断。钼丝是最为常用的电极材料之一,具有较高的强度和较好的耐电蚀性能,线状电极所用钼丝的直径在 0.18~0.20mm。

线状电极所需要的长度,是根据驻极装置的结构从卷盘状钼丝产品中截取,安装电极的支架要有张紧度调节装置,并能独立调节电极与产品之间的距离,使电极在全幅宽范围内与熔喷布的平面保持平衡一致。

针状电极将电场的能量集中在针尖,其电场是一个针尖下方角度为 30° 的圆锥,电场强度和利用率都较高,但其缺点是电场不均匀,而且针与邻近针之间会存在像避雷针一样的屏蔽效应。因此,同一个电极的针与针间的距离不能太小,一般针与针间的距离约为 20mm,密度不能太大,以免相互屏蔽。

在市场上及互联网上已有商品化的针状电极供应,只要提供电极的长度要求定制即可。

(4)防护罩。在静电驻极系统,防护罩有两个功能,一个功能是提供安全防护,将存在危险高电压的电极等给予隔离、屏蔽;另一个功能是阻隔生产过程中,防止纺丝系统飘落的飞花、废丝被电极吸引。这些被缠绕或挂在电极上的飞花、废丝,实际上缩短了电极与熔喷布之间的距离,很容易通过这些废丝发生火花放电,影响驻极过程的稳定性。

在生产实践中,有专门为电极提供保护的局部小防护罩,也有将驻极架整体覆盖起来的大防护罩。由于驻极过程有能量转换及有臭氧、氧化氮等有害气体释放,因为高浓度的臭氧不利于静电驻极,加装密封的防护罩后,要有相应的通风措施。

3. 影响静电驻极效果的因素

静电驻极的效果与聚合物原料的质量(等规度)、纤维直径、静电电压的高低、电流大小、驻极距离、电极形状(线状或针状)、电极数量、驻极时间(运行速度)、环境温度、负离子浓度、系统的接地状态等因素有关。

接地系统是由直接与土壤接触的金属导体的接地金属体及接地体与设备之间的接地线组成,良好的接地系统应具有稳定、较低的接地电阻,这是提高驻极电流的重要举措,也是提高驻极效果的重要手段,有一个好的接地体(自然接地体和人工接地体)则是其中的关键所在。

熔喷纤维的直径越细、纺丝过程配置有冷却风装置,静电电压越高(40~60kV),电极数量越多,电流越大,电极与产品的距离越小(以不发生火花放电为原则),运行速度越低,驻极时间越长,驻极环境温度越低,负离子浓度越低,接地电阻越小,驻极处理的效果会越好。

关于环境温度对驻极效果的影响,有观点认为在温度较高的状态,有利于提高驻极处理的效果、如在上述图 2-131 的位置①,如果没有强制冷却风系统的喷嘴,还可以向靠近纺丝组件的方向上移,这就是一个气流及纤维仍处于温度较高位置,因此,又称热驻极。

由于在这个位置,冷却气流与牵伸气流的温度差较大,会有较好的效果。但不能过分靠近,因为牵伸气流的速度还很高,进行热交换的时间很短,其冷却效果反而会降低。

经过驻极整理后的熔喷非织造布,其过滤阻力并无明显变化,而过滤效率却提高很多,这是其他未经驻极处理的非织造材料所无法媲美的。

螺杆的转速提高以后,喷丝板的喷丝孔熔体流量增加,纤维变粗,驻极效果下降;随着接收距离增大,纤网的密度下降,平均孔径增大,材料本身过滤效率下降、透气阻力降低,但经驻极处理后,过滤效率仍有很明显的提高。

(二)离线静电驻极工艺

采用离线驻极工艺时需要另行配置一个生产系统,还要增加管理人员,但可以根据产品质量要求优化驻极工艺,而无须顾及或影响熔喷系统的运行,并可以灵活布置电极和增加电极的数量,从而提高运行效率,而且可以与其他熔喷系统共享、利用这些驻极设备,具有更大的布置、运行灵活性(图 2-137)。

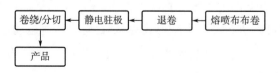

图 2-137　熔喷非织造布离线静电驻极生产流程图

产品要进行离线驻极处理时,在熔喷布生产线所生产的熔喷布,一般以不分切、全幅宽的状态下线,在离线驻极生产线处理好以后,才按要求进行分切,成为最终产品。

(三)典型的静电驻极工艺(参考)

产品定量:22g/m^2。

电极形状:排列间距为 20mm 的针状电极。

驻极距离:60~90mm。

驻极电压:40~60kV。

驻极电流:与产品幅宽、电极数量及驻极电压正相关,而与驻极距离负相关,一般≤10mA,电流越大、驻极效果越好,最佳状态的驻极电流≥10mA。

运行速度:与产品质量要求有关,一般在15~30m/min。

熔喷系统的喷丝板孔密度:hpi 42。

喷丝孔单孔流量:0.25~0.30g/min。

PP原料熔融指数:MFI 1500。

驻极电源(恒流型高压电源)。

输入电压:220V。

输出电压:100kV。

最大输出电流:20mA。

三、水驻极工艺

(一)水驻极工艺的原理与流程

水驻极又称水刺驻极、水摩擦驻极,是利用高纯度水流以一定的压力、角度、速度对熔喷布进行喷射、穿刺时,高速水流会与纤网产生强烈的摩擦,使产品带上静电荷的一种驻极技术。

除了利用高速水流摩擦驻极外,还可以利用热空气驻极,就是利用高速的脉冲热气流穿透熔喷纤维网,使纤维产生高速振动,纤维相互摩擦、纤维与气流摩擦,都会产生静电荷形成微电场,也可以吸附细的颗粒物,提高材料的过滤效率。

通过高压水泵将制备好的纯水输送到扇形喷嘴,扇形喷嘴喷出的高速水流,加上抽吸风的双重作用下,对熔喷纤网进行类似水刺形式的喷射,通过高速运动水流与熔喷布相互之间发生的摩擦产生电荷,使熔喷布带电,实现水刺驻极。经过水驻极的熔喷布送入烘干箱内,经过热风烘干后就成为驻极产品(图2-138)。

水驻极过程也与静电驻极一样,既可以在纺丝过程,用水流穿刺纺丝牵伸气流和熔喷纤维束[图2-138(a)],这是在纤维仍处于热态,且还没有固结成布前进行处理;也可以在纤网已固结成为熔喷布以后,在熔喷布已降温的冷态下再进行水驻极处理[图2-138(b)],这是最常用的方案之一。

喷嘴是水驻极系统的重要设备,其喷出的水雾的雾化程度,均匀性、展开角度及水流量的大小对驻极效果都有很大影响,因此,一般使用扇形喷嘴(图2-139)。喷嘴间的间隙距离和喷嘴与熔喷布间的距离、喷雾角度有关,距离越小,角度越小,则喷嘴之间的间隔也越小,同样宽度的熔喷布,所需配置的喷嘴数量也越多。

由于喷嘴的安装位置不同,处理效果也各不相同,在纤维还没有固结成布之前,纤维束

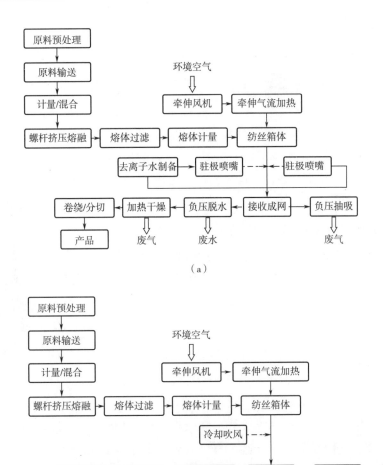

（a）

（b）

图 2-138　两种在线水驻极熔喷法非织造布生产流程图

图 2-139　熔喷水驻极用的扇形喷嘴

的结构较为松散,水流容易从两面穿透,并与所有纤维发生作用,而且此时的纤维运动速度较快,仍处于200~300m/s的高速运动状态,与水雾的相对速度很大,能产生强烈的摩擦,驻极效果较显著,因此也称为热驻极。而且这个驻极过程还兼具很好的冷却作用,对稳定产品的性能有好处。

但由于此时还没有形成纤网,更没有固结成布,水流容易干扰铺网过程而影响产品的均匀度,限制了水流量,且要求喷嘴必须有较好、较均匀的雾化效果。因为有大量的水分随牵伸气流进入抽吸系统,如果系统没有配置水汽分离装置,含有大量雾化水的气流会增加进入抽吸风机的气流密度,还会影响抽吸风机的运行工况,导致设备发生锈蚀。这种驻极方式的效果还受纺丝泵转速和牵伸气流速度的影响。

在纤网已固结成为熔喷布以后进行水驻极处理,喷雾对产品的均匀度影响很小,因而可以用较大的流量和较高的速度进行处理。因为与成网系统、抽吸风系统完全分离,驻极效果除与成网机的速度有较明显的关联外,还受纺丝工艺变化的影响。

但这种驻极产生的喷雾不容易穿透熔喷布,而且仅是单面进行,由于此时熔喷布的运动速度仅在0.5m/s左右,因而需要更高的水流压力、更高的速度、更大的流量才能获得较好的效果,这些含水量大的熔喷布将增加干燥过程消耗的能量,由于按目前的技术水平,驻极处理排放的废水也不适宜回收、循环利用,也将增加生产成本和环境保护工作压力。

除了可以在生产主流程中在线进行水驻极外[图2-138(a)],还可以在离线状态进行(图2-140)。离线驻极系统是一套独立的专用生产设备,需要占用独立的生产场地和岗位人员。

图2-140 运行中水驻极喷水装置

水驻极系统是一个较大的系统,附属设备和干燥系统要占用较多场地和空间。因此,大部分企业都是采用离线驻极工艺,这样既不影响原来熔喷生产线的正常运行,也不影响现场的设备布置,生产流程短,又能根据产品质量优化驻极工艺和提高运行效率,而且可以与企业内的其他熔喷系统共享水驻极设备资源,具有更大的设备布置和运行灵活性(图2-141)。

当采用离线水驻极工艺时,熔喷布基材要有较好的质量,如较好的均匀度、合适的纤维

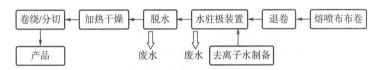

图 2-141　熔喷非织造布离线水驻极生产流程图

细度、原料中添加有适合水驻极的添加剂等,这样才会有较好的驻极效果。

由摩擦产生的电荷沉积在熔喷纤维内部,不容易脱离约束而溢散、衰减,材料能在较长时间内保持较高过滤效率;而静电驻极产生的电荷主要存储在材料的表面和近表面,电荷较容易溢散,材料的过滤效率容易发生衰减。而由于纤网或熔喷布受水雾穿刺的影响,经过驻极处理的产品,其过滤阻力也会降低。

静电驻极技术与水驻极技术,或热气流驻极技术相结合,采用多种驻极处理工艺处理后,可以增加材料的电荷量,从而提高材料的过滤效率。

(二)离线水驻极系统的基本设备配置

1. 熔喷法非织造布退卷设备

用于放置代加工的熔喷布布卷,并将卷状的熔喷布送出去进行驻极处理,一般采用被动放卷,其退卷速度由生产线下游的卷绕设备控制,但退卷设备配置有磁粉制动器或磁粉离合器,用于控制退卷阻力从而改变加工过程产品所受的张力。

产品的定量规格一般为 15～50g/m²,这是用作制造口罩核心过滤层材料的常用规格。退卷设备适用的布卷芯轴直径基本都是 75mm 这种通用规格。

应用在线驻极工艺时,生产线无须配置退卷设备,但应用离线驻极工艺时,生产线就需要配置退卷设备和相应的起重运输设备。退卷设备的母卷直径一般在 1000～1200mm。

2. 水驻极主机

水驻极主机用于将纯水喷向熔喷布,实现使产品带静电荷。水驻极主机包括:覆盖产品全幅宽的喷水喷嘴群、高压水泵及管路系统、输送网带及驱动设备、负压脱水系统等。

驻极喷嘴的配置数量与材料的幅宽成正比,材料越宽,需要的喷嘴数量越多;在同样喷雾扇形角度下,喷射距离越近,覆盖全幅宽所需要的喷嘴也越多,喷嘴间的中心距一般为 75～90mm。水驻极系统的水压一般在 2～5MPa,可以根据工艺要求和雾化效果进行调节。

目前,大多数水驻极设备都是与 1600mm 幅宽熔喷系统配套的,配置喷嘴的数量为 20～30 只(图 2-142)。

仅用一排驻极喷嘴就可以实现有效驻极处理,如果配置有两排喷嘴,除了可以提高驻极效果外,可以在其中有喷嘴发生故障时,还可以保持另一排喷嘴继续运行,而无须中断生产。当然,与每一排喷嘴对应,也应该配置负压脱水系统。两排喷嘴能否同时运行,取决于去离

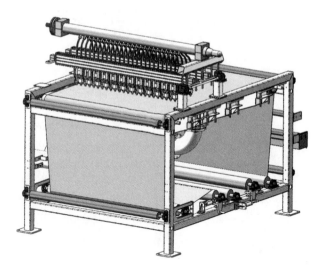

图 2-142　熔喷非织造布水驻极主机

子水的供应能力和负压脱水系统的抽吸风机配置。

负压脱水的干燥效率比加热干燥高很多,负压脱水装置是用机械方式移除熔喷布中的水分,所消耗的能量也较少,但这种方法仅适用于高含水率产品的预脱水,可以移除产品表面的附着水,并使最终含水率下降至30%~45%。从而降低了后工序加热干燥的能耗。负压脱水系统包括汽水分离装置,以抽吸方式运行的高压风机等。

因为在离线驻极系统,负压脱水装置直接布置在与喷嘴相对的位置,负压产生的气流与驻极水流的方向是一样的,有利于提高喷雾水流的速度,并更容易穿透纤网,从而产生更多静电。负压风机的压力越高,这种效果也越强。除了使用高压离心风机外,有的系统配置了压力更高的(≥30kPa)多级离心风机。

驻极主机的运行速度既要考虑驻极效果(产品的过滤效率),又要考虑干燥系统的干燥能力,即干燥系统的水分蒸发能力及生产效率,综合这三方面的因素,实际运行速度一般<30m/min。

3. 干燥系统

利用热风的能量,将已经初步脱水的驻极熔喷材料中的水分蒸发、移除,干燥系统包括:承载经过水驻极处理熔喷材料的输送带、热风循环加热系统、排湿管道等,干燥气流的温度一般约100℃。熔喷布内的湿含量与温度有关,湿度越低,含湿量也越低,为了避免温度较高的熔喷布离开干燥烘箱后,在冷却、降温过程中有冷凝水析出,有的干燥烘箱出口还设置有一定长度的冷却段,使熔喷布迅速冷却降温,将水分排出后才进入下一工序。

干燥系统一般为单平网型烘干设备,经过水驻极处理的熔喷布由输送带支承,进入烘箱,烘箱的长度越长(或分段数越多),干燥效率和能源利用率也越高,运行速度越快。

保证熔喷材料能经受足够时间的水流冲刺,因此运行速度还受驻极效果的制约,干燥系统的设计运行速度一般≤40m/min,烘箱常以2~3m长度为一个独立控温单元段,可以独立调节本区段的温度,总长度为12~20m,加热功率为180~250kW,可以使用电能、蒸汽、燃气加热。

输送带要选用透气量较大的网带,以便使热风能顺利穿透熔喷布材料,提高干燥效率,由于熔喷布的透气性要比网带小很多,虽然增加网带的透气量能在降低透气阻力,但透气量增加到了一定程度以后,对提高穿透熔喷布的热风流量的作用已不明显,因为熔喷布的透气阻力远比网带大。透气量很大的网带,其结构稳定性较差,而且对熔喷布的承托面积减小。网带保持有适当的阻力,还有助于改善干燥气流的均匀性。

干燥系统的工作温度一般在80~110℃,在实际的生产过程中,一般趋向低温度,大流量的干燥气流设定,这样消耗的加热能量也较少。据此,干燥系统的宜选用透气量在8000~10000m³/(m²·h)(相当于500~600CFM)的PET网带,干燥系统的装机容量为200~250kW,一天的加工能力在1000~2000kg。

1600mm幅宽干燥系统网带采用调速电动机驱动,驱动装置的功率为3~5.5kW,并配置有气动纠偏装置和手动张紧机构。

4. 卷绕分切机

按照市场要求,将已经干燥的驻极熔喷材料分切成预定长度和幅宽的子卷产品,卷绕机应以恒张力模式运行。卷绕分切机基本都是使用直径75mm这种通用规格芯轴。

5. 去离子水制备系统

去离子水是指除去了呈离子形式杂质后的纯水,其纯度用电导率(total dissolved solids, TDS)表示,其单位为μS/cm。电导率σ是电阻率ρ的倒数,即$\sigma = 1/\rho$。电导越小,水中的杂质越少,水的纯度越高,导电性能越差。

一般自来水的电导率为50~500μS/cm,而水驻极工艺用水的电导率一般要求在5μS/cm左右,有时会用到不大于8μS/cm的工艺用水。去离子水制备系统就是用来制造低电导率去离子水的设备,水的电导率越低,驻极的效果会越好,但设备的运行费用也会越高。

选择自来水为水源,经过石英砂石过滤和活性炭过滤等前置预处理后,再经过高压泵传送RO反渗透系统处理,可去除水中的颗粒、胶体、有机杂质、重金属离子、细菌、病毒等有害物质及99%的溶解盐,反渗透系统脱盐率可高达97%~99%,加入反渗透剂和盐酸,对水源进行反渗透膜二级过滤进一步提纯。

反渗透模过滤一级出水的电导率达到40~45μS/cm,二级出水的电导率为1~3μS/cm;向过滤后的水源加入碱性工业试剂,可将水中的盐酸中和,成为电导率≤0.5μS/cm的纯水备用。

在1600mm规格的离线水驻极系统,一般要配置产量为4m³/h的纯水生产设备。而采用在线热驻极工艺时,耗水量会少很多,配置产量为 $1m^3/h$ 的纯水生产设备即可。

(三)典型离线水驻极生产工艺参数

生产线幅宽:1600mm;

设计速度:5~50m/min;

熔喷布加工能力:1200kg/d;

驻极用水压力:2MPa;

纯净水制备能力:4t/h;

干燥气流温度:100~110℃;

干燥用能源:电能、蒸汽、天然气;

全生产线装机容量:约 300kW;

生产线外形尺寸(长×宽×高):约 (25~30m)×(2.0~2.2m)×(2.0~2.3m)。

(四)经水驻极工艺处理熔喷布的性能

熔喷布经过采用水驻极处理后,由于带上更多电荷,静电吸附作用得到增强,对颗粒物的阻隔、过滤作用有了显著提高,空气过滤效率有了明显的改善,而水流的穿刺有利于降低材料的过滤阻力。相对于盐性气溶胶颗粒,油性气溶胶颗粒更难以被极化,静电捕集作用相对较弱,同一过滤材料对油性颗粒的过滤效率会较低(表 2-23)。

除了熔喷产品要有更好的均匀度,更细、更均匀一致的纤维外,要提高过滤材料的油性颗粒过滤效率,延缓静电荷衰减速率,就必须进一步提高驻极处理的效果,使过滤材料带上更多、更强的电荷,水驻极就可以解决这个问题。

表 2-23　水驻极熔喷布盐性颗粒过滤性能

项　　目	性能指标			
产品定量规格/(g/m²)	25	25	25	40
盐性颗粒(0.3μm)过滤效率(32L/min)/%	>90	>95	>99	>99
过滤阻力/Pa	<25	<30	<30	<35
生产速度/(m/min)	25	17	13	11

应用水驻极工艺处理过的熔喷产品,其过滤效率有了较大提高,或在过滤效率相同的条件下,应用驻极工艺处理材料的定量规格明显要小很多(表 2-24 和表 2-25),而且其静电荷的驻留时间也得到延长,产品的过滤效率一般能保持两年或更长的时间。

表 2-24　水驻极熔喷布盐性颗粒过滤性能

项目	性能指标		
产品定量规格/(g/m²)	25	30	40
盐性颗粒(0.3μm)过滤效率(85L/min)/%	>95	>99	>99
过滤阻力/Pa	<80	<80	<100
生产速度/(m/min)	17	13	10

表 2-25　水驻极熔喷布油性颗粒过滤性能

项目	性能指标		
产品定量规格/(g/m²)	25×2 层	30×3 层	40
油性颗粒(0.3μm)过滤效率(95L/min)/%	>99.0	>99.9	>97.0
过滤阻力/Pa	<150	<250	<150
生产速度/(m/min)	15	13	9

电晕驻极产生的电荷主要存储在滤料表面和近表面,水驻极和热气流驻极产生的电荷主要存储在滤料内部。因此,两种驻极工艺的效果也不一样。

虽然用水驻极水工艺处理过产品的过滤效率比静电驻极产品更高,但驻极过程要在干燥这个环节消耗大量的能量,而静电驻极系统所消耗的能量很少,几乎可以忽略不计。目前,1600mm 幅宽的离线水驻极生产线,其装机总功率一般都有 300kW,甚至更大。

由于喷出的水雾在空气中暴露,静电驻极系统排出的废水会吸收空气中的 CO_2,其电导率会升高,而且会有不少短纤维及由熔喷布带来的杂质。因此,由于技术及成本限制,目前驻极系统排出的废水尚不宜再生循环使用,加上有相当部分以水汽形式排放到环境中,对水资源的消耗也较大。因此,产品的生产成本也较高。

四、其他后整理工艺

(一)纤网加固

熔喷法非织造纤网是依靠自身的余热黏合成布的,纤维之间的黏合强度并不高,不耐摩擦、容易脱落,加固纤网的主要目的就是提高纤维间的结合力,防止产品在使用过程中有纤维脱落,而且通过选择不同加工模具,使产品形成各式图案或花纹。

1. 热轧加固

(1)热轧加固的原理及设备(图 2-143)。

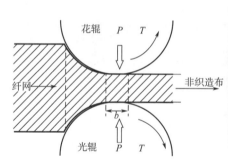

图 2-143　热轧加固熔喷布的工艺原理与热轧机

使用热轧的方法可以提高熔喷布的强度,减少使用过程的纤维脱落,经过热轧处理的产品可用作擦拭布,一些以熔喷材料为主的复合材料,也用到热轧加固工艺。热轧机是加固纤网的常用设备,由一只表面光滑的光辊及表面加工有各种花纹图案的花辊配对组成。

光辊和花辊都是可以加热的,其温度 T 与纤维材料的特性有关,其温度一般在 100℃、或稍高的范围。而两只轧辊间的压力 P 也是可调的。应用热轧加固工艺时,其运行速度最快,可以加工的纤网定量 (g/m^2) 较小,但最大定量一般不超过 $200g/m^2$,经过加固整理后的熔喷布产品,密度增加,手感也会变差(图 2-144)。

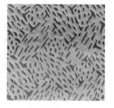

图 2-144　热轧加固熔喷布常用刻花点及擦拭布产品

(2)配置在 1600mm 幅宽熔喷生产线中的热轧机性能。

轧辊直径:360mm;

轧辊工作面宽度:1900mm;

设计运行速度:80m/min;

工作线压力:30N/mm;

工作温度:175℃(最高值);

上、下辊分离后的开口宽度:120mm。

2. 超声波加固

超声波加固是利用高频振动超声波,将能量传递到材料或多个需复合的材料表面,在加压的情况下,使材料表面相互摩擦而形成分子层之间的熔合,达到材料间的熔接、加固。其优点在于快速、节能、熔合强度高、无火花、接近冷态加工,几乎不影响产品的其他性能(图 2-145)。

图 2-145　超声波加固设备与吸油毡产品

与热轧机相比,超声波加固装置没有加热阶段,能量成本较低,适合加工熔喷布或熔喷布与其他非热熔性材料复合的产品,也可以加工定量规格更大的产品,生产速度要比热轧机低,同时还具有压花、切割、压孔、封边等功能。

(二) 亲水整理

聚丙烯熔喷非织造材料的本性是拒水的,也就是不亲水的。而有的制品,如熔喷擦拭布产品是要求亲水的。为了使熔喷材料具有亲水的功能,常对其产品进行湿整理。在生产实践中,向纤维网喷洒功能性添加液是最简单的一个选项。但有时仍难以满足产品的功能性要求,这时可应用功能性添加液饱和浸渍法(液下浸渍法)来实现这一工艺目标。

采用液下饱和浸渍工艺时,由于产品的上液量(含水量)很大。因此,必须配备相应的烘干装置,除去多余的水分,而干燥设备的体积和占用空间会较大,干燥过程还要消耗不少能量,对产品的生产成本影响很大。

(三) 插纤与混纺工艺的应用

1. 以熔喷纤网为基础的插纤工艺

在熔喷系统的纺丝过程中,利用插纤工艺,可以将用梳理成网方法形成的三维卷曲短纤维加入熔喷纤网中,形成产品的骨架,使熔喷布有较好的尺寸保持性和蓬松性。这种以熔喷材料为主的混纤材料可制成防寒、保暖的保温棉或其他用品。

而目前广泛使用的汽车内饰材料,其中有的就是以熔喷插纤材料为主,在熔喷纤网中加入三维卷曲短纤维,再与纺粘非织造布复合成表面的加强面层制成,这是熔喷材料的一个重要应用领域(图 2-146)。

插纤生产线要用到的短纤梳理成网设

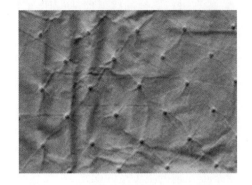

图 2-146　熔喷插纤加纺粘面层超声波
复合汽车内饰材料

备,是一个较为大型的生产系统,通常都会布置高层钢结构平台上,以便纤维能在重力和气流的双重作用下混入熔喷纤网中。由于生产现场既有熔喷系统产生的飞花,也有梳理系统逸散的短纤维,对生产环境有一定的影响。

2. 熔喷与木浆复合工艺

熔喷(melt blown)+木浆(pulp)+熔喷(melt blown)相复合产品,是其英文字头缩写,简称为 MPM 产品,就是在两个熔喷系统的纤网(M)中混入木浆(P)材料,由于产品中的熔喷纤维与木浆纤维已经混为一体,密不可分,这是熔喷技术与气流成网技术混杂复合的产品,因此成为混杂(hybric)型产品。

一个 MPM 系统可以作为生产线中的一个独立单元模块,因此,生产线可以有两个或更多个模块,用于提高产能和改善产品质量。

(1)叠层复合 MPM 工艺。聚丙烯是生产线中熔喷系统最常用的聚合物原料之一,一般使用 MFI 为 1500 的聚丙烯原料,其在产品中的占比可以在 30%~100% 范围内调整,当占比为 100% 时,也就是通常的熔喷法非织造布。这就使这种生产线能在特殊情况下,立马可以成为一条有两个纺丝系统的熔喷生产线。而木浆气流成网系统则使用针叶木浆纤维,木浆纤维的占比可在 5%~95% 范围内任意可调,以满足不同应用领域的要求。

在 MPM 叠层复合生产线中,在成网机上分别并列顺次布置 M、P、M 三个系统,每个系统的中线与成网机的接收平面相垂直,各个纺丝系统间是独立运行的,都配置有独立的抽吸风装置,各自独立成网。从上游方向开始,三个系统所形成的纤网按 M—P—M 顺序叠层、冷态复合在一起,其产品结构形式与 SMS 产品类似,属一步法传统叠层复合产品。

由于这种复合纤网的两层熔喷纤网之间夹有一层定量较大的木浆纤维网,为了避免在使用期间纤维脱落及出现层间分离现象,三层纤网复合后,还要采用适当的加固工艺。目前可选的固结工艺有热轧、水刺、超声波三种固结技术,而低温热轧固结是一种常用工艺。

由于以这个形式生产的 MPM 产品,其表层的聚丙烯熔喷布是不亲水的材料,如用作吸收材料,需要进行必须的后整理,使表层熔喷布具备亲水功能,使液体能穿透熔喷层,并被芯层的木浆吸收。

(2)纤维混杂的 MPM 产品。纤维混杂的 MPM 生产线中,同样按顺序分别布置有 M、P、M 三个系统,但两个熔喷系统(M)的中线与成网机的接收平面呈 45°配置,并在成网机网带工作面的上方空间相交,而木浆系统的中线与两个熔喷系统夹角的垂直平分线重合,三个纺丝系统中线都相交在网带表面以上,这时三个纺丝系统只有一个共用的抽吸成网装置。

当三个纺丝系统以这种形式配置时,各个纺丝系统产生的纤维(及气流)将会在到达接收网带表面以前的上方空间交汇,并在热态互相混杂在一起,然后在成网机的网带上形成只有一层的 MPM 产品(图 2-147)。

可见在这种结构的产品中,已不存在独立的 M 层或 P 层,而是一个不可分的熔喷纤维

木浆纤维

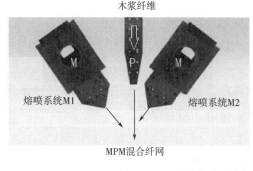

熔喷系统M1　　　熔喷系统M2

MPM混合纤网

图 2-147　熔喷与木浆纤维复合 BiForm 产品

与木浆纤维的混合体。由于不存在独立的、拒水的表层聚丙烯熔喷布,是一种与传统叠层复合产品完全不同的纤维混杂(hybrid)新材料。

由于这种复合纤网的纤维间结合力较低,为了避免在使用期间出现纤维脱落现象,并提高产品的感官效果,还要采用适当的加固工艺。目前较多使用热轧压花或超声波固结两种加固工艺。为了避免经过热轧加固后产品的密度增加,触感硬化,一般采用低温热轧固结工艺。

美国 EG 公司较早地向市场推出了这种 MPM 材料,中文商品名为孖纺材料;德国莱芬豪舍公司也开发了类似的产品,商品名为双纺材料(BiForm);德国纽马格公司也开发出这种生产技术,称为幻影(Phantom);国内也有企业开发这种技术,虽然名称不同,其实都是熔喷纤维(M)与木浆纤维(P)复合的材料。

MPM 生产线常用于生产中等定量(如 50g/m²)规格的产品,在这种产品中木浆纤网与熔喷纤网各占一半左右,生产线可以比传统熔喷生产线更高的速度运行。因此,有很高的生产能力。已经投产的 1600mm 幅宽 MPM 生产线,运行速度为 250m/min,年生产能力约为 8000t。

MPM 非织造布生产流程短,生产成本大大低于传统的胶合无尘纸、水刺非织造布及水刺与木浆复合材料。表层熔喷纤维的直径远小于其他天然纤维或化学纤维,因而材质更柔软、手感更好,具有良好的吸收性能,清洁和去污能力更强。但这个生产工艺涉及气流成网技术,要关注木浆纤维对生产环境产生的负面影响。

除了采用原生木浆纤维原料外,MPM 产品还可以采用聚乳酸(PLA)、聚羟基脂肪酸酯(PHA)等可生物降解聚合物原料,替代传统使用的聚酯(PET、PBT)、聚乙烯(PE)、聚丙烯(PP)等聚合物材料,除了具备更好的亲水性能外,还使 MPM 产品的废弃物成为可完全生物降解的环境友好型产品。

这种 MPM 型产品可用作一次性卫生用品的吸收芯体和导流层材料,如妇女卫生巾、婴儿纸尿裤、成人失禁产品、护理垫、餐巾、桌布、食品垫、肉禽吸液垫、哺乳垫、地拖、宠物卫生产品等,还可以用作擦拭材料,如各种用途的干巾、婴儿湿巾基材及个人护理类湿巾产品等。

医用防护制品材料,如医用、绷带、手术用围帘、手术洞巾、医用吸液垫、医用床垫、诊疗垫等。

工业用液体吸收和环境保护材料,如治理浮油污染的水上拦油索、吸油材料等;隔音、保温材料,如家用电器隔音材料,汽车隔音材料,保温、隔热材料。

过滤材料,如水过滤、空气过滤。

其他应用,如家具填充、服装衬里等其他各种应用。

第十五节 卷绕分切机

一、卷绕分切机的功能

熔喷纤网在成网机上依靠自身热量固结布后,可不用再经过其他工艺(如热轧黏合)进行固结,即能定型成布,只需要用卷绕机卷绕、分切成卷材即可包装成为成品。卷绕分切机是熔喷法非织造布主生产流程中的最后一台设备(图2-148)。

卷绕分切机主要功能是收集由纺丝系统形成的非织造布产品,并按市场要求切除废边,分切为更小幅宽、预定长度的最终产品。

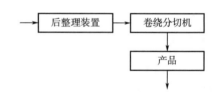

卷绕机是系统中机构最复杂,动作最多,自动化程度最高的设备,也是生产过

图2-148 卷绕分切机在生产流程中的位置

程中出现故障和安全事故概率较高的设备(图2-149)。为了提高机器的可靠性,其控制系统已普遍使用PLC作为核心控制设备。

熔喷系统的运行速度较低,产能较小,对卷绕机没有更特殊的要求,一般采用在线分切,这时就要配置有分切功能的卷绕机(卷绕分切机)。如果最终产品的幅宽很小,分切数很多,这时就较适宜使用离线分切,在另一台专用的分切机上加工,这种设备称为分切机,在这种情形下,生产线主流程中的卷绕机,就不一定需要具备分切加工能力,也就没有与分切加工相关的机构和设备配置,是仅有卷绕功能的卷绕机。

二、卷绕分切机的主要构成

与熔喷系统配套使用的卷绕分切机主要由卷绕机构、张力控制系统、卷长计量装置、自动换卷绕杆系统、纵向分切装置、操作及控制装置等组成。

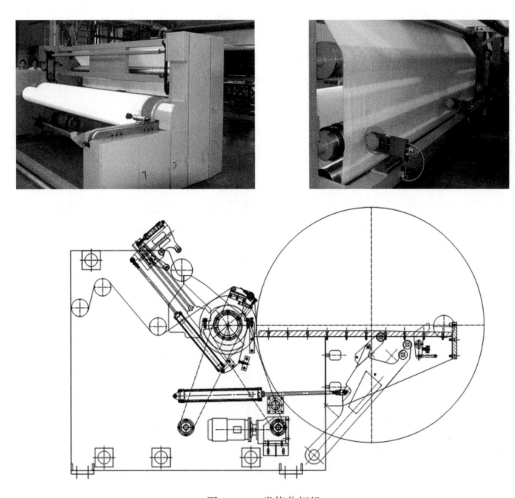

图 2-149 卷绕分切机

由于熔喷法喷丝板的结构特点,生产过程中产生的不良品及分切过程产生的边料、废料一般不在生产线上进行回收,而是收集好另行处理。

(一)卷绕分切机各个机构和系统的作用

1. 卷绕机构

这是卷绕机的主要工作机构,卷绕装置的形式有很多,不管是哪种类型,其最终的目的都是利用卷绕装置来驱动卷绕芯轴转动,将非织造布收卷成卷状的产品。

驱动辊筒又称接触辊或摩擦辊。根据驱动卷绕装置的辊筒数量来分,有单辊、两辊及三辊三类,并且都是利用摩擦传动收卷产品的,有时又称"表面驱动",熔喷生产线以单辊式最为通用。这个机型的特点是布卷的线速度不变,并驱动布卷转动,而芯轴的角速度(回转速度)则随着布卷直径的增加而逐渐下降,芯轴是被动的,仅起支承布卷的作用。

也有直接驱动卷绕杆收卷产品的机型,称为"中心驱动",这个机型的特点是,芯轴的角速度(回转速度)根据布卷直径的增加而逐渐下降,使布卷的线速度保持不变,芯轴不仅要支承布卷,而且还要驱动布卷转动。这种机型在国内很少应用,在熔喷生产线中的应用更少。

卷绕机的动力由交流变频调速电动机提供。熔喷生产线的运行速度较低,单纺丝系统熔喷生产线的速度一般≤100m/min,电动机的功率一般≤7.5kW。

随着变频调速技术的日益发展,交流电动机在速度调节、转矩控制等方面已能满足卷绕机的工作特性要求,并将成为卷绕机电力拖动的发展趋势。用交流电动机作为驱动电动机对提高设备的可靠性,降低运行管理成本都有明显的优势。

卷绕机是以恒张力状态运行的,在张力控制系统的控制下,卷绕机驱动辊的速度是根据张力变化,以负反馈的形式使张力控制在预定值。由于熔喷布的拉伸断裂强力较小,断裂伸长率也较小,因此,要求卷绕机要有较为精密的张力控制系统,避免卷绕张力太大或张力不稳定,影响产品质量。

卷绕系统是利用卷绕杆来收卷非织造布产品的,常用的卷绕杆直径为75mm(约3英寸)。卷绕杆有两种形式:一种是气胀式,可以通过充气方式使直径胀大,以将套在杆上的纸筒管张紧、定位。当将杆内的压缩空气泄放后,纸筒管就可以与卷绕杆自动分离。在加工最终产品时,就要使用这种气胀式卷绕杆,这样可用数量较少(每台卷绕机一般有3支)的卷绕杆就能满足生产要求。

另一种卷绕杆是固定式光身卷绕杆,其直径是不可变的,使用时无须,也无法套上纸筒管,非织造布产品是直接缠绕在杆面上,在没有将全部非织造布放出之前,两者是不能分离的。当应用离线分切或其他离线加工工艺时,一般就需要使用这种卷绕杆,这样就无须反复拔出、插入卷绕轴,省去纸筒管消耗,但需要有较多数量(一般要有5~6支)的备用杆周转使用。

在使用时,两种形式的卷绕轴都需要在纸筒管表面或光辊的表面缠上一层单面或双面黏胶带,利用黏胶带将非织造布产品的端头黏起来,并缠绕到纸筒管表面或光辊的表面,然后进入正常的运行状态。

2. 张力控制系统

为了运行过程的稳定,防止产品质量受张力影响,甚至将熔喷布扯断,卷绕机一般是以恒张力卷绕方式工作的,有的卷绕机还可以以变张力模式运行,运行时的张力会随布卷的直径而变化。如以锥度张力(实际的张力随布卷直径的增加而逐渐降低)、阶梯张力(随着布卷直径的增加,卷绕张力呈阶梯状分级下降)方式运行,可避免产品在卷绕张力的拉伸和挤压作用下使结构发生变化,对提高产品的质量有明显效果。

例如,生产空气过滤材料时,发现布卷表面层产品的过滤阻力较小,过滤效率较低,而内层产品的过滤阻力较大,过滤效率较高,就是因为受卷绕张力影响所致。

张力控制系统包括:张力辊、张力检测装置、张力控制装置等。张力控制系统的最终控制对象是卷绕装置电动机的运行速度或输出力矩。由于熔喷布的拉伸断裂伸长率较小,容易被扯断。因此,张力控制系统要有较高的灵敏度,但最大张力不能偏大。

3. 自动换卷绕杆系统

为了使系统能稳定地连续运行,提高生产的安全性,在产品布卷到达设定值后,卷绕机能实现自动更换卷绕杆。自动换卷绕杆系统包括:备用卷绕杆库、备用卷绕杆转移机构、横切断装置、布卷定位加压及移动装置等。

一般卷绕机的设定值是布卷的长度,有些性能较好的机器,可以在布卷的"卷长"、布卷的"直径"及"人工操作随机"三种换卷指令中选择其中的一种,作为启动自动换卷绕杆程序的操作指令。

在发出换卷指令后,卷绕机会进行一系列的动作,不同品牌的设备,其换卷程序和涉及的设备会有很大差异,但基本程序基本是相同的,其顺序如下:备用卷绕轴到位—换卷指令—在用卷绕杆带着产品让出正常工作位置—备用卷绕杆进入换卷位置—产品横切断—在用卷绕杆带着产品脱离工作—新的卷绕杆转移到正常工作位置—产品下机。

在目前的国内市场上,直径75mm卷绕杆是最普遍使用的规格,也可以根据顾客的要求使用其他规格的卷绕杆。

4. 卷长计量装置

计量检测装置主要用于检测产品布卷的直径、卷长等参数,为自动换卷绕杆系统提供换卷动作触发信号。常用的检测装置有:滚轮式卷长计数器、接近开关、脉冲发生器、编码器、位移传感器、线性电位器等。

不同的卷绕机具体配置的检测装置是不一样的,但卷长测量是最基本的检测项目,是不可或缺的。

5. 纵向分切装置

当最终产品的幅宽小于系统的名义幅宽时,要尽量利用机器配套的纵向分切装置进行在线分切,这样不仅可以提高劳动效率和材料利用率,对保持产品的卫生清洁也有很大的好处。

分切系统是指将全幅宽的非织造布沿纵向(即MD方向)分切开,成为较小幅宽产品的机构。

分切系统包括用于将产品两侧不符合要求的边料切除的切边装置及将全幅宽产品加工为幅宽更小产品的分切装置,实际上这两种装置的结构与功能都是一样的,仅是安装位置及分切的对象不同而已。

(1)切边装置。切边装置安装在卷绕机CD方向的两侧,只有两套分切刀具,用于将两侧一定宽度的不良品切除、分离开,这些不良品既可以独立成卷,也可以在边料不能成卷的状态,利用气力输送装置(也称吸边装置)将分切出的不良品移除,避免妨碍设备正常运行。

利用气力输送装置还有另一个重要作用,就是利用气流产生的拉力,使切出的边料始终处于张紧状态,既能使边料顺利切开,又能保持两端产品布卷外侧分切面的平整性。

(2)分切装置。分切装置布置在非织造布的合格品区域,刀具的数量与最终产品的宽度有关,但最小的宽度则受分切刀具的结构尺寸限制,一般在70~100mm。由于受实际配置刀具的数量、卷绕机横切断可靠性等因素影响,宽度太小的产品是不宜直接在卷绕机上加工的。

当卷绕机配置了在线分切系统后,为了提高运行可靠性,特别是频繁换卷时的可靠性,对最高运行速度及产品的最大直径都会有限制,对生产线的生产能力影响较大。

目前不带分切系统的非织造布用卷绕机,其最高运行速度为1400m/min,母卷产品的直径为3500mm,最大幅宽≥5800mm,生产效率很高;带分切系统的卷绕机,其最高运行速度为800m/min,子卷产品的直径为1500mm,最大幅宽≥3600mm,其生产效率就较低。

并不是每一台卷绕机都配置有分切机构,或同时配置这两种装置的。目前,大型、高速卷绕机趋向于"大直径、不分切、离线加工"的加工路线,这样的卷绕机就没有配置分切系统,也就不存在由于分切系统故障导致的生产线停机这种现象,生产线的可靠性、设备利用率也就获得较大提高。

分切机构由数量较多的分切刀具及相应的调整、定位机构,支承导轨等组成。由于不同的卷绕机所使用的分切方式也不一样,其分切机构的形式、技术含量,设备购置价格也会有很大差异,配置在熔喷法非织造布生产线的卷绕分切机结构相对简单。

6. 操作及控制装置

卷绕分切机的动作较多,构造复杂,因此,要配置相应电气控制装置,电气控制系统的最基本功能应该包括:设备的启动运行,停止;与生产线联动或手动。既可以在自动状态进行换卷绕杆,也可以由人工操作,按程序、按步骤进行。

卷绕分切机的运行操作主要包括:产品卷长设定,放置备用卷绕杆,纸筒管与分切刀对刀,启动过程引布,分切刀间隔设定与调整,卷长到达后卸下布卷、拔出卷绕杆并装上纸筒管,产品包装等。

(二)卷绕分切对熔喷法非织造布质量的影响

由于熔喷布的断裂强力和断裂伸长率比纺粘布小很多(断裂强力仅为纺粘布的20%~30%,伸长率则更小)。因此,在卷绕过程中,所允许的卷绕张力较小,并要求能较为准确地控制卷绕张力,保持与成网机同步运转,避免产品出现可见的断裂或不容易察觉的微断裂现象,影响产品的质量。

由于熔喷布的密度较小、结构较为蓬松,在卷绕过程中由张力转换形成的缠绕、挤压作用下,处于布卷芯部的熔喷布厚度会变薄,密度会变大,这将导致一卷产品的首端(即芯部)与末端(即最外层)产品的质量和性能存在明显差异,还有可能形成皱褶,导致产品失去使用价值。

在卷绕张力的影响下,布卷首端产品及靠近卷绕杆部分产品的密度会较大,导致产品的过滤效率(或静水压)较高,透气性能较差,透气阻力增大等。

布卷的直径越大,卷绕张力也越大,布卷的首端产品质量与末端产品存在的差异会越明显。

三、卷绕分切机的安装

如果熔喷生产线在开机前没有铺放底布,在开始生产的时候,就要人工将附着在成网机网带上的熔喷布剥落下来,系统一边运行、一边将剥下来的熔喷布按规定的路径在卷绕机中穿绕,最后将布的端部缠绕在卷绕杆上,才启动卷绕机运转。

因此,在留有足够操作位置的前提下,卷绕机与成网机之间的距离不宜太宽,要尽量靠近成网机安装,这样能最大限度地减少熔喷布在传输过程中受静电及室内气流的干扰。

同样的原因,单独的熔喷生产线的运行速度也不能太高,若产品的定量太小,除了由于静电及抽吸气流、逸散牵伸气流的影响难于与网带分离外,还容易受环境气流的干扰而发生飘动,出现皱褶,也容易被波动过大的卷绕张力拉断。

在生产实践中,若设备有较好的技术性能,卷绕机在与成网机的距离为 $1 \sim 2m$ 的条件下,能以 $100m/min$ 的运行速度,生产出定量为 $12g/m^2$ 的合格熔喷布产品,如果产品定量更大,则接收成网装置与卷绕机之间的距离还可以更大。如生产空气过滤材料时,接收成网装置与卷绕机之间还要配置静电驻极设备,两者间的距离就可达 $3 \sim 4m$。

卷绕机不宜离接收成网装置太近,除了要有足够的操作空间外,还可以避免逸散的成网气流等的影响和飞花的污染。

第十六节　分切机

一、分切机的功能和工作原理

分切机是很多行业普遍使用的一种通用型设备,其工作原理大同小异,仅根据不同加工对象的物理性能特点、加工精度要求等,在结构及配置方面会有一定差异。

(一)分切机的功能

当所需要的最终产品幅宽较窄时,一般不在生产线进行分切,而是采用离线分切,就是将生产线生产的较大直径和全幅宽的布卷(称为母卷),转移到另外一台分切机上进行离线分切加工,按照市场的要求加工成不同长度和宽度的产品。分切机的功能有以下几种。

1. 切边

将母卷熔喷两边(端)的不合格部分材料或多余的材料切除,留下满足市场要求宽度的产品,这时仅使用分切机两外侧的边刀进行加工。如果是使用圆盘式剪切刀,则布置在两侧最外位置的分切刀,其刃口方向是不同的,都是向外;而下刀的刃口则都是配置在靠内一侧,这样产品就可以得到下刀刀身的支撑,分切过程稳定,切口截面也较为齐整。

2. 分卷

将幅宽较大的母卷加工成幅宽较窄的产品(子卷),当子卷的幅宽尺寸较小时,就需要很多分切刀同时工作。

3. 复卷

将卷长较长的布卷加工为其他较短长度的产品,当长度到达设定值后,要停机将布切断。

4. 转换芯轴规格

将子卷的卷绕芯轴转换为与母卷不同规格的其他尺寸,母卷的芯轴直径较大,一般≥75mm;而子卷的芯轴一般较小,75mm 直径是较为常用的尺寸。

卷绕芯轴除了要有足够的强度和刚性,保证在运行过程中不会发生挠曲变形外,还要满足在最高速度转动时的动平衡要求,以免产生剧烈的振动。熔喷布卷的密度较小,重量也较轻,卷绕芯轴的直径一般都较小,而且多采用在线分切工艺,对改善产品质量有好处。

5. 产品检验

利用分切机的退卷功能,将产品布卷展开进行质量检测。

分切机可仅以上述其中任何一种形式运行,但一般都是同时具备以多种组合形式进行产品加工的功能。如进行分切时,最外侧的子卷要进行切边;而其有效幅宽范围内,要将其分切为多个子卷;母卷的长度都会较长,而子卷的长度一般会更短一些,这时就存在一个复卷过程。

(二)分切机的工作原理及特点

1. 分切机的工作原理

按照分切机的工作原理,一般分为主动放(退)卷、恒张力卷绕和被动放(退)卷、恒张力卷绕两种。小型分切机的母卷直径较小,一般≤1000mm,大多是被动放卷、恒张力卷绕。

恒张力放卷、恒张力卷绕是分切机的基本运行方式,主要是以摩擦传动为基本工作原理。

熔喷布的拉伸断裂强力和断裂伸长率都较小,运行速度较慢,适合使用主动放卷型分切机加工。对直径较大（>1200mm）的布卷,则更适合在主动放卷、恒张力卷绕的分切机上加工。

2. 分切机与卷绕机的差异

分切机的工作过程与卷绕机类似,但最大的差异是:

(1)运行模式不同。卷绕机的运行速度是由成网机(或生产线)给定、控制的,除了在张力自动控制系统的作用下,速度做随机性的小幅度调整、波动外,速度是基本恒定的;分切机的运行速度由操作者自主设定,而且是经历周期性的开机加速—恒速—降速—停机运行,而在进入恒速运行阶段后,速度是恒定不变的。

(2)到达设定值时的状态不同。当"卷长到达"时,或其他设定物理量到达目标值后,卷绕机仍然正常运行;当分切机即将"卷长到达"时,分切机会提前自动减速停机。

(3)换卷绕杆时的状态不同。卷绕机是在不停机状态自动更换卷绕杆,配置有一套复杂的自动换卷绕杆机构,备用卷绕杆经过预加速后(仅大型高速机型具备这种功能),自动进入运行状态;而分切机是在停机状态,由人工进行换卷绕杆操作,没有其他专门的换卷绕杆机构,备用卷绕杆是利用人工操作放置到正常的工作位置,并从静止状态开始启动运行。

(4)横切断方式不同。卷绕机是在进入自动更换卷绕杆程序,并在运行状态自动将产品切断的,此时备用卷绕杆已进入等待工作的位置;而分切机是在停机状态,由人工操作将产品切断的,此时备用卷绕杆还不一定进入工作的位置。

(三)分切机的机型与性能

1. 分切机的系统组成与功能

分切机主要由退卷(放卷)、卷绕、纵向分切三大系统组成。

(1)退卷(放卷)系统。退卷(放卷)系统的主要功能是有序、可控地将待加工母卷中的材料退(放)出来,进入下一工序加工,主要包括机架、母卷定位机构、退卷与张力控制系统、轴向移动对中机构等。布置在分切机的最上游,是待加工材料的入口位置,一般会有相应的起重运输设备与之配合。

对于母卷直径≤1000mm的小型分切机,大多是以被动放卷、恒张力卷绕这种方式运行,通过卷绕端提供的牵引张力,把非织造材料从母卷中拉出来。结构很简单,只有一个放卷机架和一个与张力控制系统机械连接的母卷芯轴固定机构。这种卷绕芯轴会利用轴上的齿轮或其他形式与张力控制系统的磁粉离合器连接,通过调节磁粉离合器的励磁电流就可以调节退(放)卷张力,一般熔喷布离线分切系统多采用这种放卷方式。

由于母卷直径较小,重量较轻,除了可以利用起重设备吊装母卷外,有的设备会配置有简易的气动或液压装卸机构,实现母卷的装卸和定位作业。

主动放卷、恒张力卷绕这种运行方式,主要适用于母卷直径较大、转动惯量大、拉伸断裂强力和断裂伸长率较小的材料,通常是较为大型的设备,必须有起重运输设备与其配合,进行母卷吊装和卸下空卷绕杆的工作。

主动放卷、恒张力卷绕是在放卷端配置了动力装置,驱动母卷运转,把非织造布从母卷中放出来,驱动母卷旋转的装置一般有靠轮和平形带两类。通过调节驱动装置与卷绕端设备的线速度差,就可以实现有效的张力控制,卷绕端设备的线速度比放卷端的线速度快得越多,牵引张力就越大。有的设备可以通过调节放卷设备的输出转矩来调节牵引张力。

无论是哪种驱动方式,都是依靠摩擦力运行的,一般都是由变频调速电动机驱动。为此,在运行过程中,必须有相应的机构使母卷在工作过程中,始终与驱动装置的靠轮或平形带保持接触,并可以调节其接触压力,一般是由气缸提供这种功能的。

在实际运行时为了提高母卷材料的利用率,或有意避开母卷中有缺陷的区域,放卷装置中,一般还有可以使母卷沿轴向移动的对中机构。对中过程一般是人工手动操作,也可以是自动控制的,但这时就要配置一个随动控制的自动跟踪系统。

无论是主动放卷,还是被动放卷,因为放卷过程主要是控制非织造布材料运行的线速度,因此,从母卷刚开始放卷的最大直径状态,到材料即将从母卷全部放出的最后阶段,母卷的卷绕芯轴的旋转速度会从很慢逐渐加快,甚至达到极快的状态,并可能引起强烈的振动。

为了避免出现这种涉及设备安全运行的情况出现,有的设备会具有自动减速功能,在检测到母卷的直径到达设定值以后,就自动降低运行速度;有的设备还有断布自动停机的功能,当牵引张力突然消失时,设备就会自动减速停机。

(2)卷绕系统。卷绕系统的功能是将分切加工好的非织造布收集成子卷产品,卷绕系统处于分切机最下游位置,是加工好产品的输出端,包括机架、卷绕辊和驱动装置、卷绕杆夹持和定位机构、压辊和压力控制机构。

①机架。机架一般由厚型钢板制造,是其他设备的安装基础,其两端一般配置有防护罩等,将危险源屏蔽起来。

②卷绕辊和驱动装置。卷绕辊和驱动装置是卷绕系统的主要工作部分,依靠布卷与卷绕辊之间的摩擦力传递电动机的力矩。目前,卷绕部分一般都是由两只卷绕辊组成,并由两台调速电动机驱动(简易型分切机只有一台电动机)。其中一只为表面覆盖了耐酸、耐碱、耐磨的橡胶辊,另一只为光面辊,另外还包括其他导向辊、横切断机构、防护装置及把产品推出的卸卷机构等。

利用两只辊的表面线速度差异,可以用于调整布卷的密实度。卷绕辊的直径一般在300mm左右,两辊之间的轴线中心距一般不能太大,以保持两辊外圆之间的空隙小于卷绕杆的外径(≤75mm)。

③卷绕杆夹持和定位机构。一般使用气缸夹持卷绕杆,定位夹持机构能随着布卷直径的增加而自动移位、升降,但可以手动控制,其夹持及松开动作由人工操纵。有的设备可以

通过测设定夹持装置的位置变化,计算并显示产品布卷(子卷)的直径,这种机器就很方便控制子卷的直径,并设定为自动停机的信号、或其他与直径相关的自动控制信号。

④压辊位置和压力控制机构。分切机一般以恒张力模式运行,其中的卷绕张力与布卷及压力的合力有关,在技术含量较高的系统,压辊的压力会随着布卷重量的增加而自动衰减,保持合力的恒定。

一般的压辊都是被动的,只有将压辊放下与布卷接触后,才由布卷带动旋转,由于压辊的重量较大,惯性也大,为了防止在放下压辊时,压辊的表面线速度无法由静态加速到与分切机保持同步的速度,导致产品出现皱褶。因此,有的分切机的压辊配置了专用驱动电动机,使压辊的速度始终能与分切机保持同步运行。

卷绕张力控制装置的作用是设定、控制卷绕过程的张力,张力主要根据产品的定量及运行速度由人工设定,但运行过程的张力是自动控制的。

⑤计量装置主要用于设定和测量产品的卷长、布卷直径等参数。

(3)纵向分切系统。纵向分切系统的功能是将非织造布材料分切成各种宽度的产品,主要包括:分切刀具及定位、调整机构,刀轴驱动,边料移除装置,对刀(分切刀与纸筒管对应)装置,导向辊筒等。纵向分切系统布置在退卷系统与卷绕系统之间,非织造布张力较大、较稳定的位置。

纵向分切系统的配置较为复杂,以是否具备在线调整刀具间隔性能,是衡量其技术水平的重要标志,其技术水平差异很大。由于分切刀具的配置与产品的应用领域及运行速度有关,不同机器配置的分切刀数量差异很大,而分切刀具也因结构及工作原理不同,购置价格非常悬殊。因此,有的品牌的分切机,其纵向分切系统会采用独立报价的方式供应。

在进行分切加工作业时,卷绕杆上两只纸筒管间的缝隙必须要与分切刀对应,这是经常需要做的对刀工作,对分切质量和设备利用率都有很大影响。目前,绝大多数设备都是采用在现场用尺子测量这一方法,效率很低。而将刀片的位置坐标投射到纸筒管表面的激光对刀技术,已在国外高端机器上应用很久了,而在国内应用还较少。

分切机还会配置其他一些设备,具体配置与设备用途、加工材料的特性、设备的技术含量与购置价格有关。如:

自动卸卷装置,用于将加工好的子卷从分切机的卷绕端推出、卸下,其运行及动作过程是由人工操控,一般都是由气缸推动的。

自动拔卷绕杆装置,其功能是将气胀式卷绕杆从子卷中拔出,循环使用,一般的小型分切机很少配置这种设备。

布卷驳接装置,其作用是在机器的放卷端,前一母卷已经全部退出后,将这旧母卷的末端与待加工的新布卷的首端连接起来,避免重新进行穿布操作。驳接的方式主要有:双面或单面黏胶带粘接、热熔粘接、超声波粘接等。

2. 与熔喷系统配套的分切机性能指标

熔喷系统用分切机的性能指标主要包括：

（1）加工对象。PP 熔喷法非织造布，材料不同，加工工艺、硬件配置会有差异。

（2）母卷直径。1000~2000mm，独立熔喷生产线的母卷，最大直径一般≤1500mm。

（3）子卷最大直径。600~1200mm，熔喷布子卷的直径一般为 500~800mm。

（4）母卷最大幅宽。1000~3200mm，独立商品熔喷生产线的最大幅宽为 3200mm。

（5）最小分切宽度。60~80mm，最小幅宽一般约为 70mm。

（6）最高运行速度。250m/min，单纺丝系统熔喷生产线的运行速度≤100m/min。

（7）张力控制范围。10~100N/m，与加工产品的规格、物理性能有关，熔喷布的拉伸断裂强力小，卷绕张力对其质量影响很明显，要求张力控制敏感，张力不宜太大。

（8）张力控制模式。恒张力、变张力（就是张力会随产品布卷的直径变化，有线性张力，阶梯张力等），但绝大多数都属恒张力控制。

（9）加工产品的定量范围。$15~150g/m^2$，与分切刀具性能有关，剪切式圆盘刀能加工的材料定量最大，切割式刀具仅适用分切薄型材料。

（10）卷绕杆直径。母卷 $\phi75~150mm$，子卷 $\phi75mm$，熔喷布的密度较低，卷绕杆负荷较轻，因此，不需要大直径、高强度、高刚性的卷绕杆。

（11）分切刀及分切方式。分切刀主要有刀片及圆盘刀两类，以圆盘剪切式为最好，但成本最高。

（12）对刀的方式。对刀的方式有手动测量和激光指示两种，一般都是手工测量对刀。

（13）分切刀数量。与母卷的幅宽及子卷最小分切宽度有关，母卷幅宽越大，子卷的宽度越小，需要配置的分切刀数量也越多。

（14）辅助设备。配置选项：母卷首尾驳接设备、在线疵点检测设备、卸卷设备、拔杆装置、母卷中转储存装置、包装设备、起重设备等。

二、分切机的分类

根据将非织造布从母卷上导引出来的方法，常分为被动放卷和主动放卷两种方式。

（一）被动放卷型分切机

被动放卷型分切机的放卷部分没有动力，是利用卷绕端提供的卷绕张力将布拉出来，通过调节放卷装置的阻力来自动控制卷绕张力的大小。磁粉离合器（或磁粉制动器）是最常用的张力控制设备之一。被动放卷型分切机适宜加工拉伸断裂强力较大、断裂伸长率较大的材料。

图 2-150 是非织造布行业早期使用较多的一种机型，根据这个原型还衍生出不少仿制

设备,原型机的最高运行速度为 250m/min,子卷的最大直径为 800mm,母卷直径较小(≤ 1200mm)的产品。

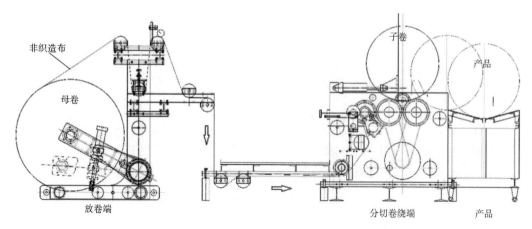

图 2-150　用磁粉制动器控制张力的被动放卷型分切机

这种分切机的低速加工性能好,还配置有布卷中心自动跟踪装置,但因上下分切刀均采用串列式布置,更换刀具的工作量很大,高速运行刀轴容易发生共振,限制了其最高运行速度。

在被动放卷系统,一般是利用母卷卷绕杆带动磁粉制动器转动的方式,由磁粉制动器提供,并控制放卷张力,将被加工布卷的布拉出。因此,要使用芯轴部分配置有与磁粉制动器连接的结构或传动件,如齿轮、特殊的榫形轴头的专用卷绕杆,以便传递布卷被拖动时产生的转矩。这种卷绕杆可以与生产线的卷绕机通用。

(二) 主动放卷型分切机

主动放卷型分切机的放卷部配置有电动机,一般利用摩擦传动方式驱动母卷转动,主动将布放出来,改变卷绕端和放卷端的线速度差,就能调节非织造布所受的张力大小。

卷绕端的驱动电动机是这个张力控制系统的基准,通过改变放卷端电动机的转速或输出的转矩,就能调节卷绕张力的大小。

主动放卷型分切机除了可以加工一般的产品外,还适宜加工拉伸断裂强力和断裂伸长率都较小的材料,有较强的通用性,运行速度快、加工效率高。主动放卷还适宜加工直径较大(≥3200mm)的母卷产品,因为大直径的母卷,其转动惯量很大,启动过程需要的力矩也会较大,被动放卷时,材料无法承受这么大的牵引张力而被破坏,但这种设备的造价会较高(图 2-152)。

为了提高设备对材料的适应性,有的分切机会同时配置主动放卷装置和被动放卷装置,以便根据被加工对象的特性灵活选择对应的放卷模式。这种分切机以主动放卷模式运行

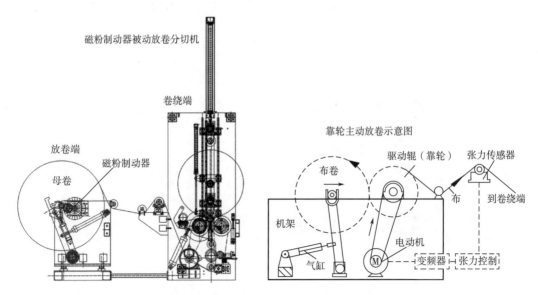

图 2-151 磁粉制动器被动放卷(左)"靠轮"主动放卷"型分切机

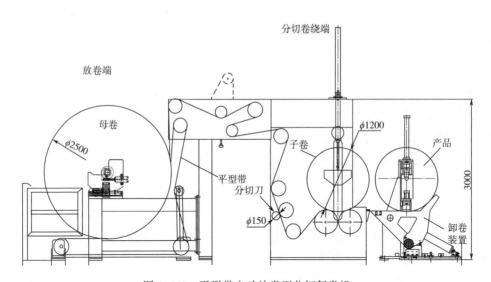

图 2-152 平形带主动放卷型分切复卷机

时,一般是以靠轮的方式,将被加工布卷紧靠在放卷橡胶辊(或光辊)表面,利用摩擦力带动布卷转动将布放出,放卷辊(靠轮)是由电动机驱动[图 2-151(b)],而放卷速度和卷绕张力是受电动机控制的。

目前,大型主动放卷型分切机一般是利用压紧在母卷表面的平型带驱动母卷转动,平形带是由电动机驱动的;小型主动放卷型分切机通过将母卷压紧在主动辊(俗称靠轮)表面,由主动辊驱动母卷转动将布放出,主动辊是由电动机驱动的(图 2-152)。

由于熔喷布的拉伸断裂强力、断裂伸长率、密度都较小,无法承受较大的退卷、卷绕张力。而压辊的压力作用同样会影响产品的密度,而使产品的性能发生变异。因此,熔喷布不适宜使用大直径母卷、大压辊压力进行高速分切加工。

因此,用于熔喷布分切加工的分切机都是较为小型的、速度不高的设备,母卷直径一般≤1000mm,运行速度≤200m/min。

三、分切刀具和分切工艺

(一) 分切刀具

分切系统是分切机的主要工作机构,按刀具的工作方式来分,主要有刀片切割式、挤压式和剪切式三类。而分切柔性材料的方法有很多,如圆盘刀剪切、压切、刀槽分切、悬空切、刀片分切等(图2-153)。

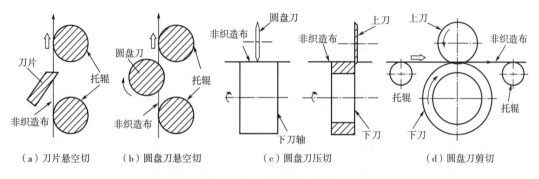

（a）刀片悬空切　　　（b）圆盘刀悬空切　　　（c）圆盘刀压切　　　（d）圆盘刀剪切

图2-153　基本分切方式

分切方式还与分切速度相关,在分切熔喷法非织造布产品时,速度较慢,较多采用刀片切割式、挤压式和剪切式三类,而在高速分切系统中,则主要使用圆盘刀剪切这种方式。

按所使用的刀具来分,有刀片和圆盘刀两种,这是目前较为普遍使用的两种分切刀具。使用刀片分切时,分切点长时间固定在刀片的一个位置,在高速运行或分切力较大时,容易发热、变钝,如遇到产品中的熔体硬块,容易折断。

使用圆盘刀时,分切刃口是圆盘刀的外圆周,散热条件好,不易磨损,使用寿命长,一般还有多种优化分切工艺的调整措施,分切质量好,常用于高速分切系统,但价格较贵,对配套分切设备的要求也较高。

在剪切式圆盘刀配对的刀具中,上刀常设置在容易操作的位置,一般是在布的表面或外侧面,而底刀则设置在布的底面(或内侧面);大多数配对的刀具中,底刀是由动力驱动的,其线速度会比被加工材料的线速度稍快一点,而上刀则是被动的,也有一些上刀是由专用电动机驱动的,这种成套刀具称为电动分切刀。

电动分切刀是由特别设计的扁平形特种电动机直接驱动的,电动机的轴向长度很短。

因此,刀具的轴向结构较短,可以分切出宽度较小的子卷产品。

而在压(顶)切式配对刀具中,刀轴一般是由动力驱动,分切刀则是被刀轴带动转动,刀片与刀轴间的压力应该是由气缸控制的,以便调整和控制刀片的压力,避免压力太大影响刀片的使用寿命。

分切刀具的质量会影响布卷端面的平整性,容易导致边缘起毛,影响子卷间的可分离性,而且还会产生大量的分切粉尘,污染产品、设备和环境。当产品用作卫生医疗制品材料时,将会成为影响产品质量的落絮,因此,要及时更换已变钝的刀具。

圆盘式剪切刀的直径与运行速度相关,运行速度越快,直径也越大。当运行速度低于1500m/min 时,刀片的直径一般在 150mm 左右。圆盘式剪切刀常用于高端设备,通过合理调整、设定各种参数,可以获得良好的分切效果。

(二)分切工艺

使用圆盘式剪切刀时,与分切效果相关的工艺参数主要包括:

1. 刀片在垂直面上的倾斜度

使上刀片呈倾斜状、与下刀仅保持有一个接触点,即实现近似的点接触,这个角度最大调节范围为 0.00~3.00°。合理的倾斜角度能避免刀具间的摩擦,减少发热,延长使用周期,避免产生粉末。

2. 上下刀的叠刀量(重叠量)

叠刀量是指上、下刀在工作状态时的相互重叠量,也称重叠量(或吃刀量),与产品的定量(g/m^2)大小成正相关,即定量越大,叠刀量也越大。叠刀量还与材料的特性有关,产品越难分切,要求叠刀量也越大。

叠刀量越大,刀具磨损越严重,分切过程产生的粉末也越多。因此,叠刀量越小越好,但对设备的加工精度(如径向跳动量)要求也越高,加工精度低的设备,就要设置较大的叠刀量,防止脱刀(上下刀互相分离)和撞刀,高速机型的叠刀量仅有 0.20~0.80mm。圆盘剪切力的叠刀量及两种测量方法如图 2-154 所示。

3. 剪切力

剪切式刀具的上刀贴在下刀上的力,分切非织造布产品时,一般推荐值为 15~35N,常用值为 20N(约 2kgf)。剪切力太小,将无法进行有效分切,但剪切力太大,刀具容易磨损、变钝,还会产生大量粉末。

4. 后置值

当被分切的非织造布与下刀处于相切状态时,剪切式分切刀的上下刀的中心轴线并不是在一条垂直线上重合的,而是上刀沿着非织造布的运动方向后移,此时,上下刀轴线偏移的距离称为"后置值","后置值"的大小一般与上刀的直径大小正相关,使非织造布被剪切

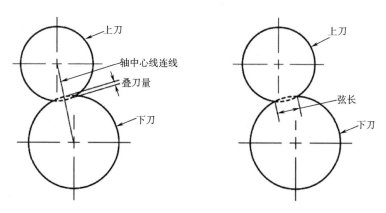

图 2-154　圆盘剪切刀的叠刀量及两种测量方法

位置(剪切点)基本处于下刀盘的直径方向(图 2-155)。如果被分切的非织造布与下刀呈一定包角时,上刀就不用后置,其中线与下刀中线重合。

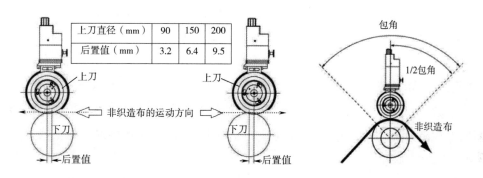

上刀直径（mm）	90	150	200
后置值（mm）	3.2	6.4	9.5

图 2-155　剪切式分切刀的后置值

5. 张力控制

张力控制的精度直接影响分切的质量,在生产过程中,经常可以见到子卷之间的间隙呈宽—窄—宽—窄的周期性变化,这就是张力不稳定的表现。而在分切断面出现的密度及幅宽变化,就是变速(加速或减速)过程中,张力发生突变所致。

在分切产品时,张力一般控制在产品材料拉伸断裂强力的10%~20%范围。除了因为放卷与卷绕的速度差产生张力外,产品在运行过程中还要拖动所接触的所有辊筒旋转。各种辊筒的转动惯量越大,轴承的摩擦阻力越大,由速度变化引起的附加张力变化也越大,分切断面的平整性也越差,而且还会引起产品出现较大的缩幅。

在启动加速阶段、停机降速阶段都会引起附加张力,因此,不宜将加速或减速的时间设定太短,以免加速度太大引起张力发生明显的变化。速度变化的速率越大,附加张力也越大,对产品分切断面的质量的影响也越明显。

由于熔喷布的密度较低,体积蓬松,在卷绕过程中,卷绕张力会对布卷芯部的产品形成越来越大的挤压力,使结构发生变化、密度增大。与外层产品相比较,其透气性能会变差,过滤阻力增大,但阻隔性能或过滤效率则会有所提高。

6. 运行速度

分切机的运行速度是影响分切质量和经济效益的重要因素,因此,要根据产品分切质量的要求来选择运行速度,如果顾客对分切质量要求不高,甚至没有要求(如分切回收布),用较高的速度运行可获得较高的生产效率。如果要求(如幅宽偏差、分切断面的平整性、起毛等)严格,宜选用较低的速度。

其次是根据产品的定量(g/m^2)大小,一般是小定量产品用高速,大定量产品用低速,特别是分切有缺陷的调试产品或过渡产品时,更不能用太高的速度,否则容易损坏刀具。

由于张力会造成缩幅——产品的幅宽变窄现象,使子卷的幅宽难以控制,而缩幅现象又与子卷的幅宽有关。当产品的定量较小、拉伸断裂模量较小、刚性较差、子卷的幅宽又较窄时,缩幅现象会更明显,容易影响产品质量。

如果子卷的卷长较小,机器的启动加速和降速过程所占用的时间比例就很大,实际的高速运行时间不多。在这种情形下,与其用高速冲刺,不如采用低速平缓运行,更能保障产品的分切质量。

应根据产品的特性来选择速度,因为从生产线卷绕机下线后的母卷产品,在分切加工过程中,产品的一些性能会发生变化,其中如断裂伸长率变低、静水压下降等。一般情形下,速度越快,摩擦阻力随之增大,卷绕张力也越大,越不稳定,对产品性能的影响也越大,应根据这一原则来设定速度。

有些产品(如较柔软的产品、水分含量仍较高的后整理产品)的表面摩擦力较小,在高速运行状态,层与层间的产品不容易保持稳定而发生滑移,导致分切断面参差不齐,影响质量,此时就要适当降低速度作业。

当两侧子卷的边料幅宽较少,加上边料子卷在幅宽方向的密度变化很大,越往外侧越小,存在一个向两侧滑移的水平分力。而在分切机压辊的压力作用下,高速状态容易发生侧向滑移,甚至无法成卷,松散、坍塌而影响运行,这时就只能采用较慢的速度。

分切速度越快,产品在运行时带动的气流也越多,当产品的透气能力很低(如薄膜或与薄膜复合的产品)时,如不及时将随产品进入卷绕端布卷的气流排出,会在非织造材料产品和布卷表面形成气垫,影响子卷的密实性和端面平整性。

熔喷法非织造布生产线的运行速度慢、产能较小、产量也不高,因此,其配套的卷绕机分切设备都比较简单,除了生产主流程的卷绕机普遍带有分切功能外,离线的后整理、后加工设备也都带有分切功能,因此,另行配置离线分切机的必要性、迫切性不强。

但随着熔喷法非织造布产业的发展,很多企业会拥有数量众多的生产线,配置一套独立的分切系统,可以处理一些非正常状态生产的产品或临时的分切加工任务,也有助于开展技术创新工作。

为了提高分切机的效率,在大型非织造布生产企业中,可能会独立配置1~2台离线分切设备,还可以与卷绕机组成一个卷绕—储存—分切系统(图2-156),减少了一些中转环节和产品损耗。用于应对各种临时的或突发的分切加工任务。

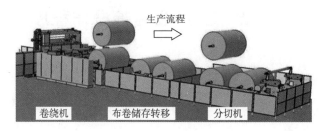

图2-156　卷绕—储存—分切系统

目前,我国制造的分切机技术水平已有长足的进步,产品分切好以后,后续工序的分拣、组合、称重、标签生成、包装、输送、仓库堆垛存放等作业的自动化和智能化趋势更为明显。

第三章　熔喷设备运行操作与作业指导

第一节　生产线运行操作程序

一、生产线开机运行顺序

生产线的开机、停机都要遵循一些基本原则,在确认安全的前提下,严格按以下程序进行:

生产线准备开机生产前,先要启动公用工程设备,其具体流程如下:

供电系统→冷却水系统→制冷设备→压缩空气系统→去离子水制备→蒸汽或燃气供给系统

当生产线需长时间停止运行时,而且主流程的设备已经停止运行后,公用工程要按上述流程的倒序(逆序)进行停机操作,所有公用工程退出运行。而在一般情形下的短时间停机,公用工程设备一般都保持在正常运行状态或仅保持供电系统,冷却水系统和压缩空气系统的运行,而其他系统则退出运行。但必须关注公用工程退出运行后对一些设备的安全性影响,并落实相应的防范措施。

二、公用工程设备准备和操作

(一)供电系统

供电系统的作业要由有资质的人员进行,特别是进行 10kV 高压侧的操作、需要由有资质的人员持特种作业操作证(电工)作业。熔喷法非织造布生产线的纺丝系统中,有多种大功率设备,总耗电量也较大。在生产线初次投入运行时,必须注意生产线的用电负荷和供电系统的负载状态,防止出现超载运行现象。

在确认高压侧已经合闸的情况下,才能进行低压侧合闸操作,其前提是要求低压侧的所有主开关处于空载或处于负荷最轻的状态合闸。合闸供电流程如下:

配电室低压侧总开关→分路开关→车间现场开关→设备电源开关,在合闸前,这些开关应处于断开状态。

停止供电时,分闸、停电则按倒序作业,其原则是使开关处于最轻负荷状态分闸。即从最末端的用电负荷(设备)开始,逐级向供电电源端进行,即按从终端单台用电设备→生产线→车间→配电室分路配电柜→总电源柜的次序进行。

但在大部分情形下,仅需切断单台设备或生产线的电源即可,再往上级开关操作,其影响面将扩大到企业范围。其中有的大电流、重负载设备的倒闸操作要由有资质的人员执行。

开始供电后,要注意检查电源的电压,是否符合 GB/T 12325—2008《电能质量 供电电压偏差》的规定,正常情形下低压侧的三相电压应该在 380V,偏差为标称电压的±7%,220V单相供电电压偏差为标称电压的+7%、−10%。

三相电源的线电压间差异为 2%,短时不得大于 4%。三相电源的相序要符合要求,即负载的运动方向或旋转方向要符合要求。

当企业使用自备电源供电时,一般都是使用柴油发电机组供电,由于与大电网相比较,自备电源的功率较小。因此,系统的频率、电压稳定性会波动较大,对弱电设备会有一定的影响,在运行管理过程要充分注意。首次用电、或运行期间输出线路曾进行维修后恢复用电,务必要核对电源的"相序",保证设备的运动方向没有发生改变。

(二)燃气或蒸汽供给系统

有的熔喷法生产线的空气加热器会使用燃气为能源,及后加工设备,如水驻极系统,会配置有使用燃气、蒸汽能源的空气加热器或干燥设备。在使用城市的公共燃气、蒸汽系统时,一般都要求使用企业要建造一个降压、调压站,使燃气的压力或蒸汽的压力与用气(汽)设备对应。生产线投入运行前,要检查这些能源供给系统的技术状态和运行情况。

(三)冷却水系统

在熔喷法非织造布生产线中,要使用冷却水的设备主要是螺杆挤出机,水冷却空气压缩机等。当纺丝系统配置有冷却风装置时,其水冷压缩机组则是冷却水消耗量最大的设备。

为了节省能源,避免浪费水资源,生产线的冷却水要循环利用,而不能只使用一次(称直流冷却水系统)就作为废水排放掉。冷却水循环系统主要由冷却水塔、冷却水泵和管道组成。

冷却水系统投入运行的流程如下:

开启冷却系统的供水阀向系统充水→管网系统排气→启动冷却水循环泵→启动冷却塔风扇→向用水设备供水

对于大部分冷却水系统,水泵的出水压力一般在 0.3MPa 左右,如果水泵是由变频调速电动机驱动,可调整电动机的速度,将出水压力控制在规定的范围。如果水泵出口安装有阀门,可通过改变阀门的开度来调节出水压力和电动机的负荷。

冷却水的温度与当时的天气(气温及湿度)、负载情况及冷却塔的机型有关,在标准工况、回水(即从设备排出、进入冷却塔的冷却水)温度约37℃,出水温度约32℃。正常运行状态,冷却塔的出水温度一般应比回水温度低5℃左右。

如冷却水系统建造有储水池,要保持储水池有足够的储水量。

当熔喷生产线配套有水驻极设备时,一般也是以自来水为水源,由于冷却水是循环使用的,其中的杂质含量比自来水高,因此不能将冷却水用作去离子水制备系统的水源。

(四)冷却吹风系统

冷却吹风系统并不是熔喷法非织造布生产过程必须配置的系统,一般熔喷系统是没有配置制冷装置的。只有配置了冷却吹风系统的熔喷生产线,才会配置制冷系统。在生产空气过滤材料时,配置冷却吹风装置可以提高产品的质量和产量。

配置在熔喷系统的制冷设备的制冷量都不大,如1600mm幅宽的熔喷纺丝系统,配置的制冷设备制冷量一般在 $4.18×10^5$ kJ(10^5 kcal)左右。冷却吹风系统的设备有制冷压缩机、冷冻水泵、空气处理器、冷冻水箱、管道等。

主要运行流程如下:

冷冻水系统补水→供冷却水→制冷压缩机开机→控制冷冻水出水温度

为了减少系统积垢,提高热交换效率,冷冻水宜用软水或去离子水。启动冷水机组前,要确认冷冻水箱的水位正常,先将冷冻水泵启动,使载冷剂(冷冻水)开始循环,然后启动冷却水系统(冷却水泵、冷却水塔),待两个循环系统正常运行后,再启动制冷压缩机。

目前,纺丝系统一般配置的制冷设备是冷水机组,当冷冻水系统的容量较大时,从当前温度下降至工艺温度所需的时间较长,因此,要提前启动制冷系统运行,使冷冻水降温备用。视系统内的冷冻水总容量的大小,一般情形下,从当前室温下降至设定温度所需的时间约在半个小时以内。

当冷冻水系统有两套设备,并以一用一备方式运行时,仅需启用其中的一套设备,另一套则备用。在标准工况下,一般冷水机组规定冷冻水回水(进如冷冻机的水)温度为12℃,供水(出水)温度为7℃,并在温差小于5℃的状态下运行。

对使用直冷型制冷设备的冷却吹风系统,由于空气的热容量很小,很容易降温,可以不用提前开机运行,与冷却侧吹风机同步开机运行即可。

1. 水冷机组开机步骤

(1)检查机组供电电源电压是否稳定、符合使用标准。

(2)开启冷冻水的进/出水阀门。启动冷冻水循环泵,检查运行电压,电流是否正常,为了降低水泵的启动电流,允许水泵在关闭出水阀的状态启动,待水泵正常运行后才将出水阀开启,改变阀门的开度可以调节电动机的负载电流,开度越小,负载电流越低。

(3)开启冷却水的进/出水阀门。启动冷却水循环泵,检查运行电压、电流是否正常,为了降低水泵的启动电流,允许水泵在完全关闭出水阀的状态下启动,待水泵正常运行后才将出水阀开启,改变阀门的开度可以调节电动机的负载电流,开度越小,负载越低。

(4)检查冷冻水系统的进口/出口压差是否正常,压力稳定;确认冷冻水系统循环正常。

(5)启动机组,待机组稳定运行后,检查机组运行时的电压和负载电流,任何时候的电流不得大于设备铭牌的数值。

(6)参考设备说明书,检查机组的蒸发器、冷凝器的进水/出水温度、冷凝器制冷剂压力。

(7)检查机组运行声音是否正常。

(8)根据冷凝器进水温度,决定是否开启冷却塔。在冷却水水温较低的状态下,冷却水塔的风机不一定运转;在实际气温低于设定冷风温度时,制冷压缩机也不一定运转,但冷却水泵则一定要处于运转状态。

2. 冷水机组(螺杆式)停机步骤

(1)确认机组本次运行时间大于30min,否则短于这个时间就不用停机及进行下述各种操作。

(2)机组正常停机。

(3)待机组完全停止后,再经过5~10min,才能停止冷却水循环泵;如果是长期停机,要关闭冷却水进水/出水阀门。

(4)如果冷却水系统仅供制冷压缩机使用,可关闭冷却水塔风扇。如果冷却水系统还有其他设备在用水,则不要关闭冷却水塔风扇。

(5)经过10~30min后,停止冷冻循环泵;关闭冷冻水进水/出水阀门(正常停机无须关闭阀门)。

(6)冷水机组在冬天停机后,要落实管道,特别是其中的室外管道的各项防冻措施,防止管道在低温环境中损坏。

(五)压缩空气系统

在熔喷法非织造布生产线中,要使用压缩空气的设备主要有:供料系统除尘装置、多组分计量混料装置、网带使用气缸或气囊纠偏的成网机、卷绕机、分切机等。在维护纺丝组件的过程中,也会使用压缩空气。

熔喷系统耗用的压缩空气量不多,一般配置额定排气压力0.7MPa,流量在$1.0 \sim 1.6 \mathrm{m}^3/\mathrm{min}$的螺杆式空气压缩机。

压缩空气系统的启动操作程序如下:

供电→供冷却水(风冷式压缩机无须供水)→储气罐排污→空气净化系统排污→启动压缩机→供气

在开始运行前或在运行过程中,必须定期排放储气罐、汽水分离器、油气分离器及其他空气净化装置内析出的水分或油水混合物。

三、生产线主体设备开机运行程序

(一)纺丝系统投入运行程序

如果生产线有多个同类型的纺丝系统,一般按从上游到下游的次序投入运行,这样的工作量最少,系统间的互相影响最小。上游就是按生产线的物流方向,以开始投料点为最上游,一直到产品形成点为最下游,上游与下游的位置是相对的。

对既有纺粘系统(S)又有熔喷系统(M)的SMS生产线,则要先将所有纺粘系统投入运行后,才能将熔喷系统投入运行;当有两个或多个熔喷系统时,仍要按先上游、后下游的顺序,逐个将熔喷系统投入运行。

熔喷系统投入运行的具体操作流程如下:

纺丝系统在离线状态→送料装置投料→计量、混料系统设定→启动纺丝计量泵→启动螺杆挤出机→熔体过滤器→启动牵伸风机→启动空气加热器→成网机铺底布→成网机启动→抽吸风机启动→纺丝系统在线→DCD调节→冷却风机→卷绕机

启动生产线的设备运转前,按先启动加热系统加热升温,到达设定温度,并经过不少于30min的恒温后,才能启动各台设备的电动机运行。先要启动其中各台单机设备的加热系统升温→单机设备试运行→生产线联动。

为了节省加热、升温的能耗,可以按照所需升温时间的长短,先启动耗时较长设备(如纺丝箱体)加热,然后再启动其他耗时较少的设备加热,使全系统的所有设备最终能基本同步达到工艺所需要的温度。

按设计要求,如果不需要进行纺丝组件的拆卸、更换和安装工作,生产线在两个小时内就能从冷态升温至正常开机生产。

(二)加热系统升温程序

由于各个加热系统的热容量和加热功率不同,从冷态(或室温)加热至工艺设定温度所需的时间是不同的。一般情况下,直接用电加热的熔体制备系统设备,升温所需时间约为2h。

而用导热油加热的系统,升温所需的时间则较长,在4~6h。由于熔喷系统的加热温度较高,而有的设备位置又是变动的,一旦有高温的导热油泄漏,很容易形成火险隐患,因此,熔喷生产线基本不采用导热油加热这种加热方式。

在已运行使用过的生产线熔体制备系统和纺丝箱体中,内部既有熔体残留,而又是可以运转、移动的设备,如螺杆挤出机、熔体过滤器、纺丝泵及内部有大量熔体的纺丝箱、熔体管道等。由于熔体的导热性能很差,在升温过程中,贴近加热装置的那部分固化熔体会最先熔

融,芯部的熔体还要经过一段时间才能受热熔融。否则这部分没有完全熔融的熔体及阻塞管道,引起异常的高压力出现,还会导致纺丝泵出现超载,无法正常运转。

因此,在启动加热系统,使熔体升温并到达设定温度后,还要经过 0.5~1.0h 的恒温时间,使内部熔体彻底熔融后,才能启动设备运行或动作。

在熔喷系统的启动过程中,一般在纺丝箱体的温度高于聚合物原料的熔点以后,牵伸热风系统就要启动升温、吹风,伴随纺丝箱体一起升温。其他空气加热设备(如后整理系统中的干燥设备)一般是不需要提前启动升温的。

一般情形下,只要合上加热电源开关向系统供电,熔体制备系统中的所有设备、管道的加热装置都会同时上电。设定好设备的温度以后,便自动开始进行加热。

(1)由于箱体的升温时间最长,或者需要更换或安装纺丝组件,因此,一般先启动纺丝箱体加热系统,使箱体升温,待内部熔体彻底熔融,并开始有熔体(或单体)流出后再启动(或错开时间)其他上游设备。大部分纺丝箱体可以在两个小时内从冷态升温至正常工作温度。

生产线纺丝箱体所需要的加热升温时间最长,先启动纺丝箱体升温,除了可以使生产线在加热升温方面耗用的时间最少,从而增加生产线的有效运行时间,提高设备利用率外,还可以为残留在熔体制备系统内的熔体、空气受热膨胀后提供泄压通道,避免在升温期间系统内部产生异常的高压力。

(2)启动螺杆挤出机加热升温,确认设备内的熔体已彻底熔融,并确认纺丝系统的所有设备已升温,所有下游设备(主要是纺丝泵)已允许投入运行后,才能按下述程序启动螺杆挤出机低速转动,这段加热升温时间约在两个小时内,就应该有熔体挤出,并建立起正常的压力。

除了可以减少熔体制备系统的整体加热升温时间外,先进行螺杆挤出机的升温操作,还可以在升温期间,为系统内部的熔体、气体体积受热膨胀提供另一个方向的压力泄放通道,避免出现异常的高压,引起熔体喷溅事故。

(3)启动熔体过滤器加热系统,使熔体过滤器升温,当到达设定温度且内部熔体开始熔融、流动后,可以启动熔体过滤器的液压装置,进行切换滤网的作业,将熔体过滤器内部残留的熔体清理干净。这样操作除了可以将那些还没有彻底熔融的固态熔体清理干净外,还可以将系统内的气体排放出来。

(4)启动纺丝泵和熔体管道加热系统,使熔体升温,待内部熔体彻底熔融后,熔体制备系统的所有设备就具备贯通运行的条件。先启动纺丝泵低速转动,但要注意不能让纺丝泵长时间空载运转,然后再启动螺杆挤出机运行。

(5)当从冷态启动已经投入运行使用过的纺丝系统时,尽管已到达设定温度,但内部仍会有残留的熔体没有彻底熔融。因此,必须仍要等待 30min 或更长时间。

(6)牵伸热风系统是一个热惯性很小的系统,其启动升温过程很快,从室温加热至正常生产工艺所需的温度仅需几分钟,因此,无须提前很长时间升温,一般是在纺丝箱体的温度到达聚合物的熔点附近时,才跟随箱体一起升温。

四、开机运行操作要领及注意事项

1. 运行操作要领

(1)生产线从冷态启动时,必须先将冷却水系统启动,使各种需要冷却水冷却的设备,如螺杆挤出机、热轧机(假如配套有)、制冷压缩机、空气压缩机、组件清洗设备等,以及有的牵伸风机、导热油炉等得到充裕的冷却水供应后,才能启用相关设备。

(2)熔体温度未到达熔点以上的设定温度,且没有达到额定的保温时间前,不得启动(而且应该无法启动,因为控制系统应该具有相应的连锁保护功能)螺杆挤出机、纺丝泵运转,熔体过滤器也不要进行换网操作。

如果在温度未到达设定值,特别是在系统内的熔体没有完全熔融前启动设备,有可能发生高压力报警停机,甚至发生扭断螺杆,损坏纺丝泵或损坏纺丝泵传动装置等故障。

(3)如果纺丝组件是采用冷态安装工艺,在没有确认组件的温度已达到设定温度,且经过额定的保温平衡时间前,不得启动纺丝泵运转,否则有可能导致喷丝板损坏。

(4)纺丝泵没有启动运转,不得启动螺杆挤出机,否则螺杆挤出机会发生高压力报警。

(5)不能同时更换过滤器上的两片熔体滤网,否则会引起螺杆挤出机发生高压力报警,同时纺丝泵将会没有熔体输出,使全幅宽无法正常纺丝,而导致停机,并污染成网机网带。

(6)纺丝系统进入在线纺丝位置前,要启动成网机及成网机的抽吸风机运转,否则将出现严重的飞花。

(7)牵伸风机提速前,要先将抽吸风机提速,否则将出现严重的飞花;牵伸风机降速后,才能将抽吸风机降速。

(8)启动熔喷系统的热风设备时,则必须先启动牵伸风机运转后,迅速启动空气加热器运行,两者的启动运行间隔时间要尽量短,避免向纺丝箱体吹冷风。(空气加热器一般与牵伸风机联锁,启动牵伸风机时,空气加热器会同时投入运行)

要停止牵伸风机,纺丝系统此时务必要处于离线状态,必须先将空气加热器退出运行或参照当前箱体的温度降低温度设定值,稍过一两分钟后才停止牵伸风机运转,牵伸风机延时停机的目的,是让空气加热器内部的热量散发、降温。

(9)减小熔喷系统的接收距离(DCD)之前,要先将抽吸风机提速,避免发生飞花。

(10)当熔喷系统处于在线状态纺丝时,牵伸风机与抽吸风机必须一直保持在运行状态,一旦发生牵伸风机突然停机故障,成网机的网带有可能被熔体严重污染。

(11)当熔喷系统的熔体温度已达到正常工艺温度后,必须先启动牵伸气流加热系统,向纺丝组件吹热风,当系统是从冷态启动,热风温度与熔体温度相差较大时,务必控制牵伸风的流量(也就是风机的转速),以尽量缩小热风温度与熔体温度差异为原则,直到到达设定温度后再启动纺丝泵纺丝。

(12)当纺丝箱体处于工作温度时,启动熔喷系统的牵伸风机后,要随之启动空气加热器,不得仅开动牵伸风机吹冷风,否则时间一长,箱体会产生很大的热变形应力,甚至会损毁一些零件,这一点对大幅宽纺丝系统尤为重要。

(13)当牵伸风管与纺丝系统之间不是采用软连接,而是采用固定连接时,移动纺丝平台做离线运动前,要将固定的牵伸风管与纺丝平台上的风管分解开,并用"盲板"将敞开的法兰密封好,再将软管与远端的法兰连接好。

(14)当采用成网机调节 DCD,并做离线运动时,在成网机做离线运动前,要将抽吸风机的吸风管与成网机的抽吸风箱连接分离开。有的小型系统使用很长的柔性抽吸风管道,足以满足离线或 DCD 调节过程的长度变化,可以不用拆解。

一般的熔喷系统的电气控制系统,具有连锁保护功能,在牵伸风机还没有运行(或速度太低)时,加热器是不能上电运行的。正常运行时,牵伸风机的转速,空气加热器的温度都是可以独立调节的。

但在加热器处于加热状态时,对风机的最低转速是有限制的,否则容易引起加热器超温保护动作跳闸,就可能存在吹冷风的危险。在较好的控制系统,能使箱体的温度与热风温度自动保持在预定的差异范围内。

2. 运行过程中不可进行的操作

(1)螺杆挤出机、纺丝泵不允许在空载(没有投料或没有熔体的状态)状态长时间空转,调试状态的空转运行时间不能长于 10min,否则容易导致设备过度磨损。

(2)有的螺杆挤出机不允许长时间处于低于设备说明书规定的速度运行,因为传动系统有可能因转动速度太低而无法得到正常润滑引发事故。

(3)在成网机停机状态,不宜长时间启动抽吸风机运行,否则容易导致局部网带严重堵塞,透气性能变差。

(4)在没有安装网带的状态,抽吸风机不得长时间以额定转速运行,因为在这种状态,风机驱动电动机处于最高负载状态,风机电动机很容易发生超负荷。

(5)纺丝系统运行期间,绝对不可以停止空气加热器的正常运行,否则将导致纺丝组件损坏。

(6)纺丝系统运行期间,绝对不可以停止牵伸风机运转,否则将导致网带被污染而报废。

第二节　熔体制备系统设备安全操作规程

设备安全操作规程是实现安全生产的制度保障,也是保障产品生产过程的作业指导文件。岗位作业人员应接受安全生产教育和培训,掌握本职工作所需的安全生产知识,提高安全生产技能,增强事故预防和应急处理能力。

岗位人员在作业过程中,应严格落实岗位安全责任,遵守相关安全生产规章制度和操作规程,服从管理、正确佩戴和使用劳动防护用品,确保生命、设备和财产的安全。

一、投料安全操作规程

投料岗位的职责是按制度规定的程序、方法,把生产需用的切片原料投放到生产线中使用,由于熔喷生产线很少使用添加剂,即使使用,其用量也较少,一般都是直接人工投放到平台上的多组分计量混料装置的料斗。

(1)投料岗位员工要熟悉生产计划通知单的内容,根据所指定的原料牌号、批次领取原料,并核对现场的原料,并将出现差异的情况及时向当班管理者反映,经确认后才开始投料。

(2)投放色母粒及其他添加剂时,首先要确认对应的料斗编号,其次要核准色母粒的型号、规格及批次。不同牌号、同牌号不同批次的添加剂一般不宜混杂使用。

(3)投料时应根据切片袋的不同封口方式采用相应的开包方法,用缝纫线封口的包装袋要采取拆线方法投料,其他的可直接用刀割开。

有多人在同一岗位作业时,要做好自我防护及避免刀剪等工具误伤他人。

(4)使用起重设备搬运大包装的原料时,只有确认已吊起的物料不会下坠后,才能在料包的一侧解开包装袋下方袋口放料。

(5)人工搬运原料时,要注意搬运姿势,避免弯腰作业,保障腰部安全。要控制在料斗上堆叠的切片原料袋数量,注意保护料斗的格栅,原料应逐包投放。

(6)投料前,要确认包装袋外部、底部无灰尘、泥沙杂物;投料后应注意料斗的切片是否混有连粒、并粒的原料,防止阻塞供料;及时拣出类似袋口缝纫线、扎带,特别是金属物等杂质,并收集好。

(7)正常的PP切片不能含有水分,一旦发现外包装有水迹,应立即将这些切片清除或更换、隔离。若已将含有水分的切片倒入料斗,要迅速进行彻底清理,避免湿料进入系统。要对含超标水分的原料进行标识,以防再被误用。

(8)一般的聚烯烃类原料(如PP、PE等)是不需要进行干燥处理就能直接投入纺丝系统使用的,如果有必要,可将原料投入干燥器,用规定的工艺(干燥温度、时间)进行干燥处理后再投放使用。

（9）对于使用 PET、PA、PLA 等聚合物原料的纺丝系统,这些原料必须经过干燥处理,水分含量符合工艺要求后才能投入纺丝系统使用。

（10）投料时,料斗中的切片原料不能装得太满,以免切片散落地面。而散落在地面上的切片要及时清理干净,防止发生人员滑跌事故。

（11）要及时清理发料系统除尘器内的粉尘,定期检验料斗内的料位检测装置(如缺料传感器)的灵敏度和有效性。

（12）当直接使用吸料管吸料时,必须保证吸料管一直处于插进原料中,而且吸料口一定处于被原料淹没的状态(吸料管上部的进气孔不能堵塞),要及时替换、补充已被吸空的料斗或包装。

（13）采用在料斗底部抽取原料这种方法时,要根据送料情况适当调节补气阀的开度,并注意清理空气过滤网上的异物,防止堵塞。

（14）如果要用人力往钢平台上的纺丝系统直接投料时,搬运物料的重量应量力而行,上、下楼梯时手要握紧栏杆,禁止攀爬护栏,避免高空坠落危险。

当采用升降纺丝平台的方法调节 DCD 及移动纺丝平台离线时,应注意纺丝系统在离线/在线、DCD 调节的不同状态时,固定通道与纺丝平台间通行条件的变化,避免踏空,发生安全事故。

（15）投料岗位员工要知道各种料斗的容量和可供正常生产的使用时间,并按一定时间间隔投料。一旦缺料报警,应立即投料补充。

（16）投料人员要文明操作,取料时要从上至下逐层取用,注意避开在料堆的倒塌方向停留或操作。在用叉车或吊车搬运原料时,现场人员不得在没有避让空间的区域停留,确保安全。

（17）投料人员在操作时不得携带任何金属物品,所用的金属工具必须妥善放置,严防遗落在料斗内,投料人员不得直接站在料斗上投料。

（18）如需要进行核算原、辅料用量时,必须按规定在投料前及在完成本批次产品生产后及时进行称量,或按生产进度称量,计算出实际用量,以便逆向核对,反馈多组分计量装置的工作状况。

（19）投料岗位兼负责用搅拌机混料时,要按搅拌机的操作规程作业,在搅拌机运转期间,不得打开设备的防护装置进行相关的检查或投料工作。

（20）做好交接班工作和耗料记录,对本班剩余且下一班次仍暂不使用的切片或色母粒、添加剂等,必须给予标识,并及时办理退库手续,不得长期堆放在现场。

（21）完成投料工作后,要对料斗进行适当的防护遮盖,预防异物进入原料中。

（22）完成本批(班)次产品的投料工作后,要记录投料的数量;清点空切片包装袋的数量,并将切片袋按规定数量扎捆,写上班别、日期、送到指定地点有序放置;搞好作业现场的清洁卫生,要随时清扫落地切片,并要集中存放标识好,避免误用。

(23)攀爬、进入大型储料罐,或进入放置储料罐的地下室时,要按规定做好安全防护工作,使用安全的照明器材和用品,并需要有人监护、协同,提供支持帮助。

(24)要遵守起重设备安全操作规程,正确使用起重设备和其他辅助搬运设施,确保安全生产。

二、切片干燥系统安全操作规程

1. 大型干燥系统的安全操作规程

切片干燥岗位的职责是按制度规定的程序、方法,管理干燥系统,按要求把湿切片干燥为符合工艺要求的干切片原料。大型干燥系统主要用于对产品含水量有严格要求的PET聚酯类及PA、PLA等聚合物原料加工,用于去除原料中的结合水。

目前,熔喷系统主要是使用PP原料,而一般的PP原料无须干燥即可直接使用,有时为了避免水分对切片原料性能(主要是熔体流动性)的影响,会使用简易型干燥设备将切片进行干燥处理。

(1)运行过程中,要注意监测高位料斗的料位,供料阀门要处于打开状态;要经常检查、清理高位料斗的排气管或除尘滤网,保持排气畅通。

(2)在旋转供料阀运行工作期间,不得使用工具或直接用手清理切片原料中的异物。

(3)各种热风设备的电加热器要与风机连锁,一定要按先启动风机,再启动加热器;或按先关闭加热器,才能停止风机运转的次序操作。

(4)要根据原料的品种和干燥工艺,设定各个流程或设备的温度。

(5)如果配置有筛分粉末或小颗粒碎料的振动筛,要及时清理振动筛筛分出来的粉状料、连粒料或杂物。

(6)要及时清理从除尘器收集、排放出来的粉尘,并按规定放置好。

(7)按规定将已干燥好的切片原料发送到指定的储罐,期间要防止干切片降温返潮。在干燥器出料期间,要注意规避高温切片潜在的灼伤风险。

(8)注意正压脉冲送料系统中各种压力的协调性,并按工艺要求进行设定,每个送料过程结束时,必须将系统内管道存留的原料吹扫干净,保障下一工作循环能顺利进行。

(9)要加强压缩空气管路、净化装置和各种气动装置的检查维护工作,注意检查分子筛除湿装置的空气露点。除湿后的空气露点一般可达到-40℃,当除湿后的空气露点高于干燥工艺的要求(约-30℃),就应考虑更换全部的分子筛。

(10)要加强送料管路连接的密封性检查,防止发生泄漏;加强管路固定装置的维护工作,避免产生振动。

(11)当使用正压输送系统出现喷料现象时,要及时停止系统的运行。

（12）在干燥系统的高位料罐作业时，要注意高空作业安全。

2. 转鼓干燥系统的安全操作规程

转鼓式原料干燥系统是以间歇式运行的，适宜与原料消耗量不大的熔喷系统配套使用。

（1）开机运行前，进行转鼓驱动装置、转鼓加热系统、转鼓抽真空系统技术状态和安全状态确认。

（2）在确认转鼓已处于无法转动的安全状态后，打开转鼓装料口，将腔体内的异物、粉尘清理干净。

（3）加热系统升温，并按工艺要求调整设定加热温度。

（4）按要求装载待干燥的切片原料，每次的装料量要符合设备的装载要求，不得超额装载。

（5）将装料口封盖装回、紧固好，确保封盖有效密封。

（6）在确认现场没有妨碍安全运行的因素后，先启动转鼓低速运行，确认状态正常后，再按工艺要求调整至额定转速。

（7）开启供水阀门后，启动抽真空系统运行，使转鼓内部的真空度符合工艺要求。

（8）当所有设备进入正常运行状态后，再次确认干燥温度，并设定干燥时间。运行过程中，要注意设备的运行状态，并及时排除故障。

（9）当到达设定的干燥时间后，加热系统停机降温，真空泵停机，然后停止转鼓运转，并使其停留在最佳卸料状态。

（10）打开装料口封盖，将干燥好的原料排入预先准备好的储罐，在装罐后要及时将罐口密封，防止干燥好后的切片返潮。

（11）转鼓内的切片原料仍处于高温状态，卸出切片原料时务必要做好劳动保护和防灼伤工作。

（12）将转鼓内的切片原料全部卸干净后，按规定的程序处理停止运行的抽真空系统和加热系统的设备维护工作，并做好现场的5S工作。

3. 简易型干燥系统的安全操作规程

小型原料干燥装置仅是使用热风提供的能量，使切片原料中的水分升温、蒸发，并被热风带走，使含湿量超过工艺要求的原料得到干燥，这种干燥设备结构很简单，仅能去除原料表面的附着水，适用于疏水性原料或添加剂的干燥。

（1）按照说明书的要求装料量，将湿切片装入干燥机内。

（2）根据原料的品种，设定热风温度，启动风机吹热风。

（3）根据原料的含湿量设定干燥处理时间。

（4）到达预定干燥时间后，将符合干燥要求的原料放出使用，注意高温原料潜在的安全风险。

(5)干燥好的原料要使用密封包装并存放好,防止原料在降温过程中回潮。

三、多组分计量混料系统安全操作规程及基本设定过程

多组分计量系统的功能是将原料与各种辅料按规定的比例送入混合料斗,供应给螺杆挤出机,有的混合料斗会带有搅拌装置,将各种原辅料搅拌均匀后才输送到下方的螺杆挤出机。

1. 多组分计量混料系统安全操作规程

(1)对于使用体积式计量的多组分系统,要提前测量聚合物切片和辅料(如色母粒、功能母粒等)的容重等参数,核对领料量(或仓库的存料量),并确认能满足本批产品需要。

(2)按工艺要求计算,并在操作界面上设定各组分的配比(如计量装置转速或运行频率),核对料斗存放的物料是否与组分的编号相对应。

(3)当设定过程中出现计量装置的设定值远小于额定值;或接近、大于额定值的情况时,要更换小一级;或大一级的计量装置(如计量盘、计量螺杆等)。

(4)转换产品时,要将系统清理干净,清除残存的母粒及其他添加物,要及时清理散落在设备周围的物料,防止人员滑跌,发生事故。

(5)定期或及时清理(负压吸料系统)除尘装置内的积尘、及各组分内的粉末状物料、各种滤网。注意清除原料中存在的连粒、并粒,防止物料在系统内结桥、起拱,阻塞供料。

(6)如果多组分计量装置在机旁及总控制台都有操作设定装置,应分工、协调好,并有连锁功能,防止在清理设备时设备突然启动运转,发生安全事故。刚开机或刚完成换料操作时,宜在机旁设定、操作,正常运行时,则主要是在总控制台监控。

(7)运行期间要注意各组分的工作状态是否正常,不同的机型会有不同的运行模式。系统的计量装置一般是以断续(间歇)供料方式运行的。

(8)当某一个组分计量装置的运转时间明显长于常规状态时,要及时检查本组分料斗的存料量或供料系统的运行状态。

(9)当出现缺料故障报警时,要及时检查、排除相应的故障,必要时,可用人工供料的方法维持系统的短期运行,以使获得纺丝系统不停机,进行故障处理工作的时间。

(10)系统运行期间,不能用工具或直接用手处理运动设备的故障,不得把手伸入搅拌器内清理杂物。处理故障时,要关闭设备电源,防止计量装置或搅拌桨突然运转,发生事故。

(11)在计量混料系统上工作时,要注意放置好所用工具,保管好随身携带的物品,防止成为高空坠物掉落地面或进入设备内。

(12)准备转换产品颜色,在预留有余量、确认足以满足本批次剩余产品的生产需求后,可提前清理本组分的容器,将容器清空。

(13)要按规定将清理出的物料或本班次剩余的物料包装、标识、处理好,不得大量堆放

在设备现场。

（14）当产品颜色出现异变时，必须迅速查找原因或通知维修工处理。

（15）攀爬或上、下楼梯，或在高位钢平台工作时，要注意安全，防止发生滑跌或高空坠落事故。

2. 多组分计量装置基本设定过程

体积式多组分计量装置基本是用螺杆进行计量的，设定各组分配比的过程实际就是计算计量螺杆的转速或运行时间，由于计量螺杆是用变频调速电动机驱动，因此，也可以是计算变频器的输出频率。其基本的原理性操作顺序如下：

（1）测定本组分所用物料的容重。

（2）根据生产工艺要求确定本纺丝系统的挤出量。

（3）根据各料斗的供料能力选定料斗。每个多组分计量装置都有一个理论配比设定范围及最大的供料能力，除了供料能力最大的主料斗用来输送聚合物切片原料外，可根据实际需要的供料量选定对应的组分料斗。

（4）根据容重，所需要的投料量，计算与本组分的投料量对应的物料容积。

（5）根据所对应的物料容积和预先测量得到的、计量螺杆对应每一赫兹频率每一分钟时间的体积排量，计算出对应料斗计量螺杆电动机的运行频率 F_i。

（6）根据以上方法，计算出其他各组分计量螺杆电动机的运行频率 F_i，但必须满足 $F_i <$ 最高频率这一关系，实际运行频率宜在 $35 \sim 55\text{Hz}$ 范围内。一般变频器的频率设定值可取至小数点后一位。

当运行频率偏高时，还可以通过换用挤出量更大的计量螺杆，使运行频率降低到正常范围。

（7）验算所有组分的供料能力总和，必须在本纺丝系统挤出量的 $1.2 \sim 1.5$ 倍。如供料能力偏小，各组分的计量螺杆将会长时间连续运行，容易造成供料不足；如偏大则有可能使搅拌料斗的料位产生较大的波动，影响搅拌的均匀度。

（8）根据产品的定量调整配比。各组分的实际运行频率还要根据产品的检测结果进行修正。

产品的颜色还与定量有关，不能用同一加入配比生产定量变化范围很大的产品。用同一加入配比生产定量较大的产品时，产品的颜色会较深。因此，当产品的定量变小时，要增加色母粒的加入量，或适当增加计量螺杆的设定频率；当产品的定量变大时，减少色母粒的加入量，或适当减少计量螺杆的设定频率。

以上计算过程较为麻烦，目前，多组分计量混料系统的智能化程度已逐渐提高，配比的计算过程已转变为系统数据输入工作，已十分简单，仅有以下几个步骤。

（1）按照设备说明书的操作方法，对各种物料的"容重"进行标定。

(2)将原料"容重"数据输入系统。

(3)输入相应组分原料的添加比例。

(4)验算:各组分的添加比例总和要刚好等于100%。

3. 称重式多组分装置作业指导书

称重式多组分计量混料装置的数字化、智能化水平较高,因此,设定过程较为简单,以下为一种常用品牌产品的设定方法。

(1)如果是生产以前已生产过的产品,可按编号或名称选择、调出配方,并确认即可,务必注意当前料斗的原料要与原配方相对应。

(2)如果是生产新产品,调出配方设定画面(图3-1),进行相应的设定,并确认即可。

图3-1 称重式多组分计量混料装置的操作界面

(3)可逐个组分进行编辑、设定,一般编号No.1料斗是用于原料切片,设定范围可在5%~100%,其他组分(编号No.2~No.5)为其他添加剂,其设定比例范围可在0.5%~10%。

(4)所有原料、添加剂的添加比例总和必须刚好等于100%,否则系统会报警,需要重新设定。

(5)系统除了可以"称重"方式运行外,一般还能以"体积"计量方式运行,这时各组分是按进料时间控制配比。这是在称重系统发生故障时的一种备用运行模式,虽然系统在这种状态的计量精度会降低,但仍可以维持系统正常运行。

4. 供料与计量混料装置常见故障与对策(表3-1)

表3-1 供料与计量混料装置常见故障与对策

故障现象	可能原因	排除方法
纺丝系统断料或缺料报警	地面料斗缺料	往地面料斗添加切片原料
	吸料管没有插入原料中	把吸料管插入原料中
	送料管道漏气或堵塞	消除送料管道漏气,清理堵塞
	送料风机故障	检查、修理送料风机
	电气控制系统故障	检查、排除电气系统故障

续表

故障现象	可能原因	排除方法
料斗低料位报警,螺杆挤出机速度不断升高	料斗内已没有原料	添加原料
	抽料管道堵塞或漏气	检查清理管道
	料位传感器故障	检查料位传感器
	排料阀板复位不严密	检查排料阀板动作,清除阀口上粉尘
	时间设定值不当	增加送料时间设定值
	电磁阀故障	检查并排除电磁阀故障
	送料风机故障	检查送料风机
	各组分计量装置(电动机)故障	检查、修复计量装置
混料机故障报警停机	搅拌桶内原料太多	检查搅拌桶内的料位
	搅拌桨叶被异物缠绕	清理缠绕在搅拌桨的异物
	减速机故障	检查减速机
	驱动电动机故障	检查驱动电动机及电路
	环境振动导致称重式系统保护动作	消除振动源或采用避振措施

四、螺杆挤出机的日常管理和安全操作规程

1. 螺杆挤出机日常管理

螺杆挤出机的功能是将混合好的原料加工成合格的聚合物纺丝熔体。在纺丝系统启动运行以后,螺杆挤出机处于自动状态运行,无须人为干预。因此,本岗位的主要工作是对设备的外部进行巡视、管理。

(1)在生产期间,每一班次最少要对螺杆挤出机进行两次巡视、检查。

(2)供料阀在运行期间要处于全开状态,纺丝系统要长时间停止运行时或需要排干净系统内的熔体时,要关闭供料阀,发现进料段的磁性拦截器吸附有金属物品时,要及时清理。

(3)传动装置的传动带张紧度适宜,无打滑现象,无异常声音和振动,传动带及传动带轮无温升过高的现象,技术状态正常。当有传动带失效后,必须一次性更换全组传动带。

(4)减速机温升正常,油位正常,管道、接头、箱体无润滑油泄漏现象。要按规定的周期添加或更换润滑油,在运行状态加油时,要防止有异物掉入减速机内部。

(5)螺杆挤出机的各种配套设施紧固可靠,防护设施完好、正常、有效,禁止在没有防护罩的状态启动螺杆挤出机运行。

(6)螺杆进料段及减速机要有充足的冷却水供应,并得到合理的冷却。

(7)对使用油泵强制润滑的螺杆挤出机,在设备初次投入运行一个月后,就要清理一次

263

过滤器,以后每年最少要清理一次机油冷却器和过滤器的滤芯。

拆卸机油过滤器的步骤如下(图3-2):

①以一字型螺丝刀为工具,插入过滤器密封盖的槽中,将盖子拧松。

②用手把盖子拧下来。

③把滤芯拉出,放在柴油中浸泡清洗。

④把清洗干净的滤芯装回过滤器,复原。

 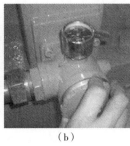 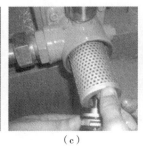 

（a）　　　　　　　　（b）　　　　　　　　（c）　　　　　　　　（d）

图3-2　清洗减速机机油过滤器的操作步骤

(8)禁止在运行状态对有熔体的压力部位进行任何维护工作,出料头及熔体管道,压力传感器接头等位置应无熔体泄漏现象,熔体管道的保温设施完好。

(9)螺杆挤出机和驱动电动机的机座应可靠紧固,防止产生异常振动。当出料头采用导热油加热时,管道和接头不得存在泄漏现象。

(10)当螺杆挤出机的套筒加热系统配置有冷却风机时,风机应以间歇状态运行,应保持吸风排风路径畅通无阻。

(11)要在停电状态检查螺杆挤出机内电线、电缆的连接可靠性,并按规定力矩进行紧固,紧固螺纹部位要涂抹高温防咬合脂。要定期检查电加热器的工作状态,并与螺杆套筒保持良好紧密的接触。

(12)机器及周边环境保持清洁卫生,不放置无关的杂物,要及时清理散落在设备周围及面板上的物料,防止人员滑跌,发生事故。

2. 螺杆挤出机安全操作规程

(1)按生产工艺要求,在控制系统操作面板上设定好螺杆出料口(滤前)及熔体过滤器后的熔体压力值。

(2)按生产工艺要求,在控制面板上设定好螺杆套筒各加热区的温度,螺杆套筒所有加热区的温度设定值,都要比所使用的聚合物熔点更高,但进料段的温度不宜太高,一般比聚合物的熔点高出20~30℃即可,而挤压机出口的温度设定值可接近(或稍低)纺丝箱体的温度,其他加热段的温度可按等差原则设置。

（3）打开套筒进料段冷却水阀门，水量的大小可根据运行工况而定，但不一定要将水量调节阀开到最大状态，使进料段得到适当冷却即可。有的挤出量较小的螺杆挤出机，进料段甚至可能没有配置冷却段。

（4）螺杆挤出机首次投入运行时，为了及时发现及处理故障，减少温度过冲现象，可采取分段设定，逐次逼近的加热方法升温。

先接通加热系统电源，以不大于 50℃/h 的升温速率，将各加热区的温度升至 100℃，然后保温 30min；按每升高 20~50℃、保温 30min 的方法继续升温，直至到达设定工艺温度。

在升温期间，应每间隔一小时左右进行手动盘车，转动螺杆，使螺杆均匀受热，在转动第一次投入使用的新螺杆时，由于没有熔体润滑，允许有轻微的摩擦音。对已投入使用过的机器，则无须按照上述过程操作，可直接按工艺要求设定工作温度升温。

（5）各温度控制区达到设定温度后，要进一步紧固与套筒相连的螺栓（仅在新设备首次运行时才需要），然后以手动操作方法低速启动驱动电动机，并缓慢打开进料阀门，约 5min 后将阀门全部打开。

（6）先启动纺丝泵低速（约为额定转速的 1/10）运转，然后以手动控制方式使螺杆挤出机升速，一旦熔体过滤器后的熔体压力指示值（即控制压力）接近设定值时，就要让螺杆电动机从手动状态进入自动运行状态。

注意：在正常操作时要先将纺丝泵启动，然后才启动螺杆挤出机，再根据控制压力的变化手动提高纺丝泵转速，配合螺杆挤出机的升速操作，到接近控制压力的设定值后，即可转换到自动状态运行。

当控制压力升高时，可提高纺丝泵的转速，使控制压力趋向稳定；然后再提高螺杆转速，使控制压力在新的稳定点继续上升；反复进行上述操作，可使控制压力平稳趋近并到达设定值。如压力升高太快，则可以将螺杆降速，避免螺杆挤出机发生超压保护停机。

（7）正常停机（适用于短时间停机），进料阀仍可保持打开状态，降低纺丝泵的转速，让螺杆挤出机继续运行 2~3min。

（8）停止纺丝泵转动，螺杆挤出机会在自动状态停机。

（9）螺杆挤出机降速停机后，停止加热（不一定需要）。

（10）排料停机（适用于长时间停机），关闭进料阀，降低纺丝泵的转速，让螺杆挤出机继续运行。

（11）在滤后压力开始出现下降趋势时，将螺杆挤出机由"自动"状态运行转为"手动"操作，纺丝泵与螺杆挤出机均以低速状态运行。

（12）不断降低纺丝泵的转速，将系统内存留的熔体全部挤出，直到滤后压力下降为 0，停止纺丝泵转动。

（13）螺杆挤出机降速后停机，关闭螺杆电动机电源、停止加热，随着电源关闭，如果螺杆的进料端冷却水配置有电磁阀,则冷却水供应也随即中断,如果没有电磁阀,就要手动关闭供水阀门。

3. 螺杆挤出机故障与对策

在运行管理工作中,螺杆挤出机常见故障与对策见表3-2。

表3-2　螺杆挤出机常见故障与对策

故障现象	可能原因	排除方法
熔体压力波动过大	切片原料熔融指数不稳定	更换原料
	切片熔融指数偏小,温度偏低	换料、升温、加降温剂
	切片杂质多,堵塞滤网	换料、勤换滤网
	压力控制系统故障	维修压力控制系统
	电动机或传动装置故障	检查、修理电动机传动装置
	回收物料不均衡(注:熔喷系统没有回收)	如有回收,要调整回收量,均衡喂料
	压力传感器的安装位置不当	在靠近过滤器位置安装
温度异常、偏高、偏低、或失控	冷却水量供应不正常	检查原因,调节冷却水流量
	加热区冷却风机故障	修理加热区冷却风机或线路
	加热器故障	检查、更换加热器
	传感器故障	检查、更换温度传感器
	温控系统故障	检修温度控制系统
	电源故障	排查原因,使电源恢复正常
	相邻温区设定值不当	重新设定
转速变化偏大(波动大、偏高)	传动带打滑	张紧或成套更换传动带
	滤网堵塞,滤前压力太大	及时更换熔体过滤器滤网
	进料阻塞	清理螺杆的入口区
	纺丝泵故障	检修纺丝泵
	驱动及控制系统故障	检修控制系统
	回收量变化过大(熔喷系统不回收)	如有回收,要保持喂料均衡
报警(报警、跳停)	螺杆压力太高(原料熔指太小;滤网堵塞后更换不及时;换滤网时以单片滤网运行时间太长)	换原料或提高套筒加热温度
		及时更换熔体过滤器滤网
		缩短换下一张过滤网的间隔
	螺杆缺料(多组分装置缺料、入料口环结、堵塞)	消除原料起拱,检查疏通管道
		检查多组分供料装置
		清理螺杆入料口

故障现象	可能原因	排除方法
报警 (报警、跳停)	负荷过重(升速速率太快、原料流动性差,熔体温度太低,熔体通道堵塞)	合理设计及操作
		更换原料或加降温母粒
		升高加热温度设定值
		延长升温平衡时间
进料量减少或 不进料(环结)	冷却水流量太小	增加阀门开度和冷却水流量
	进料段温度太高	适当降低进料段温度
	螺杆转速太低	提高纺丝泵运行速度
	螺杆出口熔体压力太高	及时更换过滤器过滤元件
	长时间停机没有降温和关闭进料阀门	长时间停机要降温和关闭进料阀门

五、熔体过滤器安全操作规程

熔体过滤器的功能是阻隔、滤除熔体中的杂质。更换熔体过滤器的过滤装置(熔喷系统的过滤装置主要是滤网,只有极少量会用到滤芯)是经常进行的工作,对生产线的正常运行、安全生产都有重要意义。

1. 安全操作规程

(1)更换熔体过滤器过滤装置的工作应由有经验的员工执行,并要正确使用劳动保护用品,如耐高温手套、护目镜、高温工作服等。

(2)正常情况下,熔体过滤器的两个过滤装置是两个通道并联使用的,但短时只使用其中的一个也能满足不停机连续生产的要求。因此,在需要更换滤网时可逐个更换。当新的过滤网重新进入工作位置后,要经过一两分钟升温、待滤前压力开始下降后,便(才)可更换另一个滤网,一般是先更换处于上方位置的滤网。

(3)切换滤芯(网)的依据是熔体过滤器压力降(压差)大小,也就是滤器前(滤前)的压力(或设计允许最大压差值),当滤前压力到达设定值时,就要进行换网操作。熔喷系统的滤前压力值一般会比滤后压力值约高 3MPa(或设定值)。在技术含量稍高的控制系统,会在HM 上有换网信息提示。

(4)启动液压油泵电动机,利用液压油缸将上方柱塞(A)完全推出,用工具将旧滤网移除,清除安装槽内及承压板上残留的熔体,换上新滤网,要注意滤网的安装方向,将目数较小的一侧面朝内放置。清理柱体外圆的积碳后,涂抹一层薄的二硫化钼或高温润滑脂,然后利用液压油缸将柱塞拉回正常工作位置。更换上方滤网时的熔体流通状态如图 3-3 所示。

(5)上方柱塞回复工作位置后,要经过预热、升温至正常工艺所要求的温度后,才会具有足够的"通过能力"。所需的时间约需一分钟,当滤前压力已开始降低,并趋于稳定以后,才

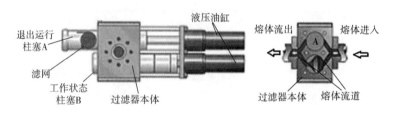

图 3-3　更换上方滤网时的熔体流通状态

可以进行下一步操作。

可用相同的方法更换下方柱塞(编号 B)的滤网。

(6)将柱塞推出时,动作可以分阶段进行。柱塞从工作位置移动至滤网与熔体通道的边界标记这一段,速度不能太快,因为熔体通道的截面从最大突然变为关闭,会引起压力冲击;但当排气槽有熔体流出时,不得停留,可快速推出。在此过程,一定要放下过滤器的防护罩。

边界标记是柱塞表面的排气槽即将与熔体压力系统分离的一个临界位置,继续往外退出,排气槽将完全与熔体系统隔离;推入时则表明排气槽即将与熔体压力系统联通。

(7)将柱塞拉回正常工作位置这个操作很关键,开始可以用较快的速度拉入,到滤网安装槽即将与熔体通道联通时,便开始有少量熔体不断从排气槽溢出,直至溢出的熔体不含气泡后,便可以连续动作,将柱塞拉回正常工作位置。在此过程,要放下过滤器的防护罩。

如有大量熔体从排气槽涌出,要及时将柱塞反向移动少许。

(8)由于上方滤网被推出后,滤网的过滤面积减少了一半,移动速度太快会形成压力冲击,产生一个压力尖峰,容易导致控制系统的超压保护动作,螺杆挤出机跳停,全生产线停机。

作业过程中,也可根据螺杆挤出机的运转音调变化,适当调整操作速度,如将柱塞拉回时出现越来越高的音调,就说明动作速度太快,系统中的熔体会分流到滤网的安装空间,引起滤后压力降低,螺杆要加速运行。

(9)由于过滤器的结构限制,更换下方的滤网时,从过滤器流失的熔体较多,而更换上方滤网流失的熔体较少。因此,更换下方滤网的过程要更细致些。一般情况下,滑板式过滤器流失的熔体很少,因此,更换滤网的操作比柱塞式过滤器更容易些。

(10)使用有多层(最多可达五层)结构的滤网时,要注意辨别滤网的安装方向,熔体应该从表面密度较高(目数较大)的滤网一侧进入,从表面密度较低(目数较小)的一侧排出,这一层滤网主要用于支承核心层滤网。熔体过滤器的过滤网结构和安装方向如图 3-4 所示。

(11)由于过滤器有不同的结构,因此,一定要按熔体的流向来正确安装过滤网,而不宜

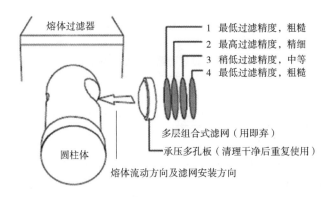

图 3-4　熔体过滤器的过滤网结构和安装方向

凭经验、按习惯决定滤网的安装方向。

(12)当因更换过滤网操作不当,导致生产系统停机时,要及时利用停机的时间将滤网更换好,以便迅速恢复运行。

(13)要平缓地进行更换滤网的操作,避免滤后熔体压力发生大幅度波动,甚至出现失压或超压现象,造成断丝、滴熔体,影响纺丝稳定性。

(14)熔体过滤器的温度设定值与螺杆挤出机的出料头、熔体管道相近或稍低。有的熔体过滤器在换滤网操作侧设置有电加热器,更换滤网的过程时,要注意不要让熔体污染电加热器的导线和接头。运行期间不要清理粘在导线上的熔体。

(15)必须佩戴高温手套和穿着防护服进行换滤网作业,操作者尽可能远离过滤器,身体不得正对柱塞轴线方向,以避开气体或熔体的喷溅方向。除了在取下和放置滤网时外,其他操作过程都要放下防护罩。

(16)要注意换网过程中,从过滤器流淌下来的高温熔体所产生的危险,要防止熔体从平台的缝隙滴落到平台下层造成伤害。

(17)日常要做好液压换网系统的维护工作,消除管道存在的泄漏现象,防止渗漏到下一层设备和污染地面,及时清理和收集渗漏的液压油,定期检查油箱的液位,并保持在要求的高度。

(18)完成更换滤网的工作后,要及时关闭液压系统的电源,处理换下的废滤网,清理过滤器及现场。

(19)为了防止熔体过滤器的高温热量沿着活塞杆传导到液压油缸,影响橡胶(塑料)密封装置的可靠性,有的熔体过滤会在油缸安装板上配置有水冷却机构,要注意其中的冷却水流量,保障冷却装置的有效性。

(20)尚处于高温状态的、带有熔体的废滤网、熔体等不得与可燃物体混放在一起,以免成为火险隐患。

2. 熔体过滤器常见故障与对策

在运行管理工作中,熔体过滤器常见故障与对策见表3-3。

表3-3　熔体过滤器常见故障与对策

故障现象	可能原因	排除方法
低温度报警,熔体压力上升	温度设定值偏低	提高温度设定值
	电加热器损坏,加热功率不足	更换电加热器
	传感器故障,接触不良	检查、更换温度传感器
	对应加热区的熔断器损坏	更换熔断器
	对应加热区的接触器或控温元件损坏	更换接触器或控温原件
	保温失效,热量散失	修理、恢复保温措施,防止热量通过支承机构散失
熔体泄漏	柱塞磨损间隙太大	更换柱塞或压紧密封机构
	熔体黏度太低,温度偏高	降低加热温度,提高熔体黏度
	柱塞停留位置不当	柱塞恢复在正常位置
柱塞运动卡滞、爬行	液压系统缺油	加油至额定油位高度
	液压系统压力偏低	调整液压系统的工作压力
	柱塞表面积碳	清除积碳并加润滑脂
	柱塞表面被"拉毛"烧蚀	修理或更换柱塞
	油缸故障	修理或更换油缸
	熔体管道法兰紧固力太大	调整法兰紧固力,避免机体变形
	电控换向系统故障	检查、修理电气控制系统

六、纺丝泵安全操作规程

一般情况下,纺丝泵在运行时是不需要进行特别管理的。纺丝泵在运行时很平稳,由于有熔体润滑,运转噪声也很低,驱动电动机的温升在正常范围内。泵后(或箱体内熔体)压力稳定,产品的均匀度没有异常变化,是纺丝泵正常运行的表现。

1. 安全操作规程

(1)利用生产线的停机时间,定期对熔体管道、传动装置进行检查、紧固,排除异常情况。

(2)检查传动系统的减速机、万向轴的润滑情况,必要时补充、灌注润滑油脂。要保持安全防护罩的完好、有效。

(3)当传动系统的安全保险销被切断或电动机过载保护动作后,要注意检查故障原因,排除引起过载的因素,并确认已没有机械故障存在后,才可换上合格的新备件,使系统复位运行。自制的保险销一定要按制造商提供的图纸制造。

（4）检查各种传感器、加热器的安装、紧固和连接状态，清理接线盒和变压器上的杂物。

（5）对有轴端密封压盖的机型，如发现传动轴密封位置有熔体漏出，可将压盖适度压紧，以不再有熔体泄漏即可，但不能过分压紧。要在监视电动机负载电流的状态下进行压盖压力调整操作，以免过度压紧导致驱动电动机超负荷跳停。要适时清理从轴封位置漏出的熔体。

（6）对使用流体（空气或水）密封的纺丝泵，要保持流体的正常供给，并调节好流量，避免过度冷却。对使用翅片冷却套密封的纺丝泵，要注意保持冷却套的清洁。

（7）随着纺丝组件使用时间的增长，纺丝泵的出口压力，也就是纺丝箱体的熔体压力会升高，这是导致轴端密封出现异常熔体泄漏的一个原因，发生这种情况时，要及时评审是否要更换纺丝组件。

（8）根据熔体的黏度或流动性设定滤后压力值，滤后压力一般为 $1\sim3$ MPa。如滤前压力稳定，而滤后压力出现波动时，往往是纺丝泵已经磨损的征兆，要及时进行维修或更换。

（9）由于纺丝泵内有熔体残留，是很难分解冷态纺丝泵的。如要进行煅烧处理，一般是整体送入煅烧炉处理，要注意高温会损坏纺丝泵内一些密封件。

（10）备用纺丝泵必须做好防锈处理，必须将备用纺丝泵的熔体通道密封好，避免异物进入泵体内。

（11）纺丝泵的温度设定值可以参照上游的熔体过滤器，或下游的纺丝箱体温度设定，要保持纺丝泵保温装置的完好和有效。

2. 纺丝泵及熔体管道常见故障与对策

在运行管理工作中，纺丝泵及熔体管道常见故障与对策见表3-4。

表3-4　纺丝泵及熔体管道常见故障与对策

故障现象	可能原因	排除方法
加热区显示温度过低	温度设定值偏低	提高温度设定值
	电加热器损坏，加热功率不足	更换电加热器
	传感器故障，接触不良	检查、更换温度传感器
	对应加热区熔断器损坏	更换熔断器
	对应加热区接触器或控温元件损坏	更换接触器或控温元件
加热区显示温度过高，超温报警	传感器故障	更换温度传感器
	控温元件或固态继电器故障	更换控温原件或固态继电器
	受邻近加热区温度影响	检查相邻加热区温度
	供电电压异常或接线错误	检查电源电压与接线

续表

故障现象	可能原因	排除方法
驱动电动机超负荷跳停	纺丝泵损坏	维修或更换纺丝泵
	密封填料太紧	调整填料压紧力
	熔体温度偏低	提高熔体温度
	熔体有杂质	检查熔体过滤器
	传动机构故障或保险装置已损坏	维修传动机构,更换合格的保险装置
	变频器故障	维修或更换变频器
轴端熔体泄漏	机械密封调整不当或失效	调整机械密封
	采用流体冷却密封流量不足	调整、增加冷却流体流量
	纺丝泵出口压力太高	更换纺丝组件
	熔体管道有未熔融的熔体堵塞	提高熔体温度,延长保温平衡时间
	纺丝泵的运行工况与密封装置设计不匹配	检查或重新装配纺丝泵,使密封结构与运行工况匹配

第三节　纺丝牵伸系统设备安全操作规程

一、纺丝箱体安全操作规程

1. 纺丝箱体的日常管理

纺丝箱体是纺丝系统中的重要设备,是均匀分流熔体、安装纺丝组件的基础。通过纺丝组件的作用,使熔体成为熔体细流,并随之被牵伸成为纤维,纺丝箱体及纺丝组件的技术状态对产品质量影响很大。

(1)只有在生产线停止运行状态,才能进行纺丝箱体的维护保养工作。要定期检查纺丝箱体的固定或悬挂机构的可靠性,将箱体上方的积碳和飞花、废丝清理干净,消除火险隐患。

(2)要定期打开纺丝箱体的保温罩,对加热管、传感器、电线电缆接头进行检查、维护;检查牵伸气流分支管道连接的可靠性和密封性,要定期进行密封性检查,防止存在熔体泄漏现象。

(3)在纺丝箱体运行期间,不得对加热系统进行维护作业,特别是不能将温度传感器拔出,以免发生超温,甚至引发火险事故。在使用 PP 原料时,纺丝箱体的初设温度可在聚合物熔点再加 100℃范围,在开机纺丝后,再对各个加热区的温度进行优化调整。

（4）安装纺丝组件前，要将系统内残留的熔体排空，彻底清理箱体与组件的接合面及熔体分流通道中残留的熔体和碳化物，所有螺纹孔要保持完好，否则要使用丝攻（丝锥）进行修整。

（5）纺丝组件及安装纺丝组件用的螺栓都是专用的高强度螺栓。在安装、使用前，要在螺纹部位涂抹一层薄的防胶合剂或高温润滑脂（如二硫化钼）。

（6）要使用专用的纺丝组件运输工具和专用的工具进行组件安装、拆卸作业。

（7）在利用 DCD 调节系统协同进行拆卸或安装纺丝组件作业时，一般要求组件与箱体间或安装车与纺丝组件间预留有 10mm 左右的空隙，就要停止 DCD 系统的运动，防止 DCD 运动将组件安装车压坏。然后用手动调节安装车的方法，使升降车抵紧纺丝组件或使纺丝组件抵紧纺丝箱体。

（8）将组件放置在安装车时，一定要确认纺丝组件已在安装车的支架上可靠定位；而在将组件装在纺丝箱体后，安装车即将撤离前，安装车稍微下降 10mm 左右后，要留在原位观察纺丝组件半分钟左右，确认组件已可靠紧固好以后，安装车才能继续下降，并撤离现场。

（9）可以在室温状态或在预热状态进行组件安装工作，预热安装能节省大量的升温等待时间，视当前的环境温度和操作技术水平，组件的预热温度应比正常纺丝温度高几十摄氏度。

（10）安装纺丝组件时，要使用手动的力矩扳手，按额定的次序、规定的力矩分多次紧固，一般情形下，紧固次数不少于三次，间隔时间在 30～60min，扭紧力矩分别为额定力矩的 60%、80%、100%。

（11）首次将螺栓拧入箱体的螺纹孔时，应能徒手轻松拧入。使用人工顺次拧紧螺栓有利于组件升温和自由膨胀。扭紧螺栓的工作应在中部开始，沿幅宽方向、向两侧及上下游方向对称、交叉进行。

（12）不宜使用电动或气动扳手进行纺丝组件的安装工作，所有螺栓应按规定拧紧。不得使用套管加力的方法增加扭矩，防止螺栓在运行过程中断裂、掉下，损坏设备。

（13）熔喷系统是在"离线"位置进行更换纺丝组件作业的，组件安装好，应将现场清理干净，做好废丝、飞花的收集工作后，便可以按工艺要求设定好纺丝箱体的温度，并为进行开机纺丝试验做准备。

（14）在纺丝箱体的温度到达聚合物原料的熔点后，应及时启动牵伸风系统向组件吹热风，经过额定时间后（在到达工艺温度 30～60min），才能启动纺丝泵以低速纺丝，并进行相应的刮板作业。

（15）进行刮板作业时，务必要做好个人的安全防护工作，合理穿戴、使用合格的防护用品。

（16）刚开始进行刮板作业时，工艺上也要做适应性调整，如纺丝泵、牵伸风机应低速（≤20%额定转速）运行等。应该沿单一方向刮板，使用雾化硅油时，周围不得存在有明火或有火花产生的作业。

（17）应该使用符合安全用电相关规定的移动电动工具和照明设备。

（18）在纺丝泵已能以正常速度运行，全幅宽所有的喷丝孔都能正常纺丝后，便可以进入开机生产程序，开动成网机及抽吸风机低速运行，纺丝系统准备移动到在线位置。

（19）根据不同纺丝工艺，启动冷却侧吹风装置（如配套有时）投入运行。

（20）彻底清理干净现场遗留的所有工具、用品、废丝及垃圾。

2. 纺丝组件的刮板操作

刮板是纺丝系统启动运行阶段及运行过程中经常要进行的操作，其作用是清除纺丝组件内牵伸气流通道（气隙）中的异物，保持气流的均匀性，避免产品出现缺陷。

在运行过程中，如果发现纺丝状态异常或产品出现缺陷，也可以尝试用刮板的方法解决；每当生产线更换了纺丝组件或停机后恢复运行，都需要主动进行刮板。

（1）进行刮板作业时，必须穿戴有效的劳动保护用品，包括保护服、耐高温手套、护目镜等，防止被高温灼伤。

（2）每次更换新的纺丝组件或纺丝系统经过停机、将要恢复正常生产前，必须进行刮板，直至模拟生产状态，包括提高纺丝泵的转速，全幅宽能正常纺丝为止。

（3）在正常生产时，如发现产品出现条状缺陷或目测看到喷丝板的局部喷丝状态出现异常时，就应该进行刮板作业。在大部分情形下，通过刮板能消除这些缺陷。

（4）进行刮板作业时，纺丝系统必须处于离线状态，要降低牵伸风的流量，即牵伸风机降速运行，纺丝泵也要同时降低运行速度，减少熔体的挤出量。

（5）由于设计方面的原因，有的熔喷系统（主要是配置在 SMS 生产线中的熔喷系统）只能在在线位置进行刮板作业。必须做好成网机网带的防护措施，并防止有工具、物件掉落到成网机，进行刮板作业时，必须有专人在现场进行监护。

（6）必须使用由软质金属薄片（如黄铜片、紫铜片）制造的工具进行刮板作业，金属薄片（刮片）要顺着喷丝板的倾斜角度插入气隙内，并注意避让喷丝板尖端的喷丝孔。不得使用钢制的或其他硬质金属材料制造的刮板工具。

（7）刮片要在纺丝组件的气隙内反复、来回铲刮每一气隙的两个侧面，并逐渐增加插入深度；可根据阻力的大小，随时利用刮板将内部的污染物带出。

（8）模拟正常生产时的工艺条件，检查、验证刮板的效果，有时需要进行多次刮板才能消除缺陷。如果缺陷仍无法消除，产品的质量也没有得到改善，就只能停机更换纺丝组件。

3. 纺丝箱体常见故障与对策

在运行管理工作中，纺丝箱体常见故障与对策见表3-5。

表 3-5　纺丝箱体常见故障与对策

故障现象	可能原因	排除方法
加热区显示温度过高,超温报警	传感器故障,显示温度比实际温度高	检查传感器及安装状态,更换传感器
	控制温度的固态继电器失控	更换固态继电器
	受相邻加热区温度影响	检查邻近加热区传感器
加热区显示温度过低	电加热器损坏	检查更换电加热器
	传感器故障,接触不良	检查传感器线路及安装状态,更换传感器
	相对应加热区的熔断器损坏	更换熔断器
	相对应加热区的接触器或控温装置损坏	更换接触器或控温装置
纺丝箱体熔体压力过高,超压报警	压力传感器或变送器故障	更换压力传感器或变送器
	纺丝组件滤网堵塞	更换纺丝组件
	熔体温度偏低	调整熔体温度
	升温平衡时间不足	延长升温平衡时间
	牵伸气流温度偏低	提高牵伸气流温度
纺丝箱体与纺丝组件密封面漏熔体	熔体密封条移位	重新装配纺丝组件
	密封条直径偏小	增大密封条直径
	纺丝组件紧固力矩不足	按规定力矩重新紧固

二、牵伸风系统安全操作规程

牵伸风系统是熔喷纺丝系统的重要组成部分,主要设备包括牵伸风机、空气加热器及相关管道、阀门等。在工艺上,牵伸风系统对纺丝稳定性、产品质量有重大影响,对纺丝系统的安全运行也是至关重要的。

1. 安全操作规程

(1)本岗位的操作人员必须经过培训,熟悉设备的基本性能和工艺要求,并经过考核合格后,才能独立上岗操作。

(2)保持系统中各种设备有良好的技术状态,紧固可靠,润滑良好,防护正常,操控有效,排气出口要安装排气安全阀,要按规定的周期检查安全阀的动作压力。

(3)要注意牵伸风机与空气加热器之间的安全运行连锁关系;牵伸气流温度与纺丝箱熔体温度之间的相互关系,正确操作。绝对禁止在运行过程中向处于高温状态的纺丝箱体吹冷风,避免出现设备损坏事故。

牵伸热风的温度一般应该比熔体温度(或纺丝箱体温度)高 5~10℃,否则就失去对喷丝板加热功能。

（4）在解除安全连锁状态运行时，务必要保证只有在牵伸风机处于运行状态才能启动空气加热器运行。当牵伸风机要退出运行前，必须先将空气加热器停止运行，并经过一分钟或稍长一些时间的吹风降温冷却后，牵伸风机才能停机。

（5）在纺丝系统正常运行期间，绝对不允许仅开动牵伸风机，而空气加热器处于停机状态，因为这等于向高温的纺丝箱体吹冷风，会使纺丝箱体产生危及安全的热应力。

（6）由于牵伸风机的转速及空气加热器的温度上升速率很快，实际温度将很快超越已经提前升温的纺丝箱体。必须严格控制牵伸气流的温度与纺丝箱体的温度差，并不能超过设计值。如温差太大，应降低牵伸气流的温度和流量，确保安全。

（7）在运行过程中，牵伸气流有最小流量限制，即牵伸风机在设定的最低转速状态，必须保证有足够的气流带走空气加热器产生的热量。否则将引起空气加热器超温报警而跳闸，导致生产系统混乱。

如果没有迅速发现及处理空气加热器的跳闸故障，并及时终止牵伸风机运行，在几分钟时间内，牵伸系统就会从向纺丝箱体吹热风的状态转变为吹冷风，会引发严重的设备事故，不可掉以轻心。

（8）当牵伸气流系统在运行期间突发异常情况时，如牵伸风机跳闸停机、空气加热器故障跳闸时，要及时按下急停按钮，终止纺丝泵运行，并使成网机停机。

如果网带应急保护装置未能及时反应，要迅速用一些耐高温材料（如胶合板、硬纸板等）将网带与纺丝箱体（或喷丝板）分隔开。

（9）在检查纺丝组件的出丝状态或进行刮板时，要注意控制牵伸风速，牵伸风机要尽量降速运行，以降低作业难度，保障操作人员的安全。

（10）保持牵伸气流管道、空气加热器、气流分配装置的保温、隔热措施的有效性，减少能量浪费，改善生产环境，避免出现高温伤害。

（11）注意活动的管道或柔性连接，在系统进行 DCD 调节时或作离线运动时的工作状况，避免发生异常牵拉、缠绕，并及时发现、纠正异常现象。

（12）牵伸风机一般为容积式风机，不允许排气出口的阻力太大。如果在牵伸气流系统中安装有阀门，则在运行期间绝对不允许将阀门关闭，否则风机将发生安全阀动作甚至发生超载跳闸事故。

（13）在离线位置纺丝时，要适度控制牵伸气流的流量，做好废丝收集工作，避免飞花污染车间环境。即使在纺丝系统已处于停机状态，也要在喷丝板下方的危险区域设置相应的警戒、防护措施，防止其他人员误入。

（14）要定期检查，并按规定的过滤精度更换牵伸风机入口的空气过滤器，注意容积式牵伸风机安全保护装置的有效性，定期校准安全阀，确认空气加热器超温保护装置的有效性。

（15）注意检查牵伸风机传动系统的技术状态,如传动带张紧度,轴线的平行度、同心度,轴承温升等,按设备说明书要求,定期添加或更换指定牌号的润滑脂、润滑油。

（16）注意确认牵伸风机与空气加热器,牵伸风系统与网带应急保护之间的连锁有效性。要定期进行模拟试验、验证成网机网带应急保护装置动作的有效性,确保安全。

2. 热牵伸风系统常见故障与对策

在运行管理工作中,热牵伸风系统常见故障与对策见表3-6。

表3-6　热牵伸风系统常见故障与对策

故障现象	可能原因	排除方法
牵伸风系统无法加热升温	电源开关没有合上	检查电源,并合上开关
	紧急停止装置没有复位	将紧急停止装置复位
	加热器故障	排查加热器故障
	温度控制系统故障	排查温度控制系统故障
	牵伸风机没有先行启动	按程序先启动牵伸风机
热牵伸风温度显示值过高,超温报警	温度传感器故障	修理或更换传感器
	固态继电器故障	修理或更换固态继电器
	温度控制系统故障	检修温度控制系统
	风机流量太小	提高风机转速或加大风门开度
热牵伸风温度显示值偏低	电加热器损坏	更换电加热器
	传感器或线路故障	检修传感器线路
	固态继电器或调功器故障	更换固态继电器或维修调功器
	温度控制模块故障	检修温度控制模块
	接触器本身故障	更换接触器或断路器
	加热功率偏小,部分电热管损坏	增大加热功率或将备用元件投入使用
	风机流量太大	调整风机流量或减小风门开度
	环境温度偏低	增大加热功率
热牵伸风温度大幅波动	控制系统PID参数设置不当	重新整定PID参数
	温度传感器故障	检修温度传感器和线路
	基本加热组功率与控制加热组功率分配不合理	增大基本组加热功率
	总加热功率偏小	增大总加热功率或更换加热器
	牵伸风机转速波动	检查牵伸风机的变频器或传动装置

续表

故障现象	可能原因	排除方法
风机转速波动,温度不稳定	供电电源电压波动	检查供电电源的电压频率
	牵伸风机故障	检查风机运行情况
	传动装置故障(轴承损坏,联轴器故障或传动带打滑)	检查传动装置的温升、振动、噪声等,并排除异常
	电动机故障	检查电动机运行状态
	控制线路和电源线路故障	检查控制线路和强电线路
	变频器故障	修理或更换变频器
电动机负载电流过大,温升高	风机的流量超过规定值	降低风机转速
	风门开度偏大或运行频率偏高	减小风门开度或降低运行频率
	电动机性能与风机不匹配	合理匹配电动机与风机
	电源电压过低或缺相运行	检查、恢复电源
	变频器电动机参数设置不当	合理设置变频器电动机运行参数
	风机进风侧过滤装置阻力太大	清理或更换吸风侧的空气过滤装置
牵伸风机停机,报警	电动机运行电流过大	电动机过载
	断路器故障	维修或更换断路器
	变频器故障	维修或更换变频器
	供电系统断电或故障	检查供电系统,排除故障

三、熔喷系统冷却侧吹风装置安全操作规程

冷却侧吹风装置是安装于纺丝箱体下方的设备,侧吹风装置是固定设施,没有运动机构,因此,在生产线的各种运行工况下,只有启动及调节制冷风温度和冷却气流流量两种类型的操作。

(1)本岗位的工作人员要参加培训,熟悉基本安全操作要求,具备基本的作业技能。

(2)定期检查冷却风管软连接的可靠性和密封性,当熔喷系统采用升降纺丝箱体的方法调节 DCD 时,冷却侧吹风箱要跟随纺丝箱同步运动,活动接头或伸缩软管在运动时能保持气流畅通和密封。

(3)要根据侧吹风机的运行状态或空气处理器(俗称空调器)过滤装置(滤网或滤袋)的压差显示,及时清理、更换空气处理器内部的过滤装置。

熔喷系统冷却风空气处理器的过滤装置一般为初效过滤器,其初始阻力约 50Pa,如果制造厂家没有给出终阻力指标,当终阻力等于初阻力的 2~4 倍时,就要更换滤网,否则会导致冷却风流量降低,影响冷却效果。

（4）由于不同机型的冷却风喷嘴结构会有较大差异，当进行刮板作业或更换纺丝组件时，要按设备制造商提供的操作方法作业。

（5）及时清理出风口多孔板或防护网上的废丝、污染物，保持吹风嘴防护网的通畅，以免产品表面出现条状缺陷。

（6）定期巡视制冷系统的运行状态，确保制冷压缩机正常运行，及时排除冷却水泵、冷冻水泵的轴端密封泄漏故障。利用停机时间清理空气处理器表冷段内接水盘的积水和杂物。

（7）注意保持冷却风系统中各种低温气流管道、箱体的绝热层、防护层的完好有效，减少冷量耗散，防止凝露产生。

（8）为了避免车间内产生过大的负压，冷却风系统的风源应取自室外的环境空气。在冬天气温较低时，可直接使用环境风，这时不用制冷设备投入运行就能提供满足工艺要求的冷却气流，可以降低运行成本。

（9）要做好室外露天设备、管道及处于低温环境设施的冬季防冻工作，避免管道、冷却水塔及其他设备结冰、冻坏。

（10）除了可以利用制冷气流实现熔喷牵伸气流和纤维的冷却外，还可以用喷水雾的方法实现冷却功能。要注意加压水泵的运行状态，只有纺丝系统已能正常工作后，冷却系统才能投入运行，纺丝系统停止工作或已处于离线状态后，喷雾系统就要停止运行。

（11）注意喷雾喷嘴的工作状态，喷出的冷却水雾必须覆盖从纺丝组件喷出的牵伸气流，要及时调校雾化不良的喷嘴，要注意控制喷雾流量，以免因流量太大影响产品的均匀度或导致产品的含水量超过规定值。

第四节　接收成网系统设备安全操作规程

一、成网机安全操作规程

(一) 成网机安全操作规程

（1）操作人员必须严格按照安全操作规程作业，要定期检查各种安全装置的有效性。成网机是员工频繁靠近作业的一台设备，也是一个事故多发点。因此，应该在人员较多停留、操作的位置，配备停机控制装置（急停按钮）。

（2）成网机的操作人员以及维修人员进入岗位工作前，要清除身上携带的金属物品及容易脱落的硬质物品，维修人员要妥善保管、清点所带工具和物品，以免遗忘、脱落，损坏设备。

（3）在成网机上方工作时，要有可靠的防护措施，操作者身上不得携带有任何可能脱落的物品，使用的工具要有可靠的防跌落措施。

(4)在启动成网机运行前,要确认周边环境没有任何妨碍安全运行的物品,人员已处于安全位置,设备的技术状态正常,安全系统正常、有效。

(5)成网机运行时,网带纠偏装置必须处于自动工作状态,注意检查网带的偏移及复位情况,发现异常时,要及时处理。

(6)根据设备运行情况和产品质量及时调整网带的张紧状态或调节网带的张力,防止张力偏大,影响网带的使用寿命,或由于张力不平衡导致网带固定向一侧偏移。

(7)严禁用手触摸成网机运行中的运动部件,严禁用手推、拉已处于运动状态的网带,以防不测。要注意成网机网带在运行过程的偏移状态,保持纠偏装置动作的灵活性和可靠性。

(8)仅允许岗位人员在成网机后部(上游),并处于低速运行状态清理网带,清理网带时不要使用硬质、锋利的工具,清理时务必小心,防止被卷绕、拖拽、工具脱手,发生人身伤害或损坏网带。当运行速度较快时,不允许进行任何清理工作。

(9)成网机的维修工作只能在停车时进行,不得随意践踏或污损网带;要及时清理缠绕在各种辊筒上的废丝、杂物,保持辊筒表面的清洁;要注意清理传动装置泄漏在成网机机架上的油脂及污垢,避免污染网带。

(10)注意成网机传动系统的维护工作,紧固各种传动装置;当使用带传动时,要及时检查,并使其保持适当的张力;要定期检查润滑状态,使减速机、轴承座、传动装置保持良好的润滑状态。

(11)要经常关注网带纠偏装置的工作状况,当使用气动纠偏装置时,压缩空气管路、接头要保持良好的密封状态,油雾器内要保持有足够的润滑油。

(12)要定期检查网带应急保护装置的有效性,要定期利用生产线停机的时机,人工模拟事故状态,检查应急保护装置的反应灵敏度和动作的有效性。

(13)当使用成网机进行 DCD 调节或离线运动时,必须先行解除与各种固定管道或约束成网机运动的线缆连接,并要定期对运动机构进行清理、检查和做好润滑工作,确认各种限位装置的有效性。

(14)注意各种成网风机的日常管理维护工作,定期检查、紧固各种螺栓;检查传动件(联轴器、传动带)的技术状态,润滑状态。经常关注各种活动连接的可靠性。

(15)用高压水流冲洗聚酯材料网带时,必须严格控制水流的压力不得高于10MPa,而且不得长时间用集束水枪冲洗同一部位;用热风枪清理熔体时,必须由有经验者实施,并严格控制热风的温度不得高于170℃。

(16)要及时检查、调整网带与成网风箱的密封结构,必要时进行调整或修理,及时清理抽吸风箱和管道内的污染物。

(17)要定期或经常检查抽吸风管道上的各种流量控制阀,检查其密封和紧固状态,防止出现松动,甚至脱落,影响抽吸风机的安全。

(18)要经常注意和检查成网机上方空间的各种构件、紧固件、照明设备的状态,排除各种隐患,防止脱落在成网机上,发生安全事故或损坏下游的设备。

(二)成网机网带的清洁、安装及安全操作规程

1. 网带的清洁

网带表面要保持洁净,避免存在污染物和其他容易引起卡丝缺陷的诱因,可用加有洗涤剂的高压水流冲洗网带,但水的压力不宜超过 6MPa,水的温度要控制在≤120℃,水流要全面覆盖网带的所有工作面。清理过程网带要保持在张紧状态,不能用集束水流长时间冲洗特定区域,避免网带发生变形。图 3-5 所示的辅助装置,能使网带处于在有张紧力的状态下进行清洗作业,以免发生变形,且能降低劳动强度。

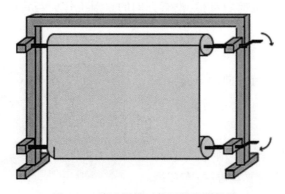

图 3-5 清洗网带时使用的张紧装置

装置上下的两个卷筒都带有手柄,通过手柄可以使网带前进或后退移位,每一个卷筒轴都配置有一个棘轮,防止网带在重力作用下发生移动,可以使网带固定在任意位置,以方便检查和清洗。

网带表面黏附有熔体时,可用专用的可控温热风枪清理这些熔体硬块,这种专用热风枪的温度传感器是装在出风口,通过测量出风口的温度来控制加热功率的,设定温度后,出风温度就能保持在设定值范围内。而普通热风枪的温度传感器一般不是测量出风口温度,很容易发生超温现象。在开始正式的清理工作前,要用一块废的网带验证热风的安全性,确认温度合适,满足安全要求以后才能开始工作。

清理时的热风最高温度与网带的编织材料有关,对于常用的 PET 材质编织网带,要严格控制出风温度在 175℃以下,在清理过程中,热风枪同样也不能对着特定区域长时间喷吹,否则容易引起网带局部变形,甚至损坏。

各种常用网带编织材料的性能见表 2-20。

2. 成网机网带的安装与安全操作规程

成网机使用的网带是一种消耗品,在运行过程中其透气性能会逐渐变差,经过长时间的使用也会发生损坏。因此,要经常进行网带维护及更换网带的工作。

(1)安装新的网带之前,要对成网机及作业场地做彻底的清理,把各种杂物、污染物清理干净,处置好成网机机架上会危及网带安全的尖锐棱边,并在成网机下方的地面铺上干净的非织造布,使网带与地面隔离开。

(2)将网带张紧机构调至最松的状态;将网带纠偏系统的检边机构移离,直至在不妨碍更换网带操作的位置临时固定好。

(3)使用正确的运输、开箱方法,从包装箱取出网带,防止网带受到损伤,清理附件,确认穿绕方向;一般情形下,可在成网机最上游方向的地面放置支架,用于将卷状的网带退出。

(4)网带的编织结构是前后对称,没有方向的。但工作面与背面的结构则是完全不同的,绝对不能混淆。

一般以标注有网带制造商厂标记、牌号、尺寸(宽度×长度)、运行方向的一面为工作面,以后也要参照这一原则,重新安装、更换其他新的网带(图 3-6)。

图 3-6 网带的工作面及运行方向标记

(5)按先穿绕下方"回程"网带的次序,确认卷状网带在支架上的放置方法;在成网机的工作面上选择较为平整的部位作为连接网带的作业点。

(6)在网带的端部接上由制造商提供的三角形牵引段(熔喷系统的网带较短加上国产网带也无此"随货同行"的附件,可免除相关操作,下同),然后在三角形的顶端连接上一条长的塑料绳,并将绳子沿网带正常运行路径穿好。确认好进行网带接头连接的位置(一般是在成网机工作面上有支承的平直段)。

(7)适当分配好人员岗位,分别负责作业过程的指挥;网带退卷;在成网机两侧导引、防护;拖拉、牵引塑料绳等工作。所有在网带面上的人员均不得穿着硬底鞋作业。

(8)确认生产线已断电、停止运行后,在统一的指挥下,沿与正常运行方向相反的方向将网带牵引到成网机,注意排除妨碍网带运动的物件,并使网带始终都处于接近中线的位置,直至将网带的牵引段在预定的接头位置固定好。

(9)拆除网带的三角形牵引段后,将支架上剩余的网带全部退出,沿正常运行方向将这部分网带穿绕在成网机的正常工作面上,并在预定的接头位置与另一端接头对齐、对中穿插好。

(10)按照网带的编织方法,将连接线(图 3-7)穿在已交织在一起的接头环内;如果有必要,可在接头环的空隙内穿入填充线,消除空隙;妥善处理好连接线和填充线的首、尾端后,解除网带的所有约束。

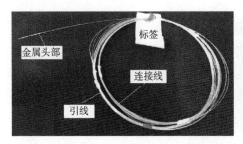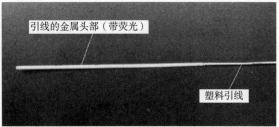

图 3-7　带金属头的塑料连接线

如果有必要,为防止连接线发生滑动,还可以使用快干胶水将连接线的两个端头固定,但会增加下一次拆除网带时清除胶水的工作量。

(11)将现场清理干净,确认无物件遗留后,将网带以 50%张力预张紧,然后将纠偏机构的捻边装置复位,以基速启动成网机低速试运行;观察运行期间网带连接线的形状,调整两侧的张力,使网带的连接线呈与 CD 方向平行的形状。

(12)在确认网带纠偏装置能正常工作后,继续逐步张紧网带、分阶段升速运行半小时左右,最后按 100%张力张紧,按正常工艺速度试运行,可确认网带已具备正常运行条件后便可投入生产。

注:非织造布成网机常用的各种编织工艺制造的网带,其最大许用张力≤300daN/m,一般情形下以能将网带张紧,并正常运行即可,无须一定要按最大许用张力张紧。

(13)如果发现使用中的网带出现透气能力下降、生产过程难以控制,容易出现飞花时,就要把网带拆下进行清洗。必须严格控制水流的压力不得高于 10MPa,而且不得长时间用集束水枪冲洗同一部位。

应该在干净的场所进行网带清洗工作,避免泥沙污染网带。可以用加有洗衣粉之类清洁剂的热水冲洗网带,但绝对不能把网带放入热水中浸泡。

(14)熔喷生产线的纤网是在高温状态喷射到接收装置(网带或辊筒)上的,产品表面容易复制出网带粗糙的纹路。因此,要使用较细经线、纬线编织的,表面较平整的接收网带,在清理网带面上的熔体时要特别小心,避免把网带的经、纬线弄断。

(15)当网带表面有熔体硬块附着时,需由有经验者用热风枪进行清理,要严格控制热风的温度不得高于 170℃,热风枪不得长时间对着一个局部区域喷吹,以免网带发生局部变形。

(三)成网机铺放底布操作方法

底布又称引布、开机布,是用于在生产线启动阶段,承托纺丝系统的纤网,并将其顺利输送到主流程下游方向的设备,直到卷绕机为止。由于在生产线的启动阶段,纤网并没有很好地固结成布,结合力很低,无法承受在设备间传输的张力,特别是在生产线启动期间,各种运行状态还不稳定,铺放底布后此问题即迎刃而解。

在单个熔喷系统生产线,由于工艺流程短,一般可以不用铺放底布,但要在接收成网设备用手剥离熔喷布。而对于多纺丝系统的生产线,由于人员不便靠前作业,一般选用定量为$30g/m^2$左右规格的纺粘布当作底布。

(1)要在成网机上游方向的放布架上,放置好待用的底布布卷。

(2)如果系统是以升降成网机调节DCD,则将成网机下降至适宜作业的高度。

(3)将底布放出,人工牵引至成网机工作面上,然后按照产品的正常运行路径,将底布顺次在各机台上穿绕。

(4)在大型生产线,可启动成网机的抽吸风机低速运行,将底布穿越所有纺丝系统,最终将底布的端部固定在卷绕机的卷绕杆上。

(5)在生产线启动运行后,底布会在卷绕机的牵引下不断放出,铺在成网机面上,在此阶段要注意底布布卷的运行状态。

(6)当纺丝系统已能稳定运行后,便可将底布切断,使生产线进入正常状态运行。

二、转鼓接收设备安全操作规程

转鼓接收设备的机型及接收方式较多,但安全操作规程基本大致相同。

(1)要根据接收方式配置相应的接收辊筒,对于采用单辊筒接收的机型,辊筒内胆的开口必须与纺丝组件喷出的气流及纤维束正对,且开口必须正对纺丝组件。水平接收的机型(气流与地面垂直),开口应向上,并位于纺丝组件的下方;垂直接收的机型(气流与地面平行),开口应正对纺丝组件的气流喷出侧。

(2)纺丝组件的中心线并不一定与辊筒的垂直中线或水平中轴线重合,而要偏向辊筒上游方向一侧,也就是辊筒的中心线处于偏向纺丝系统中线的下游位置。如果辊筒配置有角度调整机构,可以微调辊筒内胆,使辊筒的开口偏向下游(靠近卷绕机)的一侧。

(3)对于采用双辊筒接收的机型,两个辊筒内胆的开口应对称相向,纺丝组件喷出的气流及纤维束的中线应处于两个辊筒中心线连线的中间,气流既可以在两个辊筒外圆的缝隙中通过,也可以根据工艺要求偏向一侧,可以根据工艺要求随机调整。

(4)正确连接辊筒与抽吸风机间的风管,辊筒有单端连接及两端连接两种方式。抽吸风管道的设计不能约束接收装置的DCD调节;如果抽吸风管的长度不足以支持系统的离线运动,当成网机要进行离线/在线运行时,要及时进行拆卸及安装工作。

(5)在生产线运行期间,要保持管道及管道连接的密封性,并要防止柔性管道发生严重变形,增加气流阻力。还要注意运行期间接收转鼓的位置是否被柔性抽吸管拖拽而发生移位。

（6）注意辊筒传动系统的保养维护工作，保持传动带或传动链有合适的张紧度，轴承或传动链条要保持良好的润滑状态。内胆外圆与外圆网内圆之间必须保持一定的间隙，防止相互接触并发生摩擦，发出噪声。

（7）辊筒接收设备一般都带有 DCD 调节装置，要经常清理传动机构上的废丝，并使各种设备保持良好的润滑及防护，一般可使用润滑脂润滑各种开式传动件。要注意 DCD 行程两个终点的限位开关动作的灵活性和可靠性。

（8）非生产运行状态，接收装置要处于离线状态，而正常生产时，只有纺丝系统已能正常稳定纺丝后，才能使接收装置进入在线位置。

（9）要及时清理滴落在辊筒表面的废熔体和废丝，使辊筒表面的多孔网保持畅通无阻的状态。可以用钢丝刷、热风枪清理堵塞在网孔中的熔体，辊筒表面不能存在金属毛刺等缺陷；也可以用高压热水清理辊筒内积聚的单体和短纤维。

（10）已在辊筒表面铺网冷却定型的熔喷布，要手工将其从辊筒表面剥离，并在绕过压辊后，传输到下一工序机台，如后整理设备、驻极设备、卷绕分切机等。

（11）辊筒接收装置一般都配备离线运动功能，可以沿铺设在地面上的轨道运动，在正常运行期间，接收装置与纺丝系统的相对位置要注意保持不变，以免接收装置被抽吸风管牵引，相对位置发生偏移。特别在运行时，如果发生飞花，通过调节纺丝工艺又无法改善，且飞花逐渐增多时，多与这个问题有关。

（12）在接收装置要做离线运动前，一定要清除地面的障碍物，并解除约束接收装置运动的管线，并在接收装置回到在线位置后，将其连接复位。

三、DCD 调节及离线运动安全操作规程

进行 DCD 调节及离线运动是熔喷系统特有的工艺操作。独立熔喷生产线的设计方案较多，但在 SMS 生产线中的熔喷系统，其 DCD 调节以升降纺丝系统（或其中的纺丝箱体）为主，离线运动则都是纺丝平台沿 CD 方向离开成网机，没有更多的选择。

由于具体的操作方式与熔喷系统的总体设计有关，而且存在一定的安全风险，只有授权的熟练员工才具备操作资格。一般独立的熔喷纺丝系统，其 DCD 调节及离线运动大多是利用升降接收成网设备及移动接收成网设备实现的。

（1）熔喷系统钢平台与设备四周的机构、固定设施之间，必须保持有不少于 50mm 的间隙，在 DCD 调节范围内、离线运动行程内，不得有任何障碍物，要经常检查，并及时排除有可能干涉运动的隐患。

（2）在系统进行 DCD 调节或正在做离线运动时，禁止人员在运动设备与静止设施之间工作、跨越；要注意各种活动连接，特别是一些大尺寸管线的工作状况，以确保安全生产。

（3）在调节 DCD 的过程中，操作员不得离开控制装置，要预设好 DCD 调节行程的极限保护，关注行程指示标记的示值，要在系统触发极限开关动作的位置前主动停止操作，不得将极限开关当作正常的停止开关使用。

注：一般纺丝系统的 DCD 调节装置，其驱动电动机的电气控制方式应该是点动（只有用手按压按钮或鼠标，系统才会运动，手一离开就停止运动）。

（4）要定期检查并确认 DCD 调节行程极限开关，各支腿升降机的同步运动保护装置，离线极限开关动作的有效性。严禁在这些保护装置存在故障的状态下做离线运动，特别是进行 DCD 调节。

（5）在纺丝系统进行离线/在线运动时，为了避免与成网机的其他构件（如网带应急保护装置、挡风板等）发生碰撞，一定要采用高位 DCD 离线/在线，或临时将妨碍运动的相关构件移除。

为了保障系统能准确停在在线位置，要在系统碰触导轨上的极限开关前主动停止操作，避免发生过冲后反弹，影响定位精度。

（6）要定期检查、确认 DCD 调节系统各种传动装置，如电动机、减速机、传动轴、联轴器、丝杆升降机等的技术状态符合要求，要及时排除故障隐患，保障设备正常运行。

（7）纺丝系统要在离线位置拆卸或安装纺丝组件时，纺丝箱体应以较小的 DCD 值、较低的重心配合纺丝组件安装车工作，但要防止在进行 DCD 调节时，将 DCD 机构的作用力和纺丝系统的重量施加在组件安装车上。

（8）在具备正常生产条件、接收装置及抽吸风机启动后，纺丝箱体应以较大 DCD 值、高位返回在线位置，期间要将在线移动过程中遗留在成网机或接收装置边缘的纤网清理干净。

（9）注意检查在系统进行 DCD 调节或做离线运动时，各种活动管线、活动支承桥架的状态，排除各种影响正常运动的障碍。当系统恢复至在线状态后，要将已经拆卸或断开的管道、线缆重新连接好，使系统具备正常工作的条件。

第五节　卷绕分切设备安全操作规程

一、卷绕机安全操作规程

卷绕机的机型很多，技术含量有很大差异，操作规程是通用的、原则性的，应根据设备说明书的指引进行作业。卷绕机的动作程序复杂，操作人员必须熟悉本岗位设备的基本性能，经过培训，并经过考核合格后，才能独立上岗操作。

（1）检查和确认机器的技术状态，安全保护装置有效，周边环境符合安全要求。

（2）确认电源供应正常，检查并确认压缩空气的压力符合要求，先供电、后供气，避免压缩空气大量泄漏。

（3）在进行准备工作期间，直至机器开始运转前，横切刀要处于闭锁状态（有的机型设置有横切刀"闭锁"按钮）。将所需的纸筒管、包装物、工具准备好，按规定路线将引布穿绕好，不能在卷绕机运转状态下冒险用手将引布的端部固定在卷绕杆上。

（4）根据生产通知单的内容调整、设定好纵向分切刀的间距。

（5）将要使用的气胀式卷绕杆套入纸管，并充气定位，然后放置到正确位置，其他卷绕杆则放置在备用位置。使用专用索具吊放备用卷绕杆时，要注意避免碰撞正在运行的设备，防止发生跌杆事故。

（6）根据生产任务和产品特点，选择卷绕机的自动换卷方式，如卷长、布卷直径等，并输入相应设定值（一般选卷长）。目前，在熔喷系统使用的卷绕机，一般都是卷长到达时便开始自动换卷。

（7）查看控制面板显示的相关信息（主要是卷绕张力、当前速度、当前卷长等），调整、并确认卷绕机当前状态，合理设定运行速度。

（8）根据产品规格及对布卷的具体要求，根据机器的功能选择张力控制模式（如恒张力、锥度张力、分段张力等）一般选恒张力控制，并设定相应的数值，但在开机前宜取较小的张力。

（9）在进行生产准备或检修设备时，要防止横切刀误动作造成的伤害，要将有关控制装置处于安全状态，或将卷绕机的压缩空气关闭、并排放干净，直至准备开机运行才解除这个安全防护状态。

（10）大部分带有在线分切功能的简易型卷绕分切机，都无法在运行状态同步移动下刀。因此，应在机器停止运转的状态将分切刀（上、下刀）设定好。

高端设备的技术含量高，随时都能调整上下刀的位置，并与卷绕杆上的纸筒管位置对应，但价格会很高。

（11）产品即将下卷时，要将卸卷台推至待用状态，由卸卷设备承接产品，并将产品布卷转移到运输工具上。仅允许操作人员在侧面工作，而禁止在卷绕机的正前方停留。

（12）布卷落卷后，拔除卷绕杆。如由多人作业，要注意协同动作，防止发生被冲撞或卷绕杆脱落事故，做好产品的标识，并根据后续加工要求进行相应的包装，并及时做好记录。

（13）当产品采用离线分切工艺时，可直接使用普通固定型光面卷绕杆收卷产品，只需在卷绕杆上缠上部分正、反向的黏胶带就可使用，而不用套上纸筒管。

产品下卷后，卷绕杆随着母卷流转，一般情形下不允许将布卷放置在地面上，防止发生偏心、变形及污染，无法在下一工序正常使用。

（14）当运行期间发生故障停机，需要更换卷绕杆、重新开机卷绕时，要及时对当前的布卷长度进行复位操作,确保后续产品的卷长满足客户需求。

(15)当机器处于手动状态运行换卷时,必须在发出的指令已完成动作后,才能发出下一步动作的新指令,否则极易损坏设备。

(16)要确保各种安全防护装置的有效性,机器处于运行状态时,特别是处于自动换卷状态时,人员绝对不得进入卷绕机的防护戒备范围。

(17)在卷绕机运行期间,禁止在转动的布卷上从事任何操作,要杜绝直接用手触摸的方法来检查处于转动状态的布卷的质量。

(18)在卷绕机运行期间,不得在现场进行维护保养工作,必须有人监视运行状态,当出现危及人身、设备、财产安全的风险时,应及时按下急停开关,确保安全生产。

(19)在自动换卷过程中,虽然横切断动作失败,但没有发生缠绕设备现象,且后续产品已进入正常卷绕状态,则可以继续运行。如出现缠绕设备或布卷散乱现象,只能停机处理,不得在运行状态涉险处置。

(20)在生产过程中和当产品布卷从设备卸下时,熔喷布都带有很强的静电,除了会使作业人员有轻微的电击感觉外,强烈的静电会吸附邻近的灰尘及杂物,污染产品。因此,要随时保持现场的清洁卫生。

二、分切机安全操作规程

(1)操作人员必须经过培训,考核合格后才能上岗工作,并要严格按照安全生产规程操作。除了与分切机相关的技术外,培训、考核的内容还应包括起重、运输设备的相关知识。

(2)操作人员必须熟悉机器的性能,严格按照设备说明书规定的方法进行生产操作,分切机各部位严禁放置生活用品及其他物品。

(3)必须在机器停止转动、关闭电源后,才能安装或更换分切刀,应合理使用有效的安全防护用品。如果可以在运行期间调整分切刀的位置,要有人在操作台上监护。

(4)主操作员要密切配合其他岗位人员,进行母卷卷绕杆下机及子卷卸卷等动作;进行母卷安装、引布及安装子卷卷绕杆作业。在进行生产准备(如装刀)阶段,要将急停按钮按下,以确保安全。

(5)必须确认人员及设备均处于安全状态后,才能启动分切机。要合理设定机器的加、减速参数(如开始加、减速的时间、卷长等),操作人员和岗位人员要互相沟通、协调工作。运行速度要避开设备的共振区域。

(6)运行期间、分切机的所有安全防护装置务必须处于工作状态。往设备上放置备用卷绕杆时,要避免碰撞正在运行的设备,防止发生备用卷绕杆跌落事故。

(7)根据产品的特点,合理设定退卷张力和卷绕张力,使分切好的子卷产品能自然相互分离。要尽量降低张力对产品结构、性能的负面影响。

（8）在分切机开机运行后，要使安全防护装置（如卷绕端的安全防护栅栏）进入有效防护状态。运行期间禁止在设备的咬入区域作业，人员要避开刀片破碎后残体甩出区域。

（9）运行期间不得用手触摸运动中的产品，禁止在压辊已放下的状态用手触摸子卷。禁止员工在运行期间用手持刀具处置无法自然分离开的子卷。

（10）根据产品的特点，合理设定运行速度。工作期间要注意观察退卷端母卷及子卷的运行状态，当机器发生剧烈的震动时要迅速降速运行；在母卷即将全部退卷尽时，要提前降速、停机。

（11）卸卷时，操作人员应注意规避运动机构的运动轨迹和区域，防止进入危险区域发生机械伤害。分切机必须是在停机状态下卸卷，停机后一定要先按下急停按钮后再进行其他作业。

（12）要在布卷的两端，也可以在外侧进行卸卷操作，将产品（子卷）平稳卸下，要用规定的方法和工具进行卷绕杆的充气、排气及泄压工作。

（13）合理设定、调节分切刀具的刃口角度、吃刀量、倾角、分切压力等运行参数，提高产品的分切质量。及时更换已钝化的刀片，安装、拆卸分切刀时必须穿戴防护手套，但在运行过程中禁止穿戴劳动手套。

（14）吊运大幅宽、大直径的母卷时，要两人协同作业；由滚道滚动到放卷端以后，要确认其布卷在轴向位置基本对称，然后在放卷机构上可靠定位、锁紧。

（15）注意保持边料气动输送装置的效能，及时处置边料断开或出现拥堵堆积的异常状态，保持系统畅通，及时处置好收集的边料。

（16）保持现场的清洁卫生，及时清理干净分切过程产生的布屑或粉末；要在指定地点妥善放置好分切刀具和报废、失效的刀片。

（17）分切机运行期间，现场要保持有人管理设备，遇到危险情况时，或机器发生强烈振动时，应及时采取紧急措施，调整速度或停止机器运转，防止发生事故。

（18）岗位人员要注意产品的分切质量，核对宽度、卷长等指标，并按要求做好标识。

（19）修磨分切刀时，必须按照磨刀工艺调整磨刀机，按工艺要求操作设备。磨削过程要控制进刀量，要使用切削液，防止刀片退火、烧蚀。

（20）保持生产现场的清洁卫生工作，填写好各种记录，做好交接班工作。

（21）遵守起重运输设备的安全操作规程，母卷到达预定位置后，要及时摘除起重索具和吊钩。

第六节 辅助设备安全操作规程与作业指导书

一、静电驻极装置和系统

(一)静电驻极装置

静电驻极装置是生产空气过滤熔喷材料的专用设备,由于涉及高达 $50\sim100kV$ 的高压电源,在生产运行过程中,主要是做好防电击工作。

(1)静电驻极装置的电极所处位置要设置有效的隔离围栏或防护,防止人员进入危险区域或触碰到高电压设备。

(2)设备运行期间,禁止进行任何维护作业,如触碰高压电缆或接近驻极装置的高压电极等。

(3)设备运行期间,要注意控制驻极电压的高低,或适度调整好驻极距离,避免频繁发生电弧放电。

(4)使用线状电极时,如电极线被烧断,要及时停机处置,防止产生大量不良品,并危及产品安全。

(5)进行维修作业前,必须关闭电源,并按安全生产的规定,在电源总开关附近挂上"禁止合闸"等警示牌。关闭电源后不得马上接触原来带电的设备,要等待一段时间,确认系统储存的静电已全部泄放、不存在危险电压后,才能触摸原来带电的设备。

(6)保持接地装置的有效性,并经常检查接地线和接地极的技术状态,降低接地电阻。

(7)停止设备运行时,要先将输出电压降至最低后,再关闭电源。这样可以避免下次使用合上电源开关后,设备突然输出高电压。

(8)长时间不使用驻极设备时,要拔掉电源插头,与电源插座间有明显可见的物理断开。

(9)设备停止运行期间,要及时清理电极上的废丝、杂物,经过长时间使用后,电极会因为电蚀而发生损耗,要经常检查电极的损耗状态,及时更换直径变细或针尖缩短变钝的电极。

(二)水摩擦驻极系统

1. 去离子水制备系统运行管理

去离子水制备系统已经商品化,市面上的机型也很多,但操作管理方法大同小异,应该参照设备制造商提供的作业指导书进行运行管理工作。去离子水设备的处理过程分为两步进行。

第一步是超滤膜分离净化,利用超滤膜分离技术净化水质,移除水中的杂质,可以将水中的胶体、铁锈、悬浮物、泥沙、大分子有机物截留,这过程的净化水送到产水箱存放。其投入运行条件见表3-7,运行原理示意图如图3-8所示。

表3-7　超滤膜分离净化系统投入运行条件

序号	运行条件	极限值
1	最大跨膜压力差(TMP)/MPa	0.20,执行跨膜压力差0.08
2	反洗最大跨膜压力差/MPa	0.15
3	进水的最高压力/MPa	0.30
4	进水的最高温度/℃	38
5	进水的浊度/NTU	≤10
6	进水的pH值	2~13

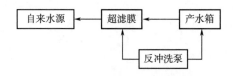

图3-8　超滤膜系统运行原理示意图

在运行中,应始终保持超滤设备内部充满水,每一个班次都要提取水样检查水质。

去离子水设备是在自动状态运行的,不能长时间在手动模式进行生产性制水。正常停机时,仅需关闭电源开关、进水阀和反洗泵进水阀即可。

第二步是将超滤装置输出的原水送入反渗透(R膜)纯水处理系统,原水在经过反渗透膜时,其中的无机盐、重金属离子、有机物、胶体、细菌、病毒被阻截。输出的去离子水就可以用作驻极处理用水。反渗透膜纯水系统投入运行条件见表3-8,运行原理如图3-9所示。

表3-8　反渗透膜纯水系统投入运行条件

序号	运行条件	限值
1	RO膜最高工作压力/MPa	4.14
2	最大进水流量/(m³/h)	17
3	进水的最大SDI	15.5
4	进水的自由氯气浓度/mg/kg	0.10
5	进水的温度/℃	5~45
6	进水的pH值	3~10
7	膜件最大压力降/MPa	0.10

图 3-9 反渗透膜系统运行原理示意图

去离子水设备是在自动状态运行的,不能长时间在手动模式进行生产性制水。正常停机时,仅需关闭电源开关,关闭原水泵进水阀即可。

去离子水设备的出水电导率(图 3-10)要求在 5μS 左右,有的企业使用的电导率值不大于 8μS。电导率越低,驻极处理效果越好,但运行费用就会越高。

图 3-10 去离子水装置的水质显示

2. 放卷装置管理

放卷装置是一台被动放卷设备,是处于离线水驻极系统的最上游位置的设备(也是离线静电驻极系统的最上游设备),利用磁粉离合器控制放卷张力,在安放待加工布卷时,要注意可靠对中、定位、紧固,卷绕杆与磁粉离合器之间应该有可靠的机械连接(齿轮是最常用的传动件),以便传递扭矩和控制放卷张力。

要根据熔喷布的定量规格和系统的运行速度,正确设定放卷张力,由于偏大的牵引张力会改变熔喷布的结构,降低产品的过滤效率,要尽量设定较小的张力值。

3. 水驻极系统管理

水驻极系统是驻极生产线的核心设备,包括高压水泵、分流管道、喷嘴、网带传动装置等。高压水泵要提供流量足够、压力稳定的去离子水;管路及附件要用不锈钢材料制造,避免去离子水在输水过程中被污染;要保持每一个喷嘴有良好的雾化效果,并能无缝覆盖熔喷布的全幅宽范围。

抽吸风机要有足够的负压,使水雾能有效穿透熔喷布,并有效控制水雾的扩散。要注意汽水分离装置的运行状态,防止大量水分进入抽吸风机。

4. 负压脱水系统管理

负压脱水系统是一种节能脱水装置,主要是利用高压风机产生的负压,将经过驻极处理后附着在材料表面的附着水吸走、移除。运行期间,风机的转速要与产品的定量规格及运行(走布)速度相适应,由于气流中含有很多水分,密度会增大,风机的负荷也会随之加重,要关注风机的负荷变化,并及时处置汽水分离装置内的积水。

5. 烘干系统管理

水驻极生产线的干燥设备有多种形式,但都属热风干燥设备,利用热风使水分升温蒸发。目前主流机型是单层网的多段式带冷却段的长烘箱,烘干系统主要包括熔喷布的载体网带及其驱动装置,热风循环系统的风机及加热装置等。

网带的开孔率和透气量不宜太大,以便使熔喷布能获得均匀的承托,保持布面的平整,适当的透气阻力还可以提供均风效果,提高热风的均匀度和产品的性能一致性。

烘干系统的管理包括:网带的运行速度要与下游的卷绕机和上游的驻极装置保持同步,尽量减小产品所承受的张力,注意网带在运行中的偏移状态,并及时进行干预,避免网带剐碰其他设备和构件。

适当设定各加热区的温度,使产品的最终水分含量控制在工艺要求以内,烘干温度一般在100℃左右,在能可靠控制残留水分含量的前提下,尽量使用较低的热风温度,既能减少能量消耗和降低干燥处理成本,还可以使产品保持较好的手感和断裂伸长率。

在烘干系统的出口布置专门的冷却段,可以避免产品在降温过程中返潮,干燥段风机的转速应该与产品的冷却效果关联。如果产品的温度仍较高,就要加大冷却风的流量。

6. 卷绕分切机运行管理

离线水驻极生产线的卷绕分切机是最下游的设备,担负了拖动熔喷布运动这个功能,其运行状态与熔喷布生产线中的卷绕机不同,是速度基准,是处于主动状态运行的工作,其速度与水驻极效果(产品的过滤效率)、干燥效果(产品的水分含量)相关联,最终会影响生产线的产量和经济效益。

如果产品的过滤效率已较高,而产品的水分含量也较低,就可以设定更高一点的运行速度。相对而言,配置在驻极生产线中的卷绕分切设备很简单,其运行管理工作可以参考上一节的内容。

二、纺丝组件安全操作规程

纺丝组件是一种贵重、精密的设备,纺丝组件的维护、使用工作对生产线的正常运行、经济效益都有重大影响。其工作包括:纺丝组件的安装,拆卸,煅烧清洗,分解,超声波清洗,高压水清洗,检查、维修、组装等工作。

从事纺丝组件装、卸、清理、维护工作的人员,要有相应的钳工技能和起重、运输经验,还要有一丝不苟的实干精神。

(1)熟悉本岗位的工作职责,遵守各项规章制度,熟悉工作的程序、操作方法及要求,提高安全意识,努力做好本职工作,实现安全生产。

(2)参加组件维护的人员必须是经过学习、培训的专职员工。

(3)工作期间,有关人员要根据分工,协调作业,科学安排工作,保障工作过程中的人身安全和设备安全。

(4)严格执行起重、运输设备安全操作规程,作业期间要使用专用的吊装索具、工具。在装卸、吊装纺丝组件时,必须做好吊运途经策划及吊装升降现场的清场、警戒工作,防止无关人员进入纺丝箱体下方的危险区域。

(5)严格执行组件的拆卸、清洗、安装工艺,不得随意改变有关工艺参数,如加热温度、加热时间、工作时间节点、扭紧力矩等。如已配合生产运行,尽量以减少生产线的停机时间为原则,提前完成纺丝组件的维护及装配工作,合理选择拆卸或安装纺丝组件的时机等。

(6)合理、正确穿戴及使用劳动保护用品,注意避免高温烫灼,熔体滴落,重物碰撞,不良气体刺激,高压射流,超声波,高电压,腐蚀性液体所造成的伤害,保障人身和设备、环境的安全。

(7)要及时按规定方法处置溅射到身上的腐蚀性液体,如情况严重,要迅速到医疗机构就医。

(8)保持工作现场的清洁卫生,清除所有无关杂物,按规定妥善处置作业过程产生的废弃物品。

(9)保持个人良好的卫生习惯,不要随意触摸组件,所用的劳动保护用品、材料不得存在污染组件的隐患,如手套或擦拭布有纤维、碎屑脱落等。

(10)注意专用工具的使用维护,定期检查各种工具的有效性和安全性,发现异常要及时检查、处理;工具在使用后,要按规定的方法妥善存放。操作时要注意保护周围设备的安全。

(11)保持工作现场的整洁,必须彻底清理在作业时遗落在现场的废弃物品、查明在工作现场散失的工具、金属物件的去向,并即时进行处理。

(12)妥善保管本岗位所用的专用物料,如高强度螺栓、通针(银针)、高温润滑脂、洗涤剂、密封材料等,防止流失或改变用途,并要做好识别标志。

(13)及时清理煅烧炉膛内的铁锈、废熔体;清理预热炉中的灰尘及杂物,保持设备的清洁。

(14)要妥善处置在清洗纺丝组件的过程中,产生的废水、废气,异味,残渣,超声波清洗机中的污垢和积液,要按环境保护要求进行处置。

(15)煅烧炉要配置有废气净化装置,如配置有后燃烧器或高温废气裂解装置(图3-11),

废气、废水要经过处理,符合环境保护要求后才能排放到环境中去。

图 3-11 煅烧炉烟气处理催化加热器

(16)当需要使用三甘醇清洗机时,周围环境不得有明火存在;在作业现场使用气雾剂、柴油或其他可燃挥发性物料时,必须保持现场消防设备的完好、有效,防止发生火灾危险。

注:目前不推荐使用三甘醇清洗机。

(17)在装卸纺丝组件期间,如果操作人员不是本生产线的岗位人员,不得自行启用生产线的纺丝系统或其他设备,工作期间如需生产线、或设备维修部门协调工作,要及时向现场主管领导请示汇报。

三、离心风机运行管理维护

离心式通风机是熔喷系统经常配置的通用设备,主要配置在成网机,冷却风系统,后整理系统,水驻极处理系统中的驻极装置、负压脱水装置及烘干设备上使用。

1. 安全操作规程

(1)离心通风机是一种转动惯量较大的设备,在启动过程中所需的功率,一般都比正常运转功率大很多。离心通风机在风机阀门全闭(风量接近于零)时起动,其功率最小,而在阀门全开(风量最大)时最大。

为了保证电动机的安全,离心通风机启动时,应先把阀门全部关闭。当通风机的转速升到工作转速以后,再将阀门逐渐打开。否则电动机就有启动困难、启动时间长,负荷过大而被烧坏的风险。

在风机的电气控制系统使用软启动器或变频调速技术可避免这种情况出现。

(2)在运行过程中应及时检查风机主轴的轴承和电动机轴承的温度。轴承的温升一般不允许超过 40℃ ,轴承的表面温度不允许超过 70℃ 。在环境温度不高于 40℃ 的情况下,如果轴承温升达到 40℃或轴承表面温度达到 70℃时,这说明风机处于不正常状态,应停机检查。如果继续运行,可能引起事故。

（3）风机运行时如发出异常的声音,应立即停机,检查管道内是否有硬质杂物、叶轮刮碰壳体、系统阻力因故增加引起喘振。

（4）运行中应保证其附近无障碍物,周边要留有足够的检修空间。

（5）确实需要更换风机已经损坏的零件时,要尽量使用原厂的备件,以免影响风机的性能。

（6）风机应在规定的工况区域内运行(参照风机性能曲线),否则,偏离高效运行区不仅会增加电能消耗,效率降低,而且会影响设备的安全。

（7）正常运行期间应定期检查:振动、摩擦、噪声;风机和电动机的轴承温度;润滑脂或润滑油的有效工作情况;V型传动带的张紧度及两传动带轮端面的平行度。

2. 离心式通风机运行常见故障及对策

离心式通风机运行中常见故障及对策见表3-9。

表3-9　风机运行中常见故障及对策

故障现象	可能原因	排除方法
轴承箱振动剧烈	风机蜗壳或集流器与叶轮摩擦	检查修复至规定间隙,消除接触摩擦
	轴承箱底座刚度不够牢固	加强轴承箱底座刚度
	叶轮铆钉松动、叶轮前后盘变形	检查修理叶轮前后盘变形
	叶轮轴套与轴配合松动,两半联轴器的同轴度、端面平行度超差或连接螺栓松动	检查、恢复叶轮轴套与轴的正常配合关系,检查联轴器的同轴度、端面平行度及紧固连接螺栓
	机壳与支架,轴承箱与底座,轴承箱盖与轴承座等连接螺栓松动	全面检查、紧固所有螺栓
	风机的进、出风管安装不良,产生振动	按规范制造、连接、固定风机的进、出风管
	叶轮不平衡	维修或更换合格的叶轮
轴承温升过高	轴承箱剧烈振动	检查原因,消除振动
	润滑剂牌号错误,质量不良或油脂内有杂物,润滑剂过量	选用或更换合格的润滑油脂,按规定油位或剂量添加
	轴承箱盖与底座的连接螺栓拧紧力过大	按规定力矩拧紧轴承箱盖与底座的连接螺栓
	轴与滚动轴承安装歪斜,前后两轴承的轴线偏差过大	重新安装轴承,校正前后轴承的轴线同轴度
	滚动轴承损坏	更换滚动轴承
	轴承箱端盖轴向配合过紧,导致端盖端面与轴承度摩擦发热	按规定力矩拧紧轴承箱螺栓,调整端盖轴向间隙,避免端盖与轴承摩擦发热
	水冷却式轴承座的水流量不足	增加冷却水流量

续表

故障现象	可能原因	排除方法
电动机电流过大启动困难和温升过高	启动时出口管道阀门未关闭	启动时关闭出口管道阀门或采用变频调速
	风机流量超过额定值或风管漏气	调整风机流量,排除风管漏气
	风机输送的气体密度过大或温度太低,导致压力偏高	检查气体密度是否与风机额定工况匹配,或更换风机
	介质温度比风机额定温度低	检查原因,调整工况或更换风机
	电动机输入电压过低或电源单相断电	检查供电电源,排除异常情况
	启动电流与风机电器保护装置匹配不当	重新整定电气控制系统的设定值或更换电气控制装置
	受轴承箱振动剧烈的影响	检查原因,消除轴承箱振动
	受并联风机工作情况恶化或发生故障的影响	调整相并联运行风机的工作点,消除互相干扰和影响
	变频调速装置故障	修理或更换变频调速装置
传动带打滑、皮带跳动	主动、被动带轮的相对位置没有找正,彼此不在同一截面上	重新检查找正传动带轮,彼此不在同一截面上
	两带轮距离较近或传动带过长	增加带轮间的中心距,张紧传动带
	传动带过度松弛,未及时张紧	及时检查并张紧传动带

四、起重运输设备安全操作规程

非织造布企业使用的起重、运输设备主要有:叉车、升降机、行车、液压搬运车、手拉葫芦、千斤顶等通用设备及专用设备,如安装拆卸纺丝组件的升降、搬运车,配属生产线用于装卸布卷、卷绕杆的起重设备、输送滚道、自动分拣设备、物流设备等。

上述各种设备中,有的是受国家劳动安全部门监察管理的设备,这部分设备的购置、建设、运行、维护、检验都要强制执行相关规定;有的则是企业自行管理的设备设施,企业也需要制订相关管理制度,确保安全生产。

(1)企业要加强安全生产的领导、管理,加强安全生产的教育培训工作,提高全员安全生产意识和技能。

(2)行车及起重搬运设备的操作人员或使用人员必须经过专业的培训,经考核合格后才能独立上岗作业,叉车操作人员、专用电梯的司机必须持证上岗,严禁酒后上班、作业。

(3)设备必须保持完好,在设备投入运行使用前的无载荷状态,接通电源,启动各运转机构,检查并确认控制系统和安全装置,均应正常有效,安全、可靠。禁止将设备的限位开关当做停止按钮使用。

(4)要指定专人负责公用起重、搬运设备的日常维护、保养工作,并保持相关记录。禁止超负荷使用各种起吊用具。

（5）必须使用合格的索具、吊具，不得超过各种起重、运输设备所规定的负荷能力作业；不得偏离垂直方向斜拉、斜吊物品；不得吊运情况不明或重量不明的物品。

（6）吊运棱角锋利的物品或高温物品时，要对所使用的索具、吊具或起重、搬运设备进行有效的防护。

（7）吊运物品时，要保持重心平稳，物体的重心必须处于受力点的下方，防止在作业过程中发生翻倾、颠覆事故。

（8）吊运较重物品，特别是接近设备额定负载的物品时，必须先将物体吊离地面300mm，经检查确认安全后，才能继续提升或移动。

（9）在吊运作业过程中，不得频繁改变物体的运动方向，不要使用容易产生冲击、导致重物发生摇摆、晃动的不良操作方法，如连续点动，同时进行两种运动操作（升、降/横移、纵移等）。

（10）在进行吊运作业时，操作人员必须处于能见到被吊物品及其周边环境动态的位置。在能见度受限制时，操作人员必须与指定的现场人员协调、沟通，并听从其指挥。要使用标准、规范的信号、手势传递作业指令。

（11）当吊装（或叉运）的物品上或吊装物体下方有人时，不得进行吊运作业。禁止人员在重物下方停留、穿行，在起吊及移动物品时，要主动避开有人员活动或有贵重物品放置的场所。要注意周围的动态，防止发生碰撞事故，确保安全。

（12）在起重运输设备工作期间，要设置警戒线或设专人负责警戒。对于工作地点固定的专用设备（如机械手、产品分拣、堆叠设备），要在设备动作覆盖范围设置刚性的安全围栏，防止人员误入。安全围栏要与设备安全系统连锁。

（13）吊运刚从过滤器更换出来的熔体过滤器滤芯，或刚拆下来的纺丝组件时，必须选用耐高温的索具、吊具。在作业过程中要佩戴、使用耐高温手套和其他防护用品，要警惕高温熔体的潜在危险。

（14）必须由有经验的熟练工人进行贵重设备（如纺丝组件，热轧机轧辊等）的起重、运输工作，为了防止物品在吊运过程中发生晃动，必要时要安排人员使用绳索控制及定位。

（15）禁止设备带病运行，要加强起重、运输设备的维护、保养工作，保持良好的润滑状态；要经常检查设备的紧固情况，由有资质的人员检查、调整好制动系统。

（16）正常生产期间，以柴油或汽油为燃料的起重运输设备不宜进入生产车间或产品仓库，避免污染产品。禁止利用起重、运输设备进行嬉戏的行为。

（17）有关设备要定期接受国家劳动安全部门的检验，并对存在的问题落实好整改措施，必须保管好设备的各种文档和记录。

（18）在完成作业任务后，行车的吊钩必须升起至离地面 2m 以上的高度，并切断设备的电源。要关闭遥控装置的电源，并按规定放置、保管好行车的遥控器。

（19）要妥善保管好设备附属吊具，行车的起重装置（如电动葫芦）不得在产品布卷存放地点上方或生产线上方长期停留，以免因为设备漏油而发生产品污染事故。

第四章　熔喷系统的生产运行管理

第一节　生产线的基本操作流程

一、开机前的准备工作

岗位人员已足额到位,素质及技能应与岗位要求对应,明确岗位职责和分工,了解生产任务及产品的质量要求。

检查所有关键点及危险区域,排除所有妨碍设备运行、生产安全的因素。做好生产线各部位、设备的清洁工作。

确认各种能源供给系统已在正常运行;检查、确认有关供水、供电系统、压缩空气线路、管路连接无误。开启生产线各部位电源,启动冷却水、压缩空气等公用工程。

确认所有设备技术状态正常、无故障;组件、工具及其他生产用品齐备。

生产过程所需的各种原料、包装材料已准备好,确认各料斗内已投料。

二、开机运行操作程序

1. 纺丝系统及设备状态、操作程序

熔喷纺丝系统处于离线状态,辅助设备投入运行,如冷却水系统、制冷系统、压缩空气系统、去离子水制备系统等已正常运行。

备料→投料→各系统升温→铺放引布(适用于纺丝系统离线的系统)→挤熔体→装组件→纺丝→纺丝系统(或成网机)移动在线→引布(适用于成网机离线的系统)→卷绕机启动→纺丝泵升速→DCD调整→成网机速度调整→取样检验→工艺参数调整→后整理装置投入运行→产品下线

2. 各种工艺参数设定

(1)熔体过滤器的滤后压力:2~3MPa(熔体的流动性好,滤后压力可以较低或根据设计要求,在启动阶段可在这个范围随机设定)。

(2)纺丝泵转速范围:50%~100%。

(3)螺杆挤出机温度设定范围:180~250℃(与聚合物原料的品种有关,相关温度以PP为例,下同。其中的第一区,也就是进料段的温度设定值必须高于聚合物熔点)。

(4)纺丝箱体温度设定范围:250~280℃。

(5)牵伸气流温度 250~280℃,流量(即风机转速)50%。

(6)冷却侧吹风温度 11~18℃,流量(即风机转速)50%。

(7)DCD:处于不妨碍即将进行的在线运动,而且处于稍大位置,可取>200mm。

3. 试生产时生产线中的设备状态

(1)纺丝箱体已装好纺丝组件,熔体过滤器已换好滤网。

(2)成网机(或纺丝系统)从离线移动到在线位置,并完成各种管道相应的连接、铺放好底布后,投入运行。

(3)牵伸风系统(牵伸风机、空气加热器)已投入运行。

(4)冷却侧吹风系统投入运行,冷却侧吹风箱处于正常的工作位置。

(5)卷绕机已安装好卷绕杆,并与底布连接缠绕好,能投入运行。

(6)在卷绕机上收集和处理产品。

三、主要操作过程

(一)各加热系统温度设定

1. 各加热系统的升温顺序

(1)如采用预热安装工艺,纺丝组件要提前 4~8h 放入预热炉预热升温。

(2)按纺丝箱体、螺杆挤出机、熔体过滤器、纺丝泵、熔体管道的顺序接通加热系统电源,先后将各系统升温,温度按正常生产工艺设定。

(3)配置有冷却侧吹风系统的生产线,其冷水机组要提前半个小时启动运行,温度按正常生产工艺设定。

完成温度设定工作后,从加热升温耗用时间最长的设备开始,按如下顺序升温:先启动箱体加热,开始升温;随即启动螺杆挤出机、熔体过滤器约 1h 后,纺丝泵和管道加热、升温。

2. 升温过程中的注意事项

必须按预定的加热曲线逐段升温,一次升温幅度较大时易产生局部超温(温度过冲)、造成过热。升温过程中注意观察温度和压力的变化,有异常情况时要迅速停止加热。

注意观察各加热区的负载电流值,若长时间持续保持在最大电流状态,要断电检查。

在升温和加热过程中,纺丝组件不可吹入冷风。牵伸风机没有启动前,不允许空气加热器独立上电加热(电气控制系统应该会有连锁)。

(二)安装纺丝组件前的排料(熔体挤出)

1. 排料操作方法

(1)开启供料系统。在排料阶段,地面料斗、计量装置的料斗不要加入色母粒及其他添加剂,供料系统随即会根据系统的需要向计量装置供料。

(2)各区温度达到工艺设定值后,打开螺杆挤出机入料口的进料阀。

(3)螺杆挤出机转速控制(或压力控制器)选择手动状态。

(4)先启动纺丝泵慢转,速度可设定为 5r/min。

(5)启动螺杆挤出机,螺杆速度设定为 20%(或更低)。

(6)手动调节螺杆速度,当滤后压力趋近设定压力后,将螺杆转速由手动控制转为自动控制模式。

在此阶段,滤后熔体压力允许在±0.3MPa波动。观察纺丝箱体出口的熔体情况,当排出的熔体分布均匀、透明无杂物时,停止螺杆挤出机和纺丝泵。

使用铜铲清理箱体出口的熔体分流流道内部及与纺丝组件的安装结合面的熔体,清理完成后可喷涂少量硅油。

2. 排料过程中注意事项

排料是在未安装纺丝组件的状态下进行,主要目的是将螺杆挤出机、熔体管道和纺丝箱体内存留的熔体,特别是已经裂解、碳化的熔体排放干净,以利于正常出丝和延长纺丝组件的使用周期。

进行排料操作时,原料中不要添加色母粒及其他功能添加剂,否则除了浪费添加剂外,还会增加开机的难度,并可能缩短喷丝板的使用周期。

新的纺丝系统首次开机时,应先将纺丝泵与熔体管道分离开,不能让熔体进入纺丝泵,而是使排料过程的熔体直接从纺丝泵的入口管道排出,直至确认熔体内已无杂质后,才能将纺丝泵复位重新安装、连接好,利用纺丝泵把熔体送入纺丝箱体。

在排料期间,有的采用板式连接的纺丝泵,可在移除纺丝泵后,安装上由制造商提供的专用排料连接板,将原来纺丝泵的进、出口连接起来,使熔体越过原来纺丝泵的位置,直接进入纺丝箱体后再排出。但一般机型没有这种设计及配置,只能让熔体从过滤器出口管道直接排放出来。

纺丝泵不能在无熔体状态长时间空载运行,因此,在首次排料前,可以将纺丝泵与驱动电动机脱离,让电动机空转(或停止运转),待滤后熔体压力达到一定值时,表示管道内已充满熔体,此时螺杆挤出机和纺丝泵电动机可以停机,然后将纺丝泵与驱动电动机连接好后,使纺丝泵在低速状态运转,通过纺丝箱体进行排料。

在纺丝泵没有运转前,螺杆挤出机要以手动模式控制速度,期间要密切注意各部位熔体压力的变化。

地面人员要远离箱体正下方和周围空间,以免上方管道出现熔体泄漏,滴落时发生安全事故;清理熔体时要戴好高温手套,防止烫伤。

(三)成网机的升降(DCD 调节)机构

在熔喷法纺丝工艺中,经常用改变喷丝板与成网机之间的接收距离(即 DCD)的方法来控制产品的质量。常用的 DCD 调节方法有多种,但其最终目的都是改变喷丝板与接收装置(成网机)之间的相对距离。

在进行 DCD 调节时,纺丝系统的高度(或距离)、成网机的高度(或距离),与下游设备间的高差随时都在变化,因此,在进行 DCD 调节前,要关注纺丝系统或成网机与其他设备之间是否存在约束或限制因素存在。

DCD 调节一般是在运行状态进行的,因此,必须保证各种管线、活动连接能保持正常的能源供应、物流供给、信息传递、流体密封等,并保持对所有设备的有效控制,实现无障碍运动。

由于设备的技术含量不同,设定调节 DCD 的方法也不一样。技术含量低的机型,只能在控制台上进行定性操作,仅是增大 DCD 或是减小 DCD,而且这个过程一直需要操控者保持操作状态。除了观察产品的质量变化外,至于具体的 DCD 是多少,要用尺子在现场量度,或到设备上观察随 DCD 运动的标尺指示值。

而在技术含量较高的纺丝系统,工艺人员可以在控制系统的操作界面上读取当前的 DCD 值,或直接输入所要求的 DCD 值,随后系统就可以自动识别运动方向(增加或减少),运动至所要求的位置,而操控者就不必保持在操作状态,给管理工作带来极大的便利。

此外,这个系统还能提供超行程的软保护,可以在 DCD 的有效行程范围内,随意设定保护范围,为系统增多了一层安全保护,确保运动机构不会出现越限,保证了系统的安全运行。

(四)熔喷系统的离线运动

为了保护网带、并为维修工作提供所需的空间。在纺丝系统的预热升温阶段,纺丝系统试运行阶段,纺丝组件的刮板作业,安装、拆卸纺丝组件,纺丝系统准备停止运行前、后,纺丝系统维护等,都必须在离线位置进行。

离线运动的本质就是使纺丝箱体与接收装置互相分离开,离线方案要与纺丝系统的DCD 调节方式相结合。

1. 离线运动的驱动方案

小型设备可以应用人力推动离线,而较为大型的纺丝系统,离线运动都要采用电力驱动。主流的离线方式是用轨道面上的支承轮直接驱动,纺丝平台的支承轮既是承重轮,也是驱动轮,但仅需利用其中的两个承重轮作为主动的驱动轮,其他承重轮可自由转动。

由于离线运动的行程较长,牵涉到的设备,电线、电缆,管道(如原料供应管道、冷却水管道、压缩空气管道等)多,特别是有的电力电缆截面很大,牵伸气流管道的通径很大,其移动、弯曲都不容易。因此,在离线过程中,要关注这些管线的状态,避免受到强力牵拉或刮碰相邻的设备构件。

2. 离线运动的注意事项

在离线运动的过程中,要关注各种活动管线的运动状态,或解除与相关设备、管线的连接,确保系统能在不发生干涉、刮碰、约束的情形下正常工作。对于一些已经敞开的管道接口,一定要做好防护,防止有异物进入。

由于离线后现场设备的相对位置发生了变化,发生事故的风险增大,对于一些容易发生挤夹、碾压、碰撞、坠落事故的部位,必须设置可靠的警示和防护。这就要求在进行系统设计时,必须在这些部位配置有相应的硬件配置和连锁关系。

第二节　纺丝组件的安装与运行

一、安装纺丝组件

1. 纺丝组件安装程序

(1)完成排料、纺丝泵停机后,箱体适当降温至熔点以下(技术熟练的情况下可不降温),螺杆挤出机也随之自动停机,将纺丝箱体安装纺丝组件的接合面清理干净。

(2)将组装好的纺丝组件放到换板小车上,并搬运至纺丝箱体的正下方。

(3)利用安装车的升降功能、并与系统的 DCD 调节相配合,将纺丝组件顶入箱体内。

(4)调整纺丝组件位置,使纺丝组件的定位销准确进入定位销孔,如纺丝组件没有定位销,则要按间隙均匀、位置对称的原则在箱体上的组件安装面放置好。

(5)从中间位置开始(图 4-1),将涂抹了抗咬合脂(类似二硫化钼高温脂)的螺栓,用内六角扳手拧入箱体的螺孔内,稍微拧紧即可,此时两端仍会有很多螺栓无法拧入螺孔,要等待组件受热膨胀后再拧入。如果没有专用的高温抗咬合脂,可选用 3# 高温二硫化钼锂基脂。

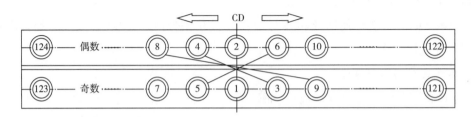

图 4-1　纺丝组件紧固螺栓拧紧顺序

(6)全部螺栓拧入后,要及时将箱体的温度恢复到工艺设定值,使用扭矩扳手按顺序进行热紧固。紧固过程从中部开始,分别按左右对称,交叉进行。

(7)热紧力矩和时间间隔(12.9 级,M16 螺栓):第一次热紧固力矩:80N·m;第二次热紧固(在第一次热紧固后 1h)力矩:120N·m;第三次热紧固(第二次热紧固后 0.5~1h)力矩:150N·m,进行三次热紧固后,纺丝组件的热紧固工作完成,可准备开机。

2. 安装纺丝组件过程中的注意事项

(1)纺丝组件放入换板小车时,避免损伤板面,直接支承纺丝组件的接触面应用软质耐高温材料制造。

(2)初次将螺栓拧入箱体的螺纹孔时不可过分用力,对于一些尚不能徒手拧入的螺栓,不得用工具强行拧入。待组件受热膨胀,螺栓与螺纹孔的中线对正后便可拧入。

(3)如纺丝组件配置有定位销,要确保定位销能进入定位销孔;如纺丝组件没配置定位销,则应使组件外形轮廓与纺丝箱体尽可能保持对称,间隙保持一致。

(4)箱体与组件间的温度差决定了两次热紧固的时间间隔,温差越大,等待升温的时间就越长,只有组件温度与箱体平衡、组件温度稳定以后,其热膨胀变形才稳定下来,因此,采用预热安装工艺可以大幅度节省这些时间。

(5)如果纺丝组件原来配置有各种传感器或安全防护装置,在纺丝组件已正确就位后,就要把相关传感器按要求安装连接好。

(6)完成组件安装工作后,所用的各种装备、工具要及时撤离,做好现场清理和清洁工作。

(7)完成纺丝组件全部热紧固后,将废丝收集车置于纺丝组件下方,做好开机纺丝准备。

二、离线升温、纺丝

(1)成网机或纺丝系统继续位于离线位置。

(2)各加热系统到达额定温度(如250℃),并经0.5~1h的平衡后,计量混料系统投料,纺丝泵,螺杆挤出机随即启动,开始以30%左右的速度挤熔体。

(3)在加热升温过程中,当熔体加热系统的温度高于熔点后,纺丝泵启动前,可启动牵伸热气流以低速(~30%额定速度)同步投入运行,纺丝泵启动后,约以额定值30%~50%的速度低速纺丝,但应保持系统能连续正常纺丝。

(4)调整(一般是降低)牵伸气流速度,顺着组件气隙的斜角,用薄铜片进行刮板,清理纺丝组件两侧气隙。

(5)纺丝期间,注意控制牵伸风机转速,以免气流太大,产生大量飞花,污染环境。

(6)在现场放置收集废丝的容器。

三、开机运行

在纺丝组件进行第二次热紧固前,将螺杆、管道温度设定到正常生产工艺设定值,开始加热。开机前螺杆和管道温度要在工艺温度下保温0.5h。

启动牵伸风机、空气加热器的同时开始加热，转速 500r/min，风机的转速不宜低于 500r/min，以免空气加热器超温报警，甚至烧坏加热器，热风温度到达工艺值后，再顺次开启纺丝泵和螺杆挤出机。

当有熔体或纤维从喷丝板喷出后，提高纺丝泵和牵伸风机转速，检查全幅宽方向能否均匀喷丝。在全幅宽可以正常喷丝后，降低牵伸风机转速至 500r/min，纺丝泵转速降至 5r/min，以减少在线过程中的牵伸风流量和熔体挤出量。

如成网机两侧有气流挡板，并妨碍系统的在线运动，要及时将这部分挡板拆除，在系统可以正常纺丝后装回原位，做好系统移动在线的准备。

启动成网机和抽吸风机后，将成网机或纺丝系统移动到在线位置。

注：在一些 SMS 生产线中的熔喷系统，可以在离线位置生产熔喷布，牵伸风机应同时开启。

调整 DCD 值，提高纺丝泵转速和各风机的转速至工艺要求值。

（1）将成网机（或纺丝系统）DCD 调整至最大（或较大）状态，移动到在线位置，并以基速启动成网机网带。

（2）启动成网机的抽吸风机（及逸流风机），其速度以能控制没有飞花或产生量最少为宜，并在启动过程中根据产品的定量，牵伸风的流量作适配性调整。

（3）如没有铺放引布，此时可在成网机的纤网输出端，用手将熔喷布从网带面上剥离，并导引至卷绕机，与卷绕杆连接好后，启动卷绕机，冷却侧吹风装置以低速（额定转速的 30% 左右）投入运行。

（4）纺丝泵升速，调整 DCD 值，调整成网机速度，调整主抽吸风速和上、下游逸流风速；根据喷出的气流形态，调整纺丝箱体上、下游两侧的牵伸风速和温度，使气流呈一小束从喷丝板对称喷出。

在调节 DCD 值时，有冷却侧吹风装置的熔喷系统与没有冷却风系统的最小 DCD 值是不同的，后者的 DCD 值会比较小。

注：当熔喷系统的管线不能保障系统在在线过程中正常工作时，则必须进行相应的管线拆卸及连接工作，网带防护装置的就位及撤离工作，然后才能投入生产运行。

第三节 产品生产与运行过程管理

一、产品生产

1. 生产产品前的准备工作

（1）按工艺要求设定纺丝泵的转速及成网机的速度后，取样检验熔喷布的定量规格

（g/m²）。

（2）根据检测结果，调整相关工艺参数，再次取样确认。

（3）在卷绕机上放置备用卷绕杆（轴），按要求设定卷绕机的卷长，使在停机时已经设定好的分切刀进入工作状态，调整好卷绕张力。

（4）当纺丝系统可以正常运行，取样产品符合生产要求后，启动换卷程序，将启动阶段收集的产品下线，换上正式使用的、安装有纸筒管的卷绕杆。

（5）卷长到达后产品下线，计量、检测、包装，产品入库。

2. 启动运行的过程

生产线的开机操作包括从冷态启动至生产产品的全过程，或从临时停机状态恢复到产品生产的过程。

前者包括生产过程的全部操作，即从开机准备（如准备纺丝组件）、系统预热、升温开始、装纺丝组件、投料，一直到所有设备具备正常运行条件，可全线联动运行、生产出合格产品为止。

生产线纺丝系统的正常开机操作包括以下几个步骤：

（1）原料准备及投料，相关的设备包括：原料输送系统、干燥系统、多组分计量混料系统。

（2）纺丝系统从冷态加热升温，相关的设备主要有：螺杆挤出机、熔体过滤器、纺丝泵、纺丝箱体和熔体管道等。

（3）熔体制备系统所有设备到达温度设定值后，螺杆挤出机和纺丝泵启动。

一般是先用手动方法将纺丝泵和螺杆挤出机启动，并低速运行，反复、交替用提高螺杆速度和纺丝泵速度的方法，使滤后熔体压力建立并趋于稳定。然后再平稳升高，在接近设定的压力控制值后，便可以使系统的控制方式从手动转换为自动状态运行。

（4）由于纺丝系统从冷态升温所需的时间最长，约2~4h，故生产线的开机操作是从纺丝系统升温开始的，当温度到达并经过一定时间（0.5~1h）的热平衡后，可根据纺丝系统的特点进行相应的产品生产操作。

熔喷系统的升温过程应在离线位置进行。在升温过程中，按安全操作规程指引，启动牵伸风装置同步运行。

在温度到达工艺设定值后，系统以较大的DCD状态开始低速纺丝，处理出丝异常的部位，清理气隙、刮板面，收集废丝。

启动成网机、成网风机和卷绕机，纺丝系统移动至在线位置；（或将成网机移至在线位置，将管线连接好后，启动成网风机）。

如熔喷系统配置有冷却风装置，应及时启动、投入运行。

当熔喷布（或纤网）进入卷绕机后，剪断底布。如没有使用底布，则可直接将纤网从成网机上剥离，按规定路径牵引，并按规定路径穿绕到卷绕机上，然后启动卷绕机运行，调整工艺参数生产产品。

二、生产线停机

按停止运行时间的长短来分,生产线有短时间中断生产的临时停机和终止生产的长时间停机两类;从引起停机的原因来分,有因工艺要求的临时停机和由于安全原因的紧急停机两种。因此,停机的方法及恢复生产运行的方法也是不同的。

(一)正常停机方法

当生产线完成了生产任务后,便可终止生产,进入长时间停机状态,在这种情形下,一般要将系统中的熔体全部排干净,然后切断加热系统的电源。

熔喷系统(包括 SMS 生产线中的熔喷系统)进入停机程序时,先将纺丝泵速度降低,但仍能保持正常纺丝的状态,然后增大 DCD,使纺丝系统进入离线状态,然后根据实际需要进行以下相应操作。

1. 系统离线

进入停机运行模式后,熔喷系统进入离线状态,并做好废丝收集工作。

2. 停止进料

若熔喷系统要终止生产运行,要将螺杆挤出机的进料口阀门关闭,停止原料继续进入螺杆挤出机,然后将纺丝泵速度降低至 5r/min 以下。

3. 螺杆挤出机和纺丝泵停机

先以自动运行的模式,将系统内的熔体排放出来;在滤前熔体压力开始下降后转换为手动的方式操作,将全部熔体排放干净。关闭螺杆挤出机,终止纺丝泵的运转。然后切断加热系统电源、降温停机。

使用这种方法停机时,残留在系统内的熔体会发生降解(变黄)或炭化,容易堵塞喷丝孔。因此,在经历长时间停机后,有可能需要更换纺丝组件后才能恢复正常生产。

如果要在停机后更换纺丝组件,则要趁熔体温度还在熔点以上(≥180℃)时就要开始作业,一旦熔体凝固,拆卸组件的难度稍有增加。

4. 成网机降速停机

纺丝系统离线后,抽吸风机降速、停机;成网机降速、停机。如果是配置在 SMS 生产线的熔喷系统,成网机仍按生产要求运行,仅抽吸风机要适当降速,当作吸网风机使用,这样能防止在室内负压的作用下,环境气流从抽吸风机倒流入生产车间,把仍在网带面上的纤网吹起。

5. 纺丝箱体降温、停止加热

当系统内的熔体基本排放干净后,纺丝箱体降温、停止加热。

6. 牵伸风系统降速

牵伸风机降速,但速度不宜低于500r/min,以防加热器超温烧坏(或加热器超温跳闸停机)。在降低牵伸风机速度时,要适时降低热风温度设定值,减少加热系统的功率输出,避免空气加热器温度过高,但切记不能关闭加热电源。

由于加热功率减小,经过约10min,热风温度开始下降后,要防止与箱体形成较大的温度差,就应及时停止牵伸风机运行,空气加热器也随之自动停止加热,纺丝箱体处于自然降温冷却状态。

7. 系统清理

生产线停止运行后,要及时清理成网机和卷绕机上的废丝和废布。

(二)中途临时停机

生产线的临时停机大多是因为工艺方面的原因引起的,其目的是排除影响工艺过程正常进行的技术障碍,或进行必要的设备调整,这种停机都是主动的,而且是短时间的。

在这种情形下,纺丝系统一般都保持在低速运转状态,而其他设备则可能处于非工作状态。如卷绕机停机、风机停机、成网机停机或以低速运行,熔喷系统处于离线状态等,否则要做好网带的防护措施。

若系统是需要短时(如数小时或更长)停机,先关闭螺杆挤出机的进料口阀门,系统则继续以低泵速状态纺丝,在将系统内的熔体全部排放干净后(如时间较短,则不用排空螺杆),终止纺丝泵的运转,并将温度降至160~170℃保温,然后停止其他设备的运转。

短时停机时采用这种方法操作,降温能减少存留在系统内发生降解的聚合物数量,在重新启动时,较为容易升温,能使纺丝组件保持有较正常的技术状态再次投入运行。

如停机时间不是太长,也可采用直接停止纺丝泵运转的方法,使纺丝系统停止纺丝。

(三)特殊情况紧急停机

生产线的应急停机大多是因为人身或设备安全方面的原因引起的,是被动停机,其目的是避免发生安全事故。如发现熔喷系统的牵伸风机出现故障停机后,必须及时按下急停开关,停止纺丝系统运行,然后加大DCD,迅速离线,否则成网机的网带就可能被熔体大面积污染,甚至要报废。

在一些性能较好的生产线中,其紧急状态停机是分等级的,人身安全的等级最高,紧急停机时会切断所有动力供给,全生产线都会进入紧急停机状态,运转中的一些设备(如成网机、卷绕机)便进入制动状态,而迅速停止运动。

在这种生产线中,一些关键的电力驱动装置都具备制动功能。

生产线中带有大蘑菇头的红色按钮都是紧急停机按钮,急停按钮都具备自锁功能,按下以后就一直保持在"压下",只能人为旋动才会弹起复位。

普通的停止按钮与急停按钮不同,按下停止按钮后会自动弹起复位,日常操作只能按停止按钮,只有在紧急情况下才可使用急停按钮。

而生产线中的其他设备在接收到紧急停机指令后,会自动由工作状态恢复到安全状态。如成网机的网带应急保护装置会自动进入保护位置,气动分切刀具会自动退出,后整理设备会切断电源等。

但在独立的熔喷生产线中,设备配置相对简单,紧急停止指令仅涉及全部有电动机驱动的设备和加热系统。由于全生产线的负荷在瞬间退出运行,会对设备和电网引起较大的冲击,有时还会引发一些次生事故。

在安全装置动作时,一些安全等级稍低的生产线,仅是相关的设备紧急停止运转,而不一定有制动过程,其他设备可能也会跟着停止运行,但其停机过程是按正常程序进行的,其动作时间受设备的惯性影响而不可控,由于影响面较小,对设备和电网引起的冲击也较小。

当单台设备的保护装置自动动作时,也会使设备突然停止运行。因此,当发生紧急停机后,在没有排除导致发生停机的原因前,或相关控制装置没有复位前,系统不得恢复运行。

三、运行过程管理

(一)工艺调整过程中的逻辑关系

在生产过程中,要进行各种各样的工艺调节,所谓工艺调整过程的逻辑关系,就是进行工艺调节时相关工艺因素之间必须遵循的先后次序关系,或进行操作的必要、充分条件。

1. 纺丝系统投入运行的程序

如果生产线有多个同类型的纺丝系统,一般按从上游到下游的次序投入运行,这样的工作量最少,新的系统投入运行对原来已运行系统的干扰和影响最小。违反了这些程序,轻者会浪费能源和时间,带来一些不必要的工作量;其次可能会扰乱生产过程的稳定性;严重者则会形成安全隐患。

在多纺丝系统的 SMS 型生产线,既要遵循先纺粘系统,然后才是熔喷系统这个次序,还要满足从上游到下游这个原则操作。

2. 熔喷系统投入运行的程序

纺丝系统离线→送料装置→计量、混料系统→纺丝泵→螺杆挤出机→熔体过滤器→牵伸风机→成网机铺底布→在线→成网机→DCD 调节→抽吸风机→冷却风机→卷绕机

3. 加热系统投入运行的顺序

一般情况下,各加热系统投入运行的次序没有很严格的次序要求,但正确的操作顺序可以节省时间和能源。一般是由升温至工作温度所需时间的长短来决定。

先让升温所需时间最长的系统先投入运行,纺丝箱体的热惯性最大,其次是螺杆挤出机,其冷态升温时间一般约为 2h;其次是设备内部有截面积较大的熔体残留的加热系统,如熔体过滤器、熔体管道等,由于熔体的导热性能差,要使内部固化的熔体彻底熔融,所需升温时间也较长。

空气加热器的升温速率很高,所需时间很短,基本上能在几分钟时间内达到工艺温度,因此,一般无须提前升温。

4. 启动螺杆挤出机及纺丝泵的必要充分条件

熔体温度未到达熔点以上的设定温度,而且没有达到额定的保温时间时,不得启动螺杆挤出机及纺丝泵。

一般控制系统应该具有相应的连锁保护功能,在熔体制备系统的所有设备没有到达设定温度,或到达设定温度后没有经过一定的保温平衡时间(一般为不少于半小时),设备都无法启动运转。

5. 启动螺杆挤出机的必要充分条件

温度已到达设定温度,并经历规定的保温平衡时间;螺杆挤出机内部应该有切片原料;纺丝泵已先行启动。螺杆挤出机和纺丝泵空载运行的时间不得多于 10min。

6. 换熔体过滤器的滤网操作

不能同时更换熔体过滤器上的两片滤网,否则将导致熔体断流、纺丝系统全面断丝、滴熔体,而且会引起螺杆挤出机超压保护动作停机。

7. 纺丝系统进入在线纺丝位置的条件

纺丝系统在进入在线纺丝位置前,要启动成网机及抽吸风机运转。

8. 空气加热器运行

启动空气加热器前,必须先将牵伸风机启动运转;要停止牵伸风机,则必须先将空气加热器退出运行,最少要延时一两分钟才停止牵伸风机运行。

空气加热器停机前,纺丝系统要处于离线状态。

9. 牵伸风机的速度调节

牵伸风机提速前,要预先将成网机的抽吸风机提速;牵伸风机降速后,才能将抽吸风机降速。

10. 牵伸气流系统投入运行的时机

熔喷系统的牵伸热风一般在纺丝箱体的温度接近或高于熔点以后,就要启动升温、吹风,并尽量使两者的温度差保持在最小范围,伴随升温。

禁止在正常工作温度下,关断空气加热器电源,向纺丝箱体吹冷风。

11. 启动牵伸气流加热系统

当熔喷系统的熔体温度已达到正常工艺温度后,必须先启动牵伸气流加热系统,向纺丝组件吹热风。

12. 熔喷系统在线纺丝时,与牵伸热风的关系

当熔喷系统处于在线状态纺丝时,牵伸风机与抽吸风机必须一直保持在运行状态。

13. 接收距离 DCD 调节

降低熔喷系统的接收距离(DCD)之前,要先将抽吸风机提速,否则很容易引起飞花。

14. 进行离线运动前要解除约束

当采用成网机调节 DCD,并做离线运动时,在成网机做离线运动前,如果抽吸风管约束成网机的运动,要将抽吸风机的吸风管与成网机的抽吸风箱连接分离开。

当牵伸气流不是采用柔性管道输送,而是采用固定管道及法兰连接时,必须先拆卸当前处于连接状态的法兰。

(二)运行期间异常状态的处置

1. 飞花处理

熔体温度及牵伸气流温度太高,牵伸气流速度太高(或牵伸风机的转速太高),纺丝泵转速偏低等,是引起飞花的常见原因,主要发生在纺丝系统刚启动运行的过渡时间段,或进行工艺调整时,仅需做适当的调整即可消除。

聚合物原料的质量,特别是熔融指数不稳定,也容易引起飞花。

引起纺丝系统发生飞花的设备原因主要是抽吸风机选型不当,压力偏低、流量偏小,无法可靠控制及吸收牵伸气流所致。这种情况对产品的质量、系统的产量都有较大影响。

发生飞花的工艺原因主要有:牵伸气流的流量与抽吸风机流量不匹配,牵伸气流量太大,而抽吸风偏小,这是产生飞花的主要原因,这时出现的是显性飞花,在纺丝箱体的出口会见到大量飞花飘舞,出现这种情况时只需合理调整风机的速度就能改善,如降低牵伸风速度或温度等。

如果抽吸风机的能力足够大,发生飞花时,这些飞花无法逸散到周边环境空间,仅有极少量在空间飘荡,而是大量被吸附在产品表面污染产品,这时仍可采用上述方法应对,同时抽吸风机也要适当降速。

而经过一段时间运行以后,成网机网带被污染、堵塞,透气性能变差,会导致纺丝成网气流失控,产生飞花。这时可更换网带,或将网带拆下进行清洗后,就能恢复其性能;抽吸风机叶轮、管道严重污染,效率及性能下降;管道积垢或出现泄漏等,都会影响抽吸风机的性能,这时就要对设备进行维护。

纺丝泵转速太低,熔体压力偏低,纺丝箱体内的熔体不能在全幅宽范围内均匀分布,在压力较低的位置,溶体流量偏小,无法稳定纺丝,也容易形成飞花。

2. 晶点处理

切片原料质量不稳定或已过保存期;添加剂质量差,特别是添加剂的分散性差都会增加晶点的发生概率,这时就要更换原辅料。

熔体温度及牵伸风温度偏高,牵伸气流(速度)太大,是出现晶点的常见原因,这时就需要降低熔体、牵伸气流的温度,降低牵伸气流的速度。

纺丝组件内有熔体泄漏进入牵伸气流系统;喷丝板性能下降,纺丝组件的气隙被污染,这时一般可以通过一次或多次刮板来处理,即使用软质金属薄片伸入气隙内来回反复铲刮,将污染物清除;如果不奏效,就要更换纺丝组件。

如果纺丝组件的锥缩值偏小,便增大了出现晶点的概率;气隙不均匀是局部出现晶点的一个原因,在气隙较大的位置,气流阻力小,流量大、流速高,就容易出现晶点。当出现这些问题时,一般要更换纺丝组件才能解决。

纺丝组件的密封件异常,导致熔体流入气流通道,形成大量晶点,这时只能更换纺丝组件。

3. 纤网上飘

当成网机的网带下方没有托板,网带下方的气流会透过网带,再流向网面的负压区,如果抽吸风机的转速太高,负压区的区域会较大,这个过程就会将熔喷纤网托起呈悬空状态运行,当其恢复贴近网带后容易形成皱褶。

这是由于抽吸气流太大所致,因此,要消除这个现象,只能降低抽吸风机的转速,而不能提高牵伸风机的转速,或在停机后,在网带下方增设托板予以解决。

4. "野风"影响

"野风"也就是成网机两侧及上、下游方向的环境气流,成网机两侧的气流会导致卷边,并压缩成网宽度;纺丝系统上游沿 MD 方向流向成网机主抽吸区的气流与网带的运动方向相同,而且上游方向没有纤网,对成网过程的干扰不大。

但下游方向的气流流向主抽吸区时,是与网带的运动方向相反的,这就导致飘落在熔喷布表面的飞花等异物无法及时被网带带走,滞留在熔喷布表面滚动,很容易成为影响产品质量的隐患。

如果成网机配置有上、下游逸流抽吸区,就很容易控制这些"野风",保证产品的质量。

5. 静水压与透气性异常

产品的静水压与透气性出现异常,往往与网带透气量变差,纺丝组件性能下降,DCD 调节不当,切片原料不符合要求,成网机速度太快等因素有关。

6. 抽吸风机发生喘振

在纺丝系统开始启动运行或准备停机期间,如果抽吸风机处于较高速状态运行,而抽吸风箱的入口位置出现纤网堆积、拥堵现象时,抽吸风系统的阻力很大,风机的运行工作点进入不稳定的喘振区,风机的转速就会发生大幅度波动,会引发机器强烈的振动、成网机的网带会上下跳动,这是系统已发生喘振的征兆。

由于喘振有破坏性,特别是大功率风机的喘振不仅会影响设备的安全,甚至会殃及系统、大型风机发生喘振会影响建筑物的安全。因此,要迅速调整(一般是提高)成网机的速度,或降低纺丝泵和抽吸风机的转速,消除抽吸风箱入口的拥堵现象,消除喘振。

7. 供电系统故障

由于熔喷系统所用聚合物原料有很高的流动特性,如果在运行中因故突然断电,如供电系统受雷击,供电系统超负荷跳闸、意外停电等。这时纺丝系统的熔体会在重力作用下继续从喷丝板流出,导致成网机网带局部被严重污染,高温熔体还可能引起网带局部变形。

如果成网机配置有网带应急保护装置,这个装置会在压缩空气的推动下,遮断纺丝组件与网带间的空间,熔体只能留到应急装置的接收器中,保护了网带。接收器可以是金属盘,也可以是其他耐高温的柔性物件,如网带等。

如果纺丝系统没有配置这种应急装置,在生产现场就应该配备一些长的胶合板、硬纸箱类材料,一旦发生断电(包括牵伸风机突然故障停机时),迅速将这些防护材料铺放到纺丝组件下方。

如果不是断电,而是牵伸风机故障停机,则要迅速按下急停按钮,使纺丝泵和成网机马上停止运行,重复上述防护措施,并及时使纺丝系统离线,使纺丝系统与接收装置分离开。

如果熔喷系统采用转鼓接收或利用成网机网带的垂直平面接收,供电系统或牵伸气流系统突发故障导致的影响或损失不大,一般无须采用其他措施,只要及时将转鼓离线即可。

四、转换产品和原料

(一)转换产品的定量规格或颜色

1. 转换产品的定量规格

熔喷系统转换产品的定量规格(g/m^2)时,除了需根据工艺计算结果调整成网机的速度、成网风机速度外。有时可能还要调整 DCD 值,牵伸气流的流量或温度等参数。

在转换定量的过程中,会生产出少量的、定量变化的过渡产品。当产品的卷径较小而无法在卷绕机上下卷时,可用放"标记"的方法,在产品已符合要求的位置留下记号,并按当前产品的要求设定好卷长,在下卷后再做退卷处理。

为了便于调整设备和减少过渡产品,在转变产品的定量规格时,要按照从大到小或从小到大的顺序逐步操作,设定产品的定量值。如以较大的跨度改变产品定量,容易产生大量废品。

2. 转换产品的颜色

由于熔喷纤维直径分布较宽,既有微米级直径的纤维,又有亚微米级直径的纤维,因此熔喷系统对色母粒的分散性要求很高。由于分散性差,质量稍次的添加剂都会影响纺丝稳定性,导致在产品表面形成大量的疵点。另外,由于纤维很细,其透明度较高,要使产品获得同样的色调,颜料的添加比例也要高很多。

综合上述原因,熔喷系统较少生产有颜色的产品,如果要生产有颜色的熔喷布产品,必须使用熔喷专用的色母料。

此时要根据纺丝系统所需的显色时间和退色时间,提前终止多组分计量混料系统运行,并进行清理后,根据工艺计算结果设定各组分配比,将系统重新投入运行。

对多纺丝系统生产线,要先将耗用显色时间最长的系统投入运行,力求达到各系统基本同步显色,色母粒消耗量最少的目的。

由于色母粒(添加剂)的特性差异,转色后可能要对熔体温度,牵伸、抽吸气流作相应的调整。

在转换颜色的过程中,会生产出一定数量的、颜色变化的过渡产品。如过渡产品的卷径已经大于允许下卷的最小直径后,一旦产品的颜色符合要求,要迅速换卷;如卷径较小、无法下卷时,可用放"标记"的方法留下记号,并设定好卷长,在下卷后再作退卷处理。

由于转色过渡产品数量较多,而价格又较低,因此,转色产品的定量要根据市场要求来确定。但工艺参数以尽量靠近下批次产品的工艺为宜,这样能减少不良品的产生量。

(二)更换原料的操作方法

随着技术的发展,目前已有能使用多种聚合物原料的熔喷非织造布生产线在运行。在这种生产线中,利用生产线的同一套设备,可以使用不同的原料生产不同特性的产品,如既可以用 PP 原料,也能用 PET 原料或 PLA 原料。

在转换原料时,必须确保在生产线的料斗、输送管道、多组分装置中没有以前使用的原料残留;螺杆挤出机、熔体过滤器、熔体管道、纺丝泵、纺丝箱体、纺丝组件中没有原来的熔体残留。

当转换的原料仍属同一类聚合物,仅是特性有所差异,如同是 PP,仅是熔融指数不一样;或同是 PET,仅是特性黏度不同。在这种情形下转换,仅需待原来料斗中的原料全部用完后,或将残留的原料通过排料阀直接排放出来后,将新的原料加入料斗,并对相应的工艺进行调整即可。

不同品种的聚合物原料混在一起,由于熔点相差较大,不仅会影响正常纺丝,而且会引发事故,特别是由原来的使用高熔点原料转为使用较低熔点的原料时,如果有原来使用的高熔点原料残留,降低温度后,这些聚合物将无法熔融,堵塞过滤器及喷丝板,导致熔体压力发生异常,影响设备安全。因此,这种清理工作尤为重要。

虽然有的生产线的硬件具有使用多种原料的性能,但由于转换原料时,必须进行清理工作,有时也许还会趁停机更换纺丝组件等。这时生产线在转换过程中就要停产,并消耗冲洗系统、过渡用的原料。因此,不适宜频繁更换生产线原料,特别是在产品批量较小的情况,如频繁转换原料会增加生产成本。

不同类型的聚合物原料,由于其特性会有较大差异,聚烯烃类聚合物(如 PET、PLA)等原料,一般不用经过预干燥即可直接投入纺丝系统使用。而聚酯类(如 PET)及 PA、PLA 等原料,一般要经过干燥才能投入纺丝系统使用。否则有可能因为水分太多而互相黏结,阻塞原料流动和输送,或发生严重的降解而无法正常纺丝。这是转换聚合物原料时必须注意的问题。

在各种情况下,更换原料的操作过程如下:

1. 由使用低熔点原料转为使用高熔点原料

由低熔点原料(如 PP)转为高熔点原料(如 PET、PLA)时,工作较简单。

(1)如有必要,在拆除纺丝组件后,先用较低熔指(MFI = 10~15)的 PP 原料将纺丝系统进行冲洗,直至系统较为干净后,停止供料。

(2)继续在手动状态下,让螺杆挤出机和纺丝泵在低速下运行,直至将系统内所有残留的低熔点熔体挤出干净为止。

(3)按新聚合物的熔点修改系统的温度设定值,安装新的纺丝板组件(如有必要的话),按新聚合物的工艺开机生产。

(4)原来使用低熔点原料时,系统的温度也较低。改用高熔点的原料后,系统的温度必然会升高,如果系统内还有低熔点的原料,将会降解、甚至碳化,影响喷丝板的使用周期。

(5)使用低熔指原料冲洗系统时,由于熔体的黏度很高,流动性能差,因此,要注意控制纺丝泵的转速,以免熔体压力异常升高,引起报警。

2. 由使用高熔点原料转为使用低熔点原料

由使用高熔点原料(如 PET、PLA)转为使用低熔点的原料(如 PP)时,其最大的风险是残留在系统内的高熔点原料将因温度下降而无法熔融,堵塞系统,特别是堵塞喷丝孔而引发事故。因此,其转换工作应分多步进行。

(1)首先将纺丝组件拆除,保持原来的温度设定值,开机将纺丝系统进行冲洗,直至系统较为干净。因为低熔点原料的熔体温度较低,残留的高熔点原料将无法熔融,会使系统发生堵塞。

(2)然后,先用较低熔指(MFI = 5~10)的 PP 原料对纺丝系统进行冲洗,直至将残存在系统内的 PET 全部清理干净。

（3）将系统温度设定为纺 PP 状态,再换用熔指稍高(MFI = 5～15)的 PP 原料对纺丝系统进行冲洗,停止供料。继续在手动状态下使螺杆挤出机和纺丝泵低速运行,直至将所有的熔体挤出干净为止。

（4）按新聚合物的熔点修改系统的温度设定值,安装新的纺丝组件,按使用新的聚合物的工艺开机生产。

（5）使用低熔指原料冲洗系统时,由于熔体的黏度很高,流动性能差,因此,要注意控制纺丝泵的转速,以免熔体压力异常升高,引起报警。

第四节　后整理设备管理

一、静电驻极设备管理

产品的过滤效率偏低,除了熔喷产品本身的质量,如与聚合物原料的质量(等规度、分子量分布宽度、结晶质量等),纤维细度,密度,添加剂的性能等因素有关以外,过滤效率偏低、过滤阻力偏大主要是由于驻极工艺不当引起的,如驻极电压偏低、驻极距离偏大、驻极电流太小;电极故障,接地电阻大,现场温度高,负离子浓度高,运行速度太快等。

要注意在发生火花放电后,驻极电源能否自动恢复工作,以免在没有进行驻极处理的状态下运行,产生大量废品。

在不发生可见光火花放电的前提下,应尽量缩小驻极距离,提高驻极电压,使驻极电流增加,保持驻极设备的通风,降低现场温度及负离子浓度,及时清理缠绕在电极上的飞花等。要经常检查接地装置,使接地电阻保持在较小的水平。

二、水驻极设备管理

水摩擦驻极的效果除了与熔喷产品本身的质量有关以外,过滤效率偏低、过滤阻力偏大主要还是由于驻极工艺不当引起的,如驻极用水的纯度,喷嘴的雾化效果,水压偏低,流量不足,运行速度太快,牵引张力偏大等。

由于水分的存在对产品的质量有较大的影响,必须控制产品的最终水分含量;在保证驻极效果的前提下,要尽量减少喷雾的水流量,并尽量利用负压脱水过程减少熔喷布中的水分。在烘干过程中,尽量使用较低的温度,有利于减少对产品质量的影响,并降低能源消耗。

去离子水制备系统的运行状态对出水的质量有关键性影响,必须按设备说明书的要求,做好设备的维护工作,优化运行参数,使出水的质量(主要是电导率)能满足工艺要求。

三、热轧机管理

一般熔喷产品是依靠自身余热黏结成布的,无须增加其他纤网固结装置。但对擦拭类熔喷产品,会增加热轧机固结处理工序,这样能有效防止纤维脱落。有的产品可以利用热轧这个过程,将产品进行压花加工。使产品具有与众不同的特点,有利于开拓市场。

轧辊的温度和轧辊间的线压力,是热轧工艺的两个主要因素,温度对热轧产品质量的影响比线压力更为明显,而且温度太高还会导致发生缠辊。经过热轧加工后,产品的蓬松程度发生了改变,手感会变硬;温度越高,压力越大,产品的手感会越差。

为了避免对熔喷布产品的质量和触感产生负面影响,一般要采用低温度、小线压力的加工工艺;由于熔喷布的纤维很细,温度太高容易发生缠辊而导致生产线停机。

配置在生产线使用的热轧机,有的是用于定型整理、控制产品厚度的,在这种工况下,上下轧辊是分离开的,在生产过程中就要注意控制轧辊间的间隙,防止间隙太小,产品密度增加,触感硬化。

四、后整理及其他系统的配合

当熔喷纺丝系统采用插纤工艺生产混纤型产品时,如加入三维卷曲 PET 纤维生产汽车内饰材料或保温材料;与木浆气流成网(P)系统组成 MPM 型生产线,生产吸收型卫生材料,这是熔喷技术的一个发展方向,也是熔喷技术应用的拓展。

在这种情形下,熔喷系统仅作为生产线的一个组成部分,而其他部分的工艺原理与熔喷系统有根本性差异,应用的知识、技术也完全不同,所需要的技能更有挑战性。

熔喷法技术与纺粘法技术的有机组合,是生产纺粘/熔喷/纺粘(SMS)型复合非织造布的重要生产技术,代表了熔体纺丝成网非织造布生产技术的最高水平。由于在这些产品中,熔喷系统的纤网是阻隔性能的主要贡献者,熔喷系统的运行状态对产品质量有重大影响,因此,其生产工艺、运行管理等,都要遵循生产过滤、阻隔型熔喷产品的要求。

第五章　产品质量控制

第一节　产品质量影响因素的分类

一、5M1E 因素

影响产品质量的因素有很多,可归纳为六类,并根据其英文字母的首个字母归纳为5M1E 因素。这是当产品质量出现异常,寻找应对措施时常用的分析方法,这六类因素主要包括:

1. Men(人)

人的因素包括操作者的质量意识、文化程度、职业道德、技能或技术熟悉程度、身体状况、体能、精神状态及心理素质等。

2. Machine(机器)

机器因素包括生产线,配套设备,附属机器设备、工装夹具的性能、水平、精度、技术状态,维护保养状况等。

3. Material(原材料)

原材料因素包括原料或添加剂、后整理剂的品种、品牌、成分、牌号、批号(生产时间)、产地及物理性能和化学性能等。

4. Method(方法)

方法因素包括加工工艺参数(温度、速度、频率、压力、位移或距离、阀门开度、电压、电流等),工艺规范,生产流程,软件、生产工艺、工装选择,操作规程,作业指导文件等。

5. Measurement(测量)

测量因素包括测量手段及仪器、装备技术水平及精度,测量时采取的方法、依据的标准,质量检查和及结果反馈,测量及实验设备的确认、检查和校准等。

6. Environment(环境)

环境因素包括生产环境的气候、季节、温度、湿度、气压、气流、气味、时间、电源电压、振动、噪声、照明和卫生条件等。

这六个要素只要有一个发生改变,就可能对产品的质量产生影响。

5M1E 因素像一辆汽车,其中的机、料、法、环就是四个轮子,汽车的仪表就是"测",驾驶员这个人的要素才是最重要的,没有驾驶员,这辆车就不会启动,无法体现其功能,人的工作质量是决定产品质量的关键因素。

但即使生产过程的5M1E因素相同,产品的质量还是会存在一定的波动。但不同的波动,其发生影响的因素就不一定相同,影响程度也不一样,质量分析工作就是要找出主要矛盾,找出影响最大的因素。

二、偶然性和系统性因素

从过程质量控制的角度来看,通常又把上述造成质量波动的六方面因素,按其出现或发生归纳为偶然性原因和系统性原因两个类型。

1. 偶然性原因

产品的质量本身就是一个随机现象,因为影响产品质量的相关因素无时无刻都在变化中。偶然性原因是不可避免的原因,如原料性能、成分的微小差异;电源电压的正常波动;压力、温度及周围环境的微小变化;设备的正常磨损;突发的自然因素变化;操作方法的微小变化,测试手段的微小误差,检测人员读值的微小差异等。

一般来说,这类影响因素很多,这些微小的变化在生产过程中大量存在,且不可避免,不易识别,其大小和作用方向,发生或出现的时机都不固定,是随机出现的因素,也是难以寻找并确定的因素。而要判断或排除这种影响,从技术和经济角度考虑不合算。

但具体到每一个因素对产品质量的影响却较小,对其进行判别和消除,要付出并不对称的资源和代价,而这些因素对质量特性值波动会呈现典型的统计分布规律。因此,偶然性因素是不可避免的,也是允许存在的。

2. 系统性原因

系统性原因对产品质量影响较大,但这类因素不经常发生。一旦在生产过程中存在这类因素,就必然使产品质量发生显著的变化,并呈现有一定的规律性。

这类因素包括:工人不遵守操作规程或操作规程有重大缺点;工人技能缺陷;原材料规格和材质不符;设备技术状态异常、设备过度磨损或损坏;使用未经检定过的测量工具;测试方法不当;检测仪器的测试原理不同,测量读数值带主观倾向性等。

一般来说,这类影响因素容易识别,其大小和作用方向在一定时间和范围内,表现为有一定周期性的、带倾向性的有规律的变化。这种影响因素是必须识别,加以消除的。

三、按调整时机分类

熔喷产品的性能主要指物理力学性能,如产品的强力、透气性、阻隔性、过滤效率、纤维直径等。熔喷工艺复杂,影响因素较多,但主要有以下几类(图5-1)。

1. 可在线调整的参数

可在线调整的参数是指可在熔喷系统运行过程中进行调节的参数,如原料的流动特性,

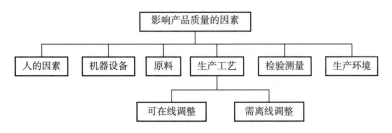

图 5-1 影响产品质量的主要因素

原辅料配比,熔体挤出量,熔体温度、压力,牵伸热空气的温度、速度(流量),冷却风的温度、速度,抽吸风速度(流量),接收距离 DCD,成网机速度,静电驻极的距离,驻极电压,驻极电流,卷绕机的速度,卷绕张力等。

2. 离线参数

离线参数是指只能在设备停止运转时才能改变、调节的参数,如喷丝板的角度、喷丝孔直径、长径比、布孔区长度、喷丝孔的密度、纺丝组件内牵伸热气流通道(气隙)宽度、锥缩值、组件刀板间的距离(间隙)、静电驻极的电极种类、驻极的距离等。

第二节 产品质量的影响因素

一、原、辅料

(一)聚合物原料对产品质量的影响

1. 聚合物原料的生产工艺及产品特点

PP 是目前使用量最大的一种原料,按其生产工艺不同,常有过氧化物降解法、氢气调节法和茂金属催化剂法三种生产方法。使用不同工艺生产的原料,对产品质量的影响也有较大差异。

其中,氢气调节法和茂金属催化剂法两种生产工艺,是大型石油化工厂进行大规模生产的常用工艺、质量稳定性好、气味很低,在生产高品质熔喷产品时,会用到茂金属催化的聚丙烯原料(mPP)。

过氧化物降解法这种工艺适合小规模化生产,目前市场上流通的不少熔喷法聚合物原料多用这种工艺生产,其产品称 zPP(齐格勒—纳塔催化剂均聚聚丙烯),zPP 的分子量分布较窄,产品质量稳定性一般。残留在原料中的二叔丁基过氧化物(DTBP)也是有害杂质,还导致生产过程会形成较大的烟雾、异味也较浓。因此,在 GB/T 30923—2014 标准中,对其残留量也做出了限制。

目前使用的聚丙烯熔喷法非织造布原料,一般都是利用氢调法、降解法工艺,将大分子量的低熔体流动特性的原料变成小分子量、高熔体流动特性原料的。

使用氢调法工艺的产品多为粉料形态,如果选用催化剂不当,分子量分布会变宽,高速纺丝稳定性差,熔喷布强度不均匀等,但引入的杂质少,能有效消除产品的气味。

在挤出造粒过程中,将有机过氧化物断链剂加入大分子量的低熔指聚丙烯原料后,就可以将较长链段的分子剪断,成为分子量较小的短链段(图5-2)。就可以降解成较小分子量的高熔融指数的聚合物,同时还使分子量分布变窄,产品均匀性较好。这种方法的过程可控、产品熔融指数可控,又称为可控降解法、过氧化物降解法。

图5-2 过氧化物断链剂的作用

如果在造粒过程中,作为断链剂的过氧化物没有完全反应完,在受热状态,残留的过氧化物会使聚合物继续发生降解,除了会影响熔体的流动性能及纺丝的稳定性外,还会产生气泡,影响产品的均匀度,产品容易发脆,还会带有偏酸的异味,这种材料就不适宜用做口罩过滤材料。

茂金属是一个催化剂的概念,是指所用的催化剂是含茂元素的盐。茂金属催化PP原料就是使用茂金属催化剂生产的产品。茂金属等规聚丙烯(mPP)最突出的特点是分子量分布较窄,典型mPP的M_w/M_n为2~3。与用Z—N催化剂生产的等规聚丙烯zPP相比,mPP的熔点较低,适用于高速纺丝。茂金属聚丙烯纤维具有分子链段更加规整、纤维更细、韧性好、不易断裂、均匀性好等特点。

使用茂金属催化原料可以降低熔体的弹性和出口胀大效应,提高在使用低熔指原料时的纺丝稳定性;提高熔体挤出量、增加产量;可纺制出更细的纤维,纤维有较高的拉伸强力(图5-3);改善产品的均匀度,提高遮盖性和阻隔性,产品有柔软触感和悬垂性;减少纺丝过程的单体和烟气产生量,延长纺丝组件的使用周期。

茂金属聚丙烯的熔体流动特性分布很宽,MFI可在9.5~1800这个范围,不同流动特性的mPP原料,可以分别在纺粘法和熔喷法纺丝系统使用。由于mPP的分子量分布窄,布料不发脆,目前主要在纺丝和非织造布、注塑以及各种膜等领域应用。

茂金属催化原料没有过氧化剂,因此,不会有异味、纺丝过程稳定,产品质量也较好。巴

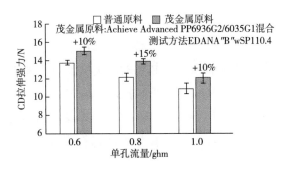

图 5-3　用不同原料生产的产品拉伸断裂强力对比

塞尔公司(Basell)的 Metocene 系列,埃克森—美孚公司(Exxon-Mobil)的 Achieve 系列,陶氏公司(Dow)的 VERSIFY 系列产品,都是茂金属催化 PP 原料。

Achieve™ 6935G1 是一种高熔体流动速率(MFR 500)的均聚物树脂。Achieve™ 6936G2 是一种 MFR 为 1550 的超高熔体流动速率的均聚物树脂。这两种树脂熔体流动速率高,无过氧化物,生产的熔喷非织造布具有优良的阻隔性能或过滤性能,断裂强力也比普通产品高(图 5-3),可以用作卫生、医疗制品材料及空气过滤材料。

2. 聚合物原料的等规度

等规度会明显影响熔喷产品的质量,等规度越高,可纺性越好,一般要求 PP 切片原料的等规度≥95%,较好的产品≥97%。等规度越高,聚合物的熔点也越高;有利于提高结晶度,纤维材料的拉伸强度、刚性增加,耐热性(热变形温度)提高。

在生产空气过滤材料时,要尽可能选择高等规度的 PP 原料。这样还能提高熔喷布的驻极处理效率,特别是对提高油性颗粒的过滤效率有较好的作用。

常规 zPP 的等规度一般≥97%,而 mPP(茂金属催化聚丙烯)的等规度一般可以达到99%以上,生产优质熔喷产品时,可选择茂金属 mPP 原料,这样还可以避免产品的脆化倾向。

3. 聚合物原料的分子量分布宽度

用于生产熔喷法非织造布的聚合物原料,要求有很好的流动性和稳定的黏度、较低的相对分子质量(M_w)和较窄的分子量分布(MWD)。分子量分布宽度较宽时,熔体的切变速率下降,出口胀大和纺丝应力、熔体的弹性增加,使纤维的牵伸较为困难。

由于 MWD 较宽的切片原料会同时存在 M_w 较高和 M_w 较低的分子链段,在纺丝过程中很难存在同时满足这两种分子量相差很大的工艺,在同样的牵伸速度下,其中低分子量部分的熔体容易被过度牵伸,导致产品表面出现大量茸毛或发生断丝;而高分子量部分的链段熔体黏度增大,还没有得到充分牵伸,产品的强度会偏低,容易形成凝胶,在产品中形成破洞、在布面形成小硬块等疵点,影响产品的力学性能和阻隔过滤性能。

原料的 MWD 决定了聚合物的加工性能、纤维结构、熔体的弹性、拉伸黏度和熔体弹性松弛时间。一般原料的 MWD≤3,实用要求在 2~2.5 范围,分子量分布越窄,熔体的弹性越小,纺丝越稳定,工艺调节窗口越宽,生产过程越容易优化。

生产优质熔喷产品时,聚合物需要具有较窄的分子量分布。聚合物的熔融指数增大后,其分子量分布 MWD 会变窄,更容易选择生产工艺。

熔喷纺丝系统要使用分子量小、流动性好的 PP 原料,其分子量 M_W(重均分子量)约为80000,在经过熔融纺丝、牵伸成为纤维后,其分子量还会降低,其 M_W 一般会下降至 60000左右。

4. 聚合物原料的结晶性能

聚合物原料的结晶性包括结晶度、结晶速度和结晶质量三个方面,主要会影响产品的拉伸断裂强度、拉伸断裂伸长率、过滤效率和触感等指标。

PP 原料(树脂)的结晶度越高,熔喷纤维的拉伸断裂强度越高,越有利于提高空气过滤材料的驻极效果,从而提升熔喷材料的过滤效率。

PP 树脂的结晶速率越快,产品的后结晶,也就是成为熔喷布以后的结晶行为就越少,在放置储存过程中就不易变硬、变脆;熔体的结晶速率越快,可以提高熔喷纺丝速度,熔体温度也可以降低 20~30℃,有利于节能。

PP 纤维的结晶质量越高,结晶颗粒尺寸越细,将提高空气过滤材料的油性过滤效率,熔喷布产品的手感也会越柔软。

5. 聚合物原料的熔融指数

聚合物的 MFI 是由分子量大小决定的。分子量小的原料,熔融指数 MFI 值越大,熔体流动性越好,纺丝过程的出口胀大效应也越小,有利于稳定纺丝;而分子量较大的原料,流动性能较差,但用 MFI 较小的原料,可生产出强力较大的产品。

熔体的流动性越好,熔体的黏度也越低,越容易被牵伸为较细的纤维,产品的均匀度、物理力学性能、阻隔性能、过滤效率、手感都会越好。但原料的 MFI 值越大,产品的拉伸断裂强力会较低。

但熔体流动指数也不是越大越好,即熔体的黏度不是越小越好,由于黏度过小的熔体中,分子链与分子链间的摩擦力较小,已从喷丝孔喷出熔体的分子链无法稳定传递牵伸力来牵引后续的分子链,在外部作用力的牵引下容易发生断丝,或因牵伸速率跟不上熔体喷出速率,而造成纤维粗细不均,甚至形成熔体滴落等现象,严重影响纺丝稳定性和产品的质量。

熔融指数较小的切片原料,流动性较差。由于熔体的流动性与温度有关,提高温度后,熔体的流动性能会得到改善,但生产过程要消耗较多的能量,产量也较低。而在纤维细度相当的情况下,产品的拉伸断裂强力会得到加强。

如一些小型简易熔喷设备,在使用 MFI 为 35 的原料时,为了获得较好的流动性,熔体的温度就设定在 300~350℃ 这个高温范围。而使用 MFI 为 1500 的原料时,熔体的温度在

250~280℃就可以顺利纺丝。

有试验指出,在产品的技术性能要求相同的条件下,用 MFI 为 800 的原料比用 MFI 为 1200 的原料要增加能耗 20%~30%。但当产品的纤维细度(或直径)一样时, 用 MFI 为 800 原料生产的产品比用 MFI 为 1200 原料的产品的强力要增加 15%~20%。

随着聚合物熔融指数的增加,所生产的纤维纤度会变细,产品纵向断裂强力下降,横向强力同样也有所减少,透气性降低,而阻隔性能(静水压)或过滤效率升高等。

过滤效率(FE)或静水压(HSH)是衡量熔喷非织造材料的两个重要指标,当产品用于过滤领域,要并兼顾过滤阻力时,FE 值越大越好;当产品用于阻隔领域时,其 HSH 指标越高越好。要生产高过滤效率或高静水压产品,就要尽量选用流动性能好,MFI 较大的原料。

在同样的熔体温度下,用较高流动性原料生产的产品,其静水压会较高;而同一种原料,随着熔体温度的升高,产品的静水压也会较高,但当温度到达一定值以后,这种趋势就会出现拐点,不再提高了,静水压会出现下降趋势(表 5-1)。

表 5-1 原料 MFI,熔体温度对静水压的影响(20g/m² 产品)

原料 MFI	产品的静水压/cmH₂O				
	246℃	260℃	274℃	288℃	302℃
800	35	45	54	73	73
1100	51	58	63	75	74
1750	60	67	73	84	—
1950	—	—	—	81	89

目前,市场上已经有使用氢调法制造、牌号为 1900R,MFI 为 3200 的超高流动特性的 PP 原料,由于其中分子量极小的部分已被分离出去,因而具有分子量分布较窄,不含过氧化物,可以用较低的纺丝温度,纺丝过程没有异味和烟雾等特点,产品的纤维细,过滤效率高,阻力小等特点(图 5-4)。

图 5-4 用 1900R 原料生产的熔喷材料纤维电镜图

在幅宽为 1600mm 的熔喷生产线使用 1900R 原料,生产 22g/m² 空气过滤产品时,推荐螺杆挤出机的温度为 210~240℃。纺丝箱体温度为 250℃,热牵伸气流温度为 260~270℃,流量约为 29m³/h,DCD 值为 250~280mm,运行速度为 30m/min,挤出量为 65~75kg/h。产品的过滤效率见表 5-2。

表 5-2　用 1900R 生产的熔喷空气过滤材料技术性能

序号	样品定量/（g/m²）	测试条件	性能数据（经过水驻极后）	
			过滤效率（PFE）/%	过滤阻力/Pa
1	22	32L/min,NaCl 气溶胶（单层）	98.96	13.2
2	22	60L/min,NaCl 气溶胶（双层）	99.93	49.7

由于用 1900R 原料的分子量分布较窄,因此,生产的熔喷材料中,纤维直径较细,直径尺寸的分布也较窄。

(二)辅料对熔喷产品质量的影响

1. 断链剂

上述氢调法、茂金属催化法仅适宜在石油化工企业使用,而降解法既可以在大型企业,也可以在小工厂内应用。但很明显,这三种生产熔喷法聚合物原料的工艺,仅适宜在聚合物原料生产企业中使用,而无法在非织造布生产企业的现场应用。多年前,瑞士汽巴公司[2008 年被德国巴斯夫(BASF)公司收购]开发出一种内部编号 EB43-76 的添加剂(CR76),可以在非织造布生产企业内实现这个目标。

在纺丝系统的螺杆挤出机入口,以适当的比例添加汽巴公司生产的 IRGATEC CR76 后,可以在熔喷布生产现场,利用共混纺丝工艺,在挤出温度超过 250℃ 的条件下,就能发挥很强的断链作用。使普通的低熔融指数的 PP 原料实现有效的降解,成为分子量较小、流动性能更好的熔喷法非织造布原料,并可以将原料的相对分子质量控制在较窄的范围。

CR76 添加剂是一种新型自由基产品,是预分散的浓缩母粒,可以确保在挤出过程中的分散均匀性,便于添加进螺杆挤出机中使用。具有可控的减黏、降解反应能力,可以形成窄的分子量分布,在理论上与茂金属催化的 mPP 的 MWD 相等。

在非织造布生产现场,只需以很小的添加比例(1.0%~2.0%)进行共混纺丝,就很容易将普通的低熔指的纺粘级原料,转变为高熔指的熔喷级原料,而且还可以提高熔喷布或纺粘/熔喷复合(SMS)产品的力学性能,纤维也较柔软。提高了产品的耐老化热稳定性、韧性。

我国在 2007 年前后,汽巴公司曾直接与江苏省张家港相关企业开展了 CR76 的应用推广工作,此后陶氏(DOW)公司的科研团队也在北京一家企业进行了相关试验,验证了 CR76

的良好断链效果。鉴于当时 CR76 的价格较高(十几万元/吨),加上高熔指(MFI>1200)原料供应充足,这个技术就没有获得更多关注。

由于 CR76 不含过氧化物,无毒性,对皮肤无刺激,挥发分的含量很低,完全不存在使用过氧化物原料的缺点。因此,是一个比较成功的断链剂,也是在缺乏高熔指熔喷原料的市场环境下,解决生产急需的一个选项。

2. 驻极添加剂

为了改善熔喷空气过滤材料的静电驻极处理效果,延缓静电荷的衰减速率,因此,经常以共混纺丝工艺,在生产过程中添加驻极母粒,目前制造驻极母粒的原料有矿物质、有机物等,天然电气石就是常用的一种原料。驻极母粒就是将纳米级别的电气石粉按一定比例与载体 PP 料混合造粒而成。

这种电气石驻极母粒的表观黏度会随剪切速率增大和熔体温度的提高而下降,是一种剪切变稀的熔体。在加入驻极母粒以后,熔体的表观黏度增加,对纺丝熔体有增稠作用,因此,为了保持熔体有足够的流动性,就要适当提高熔体的温度。

很明显,加入驻极母粒后,可以改善静电荷在高温、高湿环境下的储存特性,但也会影响熔体的可纺性,这种影响会随着加入比例的提高而越发明显。其次还会使纤维的直径增大,直径分布变宽,产品的 MD、CD 拉伸断裂强力下降,缩短喷丝板使用周期等。因此,除了考虑生产成本这个因素外,驻极母粒的添加量要以不明显影响纺丝稳定性为前提,具体添加比例随品牌不同而有很大差异。

3. 色母粒及其他添加剂

由于熔喷纤维的直径很细,对添加剂的分散性要求很高,否则很容易发生全幅宽断丝,布面出现大量小粒状疵点等严重缺陷,而且会影响熔体过滤网及喷丝板的使用周期。因此,在熔喷布的生产过程中,一般很少添加其他添加剂,如色母粒或改性剂等。

如果工艺要求需要生产有颜色的产品,就必须选用分散性好的熔喷专用料。

二、温度

在熔喷法非织造布的生产过程中,温度主要牵涉熔体的温度和牵伸气流的温度以及环境温度、熔喷纤网的冷却温度。调整温度对产品质量的影响较明显,但其结果要滞后一段时间才能体现。

(一)熔体温度(T_m,℃)

熔体的温度对聚合物熔体流动性影响最大,因此,熔喷法非织造布的纺丝工艺要使用更高一些的温度以提高流动性能,在诸多工艺因素中,熔体温度是对纺丝过程影响较为明显的一个因素(图 5-5)。

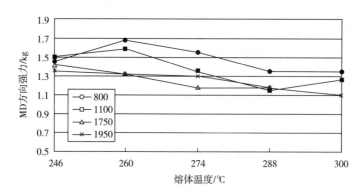

图 5-5　原料 MFI、熔体温度与产品断裂强力的关系

　　熔体的温度与聚合物的熔点有关,如 PP 熔体温度一般在 250～270℃,对纺丝稳定性及产品性能有很明显的影响。温度越高,熔体的流动性越好,越容易牵伸为较细的纤维,缩小产品的平均孔径,对提高产品的阻隔、过滤性能有好处。

　　纺丝过程中,升高熔体的温度可以赋予聚合物分子链段更强的运动能力,因此有利于高聚物分子的松弛,即温度越高,黏度越低,流动阻力小,在较小的熔体(纺丝箱体)压力下,熔体就可以顺利地从喷丝孔挤出,而且喷丝孔的出口胀大效应也较小。

　　在纺丝过程中,较高的熔体温度,可以延长从喷丝孔喷出熔体的降温过程,也就是增加了熔体被牵伸形变的时间和距离,更容易获得直径较细的纤维;但太高的熔体温度和太快的牵伸速度,也更容易引起飞花,也容易引起聚合物的热降解,产品的机械性能会下降。

　　在一定范围内,提高熔体的温度可以提高熔体的流动性,有利于纺制出直径更细的纤维,生产出质量更好的熔喷法非织造材料,使产品有更好的阻隔性能、更高的过滤效率、更高的静水压。但提高熔体的温度会增加聚合物的热降解,产品的物理力学性能会随之降低。

　　调整熔体的温度后,会影响产品均匀度、纤维细度、静水压与透气性、过滤效率与过滤阻力等。随着熔体温度的提高,纤维的直径会变细,单位重量纤维的长度增加,有利于提高产品的均匀度和改善遮盖性,产品静水压或过滤效率提高,而透气性下降、过滤阻力增加,而产品断裂强力总的趋势是下降的。

　　从图 5-6 的数据和表 5-3 可以看出:在同样的熔体温度下,用较高 MFI 原料所制造的产品具有较高的静水压,MD 方向的断裂强力较小;而同一种原料,随着熔体温度的升高,静水压也随之升高,产品在 MD 方向的断裂强力出现了下降的趋势。

　　而从另一个角度,如果使用高流动性原料,就可以用较低的温度生产出相同质量的产品,从而减少产品的能耗。利用改变熔体的温度能调节熔体流动性的这个特点,经常用于调整产品的均匀度。

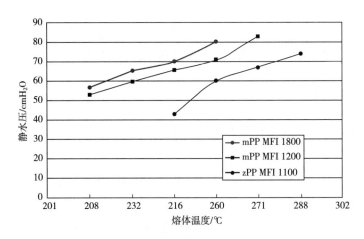

图 5-6　熔体温度对静水压的影响

表 5-3　原料 MFI、熔体温度与产品断裂强力的关系（20g/m²）

原料 MFI	产品 MD 方向的断裂强力/kgf				
	246℃	260℃	274℃	288℃	302℃
800	1.45	1.68	1.55	1.35	1.35
1100	1.50	1.58	1.35	1.15	1.27
1750	1.42	1.32	1.18	1.18	—
1950	1.35	1.32	1.30	1.18	1.10

　　当产品出现有规律的稀网现象,即在一些特定位置出现稀网时,通过提高纺丝箱体对应位置(温度控制区)加热区温度的方法,就能在一定程度上增加相对应区域的熔体挤出量,使产品的稀网缺陷获得改善。

　　但提高熔体的温度是有限制的,因为纺丝箱体是一个导热性能良好的金属制品,热传导就不允许这个区域与相邻区域形成很大的温度差,其次是提高熔体温度后,这个区域的纤维会变细,产品的性能也会出现有差异,如强力降低、过滤效率或静水压提高,容易发生飞花等。

　　提高温度能增加对应区域的熔体挤出量,也就是可以增加这个区域纤网(产品)的定量,而降低温度则会减少这个区域纤网(产品)的定量,从而可以调整纤网的均匀性。当然,这种调整是有限制的,如果温度太高,局部容易出现飞花或晶点;如果温度太低,则相应区域的纤维会较粗,产品的性能(如过滤效率)会下降,而且会受相邻温区箱体金属材料热传导的影响,不可能将温度降得太低。

　　熔体的温度设定值还与熔体挤出量相关,挤出量较大的系统,熔体在系统内的停留时间较短,流动速度快,为了使聚合物熔体能获得充足的热量,就需要提高设备的温度,增加温度差,就可使聚合物充分受热塑化,成为高质量的熔体。

因此,纺丝系统的熔体温度设定值并不是固定不变的,而是与挤出量成正相关。提高熔体的温度后,还可以延长冷却时间,增加受力牵伸的时间和距离。

(二)牵伸气流的温度(T_a,℃)

熔喷系统用高温、高速气流实现了对熔体细流牵伸。因此,牵伸气流的温度与聚合物的熔点有关,一般要比熔体温度高 5~10℃,如 PP 纺丝系统的熔体温度为 240~260℃,而牵伸气流的温度一般在 260~280℃,要比熔体温度更高一些,这样能使熔体离开喷丝孔后,保持在较高的温度下被气流牵伸。

牵伸气流的温度越高,提供给熔体细流的能量越多,使其保持较低的黏度,熔体越容易被牵伸为较细的纤维。产品的静水压、过滤效率也越高,手感也会越好,但温度太高,过滤阻力也会有所增加。由于温度太高导致熔体的黏度下降、易被高温、高速气流牵伸为很细的纤维,并被拉断,产生飞花或形成晶点、针孔等缺陷,静水压、过滤效率反而会呈下降趋势,还会影响产品的手感。

喷丝板是依靠纺丝组件与纺丝箱体的接触面,通过热传导从纺丝箱体获得热量的,喷丝孔布置在喷丝板的尖端,离纺丝箱体的距离最远,处于温度较低的位置,这将降低熔体的流动性,增加熔体细流的牵伸阻力,并导致喷丝板内部的熔体压力升高,威胁喷丝板的结构安全。

而从喷丝板两侧气隙流过的高温牵伸气流,可对喷丝板进行有效的加热,随着牵伸气流温度的上升,对喷丝板,特别是喷丝板的尖端加热效果也越好,使熔体保持较高的温度和流动性,可生成较细的纤维,产品的静水压或过滤效率也会提高(表5-4)。

表5-4 牵伸气流温度与产品的静水压

气流的温度/℃	270	290	310	330
产品静水压/mmH$_2$O	180	275	290	370

如果牵伸气流的温度与喷丝板的温度相同,甚至比喷丝板的温度更低,这时不仅达不到用牵伸气流加热这个目的,反而是相当于"冷却",甚至将喷丝板的热量带走,产生冷却降温作用,导致熔体通过喷丝孔时温度降低,流动性下降,阻力增加,增加喷丝板发生损坏的概率。这对稳定纺丝过程,保证喷丝板的安全是不利的。

(三)环境的温度(或冷却风温度)

由于熔喷纤网是依靠自身余热固结,利用环境空气冷却的,环境温度的高低决定了与熔喷纤维的温度差,也就是会影响热量的交换和纤维的冷却。因此,熔喷法非织造布的质量对环境温度很敏感,环境温度上升,温度差变小,冷却过程变长,熔喷布的温度会较高,产品的性能则明显下降,而且在保存期间的稳定性较差,发生的质量变异也越大、越不稳定。

一些简易型辊筒接收熔喷系统,由于接收辊筒没有配置抽吸风系统,穿透熔喷纤网的气流很少,而是有大量的高温气流直接逸散的厂房内,导致环境温度很高,这就很难生产出高品质产品。另外,室内温度还会受大气环境影响,白天的温度比晚上高,中午的温度比早上、傍晚高,夏天的温度比冬天高等,导致熔喷产品的质量产生规律性波动。

环境温度越高,纤网的冷却过程越长,对产品质量的负面影响越大,如强力下降,容易出现晶点,手感变差等。当纺丝系统配置有强制的冷却装置时,虽然产品的能耗会增加一些(约10%),但可以稳定纤维冷却过程的温度,从而稳定产品的质量,特别是对降低生产过程的晶点出现概率有明显的效果,提高了过滤效率,还可以提高产量。

在高温环境生产或储存的产品,其各种性能仍将处于不稳定的变化状态中,如拉伸断裂强力下降,产品脆化;静水压、过滤效率降低;手感变差等。

环境温度越低,对纤维的冷却越有利,能提高产品的质量,降低晶点的出现概率,可以增加产量,提高产品的静水压和过滤效率,手感也会较好。

牵伸风温度的高低和抽吸风机流量的大小,都会影响熔喷纤网的冷却过程,牵伸风温度越高、流量越大,纤网越难冷却;而抽吸风流量越大,相当于参与熔喷纤网冷却过程的环境气流也越多,可以带走纤网的更多热量,加快了热交换和冷却过程,而温度较低的环境气流也有利于提高纤网的冷却效果。因此,熔喷系统的抽吸风流量一般要比牵伸风流量大很多,配置的抽吸风机流量将是牵伸风机流量的5倍以上。

三、纺丝熔体的流量

在熔喷法非织造布的生产过程中,产品的质量与聚合物熔体的流量,牵伸气流的流量、冷却风流量及抽吸风流量有关,由于一般的生产线没有配置流量计量装置。而这些流量基本是与相关的流体输送设备的转速成线性关系,因此,这些流体的流量基本都是用相关设备的转速控制的,如用纺丝泵的转速控制熔体流量,用风机的转速控制风量等。

(一)熔体挤出量

螺杆的转速一般跟随纺丝泵的转速变化,并受滤前熔体压力控制,运行过程中,这是一个闭环的压力自动控制系统,螺杆挤出机的转速是不需人工干预的,会自动跟随纺丝泵的转速和滤前压力变化,使纺丝泵输出的纺丝熔体挤出量保持稳定。

有的简易型熔喷系统并没有配置纺丝泵,螺杆挤出机输出的熔体直接进入纺丝箱体供纺丝组件纺丝。这种系统一般是开环系统,螺杆挤出机的转速,也就是熔体的挤出量是人为设定的,无法消除运行过程中出现的扰动,熔体的压力、挤出量的稳定性会较差,而且会随着运行时间的延长,系统内的阻力(主要来自熔体过滤器滤网、或纺丝组件内滤网)会随之升高,如果螺杆的转速不能同步升高,熔体的挤出量就会减少,对产品的纤维细度、均匀度会有一定的影响。

螺杆转速高,挤出量增多,喷丝孔的单孔流量也增大,纤维的直径会偏大,产品的纵横向强力比也会增大;静水压下降;过滤性能下降;透气性变好。因此,生产过滤、阻隔型产品时,螺杆会处于转速较低的低挤出量状态运行。

同样定量规格的产品,螺杆的转速增加,喷丝孔的单孔流量增大,纤维直径变粗,散热困难,冷却不足,会增加发生并丝的概率,阻隔性能下降。螺杆转速太高,熔体被过分剪切,会导致熔体的停留时间太短,聚合物受热不足,熔体的流动性、温度、质量的均匀性变差,会影响纺丝稳定性。

如果螺杆的速度太慢,熔体会因停留时间太长而发生降解,导致产品变色(发黄),强力下降。但速度下降至一定程度后,由于无法建立一个稳定的压力系统,将无法正常稳定纺丝。

在成网机速度一样时,螺杆转速升高,产品的定量(g/m^2)会增加。产品越厚,纤网的重叠层数更多,其平均孔径变小,阻隔性能会变好。而在产品规格相同的条件下,螺杆转速升高、喷丝板单孔流量增加、纤维变粗,其平均孔径变大,阻隔性能、过滤效率会下降。

(二)喷丝孔的熔体流量

1. 喷丝孔的单孔熔体流量

当纺丝系统有多个纺丝计量泵时,熔体的流量实际就是全部纺丝泵的熔体总挤出量,与纺丝泵的转速(r/min)成正比,是一个可控变量,同时也决定了特定喷丝板每一个喷丝孔的熔体流量——单孔流量,有时用符号 g/min 或 ghm 表示。

$$单孔流量(g/min) = \frac{纺丝系统总挤出量(g/min)}{喷丝孔总数(h)} \qquad (5-1)$$

喷丝板单孔流量的大小与喷丝孔的直径有关,直径较大的喷丝孔,喷丝板的强度也较高,可以允许有较高的熔体压力和较大的单孔流量,而纤维必然也较粗。但在增加单孔流量时,也将提高纺丝组件内的熔体压力,容易导致纺丝组件内的密封效果变差,发生熔体泄漏,在产品表面形成粒状缺陷。

喷丝孔直径小、熔体的流动阻力会较大,单孔流量必然也较小,熔体需要有更高的压力和更好的流动性,对聚合物熔体的洁净度要求也更高。在同样的牵伸速度下,单孔流量(ghm)越小,纤维越细,产品的阻隔性能越好,静水压或过滤效率也越高,但产量会降低。

在生产阻隔型产品时,一般喷丝板(孔径约为 0.30mm)的单孔流量<0.5g/min,生产空气过滤材料时,单孔流量仅为 0.2 ~ 0.3g/min,对于一些高孔密度的小孔径(孔径约为

0.15mm 左右)喷丝板,单孔流量<0.1g/min;而生产吸收型产品时的单孔流量>0.5g/min。

生产一般的通用性熔喷产品时,国产熔喷系统单位幅宽(m)每小时(h)的正常产量为50kg/(m·h),但生产过滤、阻隔型产品,产量要低一些,仅有20~30kg/(m·h);而在生产吸收、隔音、保暖型产品时,产量要高一些,可以有50~70kg/(m·h)。国外有的新机型已达到75kg/(m·h),生产吸收类材料时,有的机型可达80~100kg/(m·h)。

熔体的流量同时也是纺丝系统的挤出量,而产量(kg/h)虽然与挤出量成正比,但还要考虑合格品率。因此,实际产量要比熔体的挤出量小一些。同一喷丝板,产量(或纺丝泵速度)越低,单孔流量也越小,纤维越细,产品的静水压、过滤效率也越高,产品的其他性能都会趋好,这也是在生产过程中,只要纺丝系统降速运行,就能提高产品质量的内在原因。

但喷丝板的单孔流量或纺丝泵的转速不能太低,否则会因熔体压力下降而影响纺丝箱体内的熔体均匀分配,影响纺丝稳定性,局部区域可能会出现断丝,甚至出现大面积无法正常纺丝的现象。在纺丝系统刚启动阶段,发现无法正常纺丝时,通过纺丝泵提速一般都能获得改善,其原因就是原来箱体内的压力偏低所致。

在纺丝系统的正常运行状态,纺丝泵的最低转速一般不宜低于额定速度的三分之一,即使这时还能稳定纺丝,但产量很低,经济效益会较差。同样原因,如果喷丝孔的直径较小,而喷丝孔的数量较少,也就是在孔密度较低的状态下,虽然纤维会较细,但纤维数量少,产量会较低,从而影响产品的均匀度、遮盖性和生产线的经济效益。

2. 喷丝板孔密度

孔密度就是在喷丝板布孔区单位长度(m)内喷丝孔的数量(个),是喷丝板的一个重要性能指标。

根据孔密度的基本定义可知,在布孔区长度相同的条件下,喷丝板的孔密度越大,则喷丝孔的直径必然较小,不仅喷丝孔相互之间的间隔会很小,连接喷丝板两侧的金属材料也会越薄、越少,喷丝板的结构强度会较低,允许的熔体压力、单孔流量会较低,产量也会较小。

而喷丝孔的直径大小则与喷丝板的孔密度没有必然关联,即喷丝孔较小的喷丝板,其孔密度就不一定会较大。市场上就有人将喷丝孔直径的大小,作为评价喷丝板技术水平高低的标志,其实只有孔密度才是评价喷板技术水平的重要指标。因为要提高孔密度,必须要解决更小直径、更大长径比的小孔加工问题和突破熔体出口胀大这个工艺瓶颈,这才是技术含量所在。

一些喷丝孔长径比较小的喷丝板,为了避免因熔体出口胀大而引发并丝,其喷丝孔间的中心距会比常规设计方案更大。常规设计的喷丝孔间中心距一般约为喷丝孔直径的两倍(有的喷丝板会小于两倍),而这一类喷丝板的喷丝孔间的中心距,一般约为喷丝孔直径的三倍。因此,尽管喷丝孔直径较小,但孔密度会较低,导致纤维数量减少,影响均匀度,也降低了产量。

如在熔喷系统已普遍应用的喷丝孔直径为 0.30mm、孔密度 hpi 42,孔的长径比 L/D 为 12 的喷丝板中,相邻两个喷丝孔的中心距约为 $2D$(图 5-7)。

在 2020 年期间,市面上出现了一些孔密度 hpi 为 35,喷丝孔直径为 0.28mm,孔的长径比 L/D 为 10 的喷丝板(图 5-8),相邻两个喷丝孔的中心距为 2.6~3.0D,喷丝孔间的间隔明显大很多。

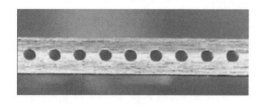

图 5-7　常规喷丝孔间中心距　　　　图 5-8　较大中心距的喷丝板

根据 PP 纤维的直径 $d(\mu m)=1183\times\sqrt{q/v}$ 可知,在同样的纺丝泵挤出量下,喷丝板的孔密度越大,喷丝孔数量越多,单孔流量 q 会较小,在同样的牵伸速度 V 作用下,纤维直径 d 会较细,产品的静水压也越高,过滤效率也会越好。

由于喷丝孔的直径较小,喷丝板的喷丝孔单孔流量也会较小,在同样的牵伸速度下,用这一类型的喷丝板较容易纺制出较细的纤维,但由于上述喷丝板的孔密度减少了,与常规设计的喷丝板比较,纤维的数量减少了约 17%[=(42-35)/42],产品的遮盖性、均匀度、静水压或空气过滤效率等性能会产生较大的负面影响,而且系统的产量下降,影响了经济效益。

一块平均孔径为 0.24mm 的喷丝板,如孔间距离按 2 倍孔径计算,其喷丝板的孔密度可达 hpi 53,但这块喷丝板的喷丝孔间距离实际等于 3 倍孔径,孔密度相当于 hpi 35。纤维的数量比前者少了 34%[=(53-35)/53],也就是说产量减少了三分之一。

因此,要根据产品的应用领域选用不同孔密度的喷丝板,如生产用于建筑领域的隔热、隔音产品时,就可以选用孔密度较小的喷丝板,也就是可以使用较大直径的喷丝孔,系统会有更高的挤出量,有的机型的产量甚至可以达到 110kg/(m·h)。

3. 用高孔密度喷丝板生产的产品特点

目前,国外已经有喷丝孔直径为 0.10~0.15mm,最大 $L/D\geqslant100$ 的喷丝板,这种用特殊工艺制造的喷丝板,结构要比普通喷丝板复杂。由于单孔熔体流量小,可以纺制出亚纳米级熔喷纤维,即可以仿制出直径小于 1μm 的超细纤维(图 5-9)。

喷丝孔的长径比(L/D)很大,箱体内的熔体压力较高,还有利于改善纺丝箱体内的熔体分布均匀性。因此,用这种高孔密度喷丝板生产的产品,具有一般产品不可能具备的优异性能(图 5-10)。用不同孔密度喷丝板生产熔喷的纤维直径及纤维的直径分布宽度也不同(图 5-11),导致产品的性能就有明显的差异。

图 5-9 普通超细纤维

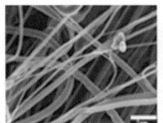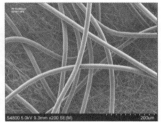

图 5-10 高孔密度喷丝板纤维对照

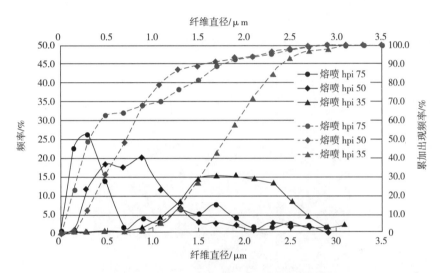

图 5-11 不同孔密度喷丝板的纤维分布特性

　　国内熔喷系统大量使用的喷丝板,其孔密度一般在 hpi 42、喷丝孔直径一般在 0.25~0.32mm,长径比在 10~15。目前,从国外引进的熔喷纺丝系统,喷丝孔直径在 0.15~0.18mm,最高孔密度 hpi 70~75,长径比 L/D 在 35~40,这种喷丝板更适用于生产高阻隔性能、高过滤效率的产品。经过比较,用这种高孔密度喷丝板生产的 SMS 型产品静水压,要比用常规喷丝板生产的产品高 30%~50%。

　　用高孔密度喷丝板生产的纤维直径较细,以上样品的纤维平均直径只有 332nm,而且分布也较窄[图 5-12(b)],比用普通喷丝板生产的产品会有更好的过滤、阻隔性能。而普通的 15~20g/m² 的熔喷材料,其静水压只有 700mmH$_2$O。

　　过滤效率表示过滤材料对规定粒径物体的阻隔能力,是过滤材料的一个重要性能指标。降低熔喷纤维的直径可以缩小材料的平均孔径,可以提高产品的静水压或过滤效率。纳米纤维直径很小(图 5-13),用较少定量的纳米熔喷布就能取得比普通熔喷布更好的使用效果。

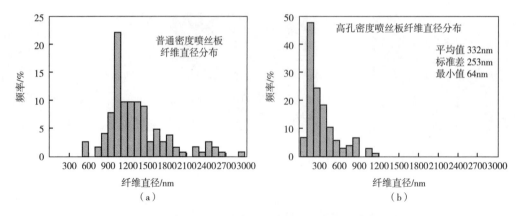

图 5-12 普通喷丝板与高孔密度喷丝板的纤维直径分布

图 5-13 用 hpi 100 高孔密度喷丝板生产的熔喷纤维直径

从图 5-12 和图 5-13 可见,用 hpi 100 的高孔密度喷丝板生产的熔喷纤维,其直径分布在 250～1000nm,平均直径为 750nm。用这种喷丝板制造的定量规格为 7.75g/m² 的熔喷布,纤维的其静水压可高达 700mmH₂O。相当于纤维直径在 1.0～5.0μm 的普通 15～20g/m² 熔喷布的静水压值,而消耗的材料仅为后者的 1/3～1/2,具有很好的应用前景。

表 5-5 为普通熔喷布+普通纺粘布与未经驻极处理的纳米熔喷布+普通纺粘布的过滤性能比较,可见仅有 2g/m² 的纳米熔喷布的过滤效率,就接近普通的 30g/m² 熔喷布的过滤效率,而由于产品更薄,过滤阻力会更低,显示出纳米纤维产品优越的过滤性能。

表 5-5 普通熔喷布+普通纺粘布与纳米熔喷布+普通纺粘布的过滤效率比较

样品组合	过滤效率/%	过滤压降/Pa
30g/m²普通熔喷布+70g/m²普通纺粘布	42.7	32
2g/m²纳米熔喷布+17g/m²普通纺粘布	38.0	18

四、气流流量

(一)牵伸气流的流量与聚合物原料流动性能的关系

在纺丝过程中,牵伸气流的流量与熔体的流动性有关,也就是牵伸纤维所需要的能量与聚合物的特性有关。同一种聚合物,喷丝孔的单孔熔体流量越大,需要的牵伸气流流量也越大;在同样的牵伸流量下,使用 zPP 原料时的温度要比使用 mPP 原料时更高的温度;在同样的温度下,使用 zPP 原料时的牵伸气流流量要比使用 mPP 原料时更大的流量(图 5-14)。

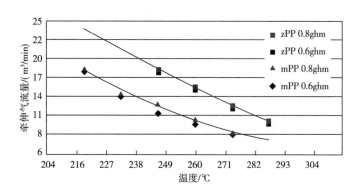

图 5-14　牵伸气流的流量与聚合物原料特性的相关性

(二)牵伸气流流量对产品质量的影响

由于牵伸气流系统的管道结构是固定的,也就是管网系统的阻力也是基本不变的,牵伸气流的流量也可视同牵伸气流的速度。在生产过程中牵伸气流流量与转速成正比,就是牵伸风机的转速越快,流量越大,牵伸速度越高,纤维越细,阻隔性能越好,静水压越高,过滤效率也越高,但太大会产生飞花。

在牵伸气流风量大(风速高)、风温高的工艺条件下,可生成较细的纤维。气流速度取决于风机的压力和流量,也与牵伸气流管网阻力(如管道布置,稳压、分流方式,气隙及两块刀板尖端间距离的大小)等因素有关。

牵伸纤维的能量是由牵伸气流提供的,熔体的挤出量越大,需要消耗的能量也越多,因此,牵伸气流的流量要与聚合物熔体的挤出量匹配。随着熔体挤出量的增加,也要同步提高牵伸热空气速度或增大牵伸气流的流量。

根据相关资料介绍,在纤维平均直径相同的条件下,牵伸单分散性分布纤维(即各种直径大小的纤维差异较小)所消耗的能量要比牵伸等量多分散性分布纤维(也就是各种直径的纤维差异较大)所消耗的能量少很多。

纤维的平均直径越小,其分布宽度也会越窄。如平均直径为 1.53μm 时,分布宽度为

0.8μm[= 1.9~1.1,图 5-15(a)];平均直径为 1.95μm 时,分布宽度为 2.5μm[= 1.0~3.5,图 5-15(b)];平均直径为 2.19μm 时,分布宽度为 3.0μm[= 1.0~4.0,图 5-15(c)]。

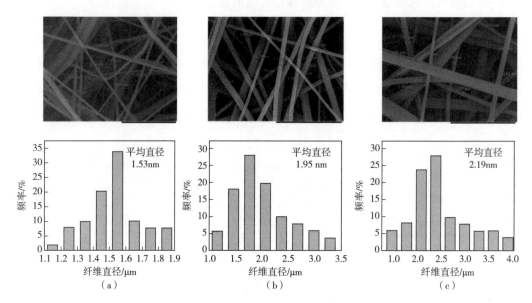

图 5-15 不同平均直径的纤维分布宽度

随着牵伸气流的流量(或速度)增加,纤维的直径变细,MD、CD(纵、横向)强力增大,静水压、过滤效率上升,产品的能耗随之增加;当流量(或压力)增加到一定值后,对纤维的牵伸作用不明显,而且容易产生飞花或晶点。导致静水压不升反降,对产品的质量十分不利,如果接收装置的抽吸风系统无法全部吸收这些气流,就会产生飞花,污染产品和生产现场。

飞花的出现有两种形式,一种是显性飞花,当出现飞花时,可以见到在空间有大量飘絮状熔喷产物在空间飘扬,既有大量飞花在空间飘扬,还有一部分被吸附在产品表面,这是一种严重的飞花,这时只有降低牵伸气流的速度、温度及熔体温度才能获得缓解,并需要提高抽吸风机转速才能消除。

另一种是隐形飞花,这时纺丝系统已处于发生飞花的临界状态,但只有很少量的飞花出现,而由于抽吸风量较大,这些飞花基本上均被控制并吸附在产品表面,使产品被污染,并跟随网面逸散的气流进入至下游设备中,只有很少量在空间飞扬,这时系统处于轻度飞花状态,只要适度降低牵伸气流的温度及速度就能消除。

飞花飘落在产品表面会形成影响质量的疵点,会在后续的传输过程中随机脱落,当生产线配置有静电驻极装置时,这种附着在布面上的飞花极易黏附在驻极装置与熔喷布正面接触的导辊上,污染设备的辊筒或驻极设备的电极,影响设备正常运行。

(三) 成网抽吸气流流量对产品质量的影响

成网气流的流量实际上就是主成网区进入抽吸风机的流量,包括牵伸气流与环境气流两部分的流量。由于抽吸气流的流量一般等于牵伸气流流量的 6~10 倍,因此,进入抽吸风机的气流以环境气流为主。风机的流量与抽吸风机的转速成正比。成网气流的均匀性会影响产品的均匀度,与抽吸风箱的设计有关。

抽吸气流流量的大小不仅会影响熔喷纤网的冷却效果,还会影响产品的密度。因为成网气流的流量越大,抽吸风箱的入口越窄,则牵伸气流及熔喷纤维到达接收装置表面时的速度会越高,而动能是与速度的平方成正比的,运动速度越快,产生的动能也会越大。这些动能将转换为势能,使纤网的密度增大,对产品的结构、物理性能会有较大影响。

虽然提高抽吸气流的速度会导致产品的透气性能变差,使过滤阻力增大。但产品的过滤效率、阻隔性能(静水压)会越好,而产品表面的网带纹路会更清晰,手感会变差。

成网抽吸气流的大小要与牵伸气流匹配,以能全部吸收牵伸气流,并保持稳定纺丝为准。太大的抽吸气流不仅会增加能耗,而且会在成网区域形成一个负压空间,如果成网机网带没有底板承托,并与网带下方的环境空气分隔开,下方的环境气流有可能穿透网带向上流成网负压区,把纤网吹起,当纤网回落到网带面上时,就使产品形成皱褶。

抽吸风机排出的气流中,仅有一小部分是高温牵伸气流,而绝大部分是温度较低的环境气流,对纤维有冷却作用。纤维的冷却效果则有赖于这些被吸入抽吸风箱的环境气流流量,流量越大从纤网上带走的热量也越多,冷却效果也会越好。较大的抽吸气流将增加吸入的环境气流量,可以使熔喷纤网得到更好的冷却。

由于抽吸风机吸入的室内环境气流一般都是排往室外,因此,会导致生产现场(室内)呈负压状态,室外的气流将通过厂房建筑的间隙、门窗被吸入室内,甚至还会影响小空间厂房的门窗启闭;从 CD 方向两侧被吸入抽吸风箱的气流还会挤压成网宽度,使产品的幅宽变窄,DCD 越大,这种影响也越明显,而且会出现卷边、翻网现象。

五、压力

在熔喷法非织造布的生产过程中,产品的质量与聚合物熔体的压力、牵伸气流的压力及抽吸风的压力有关,但这些流体的压力多以流体的流量反映出来,压力高,流量就大。而流量一般是与设备的运行速度相关的,速度越快,压力就越高。

压力更多体现在系统的安全运行方面,熔体制备系统的滤前压力显示螺杆挤出机的出口压力,用于保证螺杆挤出机安全运行,也是需要更换过滤器滤网的依据;纺丝泵的入口压力一般称为滤后压力或控制压力,是熔体压力控制系统的压力基准。

滤后压力一般由设备制造商推荐设定,主要是根据熔体的黏度或流动性能决定的。对于黏度较大、流动性能较差、MFI 较小的熔体,这个压力就不能太低,以免熔体无法及时流入,并充满纺丝泵的吸入侧,导致纺丝泵在高速、大挤出量状态运行时压力波动;如果设定值太高,会导致螺杆挤出机的转速上升,效率降低,能耗增加。

对于流动性好的熔体,在较低压力状态,就可以保证熔体能流入,并充满纺丝泵的入口侧,在较高速度运行时纺丝泵也不会出现气蚀现象,保持压力稳定。因此,滤后压力的设定值可以较低一些。

螺杆挤出机与纺丝箱体之间被纺丝泵分隔开,正常状态下,螺杆挤出机的压力不会传递到纺丝箱体。但在纺丝泵发生故障,如传动轴发生故障时,熔体就有可能直接从纺丝泵流过而到达纺丝箱体。纺丝组件(喷丝板)的强度较低,如果这个压力偏高,就会威胁纺丝组件的安全。

熔喷系统通常使用黏度很低的高熔融指数的聚合物原料,其熔体流动指数一般在1500g/min,熔体的流动性很好。因此,大部分熔喷系统的滤后压力设定值都较低,一般≤3MPa。而作为比对,纺粘法纺丝系统常使用流动指数为 35 左右的原料,其滤后压力设定值一般在 5~6MPa。

纺丝箱体的压力对熔体的均匀分配、纺丝稳定性及纺丝箱体、纺丝组件的安全运行至关重要。纺丝箱体的熔体压力是不可控的,主要取决于熔体分配流道的设计,流道的阻力越大,在同样的熔体挤出量状态,压力也会越高,更有利于熔体的均匀分配。如果熔体压力太高,加上熔喷系统的熔体流动性好,对于一些制造、装配水平较低的纺丝箱体,就很容易在纺丝箱体的两半箱体接合面出现熔体泄漏现象,也可能导致纺丝泵的传动轴端发生熔体泄漏。

而喷丝板的喷丝孔直径、长径比、孔密度、喷丝孔数量等也会影响纺丝箱体的压力,在喷丝孔直径相同的条件下,较大长径比的喷丝孔会形成较大的阻力,也能提高纺丝箱体的压力,可提高纺丝稳定性。

纺丝系统在生产空气过滤材料时,处于低流量状态,箱体内的压力也会较低,对熔体的均匀分配影响较大,这是限制纺丝系统低速、低流量运行的一个技术瓶颈,因为纺丝泵的转速太低,会直接影响纺丝稳定性,导致纺丝系统无法正常运行。

由于纺丝组件内的滤网会随着熔体通过量的增加,累积的污染物也随之增多,过滤阻力上升,纺丝箱体的熔体压力会随着运行时间的增加而不可逆的上升。因此,当压力达到设定值以后,应及时更换纺丝组件。

喷丝板允许的最高工作压力应根据设计而定,与喷丝板的孔密度有关,一般在2~3MPa,是保证喷丝板安全运行使用的重要条件,是一条不宜逾越的高压线。但喷丝板的工作压力较高,意味着可以有较大的熔体流量,能获得较高的产量,也有利于熔体的均匀分配。特殊设计的熔喷纺丝箱体及喷丝板,其工作压力可达 10MPa。

在同样的气隙宽度下,牵伸气流的压力越高,通过纺丝组件的牵伸气流流量也越大,从纺丝组件两张刀板尖端缝隙喷出的气流速度也越快,也就是牵伸速度也越快。

牵伸气流的压力与喷丝板的结构、牵伸气流管网阻力有关,对于阻力较大的牵伸气流系统,如管道较长、稳压装置阻力大、纺丝组件气隙及组件气流出口较窄的系统,就需要配置输出气流压力较高的牵伸风机。目前的熔喷纺丝系统,常用的牵伸风机输出压力一般为100kPa,但多采用100~150kPa。

由于在产品的质量相近或相同的条件下,牵伸一定量(质量)熔体所需要的能量,即牵伸气流的流量是变化不大的。而牵伸气流系统是纺丝系统中装机容量最大、消耗能量最多的一个系统。在流量相同的前提下,驱动电动机的功率与气流的压力成正比,压力越高,就要配置功率更大的电动机。因此,降低牵伸气流压力对降低能耗有重大意义。

除了一些早期设备会配置空气压缩机类压力较高的牵伸气流动力源外,气源压力与所选用的机型有关。选用螺旋风机时,出口压力≤0.138MPa(138kPa),纺丝组件内的牵伸气流压力≤0.08MPa(80kPa)。由于受工作原理所限,罗茨风机的出口压力较低,所有规格罗茨风机的压力不会高于0.100MPa(100kPa),而实际配置的牵伸风机,其压力会更低。因此,产品的质量也就大相径庭。

六、成网机运行速度

成网机的速度是决定产品定量大小的一个因素,在相同的熔体挤出量或相同的喷丝孔单孔流量状态下,成网机的线速度越低,纤网的定量(g/m^2,也称面密度)越大,静水压会越高,过滤效率会越高。

同一定量规格的产品,成网机的速度较慢,即喷丝孔单孔流量减少,纤维变细,产品的质量就会较好,静水压、过滤效率也越高,这是降低成网机运行速度可以改善产品质量的内因。

在生产过程中,如果通过其他措施无法提高产品的质量,采用成网机降速的方法通常可以获得明显的改进,但生产线的产量减少,经济效益下降。

由于熔喷系统的熔体挤出量较小,在生产大定量规格的产品时,只能通过降低成网速度来增加产品的定量,运行速度就很慢(≤5m/min);而在生产空气过滤材料时,因为静电驻极的效果与运行速度负相关,运行速度越慢,驻极处理时间越长,过滤效率也会越高。因此,成网机的运行速度也较慢。

熔喷布的拉伸强力较低,断裂伸长率小,很容易断裂,不能承受较大的牵引张力和冲击。因此,张力太大容易破坏产品的结构,导致静水压或过滤效率降低;而在卷绕机进入自动换卷绕杆状态时,产品就较容易因为张力突然变化而发生断裂。

由于熔喷产品容易断裂,加上很容易被环境的气流或静电干扰,产品的定量就不能太小,独立熔喷生产线能稳定生产的产品定量一般都大于$15g/m^2$。为了获得较高的产量和提高纺丝稳定性,熔喷系统纺丝泵的转速会较快,但成网机的速度却不能很快,否则会形成较大的张力。生产线只有一个纺丝系统时,成网机的最高设计速度一般在 70~100m/min。

配置在 SMS 生产线中的熔喷系统,由于熔喷纤网得到了纺粘纤网的加强,纤网传送过程所需的更大张力则由纺粘纤网承受。因此,熔喷纤网的定量和成网机的速度可不受限制,单一个熔喷系统的纤网定量≤1g/m²,而成网机可以采用 1200m/min 的高速度运行,产量也要比独立熔喷系统更高。

随着技术的进步,成网速度会越来越高,有两个熔喷系统的 MM 型熔喷生产线,运行速度已达 250m/min。

七、接收距离

(一)接收距离 DCD 对产品质量的影响

DCD 调节是熔喷生产工艺的一个重要调控手段,对产品的质量、物理力学性能有重大影响。DCD 是运行过程中或质量控制过程中,使用频度较高的工艺调节措施,DCD 可以影响产品的多项基本性能,如纤维直径、纤网的密度、纤网的平均孔径、均匀度、强力、断裂伸长率等物理性能及产品手感、成网幅宽等,从而对产品的阻隔性能、静水压、过滤效率等产生很大影响。

1. DCD 对纤维细度的影响

DCD 的大小直接影响熔喷纤维的牵伸,即纤维直径。牵伸气流及熔体细流刚从纺丝组件喷出后,熔体的喷出速度<0.1m/s,而牵伸气流的速度可≥300m/s,两者间还存在较大的速度差。因此,气流具有明显的、很强的牵伸作用,纤维会很快变细。DCD 的大小会影响纤维被气流牵伸时间的长短,DCD 越大,被气流牵伸的时间越长、纤维会越细,但这也是有限制的。

当纤维运动到离开喷丝板的距离增加以后,随着环境空气的阻尼作用,牵伸气流速度会很快衰减,与纤维间的相对速度差随之越来越小,牵伸力也会快速减小;而随着离开喷丝板的距离和在环境中停留时间的增长,熔体细流被周边空气带走的热量越多,冷却效果越明显,熔体的流动性也会明显变差,黏度也随之增加,需要的形变力也随之增大,当温度降至固化点后,就不会再有牵伸作用,纤维的直径也就不会发生变化了。

这两个因素的综合结果,使牵伸作用越来越不明显,到一定距离后,气流与纤维间已没有速度差,也就没有牵伸功能,纤维直径不再发生变化(图 5-16)。当 DCD>200mm 时,纤维所达到的速度与气流的速度基本相等,不再存在速度差,也就不存在牵伸力了,加速度接近为 0。再增大 DCD,纤维也不再被牵伸,直径变化趋于稳定,纤度最细。

随机型而异,纤维的最小直径一般出现在 DCD 为 110~200mm 这一范围。

因此,在一定范围内增大 DCD 能减小纤维的直径,可以提高产品的过滤性能和阻隔能

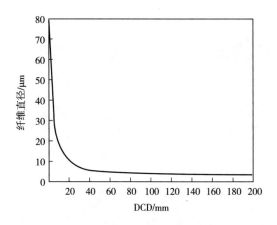

图 5-16　纤维直径与 DCD 的关系

力。生产空气过滤材料时,DCD 通常选择 150~250mm,而在 SMS 型生产线上生产阻隔型产品时,DCD 一般在 100~300mm 范围内调节。再增大 DCD 后,主要是影响纤网的堆积密度(g/cm^3),增加产品的透气性或蓬松度,而对纤维直径无影响。

2. DCD 对纤维运动形态的影响

在较小 DCD 状态,纤维以相互平行的形态有规律运动,纤网的均匀度会较好,而且并丝少。由于纤维"着网"(落在接收装置)时速度高,熔喷布的结构也较紧密,密度增大,阻隔性上升,透气性下降,手感变硬,断裂伸长率降低。

在较小 DCD 状态,纤网得不到足够的冷却,产品及接收装置的温度会很高,气流的速度也很高,导致控制牵伸气流的难度也随之增大,很容易产生飞花。

随着 DCD 的增大,纤维直径会有细化的趋势,但越来越不明显;而熔喷非织造布产品的断裂强力、顶破强力、撕破强力以及弯曲刚度均呈下降趋势。成网宽度受环境气流的影响明显、幅宽变窄。

随着 DCD 的变化,纤维的运动形态也会随着改变,在较小 DCD 状态,纤维以相互平行的形态有规律运动,纤网的均匀度会较好,而且并丝少。而在较大的 DCD,纤维的运动形态也有明显的变化,原来近似平行的状态开始改变,出现了一些横向运动状态,进而发展为严重的并丝(图 5-17)。

在较大 DCD 状态下,纤维的运动紊乱,甚至出现横向前进的姿态,容易出现大量并丝,DCD 越大,出现的并丝也会越多,纤网的均匀度会变差,纤维到达接收网带表面时的速度较低,熔喷纤网的密度下降,并丝较多、手感蓬松,透气率增大,过滤效率下降等。

如再增大 DCD,牵伸气流的速度已降低,并接近纤维的运动速度,由于气流与纤维间的速度差越来越小,加速度趋近 0,加上纤维已逐渐冷却固化,牵伸气流将失去牵伸作用,纤维直径也不再变细了。但产品的密度会下降(表 5-6),变得更为蓬松,有更好的手感和透气性

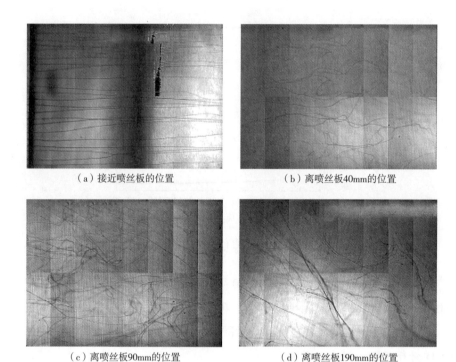

（a）接近喷丝板的位置　　　　　　　　（b）离喷丝板40mm的位置

（c）离喷丝板90mm的位置　　　　　　　（d）离喷丝板190mm的位置

图 5-17　纤维在离开喷丝板不同位置时的状态（垂直接收）

能,而并丝会增加。

表 5-6　纤网密度与接收距离 DCD 关系

接收距离 DCD/mm	60	90	100	120	180
纤网密度/(g/cm³)	0.066	0.051	0.048	0.038	0.033

3. DCD 与产品应用领域的相关性

　　熔喷系统的 DCD 调节空间行程与产品的应用领域（如用于过滤阻隔、隔音、隔热、吸收）,制造商品牌（设计方案与理念不同）,设备配置（如有无配置冷却吹风装置,成网机应急保护装置）等有关,而且存在较大差异。

　　DCD 增加,纤维到达接收装置网带表面时的速度较低,由动能转换为压力能减少,纤网的密度呈减小的趋势,纤网变得更为蓬松,透气量会增大,手感也会变好。在生产保暖、隔音、隔热材料时,要求产品具有较为蓬松的结构,就要采用较大的接收距离。

　　在 DCD 较大的状态下,纤维的运动紊乱,甚至出现横向姿态前进,容易出现大量并丝,DCD 越大,纤网出现的并丝也越多,纤网的均匀度随之变差。一般要使用较大 DCD 进行生产,因此,生产这一类材料的熔喷系统,其 DCD 调节范围一般不小于 600mm,有的会大于 1000mm。

由于纺丝系统设备结构限制,DCD 的最小值一般不小于 80mm,在这种状态下,纤维没有得到足够的冷却、降温,纤维粗大,产品的手感、物理力学指标都会很差,一般很少应用。当生产阻隔过滤型产品时,要求产品的纤网结构有较细的孔径,即要求产品既有较细直径的纤维,又有较大的密度。

当纺丝系统配置有冷却侧吹风装置时,由于气流喷嘴要占用纺丝组件与接收装置之间的一部分空间,因此,会影响 DCD 的最小值。一般配置情形下,配置有冷却吹风装置的纺丝系统,其最小 DCD 值要比没有冷却装置的系统更大一些。

4. DCD 对产品其他性能的影响

DCD 值的大小会影响铺网幅宽、均匀度、断裂强力、断裂伸长率、静水压、过滤效率、透气性、手感等性能。

(1)DCD 对铺网宽度的影响。在较大的 DCD 运行状态,生产过程受环境气流的影响会很明显,由于环境气流受抽吸风机在成网区形成的负压影响,两侧气流都会流向负压区,牵伸气流及纤维被挤压向中部,纺丝系统的铺网宽度也会明显缩窄,产品的宽度会明显变小。且留在产品表面凹凸不平的网带痕迹会变得平坦一些,产品也会有较好的触感。

(2)DCD 对纤网密度的影响。牵伸气流与纤维从纺丝组件喷出后,受环境气流的阻尼,运动速度下降,到达接收装置后,这部分动能就转变为压力能,而动能是与速度的平方成正比的,DCD 越小,熔喷纤网的结构更为紧密,密度也随之增加,阻隔性增大,透气性下降,产品手感变硬,断裂伸长率缩小。

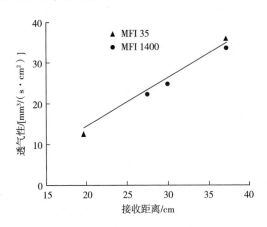

图 5-18　DCD 对产品透气性能的影响

如果增大 DCD,纤维的运动速度降低了很多,其能量(温度、速度)被环境气流消减了,纤网密度减小,空隙率和平均孔径就会增加,透气量增大(图 5-18),结构蓬松,手感也会变好,但阻隔性能(静水压)及过滤效率下降。

(3)DCD 对产品强力的影响。随着 DCD 的增大,强力增加,但有极限,如再增加 DCD 值,纤网结构蓬松,纤维间的黏合力下降,产品的强力反而会下降(图 5-19),DCD 增大后 MD/CD 强力比下降,即 CD 强力下降较缓,甚至会出现 MD≤CD 的情况。

对于流动特性不同的聚合物原料,产品的强力与 DCD 的相关性也符合上述规律,即产品的断裂强力会随着 DCD 的增大而下降,在较小的 DCD 条件下,产品会有较高的强力。在实际生产过程中,DCD 值一般不宜或不能小于 100mm,这时产品的断裂强力会处于最大状

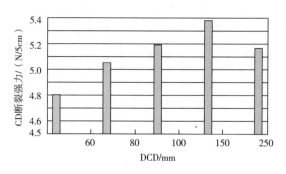

图 5-19 DCD 对纤维断裂强力的影响

态。当然其绝对值则与聚合物的分子量,也就是 MFI 的高低有关,从图 5-20 中的系列 1 到系列 4,系列 1 的 MFI 最高,然后顺次降低。

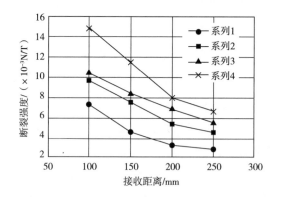

图 5-20 不同原料产品的断裂强度与 DCD 的关系

然而熔喷系统的最小 DCD 还受其他工艺条件限制,如 DCD 太小,会因牵伸气流的速度很高而难以控制,容易产生飞花,其次是纤网无法得到充分冷却,产品的温度会很高,产品质量和手感都会很差,已缺乏应用价值。

当熔喷系统配置有冷却风装置时,冷却风喷嘴也要占用纺丝组件与接收装置之间的空间,还要为环境气流进入成网机抽吸风箱提供足够的气流通道。此外,最小的 DCD 还要考虑进行喷丝板维护工作、应急保护装置动作时必须的空间和网带应急保护装置所占用的空间。

(4)DCD 对产品质量离散性的影响。纺丝系统 DCD 的大小不仅会直接影响产品的很多性能,而且还会影响性能的离散性,这一现象尤以配置有冷却吹风装置的纺丝系统更加明显,在较大 DCD 状态,环境气流进入抽吸风箱成网区的通道畅通,全幅宽的纤网会得到较为均匀的冷却,而在 DCD 较小的状态,吹风喷嘴与成网机网带之间的气流通道变得很小,除了CD 方向两端的纤网较容易获得环境气流的冷却,而有较好的质量(如较高的过滤阻力和较低的过滤阻力）。

但环境气流较难进入中部区域，导致这一区域的纤网难于获得充分的冷却，其质量明显不如两端的产品，使产品在幅宽方向的质量产生较大的差异，例如手感偏硬、断裂伸长率降低、过滤效率降低、过滤阻力下降等。而由于气流通道截面小，这些从网面高速掠过的气流对成网的均匀性干扰也更大，增加了产品质量的离散性。

（二）熔喷系统选择 DCD 值的原则

熔喷系统的 DCD 值与产品用途或质量要求有关，用于阻隔、过滤领域时，如生产空气过滤材料或卫生、医疗制品材料时，应用较小的 DCD 值；当产品要求有较好的手感或蓬松性时，如用于保温、隔音、吸收领域时，采用较大 DCD 值。

因产品应用领域不同，熔喷纺丝系统设计的 DCD 调节范围也会有很大差异，一般独立的熔喷生产线，常用的 DCD 调节范围在 100~600mm，最大可 ≥1000mm。在没有配置冷却吹风装置的情形下，最小可接近 80mm。

生产过滤材料、高阻隔型产品及 SMS 型生产线的熔喷系统，常用的 DCD 调节范围较小，一般为 100~400mm，实际运行时的 DCD 值一般为 150~250mm。

八、熔体制备系统设备

（一）供料系统

只要供料系统能正常运行，为纺丝系统提供充足的原料，就不会对产品的质量产生严重影响。最常见的问题是供料系统运行不稳定，导致纺丝系统供料不足，甚至缺料停机。

其原因包括：地面料斗缺料，吸入管没有插入原料，输送管道泄漏，原料中的并粒、连粒阻塞管道或在料内起拱，除尘器堵塞，控制系统故障，负压风机（漩涡风机、罗茨风机等）故障等。

（二）多组分计量混料装置

1. 物料的容重

计量装置可根据预定的比例，把本组分的物料送入下方的混合料斗或搅拌装置。物料的配比是按重量计算的，而计量装置则是按体积流量运行、计算的，对特定的一种物料，重量与体积之间存在一个正比例关系，这个比率就是物料的容重。

散装物料的容重并不是物理学中的密度，不能混淆。容重是单位容积中包括大量空隙在内的堆积物的物料重量，除了与物料自身的密度相关外，还与物料颗粒大小、均匀性有关。因此，同一类型物料的容重不是唯一的，而同一种物质的密度基本是固定不变的。

例如:PP 的密度为 0.91g/cm³,而 PP 切片的堆积密度(容重)仅为 0.55g/cm³左右;PET 的密度为 1.38g/cm³,而 PET 切片的堆积密度(容重)仅为 0.80~0.85g/cm³。

2. 计量混料装置对产品质量的影响

熔喷纺丝系统很少用共混纺丝的方式进行改性整理,除了生产医疗制品材料会较多添加色母粒,生产空气过滤材料时会添加驻极添加剂外,更少进行功能整理。计量混料装置的常见故障是计量不准确和缺料(原辅料供应中断)两种,对产品质量的影响一般是出现色差和功能性差异。如果是主要原料供应中断,还会导致螺杆挤出机由于缺料而发生飞车,保护系统动作,生产线跳停。

熔喷法非织造布的纤维直径较细,因此对添加剂的分散性要求很高,如果功能性添加剂、色母粒的质量有问题,例如分散性不好,将会影响正常纺丝,容易产生断丝、熔体滴漏、小孔,产品表面存在大量粒状物等,不仅降低了产品的静水压,而且可能使产品失去应用价值。

(三)螺杆挤出机

螺杆挤出机的速度会影响聚合物熔体的质量,螺杆挤出机的速度是受纺丝泵控制,并受滤前压力的影响,滤前压力会随着熔体通过量的增加而不断升高,还会随着熔体过滤器滤网使用时间的增长而上升。也就是螺杆挤出机的转速同时受控制压力和滤前压力两个因素的共同影响。

螺杆挤出机的速度是被动的、无须人为设定的。纺丝泵的速度越快,螺杆挤出机的速度也越高;滤前压力越高,螺杆挤出机的速度也越高;滤后压力(控制压力)设定值越高,螺杆挤出机的速度也越高。

熔喷系统原料的 MFI 很大,加之温度也较高,熔体流动性很好,熔体黏度较低。而螺杆挤出机的挤出量是与熔体黏度相关的,黏度低、效率下降,挤出量减少。因此,在同样的纺丝泵速度下,螺杆的转速会比熔体黏度较高时更快,由于熔体在螺杆挤出机套筒内的停留时间较短,不利于更好塑化和压力稳定,而且会增加能耗。

螺杆挤出机是处于变速状态运行的,正常情况下转速会有 2~3r/min 波动。因此,必须控制系统必须留有足够的调速空间,也就是螺杆的实际转速不宜高于额定速度的 90%,否则压力自动控制过程迟钝,将引起熔体压力波动,影响产品的质量。

在使用不同的原料或添加剂时,同样的纺丝泵速度下,螺杆挤出机的转速有时会出现越来越快的趋势。出现这种情形时,可以尝试通过更换原料或添加剂的方法解决。

由于在高温状态,聚合物原料都会发生降解,分子量下降。在正常生产状态,螺杆的转动速度会较快,熔体在套筒内的停留时间较短,降解并不明显。当配套的螺杆挤压机挤出量较大,或螺杆转速较慢的状态,熔体在套筒内的停留时间较长,会发生较多的降解,产品的拉伸断裂强力等指标会变差,有时产品还会出现泛黄的变化。

在一些简易型熔喷系统,没有配置独立的熔体过滤器和纺丝泵,熔体的挤出量直接由螺杆挤出机的速度控制,由于这是一个开环的系统,螺杆的转速仅受人工控制,并没有根据熔体压力的变化及其他因素,如熔体黏度、温度、电网电压等的随机变化和波动,进行自动调整,对产品的均匀性、物理性能的稳定性都有影响。

(四)熔体过滤器

在运行过程中,随着滤网上积聚的杂质越来越多,过滤阻力增加,熔体过滤器的滤前压力会不断升高,导致螺杆挤出机的速度也随之上升,消耗的能量增多。

过滤网使用的时间越长,滤网积聚的杂质越来越多,实际的孔径会变小,过滤精度会升高,熔体会更干净,有利于稳定纺丝。这就是临近更换滤网前,纺丝系统的运行较为稳定的原因。

但滤前压力升高以后,会增加换网操作的难度,特别是刚开始换过滤网、第一个脏滤网退出以后,过滤面积突然减少了一半,阻力急剧增大,系统内会形成一个熔体压力尖峰,容易导致超压保护系统动作而全线停机。因此,要及时换网。

如果预热时间不足,新换上滤网的温度还较低,熔体的流动性变差,通过能力减弱,导致滤后压力下降,熔体输出量减少,纺丝箱体内的熔体压力下降,也容易导致断丝。

熔喷纺丝系统的生产过程是连续进行的,因此,熔体过滤器也必须是不停机换网型,否则停机换网会带来很大损失。而更换滤网的操作不当,会引起熔体压力波动,螺杆挤出机的转速会发生大幅度波动;如果在换滤网时没有将系统内的空气排出,就有可能发生断丝。

(五)纺丝泵

1. 纺丝泵运行状态对产品质量的影响

纺丝泵的转速是由人工设定的,由于纺丝泵的转速会影响喷丝板的喷丝孔熔体流量及纺丝系统的产量。纤维的细度与纺丝泵的转速成正比,纺丝泵速度越高,产量越大,纤维越粗,产品的强力下降;而纺丝泵速度越慢,产量越低,但纤维的直径会变细,产品的各项质量,如过滤效率、静水压等指标会趋好,这就是生产过程中,为了获得更好的产品质量,纺丝泵要降速运行的内在原因(图 5-21)。

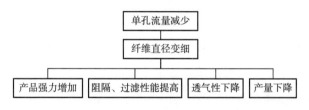

图 5-21 单孔流量与纤维直径对产品性能的影响

2. 纺丝泵的转速决定产量

纺丝系统的熔体挤出量与纺丝泵的排量和转速成正比,挤出量没有考虑合格品率及原料的利用率,其基本关系如下:

纺丝系统的挤出量 $Q(\text{kg/h}) = k_1 \times$纺丝泵的转速 $n(\text{r/min})$

式中:系数 k_1 与熔体的密度(g/cm^3)和纺丝泵的每转排量(cm^3/r)有关。而熔体的密度与熔体的温度 t($℃$)及压力有关,但在熔喷法纺丝系统,各种聚合物熔体的密度主要与温度有较紧密的关联,其关系如式(5-2)、式(5-3)所示:

PP 熔体: $\rho_{PP} = 0.897 - 5.99 \times 10^{-4} \times t$ (5-2)

PET 熔体: $\rho_{PET} = 1.35 - 5.00 \times 10^{-4} \times t$ (5-3)

PLA 熔体的密度与温度的关系如图5-22所示。

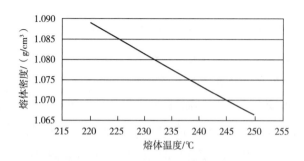

图 5-22   PLA 熔体密度与温度的关系

在同一个纺丝系统,k_1 基本是固定的,在生产线稳定运行后,可通过实测产品的定量或单位时间内的产量平均值,再利用以上公式分析、倒推,就能确定 k_1 的数值,方便以后的工艺计算。

例:已知:纺丝泵排量 $q = 50\text{cm}^3/n$,纺丝泵转速 $n = 40\text{r/min}$,PP 熔体温度为 $240℃$,

PP 熔体温度在 $240℃$ 时的熔体密度

$$\rho_{240} = 0.897 - 5.99 \times 10^{-4} \times 250 = 0.75(\text{g/cm}^3)$$

系数 $k_1 = q \times \rho = 50 \times 0.75 = 37.50(\text{g/r})$

纺丝系统的挤出量:

$$Q_{240} = 37.50(\text{g/r}) \times 40(\text{r/min}) = 1500(\text{g/min})$$

相当于 $1500(\text{g/min}) \times 60(\text{min/h}) \times 0.001(\text{kg}) = 90(\text{kg/h})$

3. 纺丝泵的转速与产品质量的关联性

(1)纺丝泵转速决定了喷丝板的单孔流量。喷丝板的单孔熔体流量是指每一个喷丝孔在一分钟内的熔体流量,单位为克/(孔·分),常用其英文缩写 ghm 表示,是纺丝泵的挤出量与喷丝孔总数的比例。

纺丝泵速度的转动速度决定了喷丝板的单孔熔体流量,速度越低、单孔流量越小,纤维的直径也越细。因此,同样定量规格的产品,纺丝泵的速度越低,静水压越高,阻隔性能越好。

$$单孔流量(ghm) = \frac{纺丝泵挤出量}{喷丝孔总数}$$

对于用作空气过滤的高滤效、低滤阻熔喷材料,一般都采用静电驻极工艺来实现其高滤效、低滤阻的质量要求。静电驻极的处理效果与纤维细度有关,在同样的牵伸速度下,喷丝板的单孔流量越小,纤维就越细,静电驻极的效果就会越好,过滤效率也就越高。

因此,在应用静电驻极工艺生产高过滤效率产品时,喷丝板的单孔流量都较小,纺丝泵的运行速度一般都会较低,产量也会较大幅度减少(约减少一半),而产品的能耗会增加。

但降低纺丝泵的转速后,纺丝箱体的熔体压力也会降低,影响熔体的均匀分配,会影响纺丝稳定性。因此,纺丝泵的降速下限是有限制的,一般不小于额定转速的1/3,而且降速后也降低了产量,影响效益。

(2)熔体的压力。纺丝泵的进口熔体压力(也就是过滤器后的压力,又称滤后压力或控制压力)是人为设定的,在运行过程中,电气控制系统会使压力稳定在这个范围。设定值太高,会使螺杆速度升高,容易引起压力产生波动,而且会影响喷丝板的安全。

滤后压力的设定值会影响纺丝泵的工作方式,当设定值偏低时,纺丝泵会一直处于出口压力比入口高的增压方式运行;而当设定值较高时,在刚换了纺丝组件初期,纺丝泵是会处于出口压力比入口低的降压的方式运行,而到了将要更换纺丝组件前,箱体压力升高,纺丝泵则可能进入增压方式运行。

由于纺丝泵的内部结构,如轴承润滑、驱动轴的轴端熔体密封是与纺丝泵的运行方式有关的,一般纺丝泵是以增压方式出厂的,如果改变了工作方式,就容易导致轴承润滑不良,轴端出现熔体泄漏等。如在纺丝组件使用周期的后段,随着纺丝箱体压力的升高,纺丝泵的工作方式发生了改变,轴端就开始有熔体泄漏。

熔喷系统使用的原料流动性很好,温度也较高,熔体黏度较低。因此,螺杆挤出机的效率下降,挤出量减少,在同样的纺丝泵速度下,螺杆的转速会比熔体黏度较高时更快,影响压力稳定。

滤后压力越高,螺杆挤出机的转速也越快。因此,滤后压力,即纺丝泵入口的熔体压力不宜偏高。纺丝泵的入口压力(控制压力)的设定值主要是根据熔体的流动特性决定的。使用流动特性差的熔体时,压力就要较高;使用熔体流动性好的系统,在较低的压力下,熔体会较容易进入,并充满纺丝泵。熔喷系统一般使用高流动性原料,因此,滤后压力设定值一般在2~3MPa。

如果纺丝泵的转速太低,输出的熔体压力会降低,将影响纺丝箱体内的熔体均匀分配,导致发生断丝、滴熔体等现象，最严重的状态就是喷丝板有一部分位置（长度）没有熔体喷出，这种情况在纺丝系统刚启动纺丝时最常见，出现这种情况时，一般通过提高纺丝泵的转速都能得到改善。

（3）多纺丝系统的纺丝泵转速或纤网定量分配。在成网机速度一定的条件下，产品（或纤网）的定量与纺丝泵的转速成正比。在有多个熔喷系统的生产线，如 SMS 型生产线，一般可以将产品的定量平均分配到各个纺丝系统，也可以人为有差别地分配各个纺丝系统的纤网定量，使产品中的各层具有不同的特性，制造出新型功能性产品。

增加最上游纺丝系统的纺丝泵转速或纤网的定量，即增加底层熔喷纤网的定量，能改善成网机的网带容易堵塞，影响网带透气量问题，可以稳定产品质量，延长网带清洗周期。

九、纺丝牵伸系统性能

（一）纺丝箱体与纺丝组件

1. 纺丝箱体

纺丝箱体的功能主要是将熔体均匀分配到喷丝板的全幅宽位置，使所有喷丝孔能获得温度一样、压力稳定和流量均匀的纺丝熔体。熔体分配不均匀会影响产品的均匀度，在极限状态，局部区域的熔体压力偏低会影响正常纺丝，甚至使产品出现缺陷。

除了极少数熔喷纺丝箱体可能会使用气流或热媒加热外，熔喷纺丝箱体都是使用分区电加热的，一般会沿 CD 方向将纺丝箱体划分为很多个温度区，通过调整特定温区的温度，能改变相应区域的熔体流动性，也就可以改善熔体分配的均匀性，保证了产品质量的均匀性。

局部温区的温度出现异常，会影响纺丝过程的稳定性。如温度偏高的位置，就容易发生飞花或出现晶点；而温度偏低的位置，产品的定量会偏少，纤维变粗，产品的手感变差。

由于纺丝箱体是用导热性能良好的金属材料制造，相邻温区间的温度差会导致热量流动，使温差缩小。因此，相邻温区不可能存在很大温差，更不会存在一个明显温区间的分界。

在熔喷系统的运行过程中，即使纺丝箱体某一温区的加热系统失效，内部流动的熔体也会提供相应的热量，使这个区域不会下降太多，而相邻温区的热量会通过金属材料的热传导使这个温区仍保持在较高的状态，并在稍低的温度状态维持纺丝，但熔体的流动性会稍差。

虽然纺丝系统是在纺丝箱体已达到温度设定值后才开机运行，这时的熔体流量很小，开机后，熔体流量增大，消耗的热量也随即增加，由于纺丝箱体是一个热惯性很大的金属体，增加消耗的热量无法得到及时补充，导致箱体的实际温度降低，并大幅度偏离设定值，使纺丝系统处于一个不稳定的过渡过程。

这个过渡过程的长短与加热系统的装机容量，控制系统的 PID 调节功能有关。装机容量大,PID调节功能灵敏,过渡过程就会较短。这就是一般纺丝系统在刚开机运行初期,纺丝系统问题较多的内在原因。

基于存在这个过程,刚开机的半个小时内,系统还处于一个渐趋稳定的过程,不宜大幅度调整工艺参数,特别是不宜很快增大纺丝泵的转速,因为这样还会威胁喷丝板的安全,很多喷丝板也是在这一阶段损坏的。因此,在电气控制系统,都会适当设定纺丝泵转速的上升速率(一般用时间的长短表示),使纺丝泵能平稳加速。

熔喷纺丝箱是一个高温的静态组件,在运行中要注意避免出现太高的熔体压力(一般在3~5MPa),冷态升温必须有足够的平衡时间,杜绝熔体泄漏现象。

更换组件时,要注意清理箱体熔体分配流道的积碳和污垢,这些积碳和污垢会影响熔体的均匀分配。箱体上会有飞花和泄漏出的熔体,长期积累后会碳化、冒烟、产生阴燃或明火燃烧,必须及时清理。

2. 纺丝组件与喷丝板

喷丝板是熔喷系统的核心,在其山字形的尖端加工有一排精密的喷丝孔,喷丝孔的孔径的大小与产品的用途有关,长径比与孔密度及工作压力有关,也是决定产品质量和生产能力的主要因素。

(1)纺丝组件的结构尺寸。气隙(air gap),是刀板的斜面与喷丝板的斜面间形成的牵伸气流通道,一个纺丝组件有两件刀板,因此就有两道气隙,而且要求两道气隙的尺寸是对称的、大小相同的。

气隙的宽窄与牵伸气流的压力和流量有关,在0.80~2.00mm范围。由于牵伸一定量的熔体,也需要与之对应的一定量牵伸气流。在气隙的宽度较小(较窄)状态,气流通道的截面积减少,气流的流动阻力增加,必须配置更高压力的牵伸气流(或牵伸风机)。

因此,气隙的大小还要与牵伸气流的压力相匹配,否则若将气隙调窄,牵伸气流的流量会减少,反而难以获取较细的纤维。在允许相同的气隙宽度偏差条件下,气隙越窄,其在全幅宽的相对误差则越大,更难保持全幅宽范围内气流的均匀性。

喷丝板两侧气隙的牵伸气流总流量越大,提供给纤维牵伸的能量越多,有利于降低纤维的直径,但不是决定纤维直径的关键因素,其核心是牵伸气流从纺丝组件喷出时的速度,与两块刀板刀尖间的缝隙宽度有关。

在运行过程中,纺丝组件中的气隙有可能被污染,导致纺丝异常、产品出现缺陷(主要是晶点和针孔)。出现这种问题时,一般可通过刮板得到改善。在刮板过程中,工具要小心顺着喷丝板的斜度插入气隙内,而不要剐碰、损坏喷丝孔。

(2)纺丝组件两块刀板的尖端间的缝隙宽度。纺丝组件两块刀板尖端刃口相对形成的缝隙是牵伸气流及纤维的出口,对喷出的气流速度,即对牵伸速度的影响甚为明显。在进入纺丝组件的牵伸气流的总流量,也就是从喷丝板两侧气隙流过的气流流量保持恒定的状态,刀尖间的缝隙宽度主要影响牵伸气流的速度和纤维直径(图5-23)。

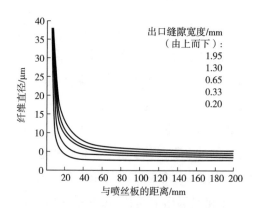

图5-23　纤维直径与气刀尖间缝隙宽度的相关性

　　在缝隙较大的状态,出口的牵伸气流速度会较慢,纤维会较粗。由于气流通道截面较大,阻力较小,牵伸气流的压力可以较低,风机驱动电动机的功率可以较小,能耗会较低,在全幅宽范围内,缝隙宽度的相对误差也较小。

　　在缝隙较小的状态、出口的牵伸气流速度会较快,纤维的直径也会越细,但阻力升高,牵伸气流就要有较高压力才能克服阻力,风机驱动电动机的功率会较大,能耗会较多。而在全幅宽范围内,不同位置缝隙宽度的相对误差值会较大,也不容易控制,对制造刀板材料的热稳定性及加工精度的要求也较高。

　　这也是不同的熔喷纺丝系统,所配置的牵伸风机性能、驱动功率会存在有较大差异的原因,而这种差异也必然在产品质量上有所反映。纺丝组件的出口缝隙一般在1.0~1.6mm。

　　喷丝板两个斜面的角度会影响牵伸力的大小,常用夹角60°~90°,国产设备以60°角较多,这时牵伸气流与纤维前进方向平行的分量也越多,速度也越快,有利于增加牵伸力。在国内也有90°的机型,这种喷丝板会有较高的结构强度。

　　刀板的刃口一定要保持锋利、无缺损,这个间隙宽度的均匀一致性决定了牵伸气流在幅宽方向的一致性;刀板的平面要保持在同一平面上,否则喷出的气流就不是集束状,而是呈散发或偏向一侧喷射状态,会影响纤维细度和纤网的均匀度,也增加发生并丝的概率。

　　(3)纺丝组件的锥缩会影响纺丝稳定性。两块刀板的下平面至喷丝板山顶的距离称为锥缩,锥缩取值的大小会影响纺丝稳定性,主要是影响晶点的出现概率。为不产生系统性的质量缺陷,必须保证锥缩值为正值(>0),实际尺寸约为0.6~2.0mm,也就是喷丝板的尖端必须缩入刀板平面的内部,锥缩值太小产生晶点的概率会增大。

　　快装式纺丝组件都配备有不同厚度的垫板,可分别用于调整锥缩和气隙的尺寸,但两者间会存在一定的关联。

在仅改变锥缩值时,如果没有改变气隙垫板的厚度,则也会同时改变刀板与喷丝板斜面的垂直距离,因此,气隙也会发生变化;而仅改变气隙值时,刀板仅作水平移动,锥缩则一般不会发生变化。

不同的纺丝组件,系统的配置也不同。因此,纺丝组件的结构尺寸不宜盲目照搬。在调节纺丝组件的气隙宽度时,出风口的间隙宽度也会同时随之改变。由于直接与牵伸速度有关,因此,对产品的质量影响较大。

(4)喷丝孔的结构对产品质量的影响。熔喷系统喷丝孔直径范围在 $\phi 0.25 \sim 0.50mm$,根据产品用途而定。直径不同、喷丝孔的单孔流量也不一样,对纤维细度有影响。用于生产阻隔过滤型产品时,喷丝孔直径一般为 $0.25 \sim 0.35$。

有的简易型小熔喷系统,由于无法获得更高的牵伸速度,便使用更小喷丝孔的方法,借此来降低喷丝孔的单孔流量,以获得更细的纤维,喷丝孔的直径约为 0.20mm。

然而,喷丝孔的直径越小,对熔体的洁净度、流动性能的要求也越高,会影响喷丝板的使用周期。孔径大、单孔流量大,产量高,纤维粗、直径分布较分散,而喷丝孔密度低,纤维数量少,产品均匀度会较差,产量也会较低。

纺丝过程的熔体出口胀大效应,会影响纺丝稳定性,并容易发生并丝现象。较大的喷丝孔长径比有利于降低出口胀大效应,还可以提高纺丝箱体内部的熔体压力,对改善熔体分布的均匀性有好处,也对提高纺丝稳定性有贡献。

喷丝孔的长径比对纺丝箱体的熔体压力,喷丝孔布置密度、纺丝稳定性和造价都有影响。根据加工技术难度和加工成本,喷丝孔的长径比分为几档,虽然早期还有 $L/D \leqslant 10$ 的产品,但 $L/D \geqslant 10 \sim 15$ 是最常用的,使用性能较好;目前 $L/D \geqslant 15$ 的很少使用;当 $L/D \geqslant 30$ 以后,将难以使用常规机械加工方法加工,制造费用会大幅增加。目前在熔喷领域使用的喷丝板最大长径比为 100。

(5)喷丝板的喷丝孔密度对产品质量的影响。喷丝孔的孔密度越高,喷丝孔的直径必然越小,相邻两个喷丝孔的距离也会更近,为了改善熔体的出口胀大效应和防止发生并丝的风险,就必须使喷丝孔的长径比更大。

常用的喷丝板,其喷丝孔沿 CD 方向排列密度为 $0.8 \sim 2$ 孔/mm,即相当于 hpi20~50,对纤维细度、喷丝板的强度和生产线生产能力有关键性影响,但主要还是与产品的应用领域有关。

目前,独立熔喷系统的喷丝板孔密度一般在 hpi35~42,在 SMS 型生产线用 hpi40~50 的喷丝板。而使用 hpi70~75 喷丝板的熔喷纺丝系统也已在国内投入运行。

同一喷丝板,产量越高,静水压或过滤效率会越低;产量相同,不同的喷丝板,孔密度越高,静水压或过滤效率越高。

表面上,熔喷纤维的细度与喷丝孔的孔径大小有关联,其实主要是与每个喷丝孔的熔体流量(单孔流量)有关,纤维细度与单孔流量呈正相关,单孔流量越大,纤维越粗。虽然英文代号 ghm 不是一个使用法定计量单位的复合单位,却是一个行业常用的术语,表示单个喷丝孔每分钟的流量(以克为单位),称为单孔流量。

在生产阻隔过滤型熔喷产品的纺丝系统,喷丝孔的直径一般为 0.3~0.4mm,单孔流量在 0.4~0.6g/min。当然,受喷丝板结构强度和最高熔体压力的限制,喷丝孔的直径越小,单孔流量也必然会随之减少,但发生堵塞的概率也会增加,影响喷丝板的使用周期。

虽然孔径较大的喷丝孔也可以有较小的流量,但在小流量状态,熔体压力会下降,影响熔体均匀分配和纺丝稳定性,而且大孔径的喷丝板孔密度肯定较小,在小流量状态对产品的均匀性影响会较大。

实际单孔流量的大小与产品用途有关,在生产阻隔型产品时,喷丝孔的单孔流量<0.4g。单孔流量越小,静水压越高,产量也越低。生产过滤、阻隔产品或要进行静电驻极处理的产品时,宜使用较小值。

在生产吸收型或保温、隔热、隔音产品、建筑用材料时,喷丝孔的直径较大,单孔流量>0.6g,可获得较高的产量。单孔流量偏大或熔体流动性偏低都会在喷丝板内产生过高的压力,会危及喷丝板的安全。

对于特定的喷丝板,单孔流量这个技术指标体现在产品形成过程的控制,就是纺丝泵转速的高低,直接影响纤维的粗细,也是取得质量与产量平衡的关键点,对系统的经济效益影响很大。

(二)牵伸热气流系统

1. 牵伸风机

牵伸气流流量越大,牵伸速度越高,产品的静水压越高,但太大会产生飞花。在大部分生产线,牵伸气流的流量是以牵伸风机的转速来表示的,生产过程的控制方式仅停留在设备控制层面,还不是真正的工艺控制。

牵伸气流的流量主要是与熔体挤出量相关的,熔体挤出量越大,所需要的牵伸气流流量也越大。但牵伸气流的流量还与纤维细度,即产品的质量有关,因此,同样幅宽或同样挤出量的纺丝系统,其配套牵伸风机的流量会有较大差别。而接收成网装置的抽吸风机的流量则要与牵伸风机相匹配,否则将影响纺丝稳定性。

牵伸气流的流量越大,纤维会越细,产品的阻隔性能会越好,风机的能耗也会增多。但其流量是有上限的,气流太大,将产生大量断丝、晶点,并形成严重的飞花,破坏纺丝稳定。

一般设计合理的纺丝系统,牵伸风机的运行转速应该处于额定转速的 60%~85% 范围。在纺丝系统正常运行期间,是绝对不容许突然中断牵伸气流系统运行的,否则将损坏成网机的网带。

但牵伸气流的流量、风机的转速不能太低,不然将因低于空气加热器的最小流量限制,而引起连锁保护系统动作,导致空气加热器自动退出运行。

牵伸风机的运行状态与空气加热器、纺丝箱体有严格的逻辑关系,这是安全生产的基本保证,其关系如下:

空气加热器要投入运行,牵伸风机一定要先投入运行;空气加热器要退出运行,牵伸风机一定要在加热器退出运行后,还要继续运行一段时间,将空气加热器内的热量带走、降温后才能停机。

在纺丝系统运行期间,空气加热器和牵伸风机都要保持正常运行;只有纺丝系统停止运行(系统离线或纺丝泵停止),才允许空气加热器和牵伸风机退出运行。

2. 空气加热器

牵伸气流温度越高,产品的静水压也越高,但温度过高,易生成晶点和飞花,静水压反而会呈下降趋势,并污染产品。空气加热器的温度太高,容易引起全幅宽范围的飞花或晶点。

空气加热器的出口气流温度一般要比熔体温度高 5~10℃,否则经过管道输送到纺丝箱体后,会低于熔体温度,因而失去对喷丝板的加热作用。如果在纺丝组件出口的气流温度低于熔体温度,则牵伸气流将失去对熔体细流的加热功能,反而变成冷却、降温气流了。

喷丝板的尖端离纺丝箱体的距离最远,传导热量的路程最长。因此,喷丝板尖端的温度会较低,导致喷丝孔内的熔体流动性降低,压力升高。这是影响喷丝板安全使用的重要因素。很多喷丝板就是因为开始纺丝前预热(包括牵伸风加热时间)不足,导致熔体压力超过了喷丝板材料的强度,而发生爆裂损坏事故。

在正常纺丝过程中,绝对不容许空气加热器退出运行,否则就相当于向纺丝箱体吹冷风,太大的温差将产生很大的热应力,威胁纺丝组件或纺丝箱体的安全。

在冷态启动的升温阶段,要尽量控制箱体温度与牵伸气流温度的差异,一般要求两者间的温度差控制在不大于 30~70℃这个范围。由于小幅宽箱体的绝对伸长量较小,就允许有较大温差;而幅宽较大箱体的绝对伸长量较多,产生的热应力很大,其温度差只能取较小值。

由于牵伸气流要经过纺丝组件内的气隙喷出,并直接喷射到产品中,因此,制造牵伸气流系统设备和管道所使用的材料,必须有较好的抗氧化性能,防止在高温环境下发生氧化或锈蚀,污染或堵塞纺丝组件的气流通道将影响产品的质量。

由于电热元件长期在高温状态运行,如果制造电热元件的材料高温抗氧化性能差,或电热管的表面负荷偏高,电热元件就容易损毁,导致空气加热器的加热功率不足,影响纺丝过程和产品质量。

经过长时间的运行及反复的温度变化,在热应力的影响下,空气加热器的材料及相应的管道难免会发生损坏,有的加热器的壳体会出现裂缝而导致有大量的热气流泄漏,影响正常纺丝。而管道,特别是活动的柔性管道也容易出现类似破损漏气问题,不仅影响纺丝过程,还浪费了大量能量。

(三)离线运动机构

离线运动机构的作用更多是在纺丝系统停机或启动初期,保护成网机及接收设备不会被污染及为更换、维护纺丝组件提供作业空间,正常情况下,对产品的质量没有直接影响。

由于系统一般是沿轨道离线的,而离线驱动装置都不会带制动装置,因此,在轨道的倾斜度存在较大的安装误差或运动机构(纺丝平台或接收成网装置)被牵伸气流管道、抽吸风机管道产生的张力拖拽时,很容易发生蠕动,改变了纺丝系统与接收设备的最佳相对位置,导致影响纺丝稳定性,使产品的质量发生变异,或产生越来越多的飞花,污染产品和生产现场。

这种情况在一些简易的、安装质量要求较低的纺丝系统,特别是结构重量较小的转鼓接收型成网设备更容易发生,这是运行期间需要关注的问题。

(四)冷却(风)系统

熔喷法非织造布工艺是在开放的空间喷丝成网,纤维在车间环境的空气中固结成网并冷却的。因此,环境气流的温度对成网过程及成网质量有极其重要的作用。

当纤网得到较为充分的冷却时,产品的拉伸、撕裂强力变大,断裂伸长率增加,纤维的刚性较强,而产品的其他物理性能(阻隔性、透气)没有明显变化。

在同样的工艺条件下,环境温度较低时,能显著降低出现晶点(shots,spot)的概率,间接提高了静水压,产品质量较好。当冷却气流的速度较高,而均匀性有明显差异时,会对铺网的均匀度产生干扰。

一般熔喷系统没有配置冷却设备,依靠环境空气自然冷却,产品质量会随温度而波动,产品下线后质量仍会出现变化,存在明显的衰减现象。熔喷系统配置强制冷却系统的主要作用是稳定冷却条件,使生产过程处于可控状态,不会因昼、夜及早、午、晚的环境温度变化,春、夏、秋、冬的季节变化,导致产品质量出现波动。

在同样的单孔流量状态,使用冷却装置后能提高牵伸速度(更高风温和流量),纤维变得更细,使产品的质量得到提高。

使用冷却风以后,能有效抑制飞花、晶点的出现,可以提高各项运行参数(如单孔流量、牵伸风的温度和流量)从而提高产量,一般可提高 10% ~ 15%的产量。

冷却喷口设在紧贴喷丝板的上、下游位置,视具体机型,其相对间隔距离为 70 ~ 500mm,冷却系统所使用的介质一般为空气或水。

冷却风温度一般≥12℃,气流量是牵伸风的 7 ~ 10 倍,最大可达 10000m³/(m·h),气流的速度一般在 10~20m/s。由于冷却吹风系统的结构简单,阻力很小,冷却风机的压力主要与吹风速度、吹风喷嘴间的距离有关,一般都较低,约在≤3000Pa 这一范围。

可以利用喷水雾的方法进行冷却,由于水的比热容约为空气的 4 倍,而在蒸发汽化过程中还会吸收大量的热量(汽化潜热),因此所消耗的水量较少,会有更好的冷却效果,冷却水既可以用低温的(≥4℃)冷冻水,也可以用正常温度的自来水,消耗的流量约为产量或熔体挤出量[一般在 30~50kg/(m·h)]的 0.4~0.8 倍,冷却水的流量可达20kg/(m·h)。

用水冷却的效果好,但容易使设备生锈和积垢,有可能污染产品,虽然 PP 纤维并不亲水,但当熔喷纤网含有普通水质的水分时,会影响静电驻极处理的效果。因此,当采用水雾冷却以后,为了移除水分,还要增加一个热风干燥处理工序,不仅会增加产品的生产成本,而且会对现场的设备布置产生影响。

十、接收成网与卷绕分切过程

(一)接收成网设备对产品质量的影响

1. 生产线的产品质量与产量的相关性

在熔体的挤出量相同,即纺丝泵转速一样的状态下,成网机的线速度越低,产品的定量越大,过滤效率和静水压也越高;同样的产品定量,成网机的线速度越低,产品的质量会越好,静水压或过滤效率也越高。除了可以根据纺丝泵的转速计算纺丝系统的熔体挤出量以外,还可以根据产品的定量、铺网宽度和成网速度近似计算纺丝系统的挤出量。

挤出量(kg/h)= 定量(g/m²)×铺网宽度(m)×成网速度(m/min)×0.06

产量(kg/h)= 定量(g/m²)×产品幅宽(m)×成网速度(m/min)×0.06

纺丝系统的挤出量中,包括了产品两侧存在的稀网和不整齐边缘的废边料,而且也还没有考虑产品的合格品率,因此,实际的挤出量或产量都要比这个数值小。

成网机的线速度(m/min)直接决定了生产线的产量,产量与速度成正比,速度越快,产量也越高。

$$产品的定量(g/m^2)= \frac{熔体挤出量(g/min)}{铺网宽度(m)×成网速度(m/min)} \tag{5-4}$$

生产同样定量规格的产品时,改变成网机的速度之所以能改变产品质量的本质,就是改变了纺丝泵的转速,即改变了喷丝板的单孔流量,也就是改变了熔喷纤维的直径,但与此同时,纺丝系统的产量也会随之发生变化。

在生产同一定量规格产品时,如以产品的质量优先为原则调节成网机速度,成网机及纺丝泵这时应该趋向以更低速度运行,产品的质量会更好。如在生产空气过滤材料时,降低速度可以增加纤网在驻极装置中的停留时间,又因为纺丝泵同时降速,单孔流量同步减少,纤维会变得更细,产品的过滤效率就会有明显的提高。

如以纺丝系统或生产线的产量优先为原则,成网机及纺丝泵这时应该趋向以更快的速度运行。在生产空气过滤材料时,提高速度将减少纤网在驻极装置中的停留时间,又因为纺丝泵速度更快,喷丝板的单孔流量增大,纤维变粗而使产品的过滤效率下降,其他质量指标也会发生变化。但产量会按比例增加,经济效益更优。

因此,调节成网机速度时,要兼顾质量与产量的关系,既要保证产品质量,又要保证经济效益。

2. 成网机网带对产品质量的影响

熔喷系统抽吸风箱的入口较窄,截面积较小,因此,进入抽吸风箱的气流速度越快,常在12~25m/s 这一范围,气流的速度越快,熔喷纤网的密度也越高,会有较高的静水压或较高的过滤效率,但透气性能下降,透气阻力增大。

相对于熔喷纤网对于气流的阻力,网带本身所形成的阻力还是较小的。因此,不同透气量的网带对产品质量的影响并不明显,主要是影响剥离性能,但对一张特定的网带,如果透气量明显变得太小时,纺丝过程的可控性较差,容易产生飞花,牵伸速度也会受限制,纤维直径增大,产品质量下降。

熔喷生产线的纤网是在高温状态喷射到接收装置(网带或辊筒)上的,由于纤维细、纤网的强度和刚性都较低,在自身速度和抽吸风作用下,产品表面容易复制出网带粗糙的纹路。网带的编织工艺,特别是透气量与开孔率两项指标,对产品的表面形态影响较大。开孔率越大,纺丝系统的 DCD 越小,抽吸气流速度越快,产品表面会越粗糙。

为了避免出现这种现象,在熔喷生产线可选用较细经线、纬线编织的,表面较平整的接收网带。有的熔喷系统则选用用金属丝编织的网带,由于金属丝编织的网带有良好的导热性能,使纤网迅速冷却,而且表面很平整细腻,熔喷产品有很好视觉质量。

网带在使用过程中有大量的气流通过,经过长时间运行、抽吸气流中的单体,短纤维及灰尘会堵塞网带的气流通道,容易污染网带;网带表面也经常有滴落的熔体堵塞网带,使透气量下降,难于控制牵伸气流,影响产品的均匀度。因此,要经常清洁网带,使其保持良好的技术状态。

网带工作面上残留的熔体,可利用热风枪加热软化后剔除,热风的温度要控制在 160~180℃,作业期间热风枪应一直处于摆动状态,不得长时间在同一位置停留。

对于已被单体烟气污染的网带,可将网带拆下,在有张力的张紧状态下,用带洗涤剂的高温(100℃左右)、高压(6~8MPa)水流冲洗干净,但禁止将网带直接放在热水中浸泡、漂洗,否则网带将发生严重变形而报废。

对已替换下来,但仍有使用价值的网带,要适时进行清理,包装、保存好备用。

3. 接收转鼓(辊筒)对产品质量的影响

当熔喷系统采用转鼓接收时,并不是在360°的圆周方向都会形成负压区,仅是一个中心角度(60~90°)对应的扇形开口区域,由于转鼓表面可以利用的圆周空间有限。因此,不能像网带接收的成网机那样,可以在成网机主抽吸区的上、下游设置逸散气流控制区,提供更多控制成网气流的手段。

转鼓的开孔率大小、孔的面积等对接收过程、产品的质量都有影响,有的简易转鼓接收装置内部并没有负压区,大量牵伸气流只能直接逸散到周边环境中去,这时就无法获得很高的牵伸速度,纤维也会较粗,但产品却会较蓬松。因此,也不会像网带接收那样,在产品表面留下较明显的网带痕迹。

一般情形下,转鼓朝向纺丝箱体的直径方向轴线,并不一定需要与纺丝箱体的中线重合,而是将转鼓相对纺丝箱体往下游方向偏移一段距离,或使转鼓的内胆开口区域朝转动方向的下游偏转一定角度,这样能使更多的纤网覆盖扇形抽吸区域,防止抽吸气流从没有纤网覆盖的位置短路,提高了对牵伸气流的控制能力和抽吸气流的利用率,对防止发生飞花有很明显的效果。

由于是利用转鼓的圆弧曲面接收,在这个扇形接收区域,不同位置的DCD有较大的差异,在喷丝板中线的两侧,DCD均会比中心区的DCD更大。因此,产品的结构会比成网机网带接收更为蓬松一些,加上金属结构的转鼓更容易散发热量,可以使纤网更快降温、冷却,对提高产品的物理性能有好处。

使用运行时间长了,转鼓的透气能力也会降低,因此,也要及时清洗转鼓,并要注意防止表面发生变形和损坏。由于转鼓是用不锈钢材料制造的,可以使用类似清理网带的各种方法进行清理工作,而不必担心在清理期间损坏转鼓的工作面。

4. 抽吸风系统对产品质量的影响

(1)抽吸风系统的功能及作用。熔喷系统是一个开放式纺丝系统,成网机的抽吸风机除了要吸收纺丝组件喷出的牵伸气流及冷却装置的冷却风外,还要吸走大量的环境空气(简称野风)。

抽吸风的流量必须大于牵伸气流、冷却风的总流量,加上野风的流量,抽吸风机的流量约为牵伸风流量的5~10倍;当抽吸风箱的入口宽度较窄时,截面积较小,进入抽吸风箱的气流速度会很快,阻力会很大,风机需要较高的压力才能克服系统的阻力,稳定控制牵伸气流。

野风有一个很重要的工艺作用,就是消减牵伸气流和纤维的能量(动能和热能),吸收高温牵伸气流的热量,使纤网得到充分的冷却、降温,并使牵伸气流和纤维减速。

由于熔喷纤网是依靠余热自黏合成网的,纤网能得到快速、充分的冷却,可以使纤网充分定型,能改善产品的质量和手感。因此,野风的流量越大,其冷却效果也会越好。

因此,抽吸风机不仅流量较大,还需有较高的压力。显然,风机的压力与风箱入口的截面积有关,截面越小,配置的风机压力也要越高。一般熔喷系统抽吸风机的压力仅在 5kPa 左右,较好的机型为 8~14kPa,最高的可达 25kPa,压力不同,熔喷产品的风格、质量、应用领域也有差异。

在同样的流量状态,风机驱动电动机的功率与压力成正比。因此,配置的电动机功率也有很大差异。在 3.2m 幅宽的熔喷系统,不同品牌成网机抽吸风机的电动机功率会有较大差异,一般为 110~250kW。

(2)抽吸风箱结构对产品质量的影响。由于幅宽和熔体挤出量相同的不同纺丝系统,抽吸风机要吸入的空气总流量基本相同,因此,抽吸风箱入口的面积就会影响进入抽吸风箱的气流速度。由于入口的 CD 方向尺寸是一样的,因此,影响入口面积的唯一参数就是入口的 MD 方向宽度。

抽吸风箱的入口宽度较窄,抽吸气流通过网带时的速度就很高,纤维到达网带后,其动能都转变为势能(压力能),增加了纤网的密度,有利于降低纤网的平均孔径,可使熔喷产品具有较高的静水压或过滤性能。

但上、下游方向的环境气流同样也会以更快的切向速度进入抽吸风箱,对铺网均匀度会产生负面影响,故一般要设置上、下游逸流风箱,用于拦截部分环境气流,降低对产品均匀度的影响。

牵伸气流到达接收装置时的温度仍高于 80℃,即使与环境气流混合,抽吸风机的排气温度仍可接近 60℃(其中包括了风机增压升温的温度),管道和风机辐射的热量对车间内环境影响较大,一般将热气流直接排到室外。

如抽吸气流偏大,会在熔喷系统抽吸风箱入口形成一个大范围的负压空间,除了会吸入大量的网面环境气流外,还将没有金属板承托的网带下方气流由下而上反向穿透网带和纤网,使纤网向上鼓起,形成皱褶(图 5-24)。

图 5-24　环境气流穿透网带将纤网吹起

抽吸气流偏小容易产生飞花,抽吸气流还会影响产品的幅宽,偏大的抽吸气流会使铺网宽度缩窄,这种现象随着 DCD 的增大而变得更明显。

从另一个角度,抽吸风机的排气气流温度反映了纤维的冷却效果,排气温度越高,冷却效果越差。一般抽吸风机的吸入口温度在 45~55℃,在冬天或流量较大时温度较低;而由于风机在增压过程中使气体的内能增加,排气温度一般要比吸气温度高 4~6℃,风机的全压或转速越高,这种温升也越大。

抽吸气流会使车间内形成负压,会从室外吸入环境气流,影响生产环境的清洁卫生;没有受控的野风会干扰成网,导致产品发生卷边、被污染等。

(3)熔喷纺丝系统的工艺气流平衡关系。熔喷纺丝过程牵涉到熔体挤出量、牵伸风流量、冷却风流量、成网抽吸风流量与逸流风流量等的平衡问题。因此,相关工艺气流流量是以纺丝系统的熔体挤出量为基础进行计算的。

以下是国外一些熔喷设备制造商的工艺气流选用数据,均以每米幅宽为单位计算:

熔喷系统的平均熔体挤出量:50kg/(m·h),这是生产一般熔喷产品时的挤出量,对应的纤维细度在 2~6μm 范围。在生产过滤阻隔型产品或使用较高孔密度喷丝板时,挤出量要小于上述数值;而在生产吸收、隔音隔热型材料时,允许纤维较粗,熔体的挤出量则要比上述数值更高一些。

理论上的牵伸风平均流量约 1000m³/(m·h),压力 50~150kPa,温度要比纺丝熔体温度高 5~10℃,如果产品对纤维直径没有特别要求,则牵伸气流的平均流量可小一些。

熔喷纺丝系统是一个开放式纺丝系统,进入抽吸风机的气流主要是环境气流,其流量所占比例远比牵伸气流多。而与是否配置有强制的冷却风系统无关,因为这仅是用强制的冷却风替代了一部分环境风而已。因此,抽吸风的设计流量约等于牵伸风流量的 8~10 倍,相当于 8000~10000m³/(m·h)。

风机的压力一般在 5~13kPa 范围,实际配置的抽吸风机额定压力则与抽吸风箱的设计有关,较多在 10kPa 以内。如果是多纺丝系统中的熔喷系统,处于下游位置的熔喷系统要配置压力更高的抽吸风机。

强制冷却风的流量等于牵伸风流量的 6~8 倍,约 6000~8000m³/(m·h),压力一般在 2~3kPa 范围。

在进行配置风机选型时,为了保证风机能安全运行,并有一定的工艺调节空间,风机的额定流量应该在以上理论值的 1.5 倍以上,以获得足够的工艺调节空间,并保障设备能长时间在较高的环境温度下连续安全运行。

(二)卷绕分切机对产品质量的影响

卷绕分切机是指带有分切功能的卷绕机。熔喷法非织造布的断裂强力和断裂伸长率都较小,呈现较明显的脆裂性,在稍大的卷绕张力或牵引力的作用下,结构容易发生变化,轻者可以出现不容易看到的微断裂现象,导致阻隔性能或过滤效率下降,这是一个较为常见的现象。如果产品还要进行离线加工,由于产品还要再经历多一次卷绕张力的作用,对阻隔性能的影响会更为明显。

当卷绕张力太大时,最极端的结果是直接将布拉断,在运行速度较高,特别是在卷绕机的自动换卷过程,张力出现异常的突变时就容易出现这一情况。因此,在生产过程中,只要能把熔喷布张紧,就不宜再把张力设定太大。

在这种正常情形下,一般卷绕分切机都是恒张力卷绕。随着布卷直径增大,布卷芯部的熔喷布所承受的压力也是逐渐增加的,熔喷布在这种压力的影响下被压缩,密度增加,导致产品的阻隔性能提高,透气性能变差。如果是生产空气过滤材料,过滤效率会上升,而过滤阻力也随之增加。

由于卷绕机与成网机之间有一段长度(距离)的熔喷布是悬空的,很容易在生产现场穿堂风的影响下发生飘动;在生产过程中,熔喷布会产生强烈的静电,如果附近有人员走动,也会使熔喷布发生飘动。这两种外来干扰会影响分切过程的幅宽和端面平整,甚至使熔喷布发生断裂。

如果产品采用离线分切加工,则一般不再在熔喷法非织造布生产线上进行切边加工,这样既可以避免因分切过程影响生产线的正常运行,又可为后工序离线分切加工提供更大的工艺调整空间。而且可在略有余地的前提下,准确控制母卷的总长度,避免产生太多的尾料。

熔喷布会带有很强的静电,容易吸附异物而发生污染。在生产卫生、医疗制品用材料时,一定要保持现场的清洁卫生。

(三)分切机对产品质量的影响

分切机是将生产线制造出来的全幅宽产品加工为幅宽较小、长度较短的产品。产品采用离线分切加工时,由于产品增加了一次放卷、卷绕过程,对产品的质量会产生一些负面影响。相对而言,使用主动放卷型分切机进行分切加工,对产品的质量影响较小。

分切机的卷绕张力及分切机卷绕端的压辊压力对质量影响最大,过大的张力会破坏产品的结构,除了导致严重缩幅,并使产品的过滤性能、阻隔性能降低,过滤阻力降低;产品被过度拉伸后,断裂伸长率会降低,甚至可以将产品拉断。

张力会影响子卷分切端面的平整性,张力波动会导致子卷产品的幅宽难以控制,子卷间没有可见的缝隙,如果布卷的外侧发生交错重叠,还可能使子卷难以相互分离,甚至因严重变形损坏或无法互相分离开而被废弃。

而在分切机压辊的压力和卷绕张力的综合作用下,熔喷布的密度增大,静水压会升高、过滤效率会增加,而过滤阻力上升,手感也会变差。

在卷绕张力及压辊压力较大的状态,对产品的挤压作用也越大,处于布卷芯部的一部分产品的密度会增加,与布卷外层产品比较,其过滤效率、过滤阻力都会存在明显的差异,布卷的直径越大,这种质量差异现象也会越明显。

为了避免出现这种情况,目前有设备制造商推出了低张力卷绕设备,或无应力卷取/复卷技术,将卷绕或复卷过程对产品质量的影响降至最低。

锋利的分切刀可以在较小的张力状态将产品顺利切开,如果刀刃钝化,将会使布卷的切边起毛,使用圆盘式剪切刀会有较好的分切质量;刀具的安装角度不合理,吃刀量太大,刀片间的压力太大等,都会在加工过程产生大量粉尘,污染产品和设备。

离线分切时需要频繁开机、停机,这个过程会消耗掉一些产品;母卷的全部卷长也可能无法恰好得到充分利用,以致不可避免地产生一些无法利用的尾料。如果对子卷的最大卷径或长度没有严格限制,可将这部分尾料添加到子卷中,否则不仅降低了生产线的合格品率,还增加了能耗。

熔喷布会带有静电,特别是经过静电驻极处理的产品,会带有很强的静电,容易吸附附近的异物和空气中的灰尘。因此,在生产卫生、医疗制品用材料时,特别是生产口罩用的空气过滤材料时,一定要保持现场的清洁卫生,避免产品发生污染。

第三节 空气过滤材料质量的影响因素及测试

一、空气过滤材料质量的影响因素

(一)过滤材料进行驻极处理的目的

空气过滤是熔喷法非织造布的重要应用领域,空气过滤材料对颗粒物的阻隔、过滤作用,主要依靠机械拦截、惯性碰撞、扩散沉积、重力吸引、静电吸附等多种机理(图5-25)。而对空气中一些微米尺寸的颗粒,静电吸附起了重要作用。

驻极装置的作用是使熔喷过滤材料带上永久性的静电荷的设备,利用空气过滤材料的静电吸附效应,可以在提高材料过滤效率的同时,仍保持较低的过滤阻力。如定量规格为 $25g/m^2$ 的一般熔喷法非织造布材料,其过滤效率仅在30%左右,而经过驻极处理后,其过滤效率可以达到95%或更高,而其过滤阻力几乎没有变化。

一般认为经过驻极处理的过滤材料中,存在处于不同能态的两类空间电荷:一类是位于表面浅陷中的表面电荷,另一类是被捕获在深陷阱中的陷阱电荷。在常温储存或较低温度下表面电荷容易发生衰减,而陷阱电荷需在较高温度下激发才会从陷阱逃逸,表现出较高的存储稳定性。表面电势的快速衰减正是由于表面电荷的衰减引起的,而恒定的表面电位值

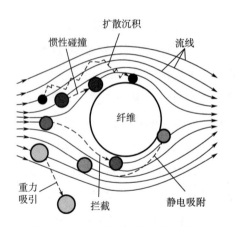

图 5-25 空气过滤微粒的各种机理

则表明了陷阱电荷的多少。

随着时间的推移,滤料表面的电荷都会有不可避免的衰减,但经过一定时间后,滤料的表面电势将趋于稳定。这可能是刚经过驻极处理的熔喷布,其表面电荷容易从空隙或者在与其他介质接触的过程中散失,而较深层的电荷则较难与外界接触及衰减,可以长时间的储存在非织造布内。这就导致滤料的过滤效率出现随着时间的流逝会先快速下降,然后便出现以很慢的速率衰减这种现象,而经过较高温度(140℃)处理后,其表面电势最低(图 5-26)。

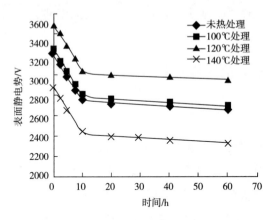

图 5-26 热处理对驻极熔喷布表面静电势的影响

驻极技术有多种,如电晕驻极、水驻极及热气流驻极等。目前配套在熔喷法非织造布生产线上使用的驻极装置,主要有静电驻极和水摩擦驻极这两种。离线冷态驻极和在线热态驻极是最为常用的两种驻极工艺。

由水摩擦驻极产生的电荷是沉积在熔喷纤维的内部,电量充足、接近饱和状态,不容易脱离约束而溢散、衰减,材料可以在较长时间内稳定保持较高的过滤效率;而静电驻极产生的电荷主要存储在材料的表面和近表面,电荷较容易溢散,材料的过滤效率容易发生衰减。

各种不同的驻极处理工艺,其核心都是要增加材料所带的电荷量,并延缓电荷的衰减,生产出满足市场要求的空气过滤材料。然而,有关驻极的一些机理尚没有一个很清晰的共识,有的说法还缺乏理论支持,有待在实践中探索求证。

(二)静电驻极装置

静电驻极的本质是电晕驻极(corona charging),经过静电驻极的熔喷布,利用材料自身驻极体产生的静电吸附作用,依靠库仑力直接吸引气相流体中的带电颗粒物,或诱导非带电颗粒物产生偶极矩并将其捕获,可以过滤、阻隔气流中微米及亚微米级尺度的颗粒,在大幅度提高熔喷布的过滤效率的同时,并不增加过滤材料的过滤阻力。

应用静电驻极工艺是生产高效、低阻空气过滤材料的重要方法。静电驻极装置可以直接布置在接收成网设备与卷绕机之间,在接收装置上形成的熔喷布产品,可以直接在静电驻极装置上进行在线驻极处理。

驻极装置包括两个部分,一个是驻极用的高压电源,另一个是驻极机架,这是一个配置有多只导向辊筒和电极的装置。

高分子聚合物是驻极体材料,其内部有很多杂乱排列的电偶极子,在外来电场的作用下,会整齐排列而带有极性,成为单极性的带电驻极体或双极性的带电驻极体。经过驻极处理后,过滤材料会带上电荷,依靠静电吸附作用,就能大幅度提高材料的过滤效率。

聚合物材料的结晶度、等规度和分子量分布会影响驻极效果,微观的晶相结构,如结晶类型、晶粒大小及结晶度都会影响驻极效果和过滤效率,结晶度越高,晶粒越小,等规度越高,分子量分布越窄,驻极效果越好,空间电荷也越稳定。

1. 影响静电驻极效果的设备因素

(1)静电驻极用的电极选用。驻极所用的电极形状会影响驻极效果,常用电极有线状及针状两种。

线状电极很简单,就是一根架空的导线,导线的直径越小,其电场强度越大,常用线切割机床使用的钼丝为电极。钼丝的弹性和耐电蚀性较强,不会容易拉断,其直径在 $\phi 0.18 \sim 0.20mm$。

线状电极的电场是以电极中心为轴线的一个同心圆,背离开熔喷布方向的能量没有被利用,但线状电极在产品全幅宽方向的电场较均匀,只要能把电极张紧,使全长与熔喷布的距离保持一致,就能避免带电量(过滤效率)出现太大差异。

针状电极把电场的能量集中在针尖,并指向被驻极对象(熔喷布),其电场是一个向下的圆锥,利用率较高。但由于针与针之间有一定的距离,导致电场并不均匀,而且针与针之间还存在像避雷针一样的屏蔽效应,因此,针与针间的距离不能太小,也就是密度不能太大,以免相互屏蔽。

无论是线状电极还是针状电极,由于长期处于高压电场中放电,将不可避免发生电蚀现象,金属材料会发生耗损。线状电极的直径会越来越小,熔体被拉断;而针状电极的长度会缩短、针尖变钝,由于针状电极的电场集中在尖端,强度很高,更容易损耗。因此,要经常检查,及时更换。

(2)电极的数量。电极的数量会直接影响驻极电流的大小,一般情形下,电极数量越多,总的驻极电流会越大。除了受空间位置和电源功率(输出电流)限制外,材料也存在一个电荷饱和问题,因此,电极的数量也是有限制的。

目前,大量的驻极设备较为简单,仅有两只电极,一些配置较高的设备会有 4~6 只电极,还会同时配置、使用多个驻极电源。因此,有较好的驻极效果。

为了提高驻极效果,有的系统采用了多设备、多点驻极方案,即使用多个驻极电源,在不同的地点对产品进行驻极处理,如除了在接收装置与卷绕机之间布置驻极设备的常规方案外,还可以在分切前(包括离线分切)再进行一次驻极处理。

(3)驻极电源特性。驻极电源的特性对驻极的效果有较大影响,驻极电源都是利用 220V 市电升高到工艺所需的数十千伏高电压的。目前使用的电源有利用半导体元件升压的电路板升压和利用高压变压器升压的变压器升压两类。前者的体积小,重量轻,价格较低,输出电流小,过载性能差;后者体积大,笨重,输出功率(电流)大,过载性能好。

(4)驻极系统接地。驻极过程是一个感应充电过程,在外加电场的作用下,原来中性的熔喷材料与电极相对的表面会带上异极性的电荷,而同时也在另一个表面产生等量的同极性电荷,驻极系统的接地装置就是为这些同极性电荷提供向大地逸散的通道。因此,驻极系统必须有良好的接地装置。

一般供电系统都有地线(N 线、中性线),或保护地线(PE 或 PEN 线),这是保证用电正常工作(工作接地)或为设备提供安全保护(保护接地)必不可少的,但这些"地线"有工作电流或事故电流流过,会对驻极过程产生干扰。因此,不能用作静电驻极的接地装置。

驻极系统的接地质量对驻极的效果影响很大,驻极系统应该有一套独立可靠的接地系统(接地极和接地线)。一些安装在用绝缘材料制造的机架上的金属构件,在运行过程中都会感应出较高的静电电压,特别是正对着电极的支承辊、导向辊,所感应的静电电压会更高,因此,机架和所有金属构件等都应该有可靠的接地,使感应生成的异性电荷能通过接地线和接地极向大地逸散。

2. 影响静电驻极效果的工艺因素

(1)驻极电压和距离。驻极电压对驻极效果的影响最大,高压电场是以一定电压梯度分布在电极与熔喷布之间,驻极电压越高,在熔喷材料中形成的电场越强,纤维表面的静电势也越高,驻极效果越好(表5-7)。在硬件方面,最高的驻极电压受电源的输出电压限制,目前常用的电源电压有 60~120kV 等规格。

表 5-7 驻极电压与过滤效率、过滤阻力的关系

样品编号	驻极电压/kV	过滤效率/%	过滤阻力/Pa
1	0	30.16	18.7
2	20	73.16	19.6
3	25	77.30	18.8
4	30	84.04	19.2
5	45	84.70	19.2
6	60	87.20	18.5

而在工艺方面,则主要与驻极距离有关,在特定驻极电压下,以不发生弧光放电为前提,驻极距离越近越好;或在特定驻极距离下,驻极电压越高越好。因为一旦发生弧光放电,材料将被击穿,高压电源就会自动停止工作。随着驻极电压的升高,材料的过滤效率也随之明显提高。

在运行过程中,系统发出轻微的"噼啪"放电声或稳定的"吱吱"放电声,而不发生连续的弧光放电是正常的运行状态,这是熔喷布表面可能存在一些"绒毛"在静电场吸引下竖起,与电极间的距离缩短,而发生瞬间的放电现象。

驻极距离对电场梯度影响很大,驻极距离小,电场的电压梯度大,作用在熔喷布上的电压也会越高,驻极效果也会越好,但容易引起弧光放电,从而限制电压不能更高。

虽然电源输出的电压很高,电场分布在电极与熔喷布之间的空间,存在一定的电压梯度,由于熔喷布很薄,在电场作用下,加在熔喷布厚度两侧面上的电压却不是很高的。

(2)驻极电压的极性与布置。驻极用的电源,其输出电压极性有正极,也有负极,有观点认为采用负极性驻极的效果较好,电荷的驻留时间也较稳定。

也有观点认为,空气中的粉尘、细菌、病毒多以带负电为主,如果熔喷布带正电,就更容易被吸附,基于这个原因,建议选用正极性输出的驻极电源。

其次,电极既可以布置在熔喷布的表面和底面,也可以分别布置在两个表面,对产品进行驻极处理,使其都带上电荷。

而有的系统则采用多电源驻极,所使用的电源既有负极,也有正极输出。而且在产品的同一表面上,既布置有正极性电极,也布置有负极性电极,在这种情形下,纤维就会成为一半是负极,而另一半是正极的偶极子,也能增加材料的带电量。

目前有研究表明,熔喷布中并非仅存在一种电荷,既有正电荷,也有负电荷,使产品在厚度方向形成较强的静电场,这个电场越强,静电捕集效果越好,材料的过滤效率也会越高。

由于产品的温度对驻极效果有影响,温度越低,效果越好。因此,驻极设备要布置在远离接收成网装置,产品已获得充分冷却后的位置。

（3）驻极时间。驻极时间是指材料在电极下的停留时间，对驻极效果的影响很明显，生产线的运行速度越快，熔喷布在电极电场中停留的时间越短，获得的电荷量也越少。因此，为了提高驻极效率，生产线的运行速度都会较慢。

在高压电源功率范围内，增加电极数量的效果等同于增加停留时间，也可以提高驻极效果。除了受空间限制不能布置太多电极外，材料所能接收的电荷量也是有限制的，因此，电极的数量也要适可而止。

在实际使用的熔喷生产线中，就有同时配置有两套独立的静电驻极设备的机型，熔喷布先后从两套驻极设备中经过，因此就相当于增加了电极的数量和产品在电极下的停留时间，可以提高驻极处理的效果。

熔喷布获得的电荷量与驻极电流相关，电流越大，表示获得的电荷也越多，也就是驻极效果会越好。因此，要尽量提高驻极电流。最大驻极电流受电源的功率限制，与驻极电压、电极数量、产品幅宽、驻极距离等因素有关。

目前，市面上有输出 40mA 的高压直流电源，在运行状态，有的驻极系统的最大电流可达 20mA。但大多数驻极电源在运行时的电流都较小，如配置在 1600mm 幅宽系统使用时，电流仅有几毫安。

（4）静电驻极添加剂。聚合物内部会存在不定型的分子结构，经过静电驻极后，结构会发生改变。因此，驻极体会受各种因素的影响而带有时效性，会发生缓慢衰减。

温度是一种能量，受温度的影响，聚合物分子会被激发，内部的一些不定型结构会发生变化，导致静电发生衰减。有研究表明，经驻极处理的材料，有两个温度点：80～90℃ 及 120℃，可以使内部结构最稳定，静电荷衰减最少。除此以外，温度都会使驻极材料的静电荷发生较多衰减。

但也有观点认为，在一定的环境中进行驻极处理的效果会更好，温度越高，驻极电荷可以从材料的浅阱移动到深阱中，使电荷存储更加稳定；温度升高后可提高电荷迁移率，使更多的电荷存储到材料内部，提高电荷存储量；而在较高的环境温度下，还可以降低空气的相对湿度，也能延缓电荷衰减。

这种观点会在后述的水驻极干燥过程获得验证。因为熔喷布在 100℃ 左右的干燥烘箱内处理后，仍保持有较高的过滤效率，也就是还保持有足够的电荷。

通过添加驻极改性剂改性，可以提高熔喷过滤材料的驻极效果，延长电荷的驻留时间，可以延缓电荷衰减的速度。但添加比例有一个最佳值，添加比例太大不仅会增加生产成本，更重要的是会影响纺丝稳定性。

静电驻极添加剂中的有效成分有多种，天然带电体电气石是一种常用材料，通过共混纺丝添加的助剂有利于提高熔喷布的带电量，但与高压电场相比较，其本身的带电量是很有限的。因此，过滤材料的电荷主要还是通过驻极过程获得的。

有试验证明,质量良好的静电驻极添加剂,可以使材料的过滤效率在 3~5 年内仅衰减 2~3 个百分点,而不会产生明显的大幅度衰减(表 5-8)。目前,现有的口罩技术标准或法规中,还没有与保存期相关的、统一的强制性规定,市场可见的口罩商品外包装上,标注的保存期一般是两年或三年。

表 5-8 熔喷材料(100g/m²)驻极、改性与过滤效率,过滤阻力

序号	样品及添加剂加入比例	测试流量/(L/min)	过滤效率/%	过滤阻力/Pa
1	材料未经驻极处理	15.9	56.1	10.5
2	材料未经改性、驻极处理	15.8	90.5	10.5
3	添加 3%电气石驻极	15.9	93.7	9.2
4	添加 3%电气石驻极	15.9	95.8	9.2
5	添加 8%电气石驻极	15.8	93.4	9.2

从这个角度来看,就要求产品(或熔喷过滤材料)的初始过滤效率必须留出 2~3 个百分点冗余,使在经历了一段时间的衰减后,还可以确保口罩在保存期的后段,仍有满足技术标准要求的过滤、阻隔性能。

然而,带电介质总是存在电荷衰减的现象。据美国田纳西中心 Tsai 博士报道,如果是正确使用原材料及正确的驻极方式,N95 口罩的初始滤效是 99%,则根据 EN143 和 EN149(欧洲颗粒防护口罩标准),口罩经 70℃、24h 的热处理后,要求其电荷衰减率(或 FE 损失)在 0.5%的范围内。

在这种高温处理条件 模拟了在室温(25℃)下、经过 5 年的静态货架储存时间中,材料的过滤效率(FE)损耗(电荷衰减)。储存环境中的湿度并不是导致电荷衰减的关键因素,因为 PP 是疏水性材料,其含水量为零。纤维内嵌的电荷不受环境湿度的影响。

(5)熔喷布纤维细度对驻极效果的影响。相关研究表明,由静电库仑力产生的颗粒捕集系数(相当于驻极的效果)与熔喷布的纤维粗细负相关,即在同样的驻极工艺条件下,纤维越细、驻极效果越好,熔喷材料的初始过滤效率和表面静电势都较高(表 5-9)。虽然更细的纤维会增加产品的初始过滤阻力,但由于有较高的过滤效率冗余,这样在保持过滤效率满足要求的前提下,可以通过降低产品定量规格的方法来减少过滤阻力,获得节省材料用量的直接经济效益。因此,要获得较高过滤效率的产品,就要使纤维尽量细。

表 5-9 熔喷纤维直径、初始过滤效率与过滤阻力的关系

样品号	平均直径/μm	初始过滤效率/%	初始阻力/Pa	表面电势/kV
1	1.95	87.0	42.14	6.4
2	2.25	86.5	40.18	6.3

样品号	平均直径/μm	初始过滤效率/%	初始阻力/Pa	表面电势/kV
3	2.46	85.7	38.22	6.3
4	2.58	83.6	37.24	6.2
5	2.78	81.7	36.26	6.2
6	3.15	80.2	36.26	6.1

纤维细度直接与喷丝板的每个喷丝孔的熔体流量(单孔流量)成正比例关系。因此,为了提高驻极效果,要控制单孔流量不能太大。生产空气过滤材料时,对于喷丝孔直径在0.30mm的熔喷系统,喷丝板的单个喷丝孔每分钟的流量一般仅为0.20~0.25g,即 ghm = 0.20~0.25,仅为生产常规熔喷布时的一半左右。

在生产同一种规格的产品时,延长产品在电极电场中的暴露停留时间,也就是降低接收成网装置的运行线速度,除了可以增加熔喷材料接收的电荷数量以外,必然还要同时按比例降低纺丝泵的转速,也就是减少了喷丝孔的单孔流量,纤维也会变得更细。两种效应叠加在一起,可以明显提高熔喷产品的过滤效率。

相对纤维较粗的产品,由较细纤维构成的熔喷过滤材料,在保存期内,其静电衰减速率也较慢。由于要同时控制产品在电场中的停留时间不能太短,也就是接收装置的运行速度不能太快,控制喷丝板的单孔流量不能太大,以免纤维变粗,这就导致生产空气过滤材料时,熔喷系统的生产能力仅为常规用途产品的一半左右,也是导致产品能耗增加、生产成本升高的一个原因。

3. 环境的温度、湿度、负离子浓度对静电驻极效果的影响

在驻极过程中,高压电场会使空气发生电离,在产生微量的辉光放电现象(蓝光现象)的同时,还会伴随产生很多有碍驻极过程的负离子(臭氧)。因此,要尽量降低现场的负离子浓度,常用的措施是加强通风使空气适度流动,把负离子吹走。

而环境的温度对驻极效果也有影响,实践表明,在生产过程中,熔喷非织造布的温度越低,驻极效果也越好,因此,驻极设备应布置在远离接收设备的位置,或进行离线驻极,以便使产品能冷却降温到较低温度状态。

空气湿度对驻极电压的高低影响较大,环境湿度高,空气容易发生击穿放电,系统只能降低电压运行,驻极效果就会降低;如果空气很干燥,驻极系统就有可能使用更高的电压运行,驻极效果就会更好。

有文献指出,盐性颗粒过滤效率为95%的 KN95 口罩,其初始过滤效率(PFE)通常要达到98%,以保证在经过3年的静态货架期后,其过滤效率仍达到高于95%的要求。

医用外科口罩(YY 0469),在测试流量为30L/min 时的初始颗粒过滤效率(PFE)通常为90%以上,以保证在经过3年的静态货架储存时间后,尽管发生了不可避免的衰减,但一般能保持对 NaCl 气溶胶的 PFE>85%,其细菌过滤效率(BFE)仍达到>95%的标准要求。

(三)水摩擦驻极

水摩擦驻极(hydro charging)技术就是利用高速的纯净水流冲击熔喷纤网,由于纯净水是不导电的绝缘物体,两种绝缘体互相摩擦就会产生静电,并使熔喷布纤维带上静电荷的技术。经过有关研究,应用水摩擦驻极技术产生的静电荷,深入分布在纤维内部的陷阱中,不容易逸散衰减。

因此,水摩擦驻极形成的电荷比分布在纤维表面或浅表层的静电驻极电荷更加稳定,其空气过滤效率也能在长时间的存放后保持稳定。

从图 5-27 可以看到,材料的过滤效率在初始阶段会有较大变化,到了第六周以后,其衰减速率很小,而过滤阻力基本也是以这个规律变动,到后期也趋于稳定。因此,用水摩擦驻极技术处理过的过滤材料,可以在较长的时间内,使过滤效率保持在预期的水平。

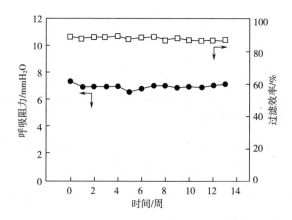

图 5-27 水驻极产品过滤效率、阻力与时间的关系

水的纯度是影响水摩擦驻极效果的关键因素,静电驻极用水的电导率必须控制在 5μS/cm 左右,电导率偏大,驻极效果会降低。虽然较低的电导率会提高驻极效果,但会增加运行成本。

驻极水流的速度会影响水流与纤维的相互摩擦程度,也就是会影响驻极效果和过滤效率,但水流太大,也会影响产品的均匀度,甚至使布面出现条形的缺陷。

二、过滤效率测试

(一)测试仪器、测试方法对产品过滤效率的影响

1. 测试仪器对产品过滤效率的影响

每一种测试仪器都有一定的应用范围,或适用的技术标准,但同一类仪器,则可能会因

测试机理的不同,测试结果数据有不同程度的差异。这种现象在空气过滤材料的过滤效率检测过程中尤为突出,用不同品牌的过滤效率测试仪器检测同一样品时,数据会出现较大的差异。

穿透率(P):是指能穿透过滤材料的微粒的比例,其定义为过滤材料下游(滤后)气体中的粒子浓度与上游(滤前)气体中的粒子浓度的比例:

$$P = \frac{下游粒子浓度}{上游粒子浓度} \times 100\% = 1 - FE \;(\%)$$

过滤效率(E):是指在规定的条件下,过滤元件滤除颗粒物的百分比,是过滤材料阻隔能力的体现,其概念刚好与穿透率相反。指过滤材料下游气体中的粒子浓度与上游气体中的粒子浓度的差异与上游气体中的粒子浓度的比例,即:

$$E = \frac{上游粒子浓度 - 下游粒子浓度}{上游粒子浓度} \times 100\% = 1 - P$$

(1)美国 TSI-8130 系列的过滤效率测试仪。美国提赛(TSI)公司的过滤效率测试仪器进入市场已有很长时间,国内的口罩标准过滤效率测试方法,多是参考美国 NIOSH 的测试标准制定的,如 GB/T 32160—2016、GB 2626—2019、GB/T 19083—2010 等。要求测试用颗粒的粒径是计数中位径(CMD)约 $0.075\mu m \pm 0.020\mu m$,粒度分布的几何标准偏差不超过 1.86,相当于空气动力学质量中值直径(MMAD)为 $0.24\mu m \pm 0.06\mu m$,试验时检测上、下游颗粒物的质量浓度,并计算其过滤效率。

NIOSH 方法中用的口罩测试仪器为 TSI-8130 系列。TSI-8130 系列仪器的气溶胶发生器产生的是准单分散的粒子,其粒径特征、采用光度计监测颗粒物质量浓度均能满足上述测试要求,目前具备相关资质的第三方检测机构,使用 TSI-8130 系列仪器进行相关口罩过滤性能测试是比较符合标准要求的。

TSI-8130 系列仪器的气溶胶浓度高,经过测试后的样品,会有较多的测试介质颗粒残留、积累,使滤材的孔径结构变得越来越小,通道变得更加弯曲、复杂,颗粒物会增加材料对气流中颗粒的阻隔、拦截作用,测试的时间越长,这种变化也将越明显。因此,如果用 TSI-8130 系列仪器重复对同一个样品的同一位置进行测试,测试的过滤效率会明显升高,阻力增大。

(2)部分国产过滤效率测试仪。由于市场供应紧张,国外设备价格昂贵,目前除了少数企业也拥有 TSI-8130 系列仪器外,大部分生产熔喷空气过滤材料及口罩制品生产企业,特别是一些刚进入这个领域的小企业,则基本上都是使用各种牌号的国产过滤效率检测设备。

由于国产仪器的造价较为低廉,供应链较短,因此,使用国产仪器作为过程质量控制,发现质量变化趋势还是很有效的,但作为出厂产品的最终质量检测,最好还是使用经过高端仪器校准的设备较为可靠。

国产过滤效率检测仪器发尘装置发出的是多分散粒子,浓度较低;由于国产过滤效率测试设备的气溶胶粒径特征,包括计数中位径、几何标准偏差等,难以满足相关技术标准的要求;此外,国产设备多使用粒子计数器,通过测试滤料上、下游粒子的数量浓度来计算过滤效率,在测试参数上存在的这些差异,也导致了在计算结果方面的差异。

国产设备一般是按颗粒的粒径大小,显示分等级粒径的过滤效率,这就是在其检测报告中常见的 $0.3\mu m$,$0.5\mu m$,$1.0\mu m$,$3.0\mu m$,$5.0\mu m$,$10\mu m$ 这六档的过滤效率。显然,国产仪器并没有计算粒径小于 $0.3\mu m$ 这部分颗粒物的穿透状况,因此,测试过滤效率的数据一般会偏高。

国产过滤效率检测仪器的气溶胶浓度低,如果对同一个样品的同一位置进行重复测试,对测试结果影响就不明显,若测试时间长了,这个变化也会更明显。但这个现象是与仪器的稳定性或测试结果重现性无关的。

(3)国产仪器与国外仪器的差异。从上述资料可知。由于进口与国产的过滤效率测试仪在发尘原理、微粒大小及分布、浓度、计数方法等多方面的差异,导致同一个样品,用 TSI-8130 系列仪器测试的结果与用国产设备的测试数据会有较大差异,而且都是国产设备显示的结果会较佳,以致一些企业被误导,在市场上引发了不少质量纠纷和经济纠纷。

在发生纠纷后,如果由第三方检测机构进行检测、鉴定,大概率是用 TSI-8130 系列仪器进行检测,结果数据更易被仲裁机构采信。

此外,不同品牌的国产设备,其测试数据的准确性及与 TSI-8130 系列仪器的差异也是不同的。一些经过精细校准过的仪器,虽然仍存在一定偏差,但其测试结果会较为接近 TSI-8130 系列仪器。

(4)德国 PALASPMFT1000 的过滤效率测试仪。1983 年成立的德国帕剌斯公司(PALAS)公司,其型号为 PALASPMFT1000 的过滤效率测试仪,据称可以依据 EN 149、GB 2626、42 CFR PART 84、ASTM F2299-3、CWA 17553 等标准,完成对口罩、空气过滤材料的过滤效率测试。

除了可以提供大多数其他品牌过滤效率测试仪向用户提供的、基于质量浓度的过滤效率数据外,PMFT 1000 系列测试仪还可以提供最多 32 个粒径下的颗粒物过滤效率(分级过滤效率)以及用户指定粒径的颗粒物过滤效率。

PMFT 1000 最核心的技术是其单颗粒物光散射法。目前市面上绝大多数口罩材料过滤效率测试仪,所使用的测试设备是激光光度计。光度计和粒径谱仪都是通过测量颗粒物散射光强度,并计算得出相应数据。

粒径谱仪测量的是单颗粒物的散射光强度,最终计算得到的数据包含了颗粒物的粒径大小和数量两类信息(即颗粒物的粒径分布)。光度计测量的是一团颗粒物的散射光强度,并假定测量的颗粒物团的粒径分布是恒定的(即用特定粒径分布的颗粒物来标定),以此来计算出质量浓度。因此,粒径谱仪可以同时提供颗粒物的粒径和数量信息,而光度计的测量结果并不包含粒径和数量信息。

2. 测试方法对产品过滤效率的影响

测试方法对测量结果有很大影响,只有采用同一个测量方法,其测试数据才有可比性。因此,产品的每一项性能指标,都有规定的测试方法或标准。

空气过滤是熔喷非织造布材料的重要应用领域,除了规定使用的测试介质属性(如非油性、油性,颗粒还是细菌,大小,浓度等)外,测试时使用的气体流量对过滤效率的影响很大。因此,每个产品,对测试时使用的流量都有具体规定。

一般情形下,随着测试气流流量的增加,同一样品的过滤效率会随之下降,而过滤阻力增加,两者与流量之间均呈近似线性关系(图5-28)。因为测试面积不变,气体的流量越大,颗粒物的运动速度就越快,具有更大的动能,穿透滤材的概率就越高,穿透率升高就降低了过滤效率。而微粒的运动速度越快,其运动阻力也随之增大,导致过滤阻力也随之升高。

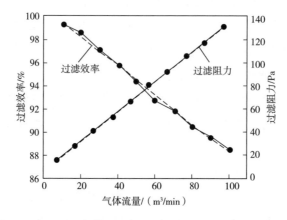

图5-28　测试气体流量与过滤效率、过滤阻力的相关性

3. 测试用样品的式样对产品过滤效率的影响

在防护口罩用的熔喷过滤层材料中,常有多种方式,如以 $25g/m^2$ 定量的熔喷材料为基础,可以用两层叠加,即 $25×2=50g/m^2$,甚至用三层,即 $25×3=75g/m^2$ 三层叠加起来,相当于使用了 $50g/m^2$ 或 $75g/m^2$ 的熔喷布材料,以满足不同口罩产品对过滤效率和过滤阻力要求。

虽然两种方案所耗用的熔喷材料是一样的,但经过测试分析,这种组合方式与直接使用一层 $50g/m^2$ 或 $75g/m^2$ 的熔喷布材料还是有差异的。质量较好的单层 $25g/m^2$ 静电驻极熔喷材料,其过滤效率可达到 85%~90% 范围(85L/min);用两层叠层时的过滤效率可达到 95%

或更高,但双层气流阻力也明显增大。

随着组合层数的增加,过滤阻力近似呈线性关系增加,而过滤效率的增加幅度相对缓慢,层数越多,过滤效率的增长就越不明显。但测试流量越大,其过滤效率的变化也越大(图 5-29)。

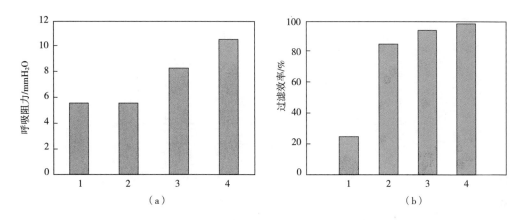

图 5-29 不同样品的过滤阻力与过滤效率

1—单层 25g/m² 未驻极 2—单层 25g/m² 驻极 3—单层 50g/m² 驻极 4—双层 25g/m² 驻极

当产品的定量规格较小时,材料中的静电捕捉机理会较明显,而在定量规格较大时,机械阻挡的作用会越来越大。因此,用两层材料叠加后代替一层等量材料,可以充分发挥两个机理的作用,提高过滤效率。在生产防护口罩时,经常会用双层 25g/m² 熔喷布代替一层 50g/m² 熔喷布,虽然阻力会更高,但过滤效率会比单层略有提高[图 5-29(b)]。

(二)颗粒过滤效率(PFE)与细菌过滤效率(BFE)的相关性

测量颗粒过滤效率 PFE 是在额定流量下,用 $0.30\mu m$(空气动力学质量中值直径 MMAD)的 NaCl 气溶胶测试的,而细菌过滤效率 BFE 是在额定流量下,用 $3.00\mu m$(平均颗粒直径 MPS)的金黄色葡萄球菌气溶胶测试的。

测量 BFE 需要金黄色葡萄球菌,需要特殊的测试设备、生物安全柜和微生物培养条件,测试周期长(全过程约需三天),无法满足现场的过程控制需要。而测量 PFE 所需要的时间很少,从取样到仪器打印出检测结果,仅需一两分钟就能完成。因此,就有很多人探讨 PFE 与 BFE 两者间的关系,以期通过测量 PFE 快速推导出 BFE 值。

由于所用的测量介质种类(盐性颗粒、油性颗粒、细菌)及测试时的气体流量不同,测量的结果会有一定的差异,但 PFE 与 BFE 之间仍存在一定的正相关性,根据刘思敏等在《医用外科口罩滤材非油性颗粒过滤效率与细菌过滤效率的相关性分析》一文整理的实验数据,其相关度仅有 76% 左右,但仍可以通过大量的数据分析,找到同一过滤材料的 PFE、BFE 的近似对应关系。

图5-30是根据实验数据整理的颗粒过滤效率与细菌过滤效率的相关性图。

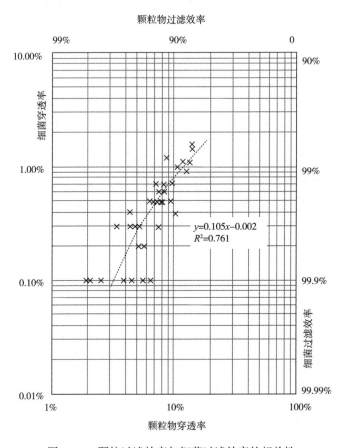

图 5-30　颗粒过滤效率与细菌过滤效率的相关性

如在实际操作过程中,当 PFE≥90% 时,这时材料的 BFE 约相当于 98%,已成为生产实践中快速判断产品细菌过滤效率的常用方法。

测量过滤效率所使用的气流流量越大,表示测试条件越严酷。目前,根据不同标准,常用的测试流量分别是 32L/min 和 85L/min,而欧洲 EN 149 标准则使用 95L/min 流量。

当口罩用于防护油性微粒时,要使用油性气溶胶测试。由于油性微粒受静电吸附的作用不大,而且油尘颗粒的形态不稳定,容易扩散运动或联结在一起成为油膜,过滤阻力也会较大。虽然盐性颗粒也会积聚,但其形态稳定,阻力的增加没有油性颗粒这么明显。因此,同一种过滤材料,对盐性微粒有较高的过滤效率,而对油性微粒的过滤效率则明显会较低。

目前,为了突破油性微粒过滤效率较低这个技术瓶颈,除了要求熔喷布本身有较好的性能,如纤维较细、分布均匀、平均孔径较小,盐性微粒过滤效率较高等以外,还采用离线水驻极工艺,使材料具有较高的油性微粒过滤效率。

(三)过滤效率测试用的一些基本定义与术语

1. 空气动力学粒径(aerodynamic diameter,AD)

空气动力学粒径是指与所考虑的颗粒物有相同沉降速度的单位密度球形颗粒的直径。不同形状、不同密度的粒子可以有相同的空气动力学直径、不同的光散射强度。

2. 空气动力学质量中值直径(mass median aerodynamic diameter,MMAD)

空气动力学质量中值直径是一个统计学术语,也称空气动力学质量中位径,当把颗粒物按空气动力学粒径大小排序时,比它粒径大的和比它粒径小的颗粒物质量各占颗粒物总质量50%的粒径。

质量中值直径又称质量中值空气动力学直径。颗粒物中小于某一空气动力学直径的各种粒度颗粒的总质量,占全部颗粒物质量(即全部不同粒度颗粒质量的总和)的50%时,则此直径称为质量中值直径。

也即具有这一中值直径的颗粒物有一半其粒径小于这个直径,有一半则大于这个直径,单位用 μm 表示。

3. 质量中位径(mass median diameter,MMD)

质量中位径是当把颗粒物按粒径大小排序时,比它粒径大的和比它粒径小的颗粒物质量各占颗粒物总质量50%的粒径。

4. 中位直径(median diameter)

中位直径是混合粒度分布中一种表示粒径的方法。其意义为相当累积粒径分布为50%时的颗粒直径大小,有时又称50%径。

5. 计数中位径(count median diameter,CMD)

当把颗粒物按粒径大小排序时,比它粒径大的和比它粒径小的颗粒物个数各占颗粒物总数量50%的粒径。

6. 粒度分布(distribution of particle size)

粒度分布是在给定的固体颗粒状物料的颗粒群中,不同粒度范围的颗粒数量占总数量的百分数称为该粒度范围内的粒度分布。取等范围的粒度在连续变化时所得的粒度分布百分数值,制成曲线称为粒度分布曲线,这是研究离心过滤和离心沉降过程的重要参数。

7. 最容易穿透微粒(most penetrating particle size,MPPS)

在过滤技术中,常将最容易穿透的粒子,也就是最难被过滤的粒子,称为最容易穿透微粒(MPPS)。MPPS 的大小及空气动力学直径一般认为是 0.30μm(图 5-31)。产品认证标准,一般都是用 MPPS 做测试。

一般的机械性滤料 100nm<MPPS<300nm;静电性滤料 MPPS<100nm。

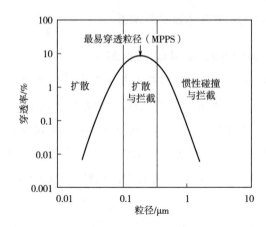

图 5-31　穿透率、MPPS 与过滤作用

第六章　纺丝组件的安装与维护

第一节　纺丝组件的安装与拆卸

一、纺丝组件的安装

将纺丝组件安装到纺丝箱体上的方式有现场安装式和快装式两种。现场安装式是以散件的形式,在现场将纺丝组件的各种零件逐一装到纺丝箱体上;而快装式则是预先将纺丝组件装配好,在现场以"总成"的形式,一次性整体装到纺丝箱体上。

按组件在安装时的温度来分,纺丝组件有常温安装式和预热式两种。采取预热工艺安装时,纺丝组件必须是快装式,但快装式也可以采用常温安装工艺,这是大部分熔喷系统应用的工艺;而现场安装式的纺丝组件,则必须采用常温安装工艺,不然很难进行作业。

目前基本都是使用快装式纺丝组件,使用快装式纺丝组件能缩短纺丝系统的停机时间、降低装配工作的技术要求和难度。如果同时应用预热工艺,可以大幅度提高安装效率,在纺丝箱体安装好纺丝组件后,一般在一个小时内就具备开机生产的条件,具有很好的经济效益。

因为这种安装方式需要增加专用的组件预热炉,对安装过程耗用的时间也有限制,因为时间长了组件的温度会下降很多,而且很难控制及查看组件表面一些零件(如滤网、密封件)的定位状态。因此,大部分企业均以常温安装为主。

应用快装式工艺时,由于熔喷纺丝组件已经提前组装好,外形和重量都很大,必须有相应的专用工具,如组件运输车、组件安装车等。

当纺丝箱体的组件安装面已清理干净,熔体出口狭缝也进行了细心的清理后,便可以认为现场已具备进行安装纺丝组件的条件。这时可以使用组件安装车,将纺丝组件从专用的纺丝组件作业房间运输到已经离线的纺丝系统正下方,然后利用安装车的升降装置,将组件送入纺丝箱体对应的安装基面,调整好 MD、CD 方向的位置后,便可进行相应的紧固工作。

当安装熔喷系统的纺丝组件(图 6-1)时,还可以利用纺丝系统的 DCD 调节功能,尽量降低纺丝箱体的高度,这时纺丝组件的重心较低,一般可以站在地面上进行安装作业,安全性好、劳动强度低。

图 6-1　安装中的熔喷纺丝组件

(一) 安装纺丝组件时的纺丝箱体温度

当采用预热式工艺安装熔喷纺丝组件时,在纺丝箱体到达正常工作温度后,便可以安装已提前预热好的快装式纺丝组件;当采用常温工艺安装纺丝组件时,纺丝箱体可以处于比正常温度设定值稍低的状态,以便进行安装结合面和熔体分配流道的清洁工作;对于新的纺丝箱体或原来已经清理干净的箱体,可以在接近聚合物熔点温度的状态下,安装常温的熔喷纺丝组件。

如箱体温度偏高,在纺丝组件接近纺丝箱体的过程中,有一些熔体会滴落并污染组件的结合面,这些熔体可能进入组件的气流通道,影响正常纺丝。

对于使用 PP 原料的熔喷生产线,要求纺丝箱体的工作温度在 250~280℃。对现场组装式纺丝组件,如果是使用 PP 原料,则要求纺丝箱体的温度≤160℃,温度超过熔点以后,箱体会有高温的熔体或降解物滴落,增加作业的危险性,劳动强度也加大。纺丝箱体与纺丝组件间的温度差越大,能一次拧入箱体螺纹孔的螺栓数量也越少,等待升温对中的时间相对也越长。

(二) 纺丝组件预热温度

对快装式组件,视环境温度及安装技能的高低,组件的预热温度可比箱体温度或正常工作温度高 30~50℃,冬天的环境气温低,组件散热降温快,预热温度要比夏天高一些;作业人员技术熟练,温度可以低一些。

对现场组装式组件,为了方便工作,节省升温时间,组件都不预热。在箱体温度到达160℃后便可以开始安装组件,并进行初步调整。在系统开始纺丝后,还要根据纺丝状态对组件进行热态调整。因此,对安装工的技术水平要求也较高。

(三) 组件紧固

不管是普通的组件,还是快装式组件,在纺丝组件装到纺丝箱体后,必须要有一段升温平衡温度的时间,特别是现场安装式组件或常温安装的快装式组件,由于组件、螺栓与纺丝箱体的温差很大,难以一次性将所有紧固螺栓都拧入、装上,因而所需等待升温的时间也较长。但温差大、传热量多,纺丝组件的升温过程也会快一点。

紧固纺丝组件时,应从中间开始,然后向 CD 方向的两端,MD 方向的两侧对称、交叉进行,尽量使组件与纺丝箱体的安装面保持在互相平行状态,如图 6-2 所示。

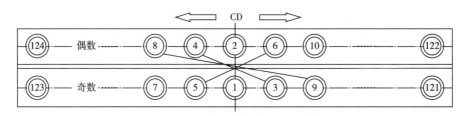

图 6-2　纺丝组件螺栓拧紧次序示意图

在组件的温度与箱体温度达到平衡后,还要用规定的力矩将所有螺栓做最后一次紧固。除了会使纺丝组件产生应力,发生变形,螺栓断裂外,紧固不当所引起的常见问题就是熔体泄漏,使组件无法正常使用。

一般按规定扭矩分三次拧紧,实际的操作时机应根据组件当时的温度而定,扭矩值可按以下比例,分别设定为额定值的 60%,80%,100% 三个档次。

螺栓的紧固扭矩值是按强度等级计算的,同样直径,但强度等级不同的螺栓,其扭矩值是不一样的,强度等级越高,可承受的扭矩也越大。表 6-1 为各常用高强度螺栓拧紧力矩,但要注意实际紧固纺丝组件时,所需的力矩不是一定需要达到这个最大值。实际使用的紧固力矩可参考设备制造商的推荐值,也可以根据运行经验确定。

表 6-1　常用高强度(12.9 级)螺栓拧紧力矩

螺纹规格	M8	M10	M12	M16	M18
最大扭矩/(N·m)	30	55	98	245	315

拧紧力矩并非越大越好,因为除了存在螺纹损坏的风险外,太大的力矩也容易使螺栓屈服、失效。为了避免螺栓在使用过程中发生松动,导致熔体泄漏,可利用生产线的临时停机间隙对螺栓进行检查,并再紧固。

对于一些配置有连接板的纺丝组件(图 6-3),是依靠紧固螺钉顶紧长条形的方形键固定的,在任何温差下,螺钉都能顶紧方形键,因此,并不需要等待组件的温度趋向与箱体的温度相同的情形下才能紧固全部螺钉,可以节省大量时间。

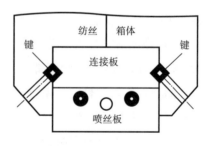

图6-3　纺丝组件的连接板

拆卸螺栓时可使用电、气动工具,这样能提高工作效率,降低劳动强度。但安装过程则不宜使用,因为安装过程越快,组件与箱体间的温差会越大,发生错位的螺栓孔也越多,已拧紧的螺栓对纺丝组件的热膨胀伸长约束也越强。

仅用手工工具拧紧螺栓时,由于操作过程耗用的时间较多,可使组件获得足够的升温时间,并自由膨胀,避免被已拧上去的螺栓约束,并形成太大的热应力,特别是对现场安装式熔喷纺丝组件。安装纺丝组件时,要使用专用工具装备,合格的扭矩扳手,操作过程应平稳进行。

(四)开始纺丝工艺条件的设置

当组件装好,系统的温度到达设定值并经过平衡后,要及时启动纺丝泵低速纺丝。当组件采用预热工艺时,可在半小时内就进入生产状态;当组件采用常温冷态安装工艺时,温度到达设定值以后,要增加多于半小时的平衡时间。

当系统温度上升至聚合物熔点以上后,熔喷系统的牵伸气流也要启动参与运行,协同升温。若使用现场组装式组件的系统,则还要根据纺丝状态对组件进行热态调整和最后紧固。

对于3.2m幅宽的纺丝组件及牵伸气流分配箱,在升温后的膨胀伸长量较大,虽然气流分配箱也会通过热传导缓慢升温,但如仍采取在纺丝箱体到达工作温度后,再从冷态启动牵伸风系统,则由于两者间的温度差较大,虽然时间很短,特别是在温度较低,而流量又较大的工况下,仍会存在很大的热应力,要给予充分注意!

二、纺丝组件的拆卸

(一)纺丝组件的使用周期和影响因素

纺丝组件装到纺丝系统上后,随着使用时间的增加,其技术性能将逐渐下降,纺丝过程的稳定性降低,会有一些部位出丝不良,产品的质量指标全面劣化,如均匀度变差,出现条形缺陷,开始有晶点出现,并呈增加趋势,静水压、过滤性能下降。

反映在设备上的现象是纺丝箱体压力上升,在工艺调控方面,产品出现缺陷后,若无法通过刮板或调整工艺参数等措施给予改善,此时就应该考虑更换纺丝组件。

熔喷法纺丝组件的使用周期长短与很多因素有关:

1. 纺丝组件技术性能

首先是纺丝组件本身的技术性能,对于孔径小、孔密度高的喷丝板,就容易发生堵塞;熔喷喷丝板只有一行喷丝孔,即使仅有一个喷丝孔的纺丝状态异常,也会影响产品质量,导致出现条状稀网缺陷。

设计水平低、制造质量差的产品,使用周期就较短;进口喷丝板的使用周期则明显要比国产产品更长;喷丝孔的长径比越大,喷丝孔发生堵塞的概率也越高。

2. 聚合物原料和添加剂品质

使用质量差或灰分高的聚合物原料,分散性差的添加剂,都将大幅度缩短组件的使用周期。特别是分散性差的添加剂,对纺丝组件使用周期的长短影响极大。

3. 添加剂比例

在原料中加有色母粒,静电驻极或其他功能性添加剂,其添加比例越大对可纺性的影响也越明显,使纺丝组件的使用周期缩短。

4. 纺丝组件的安装、维护水平

纺丝组件的安装、维护水平,纺丝系统中的熔体过滤装置的过滤网精度、组件内滤网的规格等都有很大的影响。如果熔体过滤装置的过滤网精度偏低、纺丝组件内的滤网过滤精度偏高,都会缩短纺丝组件的使用周期。

5. 技术人员操作水平

纺丝组件使用周期与技术人员操作水平、生产线的运行状态有关,开机、停机操作不规范,如纺丝系统以大挤出量状态运行、工艺温度设定不合理等有关。

6. 生产管理水平

与生产管理也有关,生产线连续运行、稳定生产时,组件会有较长的使用周期;生产过程断断续续,不断转换产品;频繁停机且停机时间长等,都会缩短纺丝组件的使用周期。

7. 产品应用领域

纺丝组件的使用周期还与产品的应用领域、质量要求有关,生产质量要求严格的产品,纺丝组件的使用周期就较短,如果产品的质量要求低,纺丝组件的使用周期就较长。

根据目前的设备、原料、工艺技术水平,生产阻隔、过滤型产品的熔喷纺丝组件,其使用周期通常在3~4周。而在最不利的情形下,组件仅使用几天,甚至刚换上去就无法使用的情况也不鲜见。

（二）从纺丝箱体拆卸纺丝组件程序

1. 纺丝系统离线

进行安装及拆卸纺丝组件作业时，纺丝系统必须处于离线状态或处于离线位置。如果生产线是从生产状态转为停机状态，纺丝系统要运行至离线状态（位置）停机后，才能进行拆换纺丝组件工作。

2. 排空熔体

为了避免在作业过程中有熔体滴落，影响安全，在决定要更换喷丝板时，要将存留在系统内的熔体排放干净。这样做既可以为作业过程提供一个安全的操作环境，避免被滴落的熔体灼伤，还可以避免由于长时间停机，导致系统内的熔体降解、炭化，影响下次开机，缩短开机升温时间。

排空系统内熔体的操作一般是在关闭螺杆挤出机的进料阀后，用手动方法控制纺丝泵进行的。

3. 降温

降温的目的主要是改善操作条件，同时也可避免熔体长时间在高温下停留，导致在系统内的熔体降解、炭化。但降温幅度不能太大，而且必须保持在聚合物的熔点以上，否则将增加纺丝组件与箱体分离的难度。

由于熔喷纺丝组件与纺丝箱体之间存留的熔体是条状的，与熔体通道接触面很小，强度较低，在温度稍低时也能依靠自重与箱体分离，但仍要尽量避免在低温下强力拆卸。如不能依靠组件的自重自然分离开，只要稍加外力就可以使纺丝组件自然分离开。

拆下旧的纺丝组件后，如马上换上新组件恢复生产，则温度不宜下降太多，以免延长降温及升温的时间，耽误生产。要注意降温的幅度，以免在恢复生产时要消耗更多升温时间和消耗更多能量。

4. 拆卸作业用的工装准备

拆卸快装式熔喷纺丝组件时，需要专用的组件安装车（图6-4）配合作业，作业过程还要用到各种规格的内六角扳手、盛装螺栓的容器、气动（或电动）扳手及其他工具。还必须配备相应的各种劳动保护用品，如耐高温手套、防护服、护目镜等。

由于熔喷纺丝组件的重量较大，性能较好的组件安装车的升降运动是电动或液压的，而一些幅宽较小的组件则可能是手动的，由于用气缸进行升降运动时，不容易定位和同步运动，安全风险会较大。

5. 拆卸紧固螺栓

根据组件安装车（图6-5）两个支承点的位置和间隔距离，预先将纺丝组件上与安装车的支承点对应位置的M16螺栓卸除，以免这些螺栓被支承装置遮挡而无法拆卸，此后可将安

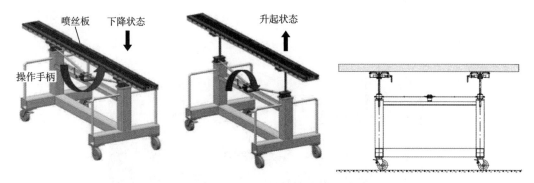

图 6-4　手动升降式熔喷纺丝组件安装车

装车的支承装置与组件对接好。

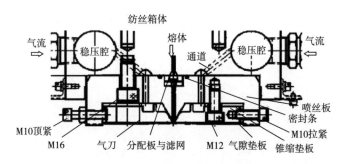

图 6-5　Kasen 型快装式纺丝组件

除了留下中部和两端的四只紧固螺栓外,可将其余紧固纺丝组件的高强度螺栓全部卸下,并集中收集、保管好。拆卸过程可以借助气动或电动扳手进行,以提高效率,降低劳动强度。

6. 卸下纺丝组件

把组件安装车移动至纺丝箱体的正下方,并与上方组件对准,调节 DCD,使纺丝箱体下降、抵近安装车,或将组件安装车升起、抵紧纺丝组件,仅抵紧即可,以免安装车超载,并在支承构件上定位固定。

拆除纺丝组件其余尚未卸下的四只紧固螺栓,稍作冲击、摇晃,纺丝组件便会在自重作用下与纺丝箱体分离,有的纺丝组件与纺丝箱体之间配置有定位销[图 2-33(b)],要多次摇晃、冲击才能互相分离,纺丝组件就可以平稳落在组件安装车的支撑机构上。

组件安装车稍作下降运动,确认纺丝组件已在安装车上可靠定位后,方能继续下降,与纺丝箱体彻底分离。

拆卸利用方形键定位的纺丝组件时,作业过程就没有其他限制条件,可先将组件安装车移动至纺丝组件的正下方,上升至不妨碍拆卸作业的高度,随即把组件安装车升起,直至抵紧纺丝组件(图6-6);便可将组件中所有的顶紧螺钉拧松(图6-7),也可将全部螺钉拧下来,以便事后检查,并修复其头部的变形。

图6-6 熔喷纺丝组件安装车的升降机构与组件支承细节

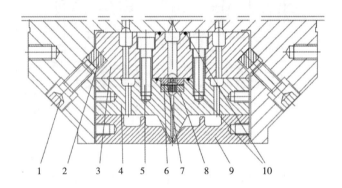

图6-7 用方形定位键的熔喷纺丝组件紧固方法

1—顶紧螺钉 2—键 3—连接板 4—喷丝板 5—连接螺钉 6—上分配板

7—过滤网 8—下分配板 9—风刀 10—密封条

此时,方形键会处以自由松动的状态,便可沿CD方向将其全部拔出,然后使安装车略微降低少许,纺丝组件便在自重作用下与纺丝箱体分离,当确认纺丝组件已经全部与箱体分离后,即可将安装车下降至正常作业高度,把组件转移到其他安全场所。

纺丝组件中,连接板与喷丝板用M12×45-12.9高强度螺钉连接,喷丝板与风刀用M12×35-12.9高强度螺钉连接,为保证装、拆方便,所有连接螺钉上均涂抹耐高温润滑脂。

(三)纺丝组件的清理和初步分解

1. 纺丝组件表面清理

组件离开箱体后,要迅速将组件与箱体接合面上尚处于熔融状态的熔体清除,在具备可拆卸的条件下,将组件面上的熔体过滤网拆除(有的机型要将组件分解后才能拆除),必须将聚四氟乙烯密封条移除,以防止误随组件放入煅烧炉内煅烧,难于清理。

只能用铜铲小心铲刮、清理熔体,防止划伤纺丝组件。

2. 现场清理

按照作业流程,将组件移送至专业清洗室,等待进行下一步清理工作。然后做好现场的卫生、清洁工作,并设置安全围栏和悬挂警示标志。

3. 组件分解

组件在安全地点放置好后,要趁其中的熔体还处于熔融状态时,迅速将组件进行分解,使各种零件分离开,并妥善放置好。同时将内部的熔体做初步的清理。这样做可以减少下一步煅烧、清洗程序的工作量。

如果组件采用整体煅烧工艺,就无须进行分解,整体煅烧能减少构件的变形,这时组件在炉内的放置方式要以内部存留的熔体能较易自然流出的方位放置,如将纺丝组件按进料板或熔体通道向下的方位放好。

在大部分情形下,由于纺丝组件中的气刀一般没有熔体黏附残留,而且表面光滑,很容易用人工清理。因此,就不必放到煅烧炉内处理,这样还能减少受热变形。

第二节　纺丝组件的分解

一、分解组件前的准备

拆卸前必须做好安全防护措施,包括人身安全和设备安全,即佩戴隔热防护手套和使用专用拆卸工具。

必须趁熔体的温度仍处于熔点以上的状态,进行纺丝组件的拆卸、分解工作。及时将组件内腔中的熔体清理出来,这样能减少煅烧处理工作量。如果采用整体煅烧,则分解工作可在煅烧处理后进行。

有的纺丝组件的各个零件间,会使用定位销定位,因此,要使用专用的拔销工具把定位销拔出。

二、纺丝组件的分解

(1)纺丝组件从箱体上拆下后,可用行车将组件从安装车上吊起,并将组件放在工作台或地面上,要在组件下方两端和中部垫上木块,及时移除组件上的聚四氟乙烯密封条。

(2)将组件内的分配板和过滤网从纺丝组件上取出、拆下,用专用刮刀尽可能将残留的熔体刮净。

(3)将纺丝组件反转,喷丝孔向上。拧松气隙调整螺栓;除了在两端留下两只气刀(刀板)紧固螺栓不要拆除外,将其余螺栓全部拆下,留下的两只气刀(刀板)紧固螺栓用于保持其姿态稳定,否则刀板会在偏心重力作用下翻倾而磕碰相邻部件。

(4)在刀板上的特定螺纹孔中装上专用吊环(一般规格为 M12),用吊车将刀板吊住,并保留在平衡状态,随即卸除剩余的两只螺栓,把刀板移送到安全位置放好。对于小幅宽的刀板,可直接用人力搬运移出。

(5)在刀板和喷丝板上装好专用防护罩、盖板等(图 6-8 和图 6-9),防止在后续作业过程中发生意外碰撞、受损。

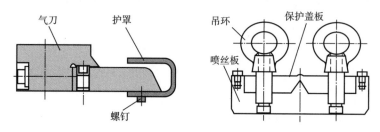

图 6-8　组件的防护措施

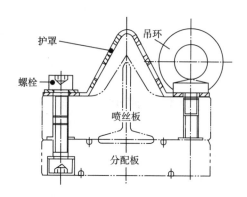

图 6-9　喷丝板的防护措施

(6)将安装螺栓、分配板收集好,准备与组件一起煅烧,如果螺栓没有受到污染,可不用进行煅烧,但要进行清理和检查。

注意不同品牌纺丝组件的结构差异,并利用各种零件上的螺纹孔安装好防护装置。

第三节　纺丝组件的清理工艺与设备

在熔体纺丝成网生产线中,不同的纺丝工艺,所用的纺丝组件结构也有所不同。而就零件在组件中的功能或作用来看,也有很多功能相似的零件,主要有喷出熔体细流的喷丝板、与喷丝板构成牵伸气流通道的刀板、分配熔体的分配板、过滤熔体的过滤网、密封压力熔体的密封件等。

组件在使用过程中,会因为喷丝孔堵塞、过滤网污物淤积、密封件失效等原因,导致影响正常纺丝或熔体均匀分配,出现纺丝箱体压力偏高,熔体泄漏及产品质量下降等现象。这时只有将纺丝组件拆卸下来,换上技术状态良好的纺丝组件,才能恢复正常生产。

由于拆换下来的纺丝组件沾满了熔体及沉积物,只有经过清理、维护后才能恢复原有的技术状态备用。组件的清理维护工作过程就是使纺丝组件恢复其技术性能的过程。

在熔喷法纺丝组件中的过滤网、密封件都是用即弃的一次性用品,使用过以后就弃之不用了。因此,纺丝组件的清理维护工作主要是针对喷丝板和分配板这两个带有大量小孔、微孔的零件进行的。

组件进行煅烧处理前,务必要确认组件上的聚四氟乙烯密封条已经移除,否则在煅烧后会增加很大的处理工作量。煅烧温度一般为450℃,最高不得超过480℃,否则将增加组件发生变形,甚至发生损坏的风险。

目前,纺丝组件的维护工作主要包括:利用高温煅烧清理残存的熔体,用超声波清洗表面和小孔内壁,高压水清洗黏附的污染物,检查性能异常的部位,并进行修理、维护等。

清洗纺丝组件的方法有多种,相对化纤及熔体纺丝成网非织造布行业而言,真空煅烧是目前普遍应用的纺丝组件清洗工艺。其主要流程如图6-10所示。

图6-10　纺丝组件清洗工艺流程

一、真空煅烧

(一)真空煅烧清理的原理

在非织造布生产线所用的高分子聚合物主要有聚烯烃、聚酯两类聚合物,而目前有超过95%以上的熔喷生产线都是使用PP原料的。

因此,现有的组件清洗工艺及设备也是根据PP的特点编制的。虽然PET的特性与PP不同,但清洗工艺基本是一样的。

PP(聚丙烯)为结晶性聚合物,具有较为明显的熔点,但熔点与等规度有关,原料的等规度越高,熔点也越高,熔点温度为164~170℃。在与氧气接触的情况下,在260℃左右颜色开始发黄,在温度高于300℃以后就会发生热分解。

PP(聚丙烯)的化学稳定性好,除能被浓硫酸、浓硝酸侵蚀外,对其他各种化学试剂都比较稳定。因此,高温煅烧是一个安全有效的清洗方法。图 6-11 为常用真空煅烧炉工艺流程。

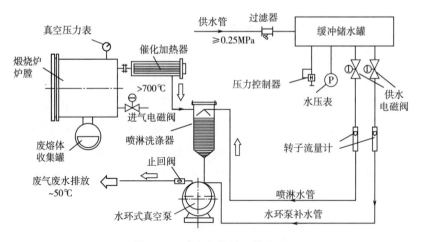

图 6-11 真空煅烧炉工作流程

聚丙烯的主要化学成分是碳(C)和氢(H),在与氧反应并充分燃烧后,所形成的产物是气态的二氧化碳(CO_2)和水(H_2O),是没有毒性的;在不充分燃烧时,容易产生有毒的一氧化碳(CO)气体和少量黑色的炭(C)。

由于聚丙烯及熔体中还含有一些其他杂质,在氧化反应过程中还会形成一些其他成分复杂的产物,主要包括甲醛、乙醛、丙酮、甲醇、叔丁醇及其他醛和酮等。因此,煅烧过程会产生有刺激性的气味,这些烟气要经过净化处理后,才能排放到环境大气中。

利用聚合物这种物理化学性能,可以通过加热、升温、煅烧,使残留在纺丝组件上的聚合物裂解、汽化,恢复纺丝组件的技术性能。目前,主要是利用真空煅烧炉来实现这个清洗过程。

非织造布原料的熔点一般≤300℃,在待清洗的纺丝组件放入炉膛后,先将煅烧炉炉膛温度升高到300℃左右,此时黏附在工件上的聚合物会熔融,在重力作用下自然流入煅烧炉下部的收集罐中。

当温度继续上升到达320℃后,聚合物将裂解,并产生大量烟气,此时开动真空泵将炉膛内的空气抽出,形成一个低压缺氧的真空环境,可以防止这些烟气在炉膛发生自燃或炭化。

炉膛的温度继续升至480℃左右,组件表面和内部的所有聚合物将全部裂解完,在这个温度下原来关闭的进气电磁阀打开,向炉膛(工作室)内充入少量空气,这时残留的聚合物就会裂解成二氧化碳和灰分,二氧化碳排入环境大气中,而灰分则被喷淋洗涤器的水带走,从而达到清洗的目的。

PET 等高聚物在高温状态可溶于三甘醇(TEG)溶液,根据这个原理,把三甘醇加热

（275℃）后，浸在清洗槽内的零件上的高聚物就会发生醇解和溶解，从而达到清洗的目的。由于受清洗机容积限制，目前仅在清洗小型 PET 组件、蜡烛形熔体过滤器滤芯时，会用到三甘醇清洗机和三甘醇溶剂。

（二）真空煅烧清理工艺

组件煅烧工艺就是采用加热升温的方法，使纺丝组件上残留的熔体裂解，清除纺丝组件上的熔体残留物，常用的设备有煅烧炉、真空煅烧炉、惰性气体保护煅烧炉等，煅烧温度可达 480～500℃，而真空煅烧炉是目前性能较好，又普遍使用的一种设备。

煅烧程序一般都已由设备制造商设定好，煅烧清洗过程分三个阶段进行。各阶段时间的长短，在不同企业会稍有差异，但其作用及原理是相同的，也可以根据煅烧处理效果，对煅烧程序进行必要的调整。

1. 组件在煅烧炉中的放置

并不是熔喷纺丝组件的每一个零部件都是需要进行煅烧处理的，如刀板、垫板、紧固件等，如果没有被污染，就可以不进行煅烧处理，而使用其他方法处理即可。因为毕竟在高温状态下，一些零部件、特别是一些薄型、长条状零部件难免还会发生一些变形。

由于铝或铜的熔点较低，而且很容易在高温下氧化。因此不得将用铝材或铜材制造的零部件放入煅烧炉内。

但喷丝板是必须进行煅烧处理的，喷丝板应该得到均匀支撑、防止高温变形，并以残留熔体最容易自然流出的方位放置，一般应该以熔体进入通道在下、喷丝孔向上的方位水平放置，这时组件的重心最低、稳定性最好，但必须做好喷丝孔的防护措施。

在煅烧炉炉膛空间有限的条件下，为了提高煅烧炉的利用率，增加清理工件的数量，允许将喷丝板侧立、并排放置，但喷丝板的重心最高、稳定性较差，务必保证喷丝板在处理期间，特别是在进入炉膛或从炉膛内取出时不会因振动发生侧翻。

2. 煅烧过程的各个阶段特点

纺丝组件的煅烧处理分为多个阶段进行，由一个控制器按预定程序自动控制，每一个阶段的设备状态、炉膛温度、处理时间等参数都可以预先设定或根据需要进行修订。

图 6-12 为一般通用的纺丝组件煅烧与清洗程序曲线，除了受煅烧炉性能限制外，清洗过程的温度设定值，每一个处理阶段时间的长短都是可以独立设定的。

各个阶段的具体过程如下：

（1）升温段。在煅烧炉由室温开始加热升温过程中，当炉膛温度高于聚合物的熔点后，残留在纺丝组件上的聚合物开始熔融，呈流动状态，并受重力作用向下流动，滴落到煅烧炉下方的熔体收集罐内（图 6-11、图 6-13）。而随着炉膛温度的上升，会有少量的聚合物熔体发生热降解，并伴随有少量烟气产生。

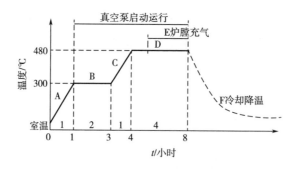

图 6-12　组件煅烧与清洗程序

A—升温阶段(室温~300℃,1h)　B—熔融阶段(300℃,2h)　C~D—裂解阶段[300~480℃,5h(含氧化阶段3h)]

E—氧化阶段(480℃,3h,至此清洗程序全部结束)　F—自然冷却阶段　D~E—氧化段

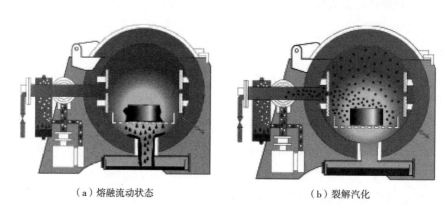

（a）熔融流动状态　　　　　　　　　（b）裂解汽化

图 6-13　聚合物的熔融流动状态及裂解汽化

（2）熔融段。在这一阶段,煅烧炉的温度设定值一般在300~320℃,此时的熔体具有很好的流动性,开始降解、产生的烟气也随之增加[图6-13(b)]。为了尽量减少纺丝组件表面的残留物,在到达设定温度后,熔融段的时间一般不少于1h。

为了减少熔融段的熔体处理量,当将纺丝组件从纺丝箱体上拆卸下来后,应趁熔体仍处于熔融状态时,尽最大可能将残留的熔体清除。这样在组件装进煅烧炉时,残留的熔体就较少了。

（3）裂解段。当经过熔融段处理后,炉膛温度将上升至450~480℃,在升温过程中,当温度到达330~350℃后,仍存留在纺丝组件上的少量聚合物便发生强烈的裂解,分解为一氧化碳、二氧化碳和水汽,并产生大量烟气(图6-14)。

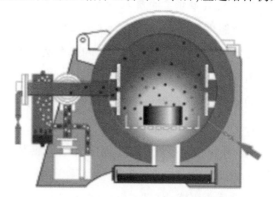

图 6-14　聚合物的裂解和汽化状态

为了避免炉膛内发生明火燃烧,煅烧炉的真空泵应在到达裂解温度前启动,使炉膛内处于缺氧的真空状态,此时炉膛内的真空度将逐渐达到$-0.08\sim-0.06$MPa,如果真空度偏低(真空度的绝对值偏小),会在组件表面形成较多黑色的灰分。

如果炉膛内的真空度不足,尚有一定浓度的空气存在,聚合物可能发生不完全燃烧,分解为炭黑、一氧化碳和水汽,并产生大量的烟气。一氧化碳的燃点为$641\sim658℃$,当炉温升至450℃以后,炉内电热管的表面温度已有可能达到燃点,因而有可能点燃易燃的一氧化碳,而在炉膛内发生闪燃。

闪燃是当炉膛内的可燃气体混合物遇到高于其燃点的物体时,会突然被点燃,体积剧烈膨胀而发生闪燃,并伴随有声响的一种现象。

在气体发生闪燃时,炉膛内的压力急剧升高,对炉膛结构,特别是炉门和密封装置会产生很大冲击,是一种安全隐患。因此,一些煅烧炉会在炉膛上设置有安全阀,用于泄放由于气体膨胀所形成的异常压力。

炉膛温度从熔融段的设定值上升至$450\sim480℃$的时间,一般设定为一个小时,在这个阶段,由熔体的裂解所产生大量的气体及灰分,会被喷淋水流吸收,并随真空泵排出(图6-15)。

因为二氧化碳溶于水,并成为碳酸(H_2CO_3),裂解过程还会产生少量其他化学成分的挥发性气体,因此,会带有强烈的刺激性气味,并对环境有一定的影响。

为了消除这些烟气对环境的污染,有的煅烧炉自带有使用燃气的后燃烧器,燃气在燃烧器内燃烧时能产生高温($\geqslant700℃$),当这些烟气进入后燃烧器后,便被彻底燃烧、裂解,成为对环境无害的气体。

有的煅烧炉则在排气系统串联了一个电加热高温裂解装置,也可以使煅烧烟气变成无公害气体达标排放,这个装置的工作温度应不低于700℃。

组件上绝大部分的残留聚合物已在分解阶段裂解、汽化,但仍可能还有极少量残留,此时可以通过阀门将少量空气送入炉膛,使空气与高温的残留物发生氧化反应,成为二氧化碳和水,至此,纺丝组件上的全部残留物就被清理干净.

经过上述三个阶段的处理,残留在纺丝组件上的聚合物除了以气态挥发外,极少量会以白色粉末的形态黏附在组件表面,这种粉末是很容易用压缩空气或高压水流清除的。有时在零件的表面也会存在微量的、容易清除的炭黑。

(4)降温冷却段。经过上述处理过程后,煅烧清理工作就完成了,但这时纺丝组件的温度仍处于480℃高温状态,为了避免由于温度急剧变化产生热应力和形变,此时不能直接将组件从炉内取出,以进行下一工序处理。

此后,煅烧炉便进入降温程序,随着空气进入炉膛、吸收热量后排出及炉体向周边环境散热,温度便缓慢降低。当温度降低至100℃以后,便可以打开炉膛,将组件取出,进行下一清理工序的工作,降温冷却过程所需的时间与煅烧炉的性能有关,炉膛保温、隔热好设备,可能需要 6~8h,甚至更长时间(图 6-15)。

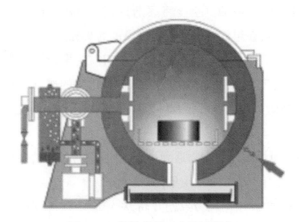

图 6-15　煅烧炉的冷却降温状态

3. 煅烧过程的环境保护

在纺丝组件的煅烧过程中,会有废气和废水排放,由于煅烧过程的生成物会有刺激性气味,会影响周边环境,除了要选用带废气净化装置的煅烧炉以外,产生的废水要集中收集、处理好以后才能排放。

(三)真空煅烧清理设备

1. 煅烧炉

按炉膛的压力来分,有普通常压式煅烧炉和真空煅烧炉两种。在要求不高的条件下,如一些小幅宽的简易型熔喷系统,可以选用常压式普通煅烧炉(图 6-16)。

图 6-16　常压式煅烧炉

由于熔喷纺丝组件结构精密、复杂,因此,目前在熔喷法非织造布企业主要是使用真空煅烧炉(图 6-17 和图 6-18)。

图 6-17 卧式真空煅烧炉

图 6-18 立式真空煅烧炉

按照把纺丝组件放进炉膛的方式,煅烧炉还分为垂直放入的立式煅烧炉及水平放入的卧式煅烧炉两种。立式煅烧炉是利用起重设备把纺丝组件吊入炉膛的,具有容易观察组件煅烧效果,占用空间小的优点,但强度低、密封性不好,目前已较少使用。

卧式煅烧炉是利用平移小车把纺丝组件送入炉膛的,具有密封性可靠、处理效果好的特点,是获得较多应用的机型。但不容易观察组件煅烧效果,存在占用空间和场地较大的问题。

2. 真空煅烧炉的性能规格

型号:卧式炉(水平放置工件)。

煅烧炉的炉膛尺寸:内径 700mm×3800mm。

炉膛支架尺寸长×宽= 3760×600(能并排放置两块喷丝板,可用于煅烧幅宽 3200mm 及以下规格的纺丝组件)。

适用加工的纺丝组件最大规格:3200mm。

加热功率:60kW,热电偶分度号 K,设计温度 600℃,最高工作温度 500℃,温控精度 ±1℃,温度均匀性±2℃。

水环式真空泵功率:4.0kW。

炉膛最高真空度:-0.08MPa。

供水压力 0.25MPa,耗水量 60~100L/h,平均耗水量 80L/h。

烟气排放条件:排气配置废气处理净化装置。

二、高压水清洗

经过煅烧处理的纺丝组件上,还会附着一些煅烧后的生成物、灰烬等。利用高压水流的冲击作用,可以清除纺丝组件表面这些残留物。高压水流冲洗是一种物理清洗工艺,高压水清洗机可以产生压力为 3~20MPa 的水流,而用添加有清洗剂的高温水流的清洗效果更好,能将类似单体、油脂类物质清除干净。

(一)清洗工艺

1. 水流压力的选择

由于熔喷喷丝板的结构强度较低,使用高压水清洗时,水流的压力一般要控制在 6MPa 左右。

2. 水枪的选择

高压水清洗设备一般会配备两种不同的喷嘴,用于产生集束水流或开花水流,有的喷枪可以通过调节而直接改变水流的形状。由于熔喷喷丝板的结构强度较低,喷丝孔之间的金属材料很薄,因此,在限制喷射水流压力的前提下,要慎用集束水枪的水流喷射喷丝孔。

3. 水流的温度

当使用带加热功能的高压清洗机时,所使用的温度越高,清洗效果越好,水温一般在 100℃以上。考虑到使用现场的环境条件和用电安全,可以选用燃油加热器。

4. 清洗液的使用

有的清洗机具有自动添加清洗剂的功能,能提高清洗效果。目前一般都是使用民用洗衣液作为清洗剂,可以将组件上的油污有效清除掉。

5. 喷射距离

清洗喷丝板时,喷枪喷出的水流速度会很快扩散和衰减,能量随之分散和下降,因此,喷枪不能离被清洗工件太远。由于熔喷喷丝板的结构强度较低,因此,喷枪不能离工件,特别是离喷丝孔太近,以免损坏喷丝孔。

(二)高压水清洗机

高压水清洗机(图6-19)的主要性能:

机型:电动热水型高温清洗机。

水流最高压力:12~15MPa。

防爆钢丝管

四个喷嘴

高压长枪

保护壳

调压阀

出水管

进水管

滚动轮

图 6-19　高压水清洗机

水流量:15L/min。

额定出水温度:≤120℃。

驱动功率:2.2~3.0kW。

进水压力≤0.2MPa(2bar),温度≤60℃(不得在温度不高于零摄氏度状态使用),进水流量≥15L/min。

清洗剂:无腐蚀性和挥发性,不含颗粒物,黏度≤45mm²/s。

柱塞泵用润滑油牌号:SAE 15W-40 或四冲程摩托车机油。

电动机轴承油脂:ZL-3 锂基润滑脂。

加热能源:柴油或电。

(三)高压水清洗方法

1. 工件的放置

要将待清洗的纺丝组件放置好,并能在水流的冲击力作用下保持稳定、不会移动或不能翻倾即可,同时还要考虑工件的方位以便污水流走为宜。

2. 初始清洗方法

启动高压水清洗机后,先以开花水流将工件湿润,然后再以集束水流做扫描式喷射,将工件的全部暴露表面进行反复清洗。如果具有添加清洗剂功能,可在水流中加入清洗剂。

3. 后期清洗方法

变换工件的方位,使原来无法清洗的位置暴露出来,重复上述清洗过程。清洗过程中,要不断变换水流的角度,对组件的表面、内壁进行全面清理。

4. 最终清洗

当所有工作面都清洗干净以后,停止加入清洗剂,仅用干净的水流将工件清洗干净即可。

5. 清洗干净后的工件处置

组件清洗干净后,要及时用干净的压缩空气或热风将残留的水分吹走,以免残留水分蒸发后,在表面形成水渍。

6. 清洗过程的安全事项

高压水流具有潜在的危险,必须做好作业过程的安全防护工作,水流的喷射方向要避开有人员活动场所,操作者要做适当的防护,避免被反射的水流弄湿身体甚至受到伤害。

三、超声波清洗

(一) 超声波清洗的原理

超声波在本质上和声波是一样的,超声波和声波的区别仅在于频率范围的不同。人耳能听到的声波频率在 $20\sim20kHz$ 范围内,而频率超过 20kHz 以上的声波则称为超声波。

超声波清洗时,会产生超声空化效应。在超声波的作用下,机械振动传到清洗槽内的清洗液中,液体内部受超声波的振动而频繁地拉伸和压缩,出现疏密相间的振动,形成微气泡(空穴);微气泡破裂时,会产生强大的冲击波,污垢层在冲击波的作用下就被剥离下来。

空化效应或空穴效应还会产生空化二次效应将污垢一层层剥开,直至污垢层被剥下;清洗剂会溶解一些污垢,产生乳化分散的化学力;超声冲击波能在液体中产生微冲流,具有搅拌作用和乳化作用。

在超声空化的作用下,经过一定时间后,被清洗件上的污垢逐渐脱落(当然也有清洗液本身的作用在内),这就是超声波清洗的基本原理。较长时间的超声空化作用,会使被清洗件表面的基体金属有一定程度的剥落,称为空化浸蚀作用。

利用清洗液的浸润、浸透、乳化、分散及溶解等作用,其结果必然大大加速清洗过程,提高清洗效果。超声波清洗是超声空化作用、浸蚀作用、搅拌作用、乳化作用及空化核作用的综合体现。

超声波清洗的效果主要与下面几个因素有关:

1. 清洗介质

在清洗过程中,清洗介质主要是利用化学反应实现清洗,而超声波清洗是物理作用,两种作用相结合,可以对物体进行充分、彻底的清洗。

2. 功率密度

超声波的功率密度越高,空化效果越强,清洗速度越快,清洗效果越好。但对于精密的、表面光洁度甚高的物体,进行长时间的高功率密度清洗,会对物体表面产生空化浸蚀,损伤零件的高精度表面,这时喷丝板的精密加工面会出现可见的变异区域。

3. 超声波频率

超声波频率越低,在液体中产生空化越容易,作用也越强。而频率越高,则超声波的方向性强,适合于精细的带有小孔的物体清洗。

在清洗非织造布纺丝组件时,超声波的频率一般在 20~25kHz 这一范围。

4. 清洗液的选择与温度

一般来说,超声波清洗是物理清洗,在 30~40℃下的空化效果最好,清洗作用最强。而清洗剂是依靠化学反应作用,温度越高,化学反应越强烈,清洗效果越显著。

因此,要兼顾物理作用及化学反应两种不同清洗机理,优化清洗效果,一般超声波清洗液的温度在 60~70℃,这也是一般超声波清洗机清洗液的最高温度设定在 70℃左右的原因。

当清洗液的温度还没有到达设定温度前,可将喷丝板放入清洗机内,使喷丝板表面和所有小孔得到充分的浸润,到达设定温度后,才启动超声发生装置投入运行。

(二)超声波清洗工艺

超声波清洗工艺包括以下几方面的内容:

1. 选择超声波的功率

超声波清洗效果不一定与(功率×清洗时间)这个关系成正比,有时用小功率,花费很长时间也没有清除污垢。而如果功率达到一定数值,却很快便可将污垢去除。若选择功率太大,空化强度将大幅增加,虽然提高了清洗效果,但这时会使较精密的零件也产生蚀点,得不偿失。因此,不要盲目加大超声波的功率。

在采用水或水溶性清洗液时,如功率太大,还会使清洗机底部振动板位置发生严重空化,水点腐蚀也增大,如果振动板表面已受到伤痕,强功率下水底产生的空化腐蚀更严重。因此,要按实际使用情况选择超声功率。

利用超声波清理纺丝组件中时,功率密度一般在 $0.6~1.0W/cm^2$。过高的强度会加速辐射板表面的空化腐蚀,同时过于剧烈的空化所产生的气泡会影响能量传递,使远离辐射面的液体空间声强变弱,而达不到均匀清洗的目的。

在普通的清洗槽中,由于液面的反射,在清洗槽中会产生驻波,使在液体空间有些区域声压最小(波节处),有些地方声压最大(波腹处)而造成清洗干净程度不均匀。

在非织造布行业使用的国产超声波清洗机,大都没有直接显示超声波发生器的功率,其功率选择旋钮所调节的是超声发生器的电流,以电流值间接显示功率的大小。

电流表的最大量程一般在 10A 左右,正常工作时应选择在刻度的中间位置(或按设备说明书的推荐值)。

2. 选择超声波的频率

空化效应的强度与频率有关,频率越高,空化气泡越小,空化强度越弱,且随着频率的增加而迅速减弱。因此,超声波的频率会影响清洗的效果。

在使用水或水基清洗剂时,低频会增加由空穴作用形成的物理清洗力,适宜清洗零件表面;而在清洗带有小间隙、狭缝、深孔的精密零件时,用高频的清洗效果会较好,而且对精密加工面影响较小。

在清洗纺丝组件时,大部分清洗机的工作频率在 20~30kHz 范围,而且基本是不可调的。目前使用的超声波清洗机大部分都没有频率调节功能,其工作频率在出厂时已设定好。

3. 选择合适的清洗液

所选择的清洗溶剂必须达到清洗效果,并应与所清洗的工件材料相容。水为最普通的清洗液,操作简便、使用成本低,是最广泛应用的水基清洗溶液。

传统组件清洗工艺还曾使用加有烧碱($NaOH$)的水基碱性清洗液,但这种清洗液不能用来清洗铝和铝合金制品。并且存在一定程度的环境污染问题。

清洗液的表面张力大,不容易发生空化;蒸汽压偏高会降低空化的强度;黏度大的清洗液不容易发生空化;清洗槽内的清洗液流动速度过快也会影响清洗效果。

纺丝组件是经过高温(450~480℃)煅烧,并经过高压水流冲洗后才进行超声波处理的。因此,进行超声波清洗时,组件表面已很少有可见的残留物,主要是一些碳化物和金属氧化物。

使用碱性清洗液时,强碱会与一些分子量较小、质量较轻的物质(如元素周期表上部的一些元素)发生化学反应,并使之分解,如生成氢氧化镁、氢氧化铝等,增强超声波清洗的效果,而对于分子量较大,质量较重的物质,强碱也是很难,甚至无法分解的。

除了碱性清洗液,还可以使用专用喷丝板超声波清洗剂,但因为价格较高,在国内的非织造布行业较少使用。有条件时,可以使用去离子水或纯净水进行清洗。

4. 碱性清洗液的配制方法

要通过试验、根据清洗效率来决定清洗液的浓度,常用的碱液浓度可在 5%~15% 范围选择,再根据清洗效果进行调整。可以使用 pH 值试纸测试清洗液的浓度。

配制清洗液时,只能将碱加入水中稀释,并不断搅拌,不能将水倒入碱液中,否则将发生剧烈汽化危险。由于氢氧化钠溶解于水的过程是一个放热的化学反应,因此,在配制过程中溶液出现发热升温是一种正常现象。

5. 清洗液温度的选择

化学反应的速度与温度成正相关,温度越高,反应速度越快。最适宜的水基清洗液温度为 40~60℃,若清洗液的温度偏低,空化效应就较弱,清洗效果也差。当温度升高后空化易发生,有利于提高清洁效果。

当温度继续升高以后,空泡内气体压力增大,引起冲击声压下降,反映出这两个因素间此消彼长的关系,因此,也不是温度越高越好,高温也不利于换能设备的安全运行。

在兼顾化学反应与超声波空化作用的情形下,清洗液的温度一般控制在≤70℃。在清洗液到达设定温度前,不用开启超声波发生设备,可利用这一阶段的清洗液升温时间,使清洗液充分浸润喷丝板,并将混在清洗液中的气体析出。

6. 清洗液的液位控制和清洗零件位置的确定

清洗液的液面一般应高于换能器振动子表面 100mm 以上,而被清洗的工件必须全部浸没在清洗液面以下约 50mm。由于单频清洗机受驻波场的影响,波节处振幅很小,波幅处振幅大,导致工件不同位置的清洗效果不一样。因此,最佳选择清洗物品位置应放在波幅处。

在任何时候,必须保持清洗槽内的液面高度能浸没全部电加热管,否则会导致加热管全部烧毁。

7. 纺丝组件的零件放置

一般纺丝组件的零件只要能在清洗槽内平稳放置即可,对放置的方位没有特别要求。喷丝板可以先以喷丝孔在下(向下)的方位进行第一阶段的清洗,然后将喷丝板翻转,再以喷丝孔向上的方位进行第二阶段的清洗

8. 超声波清洗时间

对于精密的、表面光洁度甚高的物体,采用长时间的高功率密度清洗会对物体表面产生空化腐蚀。因此,较高强度、较长时间的超声空化作用,会使被清洗件表面的基体金属有一定程度的剥落,产生空化浸蚀。

在日常清洗过程中,可以发现一些经过清洗的组件表面,存在有反光异常的暗区域及明显的生锈现象,这就是组件发生浸蚀的结果,长此以往,将对喷丝板的精密加工面(如喷丝孔内壁)发生不可逆转的损伤。

因此,用超声波清洗纺丝组件的时间并不是越长越好,一般在 0.5~1.5h 即可。

9. 经过超声波清洗后的喷丝板处理

用碱液清洗后的喷丝板表面会有清洗液残留,因此,有时可用稀草酸溶液中和,或放在有加热功能的漂洗桶内用热水稀释、清洗干净,也可以用清水反复多次冲洗干净。

当用试纸测量清洗液的酸碱度为 pH=7 时,表示残留的碱液已全部被草酸中和。清洗干净的工件表面应不再有黏滑的感觉,然后及时用干净的无油、无水的压缩空气,最好能用热气流将工件吹干。特别要将喷丝孔内的水分彻底清除干净,防止在其精密加工表面形成水渍。

(三)超声波清洗机

超声波清洗机(图 6-19)用于将经过煅烧处理后的纺丝组件进行精密清洗,主要由超声

波发生器和清洗槽两部分组成,被清洗的零件放入清洗槽后,浸入清洗液中进行清洗处理。

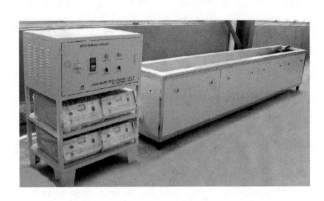
（a）通用型

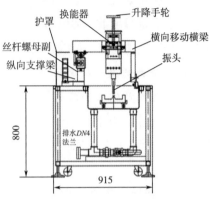
（b）聚能型

图6-19　通用型超声波清洗机和聚能型超声波清洗机

清洗槽尺寸:3800mm(长)×500mm(宽)×500mm(深)(可用于清洗幅宽3200mm、及以下规格的纺丝组件)。

清洗液温度:≤70℃。

超声波功率:6kW。

超声波频率:20~25kHz。

清洗槽及相关的管道、阀门要选用耐酸碱的不锈钢材料制造。国产超声波清洗设备配置较为简单,清洗槽基本都是没有盖子的敞开式,散热多、防护差。

目前,有一种专为清洗熔喷喷丝板的单头聚能式超声波清洗机,其超声波聚能型清洗头可以在精密导轨上,自动沿着喷丝孔运动,对每一个喷丝孔进行清洗。

(四)超声波清洗作业的安全性

1. 氢氧化钠对人体的伤害风险

氢氧化钠也称苛性钠、烧碱或火碱,是一种白色固体,具有强烈的吸水性;能够溶解蛋白质而形成碱性蛋白化合物,对人体组织有明显的腐蚀作用,特别是在黏膜上,会形成不能阻碍碱液更深地进入组织中的软痂,所以接触皮肤时会引起烧伤。

碱溶液的浓度越大、温度越高则引起的烧伤伤害也越强烈。即使是极少量的氢氧化钠进入眼睛也是危险的,由于碱液迅速进入内部,不仅危害眼的表面部分(如角膜混浊),还能够深入内部使虹膜受损,使用时一定要注意。

2. 使用氢氧化钠清洗液的安全措施

氢氧化钠一般为固体,但同样具有安全风险而不得疏忽。开启氢氧化钠桶时,必须穿工作服,戴橡皮手套和防护眼镜,并使用专门工具。敲碎大块的固态氢氧化钠时,要用废布包裹或在无盖大桶内进行,以防碎块飞溅伤人。

应用专门的车子搬运盛有氢氧化钠浓溶液的容器,在任何情况下都绝对禁止把容器放在肩上或抱在怀中搬运。

3. 被碱性清洗液沾染后的处理方法

万一碱液溅到皮肤上或眼中,则应立即用水冲洗或用硼酸水冲洗,严重者需送医院治疗。

(五)超声波清洗安全操作规程

(1)超声波发生器应单独使用一路380/220V/50Hz电源,并安装可靠的保护装置。超声波清洗机及所用的电器设备必须有良好的接地保护装置。

(2)进行清洗作业时,要戴耐酸碱的橡皮手套和防护眼镜,并使用专门工具。破碎大块的烧碱(苛性钠)时,要用废布包裹好或在无盖大桶内进行,以防碎块飞溅。

(3)禁止直接将工件放置在换能器表面,以免损坏换能器。

(4)在清洗液的液面没有将电加热管全部浸没前,禁止接通加热系统电源,使清洗液加热升温。

(5)严禁在无清洗液状态启动超声波清洗机工作,即清洗桶内必须有一定量(浸没换能器表面100mm以上)的清洗液,才能启动超声波发生器投入运行。

(6)在清洗设备运行期间,不得把手伸入清洗液中。

(7)超声波清洗机的清洗液可以循环使用,每次使用完清洗机后,最好将清洗液放入容器中,下次使用时再倒入清洗槽,余下的沉淀物可处理掉

(8)清洗液可重复使用,如觉得浓度不够时,可适量加入一些稀释好的碱液。碱液的浓度一般控制在15%~20%(质量分数)。

(9)配制清洗液时,只能将碱加入水中稀释,并不断搅拌,不能将水倒入碱液中,否则会发生剧烈的沸腾现象。配制过程中,溶液发热升温是一种正常现象。

(10)搬运盛有苛性钠浓溶液的容器时应用专门的搬运车,在任何情况下都绝对禁止把包装袋放在肩上或抱在怀中搬运。

(11)要定期冲洗清机内部,清理有杂物或污垢。要及时清洗溅落在设备或地面上的清洗液。

(12)如身体被清洗液污染,必须马上用清水冲洗干净,必要时及时到医疗机构处理。

第四节　纺丝组件的检查与装配

一、纺丝组件的检查与维护

1. 喷丝板

（1）进行组装前，可用 01 号以上的金相砂纸将喷丝板的两个斜面抛光，然后用高压水冲洗干净，再用压缩空气吹干。

（2）喷丝板要对喷丝孔做透光检查，即将喷丝板放在专用灯箱上，开启灯箱的光源后，应保证所有喷丝孔都能透光，且视场清晰，否则要用直径与孔径规格相应（一般比喷丝孔直径小 0.02~0.05mm）的银针捅孔，直至全部喷丝孔都符合要求为止。

由于熔喷喷丝板结构特殊，喷丝孔间的壁很薄（其厚度一般与喷丝孔直径数值相等），强度很低，在外力作用下极易被挤压变形，因此，如果喷丝孔透光正常，就不宜再进行捅孔，更不要使用化纤行业常用的钢质喷丝板清洁针进行，以免在捅孔的过程中使喷丝孔发生不可逆转的挤压变形。

（3）有条件时，还可在喷丝板检查仪上，对所有喷丝孔进行扫描检查，判断喷丝孔的技术状态。图 6-22 就是在检查仪上可能见到的喷丝孔影像，要处置、排除所发现的异常状态。

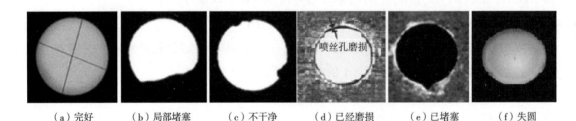

（a）完好　　　（b）局部堵塞　　　（c）不干净　　　（d）已经磨损　　　（e）已堵塞　　　（f）失圆

图 6-22　验孔时的各种喷丝孔视场影像

（4）经过检测维护后的喷丝板，国外还会进行喷水实验，把喷丝板放在专用的水压试验台密封紧固好后，用水泵加压，应能观察到所有喷丝孔都正常、顺利喷水，才能进行装配备用。

（5）检查完后，可用干净的压缩空气将所有喷丝孔再吹洗一次，使喷丝孔保持畅通。

2. 气刀

两张气刀尖端之间的缝隙是牵伸气流和熔体细流的出口，其宽度决定了牵伸气流的速度，而缝隙宽度的一致性则会影响气流速度的均匀性，最终会影响纤维细度和铺网均匀性。

（1）安装前要仔细检查气刀的刀口，如发现有轻微的磕碰、缺损现象，可用细油石将卷边修磨好,保持刀口平整、锋利。

(2)要彻底将气刀与锥缩垫板接触的底平面、气刀背面与气隙垫板接触的平面清理干净,并使斜面保持高度洁净、光滑,必要时可用不加磨料的布轮将斜面抛光。

(3)当清理通过调换安装位置的方法来改变配合间隙的纺丝组件时,必须将气刀的底平面沟槽清理干净。

二、纺丝组件的装配

熔喷纺丝组件的具体结构与品牌有关,品牌不同,结构及工艺参数都不相同。因此,要根据制造商提供的装配方法进行纺丝组件的维护工作。虽然不同品牌的纺丝组件会有差异,但原理一样,基本都是大同小异,以下是一些带共性的原则性要求:

1. 装配前的准备工作

(1)在组装前要做好作业现场和装配操作台的清洁,清除可能存在的污染源。

(2)清理可能影响作业过程的潜在危险源,保证作业过程的安全。

(3)注意检查起重、搬运设施、吊具、索具的可靠性和专用工具装备的性能。

(4)准备好装配过程所使用的专用工具、量具及辅助用品。

(5)准备好装配过程所使用的易耗品、材料。

(6)确认纺丝组件的各个零部件都已符合技术要求,可以安装使用。

(7)喷丝板、气刀等零件要处于良好的防护状态。

2. 纺丝组件的装配工作

(1)把喷丝板以喷丝孔向上的方位在工作台上放置好,喷丝板的下方要用干净的软质材料垫好。

(2)将锥缩垫板在喷丝板底面放好,然后将一侧的气刀垫板放在喷丝板一侧。

(3)将一侧的气刀放在喷丝板一侧,随即用两只(或更多)螺栓将其定位;顺次将其他紧固螺栓拧上,但不用拧紧。

(4)在喷丝板一侧装上刀板的调整螺栓(拉紧螺栓及顶紧螺钉),但不要拧紧。注意所有螺栓螺纹部位要涂抹一层薄的高温抗咬合脂(或二硫化钼润滑脂)。

高温抗咬合脂是一种可以在高温下($\geqslant 500℃$),保护金属部件不受腐蚀,防止连接件间发生咬合的防锈润滑剂。

(5)根据制造商推荐的数据或工艺要求,用塞尺调整气隙大小,要求气缝大小均一。气隙检查调整好后,先锁紧所有调整螺栓。

(6)再次检查、确认气隙的尺寸符合要求,否则要再次进行调整,然后才拧紧刀板面上的全部紧固螺栓。

要使用扭力扳手拧紧刀板与喷丝板的连接螺栓,根据螺栓的规格决定拧紧力矩,对于强度为 12.9 级的 M12 高强度螺栓,最大拧紧力矩为 98N·m,分两遍拧紧,第一遍 40N·m,第二遍 70N·m。

(7)按照同样的次序和方法,将另一块刀板安装好。

(8)翻转组件,喷丝孔向下,装入大、小分配板和过滤网,分配板的小孔端应靠近喷丝孔,过滤网目数较小一面靠近喷丝孔。

(9)用橡胶锤或木锤将聚四氟乙烯密封条敲入喷丝板表面的凹槽内,密封条接口应以 45°斜切口连接,要求无缝隙、平整,在槽内应呈自然张紧状态,并贴紧在槽底。

用小刀将挤出凹槽的密封条削掉,并用压缩空气吹干净。

(10)组装结束,确认纺丝组件符合技术要求后,喷洒一层薄的雾化硅油,然后用 PVC 塑料薄膜或缠绕膜将组件包裹、封闭好,防止被污染,外层再用厚的非织造布包裹好。

(11)已装配、包装好的纺丝组件,宜放置在有盖板的木箱中存放,木箱要放置确保安全,不存在污染,但又方便搬运的场所。

3. 纺丝组件的使用与维护

(1)所有从纺丝箱体拆下的安装螺丝必须进行清洗、检查、上油(二硫化钼高温油)、封装。要逐个检查螺栓的螺纹、头部的内六方孔。要剔除螺纹已乱扣(俗称滑牙)、内六方孔已变形的螺栓,防止损坏箱体上的螺纹孔、增加作业的难度,保证装配质量。

(2)抗咬合措施是保证安装、拆卸纺丝组件安全性的重要措施。在安装前,所有紧固件(螺栓、定位销等)的配合部位都要涂抹防咬合剂,在缺乏防咬合剂时,可以用高温润滑脂,如二硫化钼代替。

经过长时间运行使用后,有的纺丝组件会出现紧固螺栓断裂或无法拆卸的现象。主要与盲目增大力矩,没有涂抹防咬合剂有关。

(3)在所有操作过程中,不要在组件上方传递工具,以防不小心掉落、砸伤喷丝板和刀板。

(4)拆卸、装配操作中,独立的喷丝板、刀板要安装防护装置,防止与其他物体发生触碰。

(5)喷丝板的喷丝孔间的金属材料很薄、强度很低,在外力作用下很容易变形。在检孔、通孔时必须使用比孔径稍小的银针,不允许使用其他器物,不得进行强力穿透操作。

(6)作业过程必须穿戴、使用没有纤维脱落的劳动手套及擦拭材料,保证按规定力矩紧固螺栓,所有螺栓必须涂好防咬合剂。

第五节　影响纺丝组件安全使用的因素分析

纺丝组件的特殊结构,在熔喷法非织造布的生产过程中,由于各方面的原因,纺丝组件容易受损,特别是喷丝板会发生不可逆转、不能修复的事故,造成重大损失。在生产实践中,这些事故多是由于管理、操作不当引起的,而由于喷丝板制造质量所引发事故的概率则较低。

喷丝板发生事故的主要表现形式包括:喷丝孔损坏、喷丝板爆裂等。而引起运行中喷丝板损坏的根本原因,主要还是喷丝板实际受力超过了材料的强度极限所致。因此,超压损坏是发生事故的内因和本质,发生事故的主要原因如下:

一、操作方法与工艺

1. 保温时间不足,急于开机

纺丝系统从冷态启动,或在停机后恢复生产运行时,喷丝板到达设定温度后,最少要进行 0.5~1h 的保温、恒温,才能正式开机纺丝,如果采用预热安装的热装工艺,保温时间可以短一些。

纺丝系统在冷态启动,开机运行的半个小时内,熔体的温度必将经历一个先降后升的过渡过程。即在开始纺丝前,纺丝系统的温度已到达设定值。处于平衡状态,但在开机后随着熔体的流动,消耗的热能增加,系统的平衡被打破,由于热惯性作用及系统无法迅速补充而导致温度下降。

视控制系统的 PID 调节性能及加热系统装机容量的大小,要经过一定时间(15~30min)后才能重新恢复稳定。

在这段时间,由于温度下降,熔体的流动性降低,流动阻力增加,喷丝板内部的熔体压力上升,这是喷丝板发生爆裂事故的高发时段,大部分喷丝板损坏事故都是在这一时段发生的(图 6-23)。因此,从冷态升温不要忙着迅速提高速度进行生产。

图 6-23 喷丝板沿中线大范围裂开

2. 纺丝熔体温度设定偏低

在正常的纺丝工艺中,除了根据原料流动特性来设定熔体的温度外,纺丝熔体的温度与挤出量正相关,还与纺丝泵的转速有关,转速加快,温度要适当提高;熔体的温度与熔体的流动性负相关,流动性好的原料纺丝温度可以设定稍低些。

综上,原料流动特性好,熔体温度可以低一些;挤出量增加,熔体温度要提高一些。温度越低、熔体流动越困难,会产生较大的压力。如果原料流动性差、挤出量又大,而熔体的温度又偏低,就容易发生超压而威胁喷丝板的使用安全(图6-24)。

图6-24 喷丝板局部裂开

纺丝箱体加热系统发生故障时,熔体温度下降,熔体流动困难,不容易从喷丝孔挤出,容易导致超压,发生爆裂损坏(图6-25)。熔体的流动性越差,所需要的熔体温度也越高。对于 MFI 1500 左右的 PP 原料,正常情形下的熔体温度不适宜低于230℃。

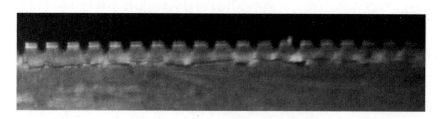

图6-25 沿喷丝孔根部裂开的喷丝板

在一些简易型熔喷纺丝系统中,仍有可能使用低熔指(MFI≤35)的纺粘法纺丝系统用原料,为了保证设备的安全和产品质量,就必须使用比正规高熔指 PP 熔喷原料高很多的纺丝熔体温度,熔体的最高温度设定值有可能≥350℃。

由于这一类型设备配置简单,运行温度高,甚至没有熔体压力检测装置,煅烧清洗设备简陋,加上操作管理不规范,导致喷丝板的使用周期短,损坏概率也较高。

3. 牵伸气流温度偏低

喷丝板尖端离纺丝箱体的距离最远,因此,仅依靠金属热传导热量还不足以使其温度达到设定值,如果喷丝板尖端的温度偏低,熔体流动到这个位置后,其流动阻力增加,难以从喷丝孔流出,会在喷丝板内引起较高的熔体压力。

牵伸气流的主要功能是纤维的牵伸,但同时还有加热喷丝板尖端的作用。由于牵伸气流温度一般要比熔体温度高 5~10℃,因此,喷丝板两侧的牵伸气流就对尖端区域有加热作用,使其升温。如果牵伸风加热系统发生故障,喷丝板尖端温度下降,熔体流动阻力增加,不容易从喷丝孔挤出,就容易出现超压,导致喷丝板爆裂损坏。

由此可见,如果牵伸气流温度低于熔体温度,则不仅无法加热喷丝板的尖端,反而是起了冷却作用,这不仅会影响正常纺丝,还会影响喷丝板的安全使用,因此不允许这样设定气流温度。

这就是开机纺丝前,熔喷纺丝组件一定要提前吹热风的原因。如果吹热风的时间短,温度又偏低,将成为一个潜在风险。

4. 纺丝泵大幅度快速升速

在调整(提高)纺丝泵的速度时,转速上升太快,特别是提升速度幅度又很大时,容易发生压力冲击,会出现高于3MPa的尖峰压力,对喷丝板的安全造成威胁。

当纺丝泵调速控制器的加速时间设定值偏小时,就很容易出现这个问题,不少喷丝板就是在纺丝泵升速后不久发生事故的。因此,速度控制系统并不希望纺丝泵的转速能马上按照调速指令迅速升降,而是按照一定的斜率改变速度,但加速时间的设定值太大,会延长速度调节过程,增加不良品的数量。

二、设备故障与缺陷

1. 超压保护系统失灵,喷丝板保护传感器被拆除

有的机型在喷丝板的熔体腔装有压力/温度传感器,可以直接测量、显示喷丝板内真实的熔体温度和压力,并在压力出现异常、可能危及喷丝板安全时,切断螺杆挤出机电源,终止系统运行,保护喷丝板的安全。

有的纺丝组件的喷丝板还配置有防止超压损坏的防爆管,当熔体压力趋近防爆管设定的爆破压力时,与喷丝板熔体腔联通的防爆管就会爆破泄压,保证了喷丝板的安全。在国外,防爆管是一次性使用的产品,在大部分熔体纺丝系统(纺粘系统,熔喷系统)设备上都有使用。

目前在国产设备上还很少配置有这种保护装置,甚至原来配置有这种"防爆管"或温度压力传感器的系统,也因各种原因或形式失去保护效能。由于纺丝组件缺失这一个最后的安全屏障,运行过程中一旦熔体压力发生异常,就没有办法为喷丝板提供最直接的安全保护。

一般的纺丝系统,都在纺丝箱体上配置有熔体压力传感器,这个压力传感器一般都是装在纺丝箱体偏于熔体进入口的位置,用于检测箱体的熔体压力,并在超压时提供安全保护。传感器检测的是从纺丝箱熔体入口直至喷丝板这段距离的沿程总压力降,包括箱体内熔体分配流道、纺丝组件内的分配板、过滤网及喷丝板的压力降。

在这些一系列串联的熔体压力降中,最大的压力降还是出现在喷丝板内。因此,在熔体流动性较好、组件内滤网较新的状态下,压力降都会较小,压力主要集中作用在喷丝板上。

在这种状态下,总的压力降,即纺丝箱体的熔体压力还可能没有到达设定值,但喷丝板中的压力就有可能威胁喷丝板的安全。在生产实践中,喷丝板已经开裂损坏了,而箱体的压力保护系统仍然没有任何动作,一般是直至发现纺丝异常后才人为停机处置。

因此,不要过分相信箱体的压力保护,它只能为喷丝板提供间接保护,因为这个传感器检测的不是喷丝板内部的压力,而这个压力与喷丝板内部的压力是有差别的,其保护效果不如直接安装在喷丝板上的传感器。

2. 喷丝板的设计及材料存在缺陷

有的存在设计缺陷的喷丝板,也容易发生熔体泄漏,整体变形损毁等事故。

喷丝板常用431、630等牌号的耐热不锈钢材料制造,造价较高昂,从材料选择到加工过程都有一套严格的流程,因材料质量出问题的概率很低,但在生产实践中也发生过在喷丝板的斜面出现裂缝,导致熔体泄漏故障的情况。

有的喷丝板使用档次较低的材料制造而成,由于这些材料的抗腐蚀、抗氧化、高温稳定性等性能较差,容易在高温煅烧时发生退火、变形,而其热膨胀系数可能与纺丝箱体有较大差异,在运行使用中容易损坏。

三、使用维护过程管理不当

1. 违反操作规程

损坏原因包括用不当的方式或不合格的工具通孔,导致喷丝孔变形损坏;违反操作规程、或保管不当,喷丝板的尖端、刀板的刃口被碰撞,喷丝孔被砸坏等(图6-26);安装、运行、维护、搬运过程中,如果违反操作规程、缺乏防护装置时,喷丝板很容易受外力损坏。

图6-26 受外力损坏的喷丝孔

值得注意的是在制订操作规程时,有的企业为了追求产量,不考虑现场的具体情况,硬性规定在纺丝组件安装好以后的半个小时内开机生产,这样操作就存在很高风险。

2. 不同流动特性的原料混杂

转换切片原料时,不同流动特性的原料或不同熔点的原料混杂;残留的低流动性的熔体将使熔体流动困难,导致组件内的压力升高;而残留的高熔点原料在新设定的、较低的纺丝温度下将无法熔融,堵塞熔体过滤网和喷丝孔,使喷丝板内压力上升,容易发生超压现象。

四、工艺参数设定不当

1. 熔体温度

在生产过程中,通过调节纺丝箱体的加热温度,能改变熔体的流动性,可以有效改变熔体的喷出量,或调节熔喷布的定量分布均匀性。箱体各加热区的温度与原料的 MFI 有关,其温度通常在 250~300℃。

由于熔体的流动性较好,纺丝组件内的熔体压力也远比纺粘系统低,而另一方面,由于喷丝板的尖端喷丝孔间的强度较低,也限制了熔体的最高压力。如果熔体温度低,熔体流动阻力大,在喷丝板内会形成危及喷丝板安全的压力降,很容易导致喷丝板损坏。

在纺丝系统刚开始运行时,喷丝板的尖端温度还较低,要用牵伸气流进行辅助加热、升温,如果加热时间不足,熔体流经尖端的喷丝孔时的阻力增加,很容易因为压力太高而导致喷丝板损坏。

在一些机型的喷丝板内(喷丝孔上方的入口端),正常的熔体压力仅在 1MPa 左右,而允许的最高压力一般限制在 ≤2.5MPa(或根据设备制造商的推荐值)。

2. 喷丝孔的单孔流量

由于纺丝组件的特殊结构,高温、高压的牵伸气流对纺丝组件尖端的冲击,喷丝孔采用单线排列的方式,使喷丝板的强度较低,很容易因为超压而损坏。

喷丝板的结构强度是与熔体流动特性、喷丝孔的流量、孔密度,喷丝孔的长径比有关的,如果喷丝孔的单孔流量超过设计值,喷丝板就有爆裂、损坏的危险。

如果纺丝泵的升速速率太高,单孔流量很快增加,通过喷丝孔的阻力迅速上升,形成很高的冲击压力,会导致喷丝板损坏。为了避免这种情况出现,控制系统应该有一个升速速率限制,从输入设定值到达到设定值的时间不能太快。

五、喷丝板的结构

1. 喷丝板的角度

目前,大部分喷丝板的角度是 60°,也有少量 90°的喷丝板。喷丝板的角度越大,强度就较高,但也有 90°喷丝板爆裂的案例。喷丝孔的长径比越大,纺丝过程会越稳定,纺丝组件的强度也越大,允许使用的熔体工作压力也越高,如有的长径比为 100 的喷丝板,其允许使用的熔体压力>10MPa,而常规喷丝板的安全运行压力一般为 ≤3MPa。

2. 喷丝板的孔间距离

按常规设计,相邻喷丝孔之间的中心距一般为喷丝孔直径 D 的两倍,即中心距为 $2D$,喷丝孔间的最小壁厚为 D;如果中心距>$2D$,喷丝孔间的最小壁厚为>D,会较厚,强度较高;如果中心距<$2D$,喷丝孔间的最小壁厚为<D,会较薄,强度会较低。

同样类似的情况,喷丝板的孔密度越高,喷丝孔直径必然会越小,壁厚也就必然会较薄,如果没有更大的长径比,喷丝板的强度会较低。虽然增加喷丝孔的长径比可以缓解熔体的出口胀大效应,但同时也增加了熔体流动阻力,导致箱体的熔体压力升高,因此要使用流动性能更好的原料,避免出现超压报警。

第六节　安装与维护纺丝组件的常用设备和工具

一、预热炉

预热炉主要用于将已经装配好的纺丝组件总成加热,使纺丝组件在安装到纺丝箱体使用前就已经加热到工艺要求的温度。其目的是减少组件在装到纺丝箱体时与纺丝箱体间的温度差,节省生产线等待升温的停机时间(3~4h),提高设备利用率。当快装式纺丝组件采用预热安装工艺时,就会使用到预热炉(图6-27)。

图6-27　预热炉

预热炉配置有热风循环系统,使炉膛内的温度均匀一致,可以保证纺丝组件得到均匀的加热。为了防止纺丝组件在预热过程中被污染,预热炉的炉膛、炉盖、循环风系统的所有设备和管道都要使用耐热不起皮的不锈钢材料制造。

预热并非是组件安装过程中必须进行的程序,在常温状态进行安装也是可行的,仅是耗用的时间较多而已。但由于能节省大量的升温时间,经济效益良好,是一种值得推广的工艺,对快装式组件尤其必要。

组件预热升温后,增加了运输、安装过程的操作难度,特别是处于组件与箱体间的熔体过滤网很容易弯曲,出现变形、移位而导致熔体泄漏。一般对已拆散开的纺丝组件的个别零件不进行预热处理,因为很容易引起变形而影响组装。

组件预热炉的主要性能如下:

· 组件装卸方式:立式(组件从垂直方向吊进/吊出炉膛)。

· 最高预热温度:350℃。

· 加热器类型:电加热。

· 加热器总功率:36kW。

·循环风机功率:2.2kW。

·炉膛尺寸:长×宽×深(4050mm×650mm×720mm),可适用幅宽3200mm及以下规格的纺丝组件。

·压缩空气压力:0.5MPa。

二、常用工具和材料

作业过程必须使用专用的、合格的工具、装备和物料,其中包括:

1. 专用工具装备

(1)工作台(台面为软质材料,承重能力不小于500kg)。

(2)专用起重横担(荷载能力不小于500kg,用于装配,清洗煅烧处理过程中的吊装、运输、转移,与生产线幅宽及组件的结构有关,荷载能力不能小于组件的实际重量)。

(3)组件安装车[荷载能力不小于500kg(按3200mm幅宽纺丝组件的重量),有效升降高度要满足具体安装要求]。

(4)T形扳手(两把,规格M12)。

(5)灯箱(自制,透光性检查用)。

(6)喷丝板检查仪或投影仪。

(7)针灸用银针(直径0.28mm,0.30mm,0.35mm,0.40mm,根据喷丝孔的直径选用)。

(8)自制冲击式拔销器(用于拔出带螺纹孔的定位销),如图6-28所示。

图6-28　冲击式拔销器

2. 通用工具

(1)内六角扳手[规格3(M4)、4(M5)、5(M6)、6(M8)、8(M10)、10(M12)、14(M16)、17(M20)、22(M30),如有英制紧固件,则按需要配置,每一种规格要配置两只]。

(2)双头呆扳手或梅花扳手[每一种规格两只,规格13(M8)、16(M10)、18(M12)]。

(3)套筒扳手(12件套装,带棘轮手柄)。

(4)扭力扳手(规格200N·m,配加长杆)。

(5)风动或电动扳手(仅在拆卸、分解设备时使用)。

(6)铜锤及橡胶锤(各一只)。

(7)铜丝刷(四把)。

(8)铜刮刀、铲刀(各两把)。

(9)丝锥,板牙(配扳手)(常用规格 M6、M8、M10、M12、M16,如有英制紧固件,则按需要配置)。

(10)一字形螺丝刀(长度 200mm)。

(11)金相砂纸(细度不小于 01 号)。

(12)细标号油石。

(13)手提式抛光机及抛光布轮。

(14)常用起重吊具(卸扣、吊环),索具(起重链条、尼龙吊带等),其负荷能力应该满足被吊运物体的要求。

(15)常用钳工工具。

(16)压缩空气喷枪。

(17)强光手电筒。

(18)大功率电吹风筒。

3. 量具与仪器

(1)钢卷尺(长度 5m)。

(2)钢直尺(规格 150mm,300mm 各一把)。

(3)黄铜塞尺(厚薄规)(长度 100mm)。

(4)游标卡尺(规格 150mm,带测深尺)。

(5)便携式带显示屏 500 倍数字显微镜。

4. 其他物料

(1)圆形聚四氟乙烯密封条(常用直径规格 3.0~3.2mm)。

(2)防咬合剂(耐温高于 500℃,可用高温二硫化钼润滑脂替代)。

(3)雾化硅油。

(4)除锈喷雾剂。

(5)溶剂(柴油、工业酒精或丙酮等)。

(6)润滑油。

(7)擦拭布。

(8)包装用纺粘法非织造布及塑料薄膜。

第七章　安全、绿色、可持续生产管理

第一节　生产企业内的安全标志

安全生产工作应以人为本,坚持人民至上、生命至上,把保护人民生命安全放在各项工作的首位,树牢安全发展理念,坚持安全第一、预防为主、综合治理的方针,从源头上防范化解重大安全风险。

生产经营单位的主要负责人对本单位安全负责,安全生产管理机构以及安全生产管理人员履行下列职责:

(1)组织或者参与拟订本单位安全生产规章制度、操作规程和生产安全事故应急救援预案。

(2)组织或者参与本单位安全生产教育和培训,如实记录安全生产教育和培训情况。

(3)组织开展危险源辨识和评估,督促落实本单位重大危险源的安全管理措施。

(4)组织或者参与本单位应急救援演练。

(5)检查本单位的安全生产状况,及时排查生产安全事故隐患,提出改进安全生产管理的建议。

(6)制止和纠正违章指挥、强令违章冒险作业、违反操作规程的行为。

(7)督促落实本单位安全生产整改措施。

生产经营单位可以设置专职安全生产分管负责人,协助本单位主要负责人履行安全生产管理职责。

一、安全标志的类型

在熔体纺丝成网法非织造布生产线中,存在很多高温、有压力的系统和电力驱动运转设备,生产流程是由上而下进行的,不少操作要在几米高的平台上进行,生产过程有物流运输作业,要用到起重、运输设备,因此,在生产线中存在很多可能引发事故的危险源。

按照《中华人民共和国安全生产法》(以下简称《安全生产法》)的规定,生产经营单位应当在有较大危险因素的生产经营场所和有关设施、设备上,设置明显的安全警示标志。

安全标志由图形符号、安全色、几何形状(边框)或文字标志构成。安全标志是向工作人员警示工作场所或周围环境的危险状况,标识危险源的种类、危险程度等,指导人们采取合理行为的标志。

安全标志能够提醒工作人员预防危险,从而避免事故发生;当危险发生时,能够指示人们尽快逃离,或者指示人们采取正确、有效、得力的措施,对危害加以遏制。安全标志不仅类型要与所警示的内容相吻合,而且设置的位置要符合相关规定,否则就难以真正充分发挥其警示作用。

在非织造布生产线中会用不同的标志来标识危险源,用以表达特定安全信息,指示可能潜在的安全风险,这些标志符号已有国家标准规范(GB 2894—2008),全世界通用,解释的语言可能不同,但含义都是通用的,在本章节中仅引用一些与非织造布生产活动相关的信息。

安全标志一共分为"禁止""警告""指令""提示"四大类,此外每一种标志还规定了其使用的颜色及设备上用颜色表示其安全程度的"颜色标志"。

1. 禁止标志(带斜杠的红色白底圆环)

禁止标志的含义是不准或制止人们的某些相关的不安全行为。禁止标志的几何图形是带斜杠的圆环,其中圆环与斜杠相连,为红色;图形符号为黑色,背景为白色;其中禁止内容的图标还可以根据现场自定。我国规定的禁止标志共有 28 个,较为常见的标志如图 7-1 所示。

禁止用火　　禁止合闸　　禁止触摸　　禁止通行　　禁止转动　　禁带金属物

图 7-1　禁止标志

2. 警告标志(黑三角黄底边框)

警告标志的含义是警告人们可能发生的危险,提醒人们对周围环境引起注意,以规避可能发生的危险,警告标志的几何图形是黑色的正三角形、黑色符号和黄色背景。我国规定的警告标志共有 30 个。较为常用的标志如图 7-2 所示。

注意安全　　当心触电　　当心重物　　当心坠落　　当心机械伤人　　当心高温

图 7-2　警告标志

3. 指令标志(蓝底圆形边框)

指令标志的含义是必须遵守,强制人们必须做出某种动作或采用防范措施,凡是带蓝底圆形边框的图形都是指令性标志,带有一定的强制性,要求人们要按指示的要求去行动。指令标志的几何图形是圆形、蓝色背景、白色图形符号;指令标志共有 15 个,常用的标志如图 7-3 所示。

戴防护镜　　　戴防护手套　　　戴防护帽　　　戴护耳器　　　戴防尘口罩　　　要洗手

图 7-3　指令标志

4. 提示标志(绿底正方形)

提示标志的含义是示意目标的方向,向人们提供某种信息(如标明安全设施或场所等)。提示标志的几何图形是方形,绿、红色背景,白色图形符号及文字。提示标志共有 13 个,常见标志如图 7-4 所示。

紧急出口　　　　紧急出口方向　　　　避险场所　　　　急救电话

图 7-4　提示标志

5. 颜色标志

传递安全信息的颜色,有红、蓝、黄、绿四种,用不同的颜色表示不同的安全程度。在生产线的设备上,红色表示危险、禁止、停止,如用于机器、车辆的紧急停止,控制系统的停止按钮及禁止触动的部位;黄色表示注意、警告,如用于警告、警戒标志,安全帽;蓝色表示指令,必须遵守执行的规定,如用于指令标志,绿色表示安全、通过等,如用于提示标志、启动按钮、安全通行等。

这些颜色标志除了用于安全标志外,还经常直接涂刷在设备上,以期引起使用者注意。如经常用黄色在地面上画出物流通道或设备界限线;用黄黑色相间的斜线条作为运动物体(如吊车、起重设备)的警示色;其具体的使用实例见上述各种安全标志。

二、安全标志的设置与管理

1. 安全标志的设置

(1)安全标志应设置在与安全有关的明显地方,并保证人们有足够的时间注意其所表示的内容。

(2)设立于某一特定位置的安全标志应被牢固地安装,保证其自身不会产生危险,所有的标志均应具有坚实的结构。

(3)当安全标志置于墙壁或其他现存结构上时,背景色应与标志上的主色形成对比色。

(4)对于那些所显示的信息已经无用的安全标志,应立即由设置处卸下,这对于警示特殊的临时性危险的标志尤其重要,否则会导致观察者对其他有用标志的忽视与干扰。

2. 安全标志的安装位置

(1)防止危害性事故的发生。首先要考虑所有标志的安装位置都不可存在对人的危害。

(2)可视性,标志安装位置的选择很重要,标志上显示的信息不仅要正确,而且对于所有的观察者要清晰易懂。

(3)安装高度。通常标志应安装于观察者水平视线稍高一点的位置,但有些情况置于其他水平位置则也是适当的。

(4)危险和警告标志。危险和警告标志应设置在危险源前方足够远处,以保证观察者在首次看到标志及注意到此危险时有充足的时间,这一距离随不同情况而变化。

3. 安全标志的维护与管理

为了有效地发挥标志的作用,应对其定期检查、清洗,发现有变形、损坏、变色、图形符号脱落、亮度减弱等现象时,应立即更换或修理。安全管理部门应做好监督检查工作,发现问题,及时纠正。

第二节　熔喷法非织造布生产企业的危险源

一、生产线中的危险源

1. 高电压与触电

电能是普遍使用的一种能源,生产线中的大多设备都由电力驱动,目前生产线中使用的是频率为50Hz的交流电,供电电压有380V、220V两种规格。然而随着非织造布设备的大型化,有的生产线已经配置有10000V电压的大功率设备。

高电压及带电物体是引起触电的主要危险源。从安全用电常识知道,安全电压是指不使用任何防护设备,接触带电体时是不会对人体各部位造成任何损害的电压。我国的国家标准 GB/T 3805—2008 规定,安全电压的等级有 42V,36V,24V,12V,6V 五种。

安全电压与用电环境有关,在高温、有导电灰尘,或灯具离地面高度低于 2.4m 等场所,电源电压不应高于 36V;在潮湿和易触及带电体的场所,照明电源电压不应高于 24V;在特别潮湿、地面导电良好的金属容器内工作的和易触及带电体的场所,照明电源电压不应高于 12V。

不管是交流电还是直流电,都有导致触电的危险。因为是否会发生伤害,还与所处的环境及人体电阻有关,一般所说的安全电压并非绝对安全,通常认为 12V 及以下电压才是绝对安全的。

在非织造布生产线中,主要是使用电力能源,所用的电源电压有 380V 和 220V 两种。在配电变压器进线侧的电压达 10kV,而在熔喷系统的静电驻极设备中,还有高达 60~100kV 的高电压存在。这些电压都超过了正常的 24V 安全电压,是最普遍存在的危险源之一。

熔喷法非织造布主要使用聚丙烯原料,在生产过程中会由于多种原因,使产品带上很高电位的静电荷,甚至能见到强烈的火花放电现象,员工在卷绕机、分切机等岗位作业时,经常会有被这种高压静电伤害的可能,虽然不会危及生命,但会给操作人员造成一定的心理压力,影响安全生产。

由于熔喷法非织造布的生产环境温度较高,岗位人员身体会有汗,人体的电阻会处于较低的状态,发生触电的风险较高;一些设备的设计、安装不规范,很多本来应该有防护的电气设备、电线、电缆等处于敞开状态,这些都是潜在的安全风险。对生产线的操作人员而言,学习安全用电知识,遵守安全用电制度,远离缺乏保护的电气设备;要由有资质的人员从事电气设备的安装、维护工作是避免发生触电事故的有效措施。

在生产线中,凡有 ⚠ 标志的部位都是有触电危险的设备或设施,必须注意规避发生触电的危险。安全用电的基本原则是:不接触低压带电体,不靠近高压带电体,未知设备应该视同带电设备处置,遵守安全用电制度等。

2. 高温与火灾隐患 🔥

在非织造布生产线中,有大量的加热设备,存在大量高温的零部件和物体,如熔体制备系统的设备及纺丝牵伸系统的温度都会在聚合物的熔点以上,一般为 200~300℃。还有不少处于高温状态的聚合物熔体、蒸汽、导热油等。

如聚合物熔体的温度一般为 220~280℃,熔喷系统的牵伸风温度为 250~300℃,正常条件下,各类型加热器内部发热元件的温度在 350℃以上;煅烧纺丝组件时的温度为 480℃;而在故障状态下,螺杆挤出机及熔体管道的铸铝加热器温度会上升至 500℃或更高,甚至可以将铝加热套熔化,这些高温液态铝金属液从空中滴下来对人会有致命的危险。

极少量熔喷系统中会使用导热油加热装置,导热油是可燃物体,泄漏的高温导热油很容易引发火险,实践证明使用导热油加热的设备,其发生火灾的概率很高。由于熔喷生产线的加热温度较高,离导热油的闪点较近,而很多加热系统的导热油炉又缺乏完善的安全保护,安全风险较高。因此,熔喷系统不宜采用导热油加热,以消除火险隐患。

配套在熔喷法非织造布生产线中使用的空气加热器,有的是使用燃气为能源,如果没有实施正确的操作方法,会引发燃气在炉膛内爆燃的事故。燃气泄漏会成为火灾的隐患。而使用电能的空气加热器,在温控系统发生故障、或温控系统缺乏连锁保护时,内部会产生数百摄氏度的高温,极易引发火险隐患。

高温除了会造成严重灼伤外,还会引发火灾。熔喷系统的纺丝箱体经常会有飞花飘落、积聚,如果未能经常清理,时间长了就会碳化,若遭遇高温就很容易发生阴燃,甚至明火燃烧,这是熔喷系统中发生概率较大的一个安全风险。

从熔体过滤器、纺丝组件清理出来的高温熔体,熔喷系统挤出的含有高温熔体的废丝等,在与其他可燃物体混杂堆放时,非常容易发生自燃现象,这也是熔喷生产现场可能存在的现象,必须引起足够的关注,并要在生产现场配置相应数量的消防、灭火器材(图7-5)。由于生产现场有带电设备,因此,只能配置干粉灭火器或其他气体灭火器。

必须戴护目镜　　　　　当心火险　　　　　当心高温

图7-5　高温标志

在没有配置及正确使用防护用品的情况下,严禁触摸带有 标志的设备或部位。

除了加强设备的维护,防止加热系统失控,导致严重超温事故外,在这些位置放置相应灭火器材,并保持这些消防器材的有效性是非常重要的。为了防止高温伤害,在进行刮板、换过滤网作业时还要佩戴防护眼镜。

在熔喷系统运行期间,如果牵伸风机突然发生故障,高温的熔体无法被牵伸为纤维,也未能得到充分冷却,会以熔体状态滴落在成网机的网带上,使网带发生局部变形或使网带发生大面积的污染而报废。

由于熔喷工艺的特殊性,在进行刮板后收集的废丝中,或在成网机纺丝箱体下方收集的废丝中,经常还会在内部夹杂一些仍处于熔融状态的熔体,因为熔喷纤维有良好的保温性能,即使经过较长时间仍未充分冷却。如果这时不佩戴防护手套徒手收集这些废丝,很容易被高温熔体灼伤。

在故障状态,一些原来是常温的设备可能会出现异常的高温,这些都是设备维护管理过程中不容忽视的情况,平时不要触摸不熟悉的设备或部件外表。

3. 高压力危险 ⚠ ⚠

在熔体制备系统的螺杆挤出机、熔体过滤器、纺丝泵、纺丝箱体等设备及熔体管道内部,都有压力约 3~5MPa、温度约 250℃ 的高温熔体。在运行中要避免出现高于设计值的熔体压力,要杜绝熔体泄漏现象。如没有及时清理泄漏出的熔体,接触到高温的加热元件后会碳化,时间长了会产生阴燃或明火燃烧。

当用升降纺丝箱体的方法调节 DCD 时,一些活动连接的部位可能会出现熔体泄漏、污染设备和成网机。

在熔体过滤器进行换网作业时,压力熔体会从柱塞表面的排气槽喷涌出来,产生伤害;在更换熔体过滤网时,推动柱塞运动的液压系统液压油压力≥10MPa,液压油发生泄漏不仅影响系统的正常工作,还会污染环境和产品,甚至形成火险隐患。

当生产线配置有制冷压缩机时,机组中的蒸发器、冷凝器都是压力容器,内部有压力较高制冷剂。如果发生泄漏,除了会使制冷设备性能发生变化,甚至无法正常运行外,泄漏的气体制冷剂还会影响员工的身体健康。

牵伸风机一般为容积式风机,不容许出口压力太大,当管道发生堵塞或排气出口阀门关闭的时候,会产生异常的压力,如果安全阀或防爆装置失灵,就会出现异常压力,引发设备超载事故,危及设备安全。

在清洗熔喷纺丝组件时,高压水流的压力有可能达到 6MPa 或更高,会对人体造成伤害;在水摩擦驻极系统,水流的压力可达 2~3MPa,这些水流都有造成伤害的潜在风险。

生产线的压缩空气系统用储气罐,制冷系统中的压力容器,在设备维护过程中使用的氧气瓶、乙炔气瓶等设备,在使用不当的情况下会发生爆炸事故。

4. 机械伤害 ⚠

在非织造布生产线中,或日常设备维护工作中,有大量的运动、旋转设备或锋利的零部件,容易发生挤夹、卷绕、碰撞、拖拽、碾压、切割、穿刺等形式的伤害,这是生产过程中发生频度较高的一些安全事故。

传动系统的传动件,设备的咬入方向、成网机网带与传动辊筒的进入方向、重物的下降区域、危险物品溅射范围、安全装置动作时的危险区、受力物件破损时残体飞出的运动覆盖范围、设备警戒区域(黄线、或护栏以内的区域)、运动设备前后方无避让空间的场所(如"离线"运动及 DCD 调节过程)、安全防护性能差的设备、不熟悉的设备等都是容易发生事故的危险区域。

在所有带有 ⚠ 标志的设备或场所,操作者一定要严格按安全规程作业,保持设备的完好及安全防护装置功能的有效性。

生产线配套使用的卷绕分切机,是岗位人员高频度、近距离接触的设备,由于其开放式的特点,加上设备制造商为了节省制造成本,不少安全措施缺失,较难做到周全的防护,而往往安排在这个岗位作业的又是一些缺乏培训及职业安全教育的人员,是一个事故多发点。必须加强安全生产教育,提高安全生产意识。

在开始进行设备维修工作前,一定要将设备的动力源(如电源、压力源等)切断,并在控制装置(如开关、阀门等)上悬挂警示标志,并严禁在内部还存在有压力的情况下拆卸、分解系统设备。常用警示标志如图7-6所示。

禁止启动　　　　禁止合闸　　　　禁止转动

图7-6　防止机械伤害警示标志

5. 起重运输作业过程中的风险

在非织造布生产线的设备安装及生产过程中,有大量的搬运、吊装作业。这些过程容易发生碰撞、挤压、砸压、撞击等形式的伤害。

在搬运、装卸原料时,要注意主动避让叉车,不要在无避让空间的场所停留,当在包装原料堆叠高度较高的场所,要注意规避原料包滑落、料堆倒塌的风险(图7-7)。

当心吊物　　　当心落物　　　当心叉车　　　当心挤夹

图7-7　起重搬运安全标志

保证搬运、吊装过程安全的措施有两个方面:一是进行搬运、吊装作业的人员要按《起重运输安全操作规程》作业;二是其他人员要注意自身的安全环境,主动、合理地规避可能出现的风险,保障作业安全。

拆卸、安装熔喷纺丝组件的过程实质上也是一个起重、运输过程。熔喷纺丝组件是一个重量较大的高价值设备,一旦出现意外,会造成很大的经济损失,甚至是人身伤害事故。

因此,一定要使用专用的工装进行熔喷纺丝组件的拆卸、安装工作。要确保新安装上的纺丝组件已在纺丝箱体上可靠固定,才能撤离专用工具,或确认拆卸下来的纺丝组件已在专用安装车上稳定定位,不会滑落,才能移动安装车。

6. 高空坠落

由于非织造布生产线是分多层、立体布置的,高空坠落是生产过程中潜在的危险。钢结构要按安全技术规范要求设置合格的防护栏;平台、走道、楼梯要有防滑措施;高层平台平面要用防滑的花纹钢板制造,平台边缘要设置踢脚挡板,高空作业要有安全措施等。建造栏杆的材料规格,栏杆的结构尺寸,踢脚挡板的尺寸都要符合有关规范要求。

要特别注意由于 DCD 调节或进行离线运动后,纺丝平台、成网接收设备所发生的相互位置变化,特别要关注在原来安全的空间可能出现的空挡,避免发生踏空、坠落事故。当熔喷系统配置在 SMS 生产线使用时,要特别留意这种隐患,并要在类似的通道出口设置专门的防护机构。

对于容易出现空中坠物的区域,要进行封闭处理,或在下方设置防护网、挡板等,以防滑跌、坠落事故。

在生产过程中,禁止攀爬设备,在设备间跨越、跳跃,用抛掷方式传递物体,以免影响人员和设备安全(图 7-8)。

禁止跨越　　　　禁止攀爬　　　　禁止抛物　　　　禁止跳跃　　　　当心坠落

图 7-8　警惕高空坠落安全标志

7. 辐射危险 ☢

在有的非织造布生产线中,检测设备(主要是在线检测设备)会用到放射性物质或高能射线,如测量产品的厚度、定量、温度要用到 β 射线(所使用的射线源有:氪 Kr-85、锶 Sr-90、钷 Pm-147),X 射线,激光等。

长时间受到超剂量的辐射会伤害人的免疫系统;高亮度光源、激光会影响视力;安装、维修设备时的电弧焊弧光会伤害人的眼睛和皮肤;长期在强电磁环境下工作也会影响健康。

8. 噪声与高温

成网机的抽风机流量较大,会将牵伸气流及抽吸区上方周围环境的气流抽走,但高温气流辐射的热量,纤维冷却过程放出的热量及设备散发的热量还是很多的,这部分热量会使车间温度升高。高温会增加工人的劳动强度,增加产品被污染的概率,影响熔喷布的质量。

此外,在运行期间牵伸气流从纺丝组件高速喷出时,会在纺丝箱体周围产生强度较高的噪声,牵伸风机在运行过程中也会产生强烈的噪声。因此,在这些场所工作应佩戴耳塞等劳动保护用品。

为了改善现场工作环境,生产线的厂房要安装性能较好的通风换气设备来降低室内温度,并保持室内空气的清新。

二、原料、辅料的安全性

原料或化学品供应商会向需方提供一份材料安全数据表或化学材料安全评估报告(material safety data sheet,MSDS),目前倾向简称为安全技术说明书(safety data sheet,SDS),这是一份关于危险化学品的燃烧、爆炸性能,毒性和环境危害以及安全使用、泄漏应急救护处置、主要理化参数、法律法规等方面信息的重要文件。所有接触、使用、管理这些物品的员工,都要了解 SDS 报告的内容,正确、安全地做好本职工作。

PP 是一种可燃烧的、但不易燃的物体,在引燃火焰离开后能继续燃烧,火焰的上端呈黄色、下端呈蓝色,有少量黑烟,燃烧熔融后滴落,发出石油气味。这也是用燃烧法鉴别 PP 的一个方法。

正规企业大批量生产的 PP 原料是无毒的,有的企业可以提供美国药物与食品安全管理局的 FDA 认证,可用作卫生、医疗制品的原料。

有的原料还经过皮肤接触致敏、生物兼容性、细胞毒性、溶血性试验,取得 SGS 认证,可以在卫生、医疗等领域安全使用。

有的聚合物粉尘会刺激人的皮肤、眼睛或呼吸系统;聚合物在熔融纺丝过程中会发生分解、排放出烟气或异味,污染环境;有的聚合物原料在熔融过程中会对设备产生腐蚀作用,要求设备具备防腐蚀功能;有的添加剂(辅料)会含有有害成分,如重金属等,会影响产品的安全性。

粒状的原辅料撒落在地面或操作平台后,如果不及时进行清理,会成为安全隐患,很容易导致人员滑倒,甚至引发高空坠落事故。

第三节　非织造布的安全生产与事故防范

一、安全生产

非织造布生产企业必须遵守《安全生产法》和执行依法制定的保障安全生产的国家标准或行业标准。

加强安全生产管理,建立健全全员安全生产责任制和安全生产规章制度,加大对安全生产资金、物资、技术、人员的投入保障力度,改善安全生产条件,加强安全生产标准化、信息化建设。

构建安全风险分级管控和隐患排查治理双重预防机制,健全风险防范化解机制,提高安全生产水平,确保安全生产,从业人员在作业过程中,应当严格落实岗位安全责任,遵守本单位的安全生产规章制度和操作规程,服从管理,正确佩戴和使用劳动防护用品。

生产经营单位的安全生产责任制应当明确各岗位的责任人员、责任范围和考核标准等内容。生产经营单位应当对从业人员进行安全生产教育和培训,保证从业人员具备必要的安全生产知识,熟悉有关安全生产规章制度和安全操作规程,掌握本岗位的安全操作技能,了解事故应急处理措施,知悉自身在安全生产方面的权利和义务。未经安全生产教育和培训合格的从业人员,不得上岗作业。

生产经营单位采用新工艺、新技术、新材料或者使用新设备,必须了解、掌握其安全技术特性,采取有效的安全防护措施,并对从业人员进行专门的安全生产教育和培训。

对于企业内的特种作业人员,必须按照国家有关规定,经专门的安全作业培训、考核,取得相应资格后,方可上岗作业。

生产经营单位新建、改建、扩建工程项目(以下统称建设项目)的安全设施,必须与主体工程同时设计、同时施工、同时投入生产和使用。安全设施投资应当纳入建设项目概算。

在非织造布的生产过程中,会遇到各式各样的危险源,要规避危险、避免出现安全事故,必须学会识别危险源、避免冒险、做好个人安全防护、远离危险区域或场所,保持各种安全防护装置的有效性,学会各种安全防护用品的正确使用方法,参加安全生产教育和培训、事故预案演练等活动。

要防止事故发生,除了要提高安全生产观念,加强操作技能培训,提高自我保护意式外,制订科学合理的作业指导,遵守安全操作规程也是非常重要的。

因为生产工艺、设备品牌、技术含量等的差异,设备的结构、具体的操作方法也会不一样,以下"安全通则"是根据共性而定的,要结合实际情况实施。贯彻以"预防为主"的方针可以防患于未然,是实现安全生产的最佳方法。

二、安全通则

(1)参与生产线设备管理、操作的员工,必须身体健康和心理健康,没有影响本人岗位正常工作的生理缺陷和精神障碍。

(2)全体人员应经过基本操作技能培训和考核,熟悉本工序(岗位)的工作职责和作业范围,服从管理和工作分配,身体健康,遵守岗位责任制,提高安全生产意识。

(3)所有参与操作的人员要接受安全生产知识教育,掌握基本的安全常识和相应的规章制度,熟知本工序(岗位)的工作职责,落实岗位安全责任,并经全面考核合格后才能独立上岗操作。

(4)对新员工要落实"传、帮、带"制度,指定班组的对口负责人,在新员工没有熟悉本岗位的工作前,不得独立上岗顶班,不得进行与其资质不相称的作业(如维护喷丝板、吊装贵重物品、大型物件等)。

(5)每个生产班组必须设有安全负责人,如果没有另行指定,当班负责人就是本班次的安全负责人,要做好人员管理和生产指挥工作,上班期间要定期对各工作点进行检查巡视,发现及排除隐患,纠正违章行为,保障各项工作安全。

(6)参与操作的人员要熟悉本岗位各种设备的性能,操作方法和工艺要求,严格按操作规程操作,增强自我保护意识,实现安全生产。

(7)操作人员应熟悉本岗位的各种安全装置(如放置、安装位置、功能、使用方法),并保持其完好。不得随意改变设备上安全保护装置的技术状态。

(8)上班期间各岗位人员应集中精神工作,禁止在生产时间离岗、脱岗、串岗、戏闹、聊天、玩手机或从事与生产任务无关的其他工作。

(9)当班人员必须合理穿戴和使用符合要求的防护用品。要穿戴无金属纽扣、上衣无口袋的紧袖口工作服装,冬季要穿戴没有外飘衣带、围巾的紧身衣装,并必须符合安全生产要求;应穿戴有防滑功能、无金属鞋钉的平底鞋;男、女员工的头发必须收拢在工作帽内。

(10)非工作人员或非当班人员未经允许不得进入工作现场或自行操作设备。所有进入现场的人员必须穿戴符合要求的服装、鞋、帽。要划定参观路线,防止外来参观人员超越安全界限接近设备。

(11)生产过程必须使用规范的劳动工具和用品,正常操作用的工具、量具、物料在使用后,不得堆放在机器上及操纵台上,不得采用抛、掷的方法传送物件。在机器运转期间,禁止攀爬、跨越设备。

(12)做好个人卫生工作,生产线的所有人员身上不得带有个人的金属物品(包括饰物)及有可能遗漏的硬物,也禁止将有可能影响产品安全的污染物体带进生产现场。患病、精神欠佳及酒后不得参与生产活动。

(13)做好生产现场的5S(整理、整顿、清扫、清洁、素养)管理工作,及时处理现场的各种物品,严格控制现场放置的油料、酒精及易燃物,不得多于两个班次的用量,做好事故及灾害预防工作,实现文明生产、安全生产。

(14)不得超能力,超负荷,或使用其他非常规的手段使设备运行,要合理选用、使用各种工具、量具和物料,并做好放置、保管、保养工作。

(15)熟悉本岗位的各种安全装置(如放置、安装位置、功能、使用方法),并保持其完好。不得随意改变设备上各种安全保护装置的技术状态,要注意保持车间内的消防设备的完好和有效。

当纺丝箱体或其他设备发生火险时,只能使用二氧化碳灭火器,干粉灭火器扑救。

(16)设备运转前必须做好清场工作,通知和确认所有人员处于安全区域或安全状态,所有装置都具备安全运转条件。

(17)设备的维修工作应由熟练的维修工或在专业技术人员指导下进行。设备的维修工作应在设备停止运转,并只能在断开其动力供给(如电源、压缩空气等)及降温、泄压后进行,禁止在设备内部有压力,或在带电状态拆卸及维修设备。

(18)进行设备维修工作时,应在电源开关、阀门或控制装置上挂上设备维修、不得开机,设备维修、不得合闸,禁止转动类的警示标志。

(19)要进入设备内部,或必须在设备运行中才能进行的工作,必须保证安全措施(包括用电、照明及通风),并必须由有资格的专人负责监护、指挥。

(20)国家劳动安全部门规定的特殊工种和特种作业要执行凭资质证书上岗制度,生产线上的特殊岗位、特殊过程的操作执行领导许可制度。

(21)在生产期间,操作人员要加强自我保护意识,应注意规避危险源及进入危险区域;要注意发扬团队精神,互相照顾,互相帮助,纠正违章行为,实现安全生产。

(22)出现突发事件要及时报告、迅速处理,降低事故的影响或损失。要及时总结教训,落实整改措施,避免事故重现。

三、安全生产事故处理预案与训练

1. 事故处理预案

安全生产事故紧急处理预案,其内容包括:组织机构及人员责任分工;事故性质判断,事故损失评判;人员或财产抢救方法;抢救现场具体分工;人员的疏散路线或指引,现场保护及警戒;抢救应急用品储备,应急用品的储备场所和使用方法;事后原因分析和事故处理等。

2. 事故的分析处理

事故的调查处理应当按照科学严谨、依法依实事求是注重实效的原则,及时、准确查清事故原因,查明事故性质和责任,评估应急处置工作,总结事故教训,提出整改措施,并对事故责任者提出处理意见。

3. 常用联系电话

当企业发生自己无力应对的事故时,要及时向上级报告,与有关部门联系,争取社会力量救援。

常用紧急电话:包括企业主管人员电话、安全负责人电话等,匪警电话110、火警电话119、急救电话120、交通事故电话122。

当向当地有关部门报告求助后,要派人到相关路口为救援队伍引路。

第四节　职业健康

一、职业安全卫生风险

在非织造布的生产过程中,工人会在有一定噪声、高于常温的环境下工作。虽然生产过程不会产生有害气体,但也有一定浓度的废气、异味,少量的废水排放。由于废品是可以再生回收、循环利用的。因此,废品对环境产生的负面影响极小。

在企业的生产、工作环境中,总是存在各种各样潜在的危险源,可能会损坏财物、危害环境、影响人体健康,甚至造成伤害事故。这些危险源有化学的、物理的、生物的、人体工效和其他种类的。

职业安全卫生管理的目标就是将引发职业安全卫生事故的风险消除,或将发生概率、危害范围、损失降至最低。建立职业安全健康管理体系,能有效地消除,并尽可能降低员工和在企业生产活动中遭受的风险;采用合理的职业安全健康管理原则与方法,可以控制其职业安全健康风险,持续改进职业安全健康绩效。

生产经营单位与从业人员订立的劳动合同,应当载明有关保障从业人员劳动安全、防止职业危害的事项以及依法为从业人员办理工伤保险的事项。

二、职业健康安全体系标准和社会责任标准

贯彻、实施 OSHAS18001 职业健康安全体系标准和 SA8000 企业社会责任标准,是提升企业的竞争力、参与国际市场竞争,促进社会进步、企业文明重要措施,是体现以人为本精神的具体反映。

贯彻、实施职业健康安全体系标准和社会责任标准的主要措施包括:

1. 要对新员工进行职业危害教育

对于新员工(包括临时工、实习生),如果在工作中可能接触职业危害,在上岗前应进行职业危害教育,其内容包括岗位存在的职业危害因素、操作规程、发生职业危害时的应急处理、应急设施的使用,企业与职业病防治相关的规范等内容。

新员工必须经教育,且书面考核合格后方可上岗操作。调换工种如涉及职业危害因素以及间断工作一定时间后的复工员工,均需重新培训考核后上岗。

2. 员工在职业健康工作中应尽的义务

接触职业危害人员必须严格遵守岗位操作规程,认真参加培训教育,按规定合理使用职业危害个体防护用品,保持职业危害防护设施有效,参加本企业组织的各种职业健康体检及医学观察,无正当理由者不得拒绝到符合国家规定的、与职业危害相关要求的岗位或作业。

3. 职业病防护措施

在非织造布企业与挥发性化学试剂、漂浮颗粒物接触的员工,如在喷丝板上使用的雾化硅油,擦拭机器使用的清洗剂、除锈剂,超声波清洗用的清洗液、后整理油剂等。因此,在进行熔喷纺丝组件刮板等作业时,必须佩戴防尘口罩及穿戴劳动防护用品。在强噪声环境,如熔喷牵伸风机机房、成网机旁、抽吸风机机房等工作时,要佩戴防噪声耳塞。

在强光环境或场所,如进行电弧焊接、高温切割等,要佩戴护目眼镜。

加强现场的排气、通风工作,降低室内环境的温度,降低污染物的浓度,如纺丝箱体附近,进行废料回收、纺丝组件煅烧处理等环境。

为了避免职业危害的长时间累积作业而导致产生职业病,凡接触高度危害岗位、在超标噪声环境作业的员工,要建立定期轮换岗位制度,一般换岗周期不得多于两年。

4. 企业职业危害状况监测

为准确掌握企业内存在的职业危害源,要委托有资质的职业健康检测机构进行职业危害状况监测,对作业场所职业危害进行法定检测和评价,并在发现存在超出国家规定的职业危害时,采取改善对策,消除或降低对员工健康的影响。

5. 职业健康体检制度

根据国家卫生健康委员会公布的《职业健康监护管理办法》(2019 年修正)相关规定,接触职业危害作业的劳动者,要进行上岗前、在岗期间、离岗时的健康检查。以监督、评价职业危害的状况、趋势及防护效果,确保公认的职业健康安全。职业健康体检委托具有相应资质的机构或单位进行。

新员工(包括新上岗、换岗)应进行岗前职业禁忌症体检,如果员工要从事接触职业危害的作业或特殊工种,必须在上岗前进行职业禁忌症的体检,经确认没有职业禁忌症后才可从事相应工作。

企业应为每一位接触职业危害的人员建立职业健康档案,档案中包括员工的职业史、职业病危害接触史、职业健康体检结果和职业病诊疗等资料。

第五节　绿色生产管理

一、废品处理

目前,非织造布产品基本都是以石油基聚合物为原料生产的产品,由于产量巨大,回收利用率低。在自然环境中经日晒、雨淋、风化、微生物等的作用,废弃在环境中的失效制品大部分仅是形态发生变化、破碎或变成细小的非织造布、塑料碎片,或变成粒径小于 5mm 的聚合物颗粒(微塑料),这些以纤维或薄膜等形态存在的微塑料很难降解。如果这些废弃物不经回收利用或处理就直接排放,将对环境产生巨大的危害。

在熔喷法非织造布的生产过程中,必然会有不良品、废品,分切加工过程也会产生不少边料和余料。然而由于熔喷法非织造布纺丝组件只有一行喷丝孔的特点,当其中有一个喷丝孔被堵塞或出丝不好,都会影响产品的质量。因此,对聚合物原料的洁净度要求会较高,避免由于原料灰分或杂质含量太高,分子量分布太宽,影响纺丝稳定性和喷丝板的使用周期。

废弃熔喷材料或不良品的回收一般有以下三个途径：

一是，化学回收。利用化学的方法使废弃的材料重新变成可用的聚合物原料，但一般非织造布企业不具备这方面的能力。

二是，物理回收。利用物理的方法使废品循环再利用，而由于熔喷工艺的特点，不能将废品再直接投入熔喷纺丝系统使用，只能将这些高流动性的废品与其他废弃材料混合，采用熔融造粒的方法，变成其他用途的原料，获得综合利用。然而一般的熔喷企业也没有这一类设备，因此，一般是将这些不良品集中外卖给其他企业。

在熔喷法非织造布生产过程中一般不会使用再生原料，也不考虑不良品及边料的回收和循环利用，而纺丝系统也不会配置在线回收的螺杆挤出机等设备。

因此，熔喷法纺丝系统都不会现场回收这些物料。主要途径是将这些还可用的物料交给专业回收商，或以造粒方式进行回收，再在其他纺丝系统（如纺粘系统或简易型熔喷系统）加以利用，而不会在熔喷系统循环使用。

由于熔喷布密度低，结构蓬松，且呈散乱状，存放这些废品及不良品要占用不少厂房空间，也不方便运输。因此，常用打包机将这些不良品压缩、捆扎呈方块状，方便管理及运输（图7-9）。

图7-9　利用打包机将废边料压缩打包

三是，能源回收。实际上是通过焚烧或垃圾发电的方法，将其中的能源变成电能使用，这个方法仅适合有区域垃圾发电设施时才使用。

因此，在生产过程中，一方面是要尽量提高熔喷布产品的合格品率，减少不良品的产生量；另一方面则要尽量选用石油基或生物基的可生物降解聚合物原料，减少对环境的负面影响。这是企业重要的社会责任。

熔喷生产线在运行时，会产生较强的噪声，并有大量的废气排放，一般情形下，熔喷系统抽吸风机的排气仅含有很少量的单体，但气流的流量很大，其中还有极少的短纤维，噪声也较强；在进行纺丝组件的煅烧、超声波清洗过程中，也有少量废水、烟气排放。

非织造布生产企业要进行的环境保护项目主要包括：室内噪声处理、环境噪声治理、高温治理、生产过程的废水处理、废气和异味处理、节能措施等。

二、噪声治理

噪声控制在技术上虽然现在已经成熟，要采取噪声控制的场所为数甚多，因此，在防止噪声问题上，必须从技术、经济和效果等方面进行综合治理。具体问题应当具体分析。

1. 控制噪声源

降低声源噪声，工业、交通运输业可以选用低噪声的生产设备和改进生产工艺，或者改变噪声源的运动方式（如用阻尼、隔振等措施降低固体发声体的振动）。

生产过程的噪声主要来自各类型风机，风机产生的噪声与转速有关，选用高效节能风机、转速较低的风机，噪声的强度也会较低。配置在熔喷系统使用的牵伸风机是一种高噪声设备，在这方面，螺旋风机的噪声就比罗茨风机低一些，而且也更节能。

而同样流量和压力的螺旋风机，转速较高的机型，其噪声就比较低转速的机型强烈一些，虽然高转速机型的价格较低，但其高强度噪声会增加噪声治理压力。由于无法消除噪声源，一般要将螺旋风机做整体屏蔽，这样环境噪声可满足相关法规要求。

机器振动噪声：机器振动产生噪声辐射，一般采取减振或隔振措施，降噪效果为 5～25dB。如机械运转使厂房的地面或墙壁振动而产生噪声辐射，可采用隔振机座或阻尼措施。

设置排气消声器：影响室外环境的噪音源是抽吸风机排出的正压气流，设置排气消声器能降低噪声强度。

排气要注意避开噪声敏感区域和方向；如果企业附近有噪声敏感区域，则风机的排气要进行规避，并尽量选在其下风方向，否则容易被投诉。

2. 阻断噪声传播

在传音途径上降低噪声，控制噪声的传播，改变声源已经发出的噪声传播途径，如采用吸音、隔音、音屏障、隔振等措施，以及合理规划厂房及设备布局等。

在非织造布生产企业，较为常用的措施是设置专用的风机机房，将风机集中在机房内安装，利用机房的封闭环境屏蔽噪声。而风机与管道之间，必须配置能阻隔噪声和振动传播的软连接。要注意风机房的通风降温措施，避免噪声通过通风管道向外扩散。

非织造布生产线中，仅有局部区域，个别设备或区域会产生较强的噪声，如熔喷系统的成网机周围就是一个气流噪声很强的区域，但工人并不需要长时间在这些场所停留、作业。工人可以进入专门设置的隔音工作室，脱离噪声环境。

3. 在人耳处减弱噪声

在声源和传播途径上无法采取措施，或采取的声学措施仍不能达到预期效果时，就需要对受音者或受音器官采取防护措施。

如长期职业性噪声暴露的工人可以使用劳动保护用品,如佩戴防噪声耳塞,耳罩或头盔等护耳器具,能明显降低噪声对听力的伤害,是一个行之有效的措施。

三、高温治理

生产线中存在不少高温设备,会散发不少热量污染环境,要降低环境温度,可以采用如下措施:

(1)选用高效节能的加热系统或加热器,提高加热效率,减少向环境散发热量。

(2)加强设备的保温措施,降低设备表面的温升,减少向环境散发热量。

(3)合理组织生产环境的气流,使热空气实现有效对流,并自然排放到室外。

(4)在厂房内温度最高、含湿量或有害物质浓度最大的区域设置排气设备。

(5)对高温岗位,可采用局部送风、降温的方法,降低温度。

四、生产过程的废水处理

熔体纺丝成网产品的生产流程一般无须工艺用水,排放的废水主要是设备冷却水及极少量组件清洗及后整理加工排放的废水。

但在熔喷法非织造布生产线,如果应用水摩擦驻极技术,就要用到高纯度的去离子水,由于这些高纯度去离子水在穿透熔喷纤维时,除了与空气接触以外,还在冲击纤维的过程中被污染,而按照现有的技术及花费的成本,还难于将其净化循环使用。因此,只好将其排放出来。除了有相当部分的驻极用水以汽化的形式排放到环境大气中去以外,收集到的这部分废水的水质还很好,可作为中水加以利用。

目前非织造布企业使用的废水处理的工艺主要用药剂分离乳化物和用微生物来降低水体的 COD(化学需氧量)。生产过程产生的废水要集中收集,经过处理、符合排放标准以后,再排入指定的管道系统,或在企业内循环使用。

五、废气和异味处理

非织造布企业的废气主要来自纺丝系统排放的单体烟气、组件煅烧排放的废气、后整理干燥系统排放废气。最终出风口各项污染物指标达到《大气污染物综合排放标准》(GB 16297—2012),《恶臭污染物排放标准》(GB 14554—1993)的二级排放要求及相关地方标准的要求。废水、废气治理工作一般是委托有资质的企业实施,并采用行业公认效果较好的治理方案。

目前废气处理主要采用以下几种方式:

1. 紫外线光解废气处理

紫外线(UV)光解废气处理技术是采用高能 UV 紫外线,在光解净化设备内,裂解氧化恶臭物质分子链,改变物质结构,将高分子污染物质裂解、氧化为低分子无害物质(图7-10)。

图 7-10　紫外线光解废气装置

经过光解处理的废气,其脱臭效率可达 90%,脱臭效果大幅超过国家 1993 年颁布的 (GB 14554—1993)恶臭物质排放标准,能使高浓度混合气体中呈游离状态的单分子被臭氧氧化结合成小分子无害、低害的化合物,如 CO_2、H_2O 等。

UV 光解系统主要依靠高能紫外线裂解有机废气或恶臭气体分子,设备内部主体是石英材质的 UV 高能紫外线管,只产生高能紫外线,将电能转换为光能,不产生高热高温,有很好的安全性。

2. 高压静电捕集

废气经过高压静电场时,废气中的颗粒、尘埃和单体荷电,在电场作用下向带有电荷的金属线和管壁的集尘极运动,并失去电荷,在重力的作用下,落到电离捕捉器底部流出、固化 (图7-11),从而使污染物得以降解去除,净化效率通常可达85%以上。

图 7-11　在高压静电捕集装置中析出的固态烟气单体

有时仅使用一种方法还无法达到理想的处理效果,因此,实际上经常会同时使用多种措施,提高净化效果。如高压静电捕集+活性炭吸附等,使废气得到深度净化后达标排放。

3. 高温裂解处理

根据很多聚合物在高温下会裂解这个特性,将煅烧组件时产生的废气导入一个高温裂解装置,在高达700℃的气氛中,气体就会发生裂解,成为无害的二氧化碳和水蒸气,即可以排放到大气环境中(图7-12)。

图7-12 带电加热高温裂解装置的真空煅烧炉

高温裂解装置是一个能产生高于700℃的电加热装置,电加热管可以长期在高温状态运行,从煅烧炉膛内被抽出的废气,先进入裂解装置后,会在内部的高温气氛中发生裂解,才进入喷淋罐内降温,并被水吸收,通过水环泵排出。

4. 高温热力燃烧法

在高温(≥760℃)下可较为彻底地将煅烧过程产生的污染物净化,利用燃气与废气混合,形成完全燃烧,实现无害排放,其机理与上述高温裂解类似。图7-13为一台带后燃烧器的纺丝组件煅烧炉。

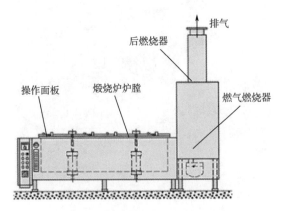

图7-13 带后燃烧器的纺丝组件煅烧炉

在带专用后燃烧器煅烧炉中，在煅烧炉炉膛内裂解的聚合物，会产生大量可燃性气体，这些气体被风机从炉膛内抽出，并由管道送入后燃烧器中，后燃烧器另外使用燃气点燃，并升至高温状态。

在煅烧炉炉膛的升温过程中，达到预先设定温度后，后燃烧器就会自动点火燃烧，使燃烧器炉膛的温度保持在720℃或更高的温度状态。纺丝组件在煅烧过程中产生的废气，进入后燃烧器的高温炉膛中，与燃气混合后一起完全燃烧，成为无害气体后再排放。燃烧器可以使用煤气或其他可燃气体助燃。

第六节　可持续生产管理

降低单位国内生产总值能耗是我国政府提出的可持续发展目标，并具体提出"十四五"时期的总目标是降低13.5%，并将控制能源消耗强度（单位GDP能耗）和能源消费总量（能源消费上限）作为组合的能源双控目标。

我国已向世界承诺，要在2030年达到碳排放高峰，二氧化碳的排放不再增长，达到峰值之后再慢慢减下去，到2060年要针对排放的二氧化碳量，采取植树、节能减排等各种方式，将其全部抵消掉，达到碳中和目标。这是党中央统筹国内、国际两个大局，经过深思熟虑作出的重大战略决策，事关中华民族永续发展和构建人类命运共同体这个伟大目标。

在非织造布的生产过程中，要消耗大量能源，熔喷法非织造布是熔体纺丝成网非织造布中，能源消耗较多的一种产品，单位重量产品的能源消耗是纺粘法非织造布的几倍。由于水驻极熔喷产品一方面要消耗大量水资源，而其干燥过程还要消耗不少能量，产品的能耗则会更多。

因此，国家要求加快节能技术进步，尽量采用先进节能新技术、新装备、新工艺，促进能源资源节约、集约利用，推进绿色发展。我国是世界上的熔喷法非织造布制造大国，也是能源消耗大国。因此，开展减少污染、降低碳排放，节省能源消耗活动是国家的一个长期战略决策。

一、熔体纺丝成网非织造布的能耗

（一）熔喷法非织造布的能源消耗形式

熔体纺丝成网非织造布产品消耗的能量分为两类，一类是用于加热（或冷却）的能量，另一类是驱动设备（电动机）运转的能量。随着产品特性的差异及纺丝系统形式，生产线配置技术水平不同，两种能量的占比也不一样。

在熔喷法非织造布生产线中,加热设备的装机容量会较大,其占比为40%~50%,驱动设备的装机容量占比为50%~60%;在多纺丝系统的SMS型生产线中,加热设备装机容量的占比会随着实际配置的熔喷系统数量增多而变大。

从各种生产线的装机容量占比可以看出,生产线能耗的大头是电动机类负载,而又以风机类负载为主;加热类负载的装机容量占比相对较小,因为只有在低温启动阶段,加热系统的负载会较大,而在到达设定温度后,仅需补充散失、消耗的热量,其实际负载就较低。

产品的能耗与产品的应用领域、质量状态紧密相关,不同质量特性的产品没有可比性。

(二)非织造布的单位产品能耗计算

单位非织造布产品能耗的定义是:生产单位重量(t或kg)合格产品所消耗的所有能量总和:

$$单位产品能耗(kW \cdot h/t) = \frac{消耗的能量总和(kW \cdot h)}{合格品总量(t)}$$

从上式可知,要降低产品的能耗有两个路径,一个是增加合格品的数量,这是减少能耗的主要方法,也是进行生产活动的终极目标。

另一个是减少各种能量消耗,与企业的技术创新能力、设备的技术水平、综合管理水平有关。产品消耗的能量包括生产线直接消耗的能量,为生产过程提供支持的公用工程消耗的能量两个部分。

非织造布生产过程消耗的能源包括:电能、燃油、燃气、蒸汽、煤炭、水等。为了统一能源消耗计算方法,要将消耗的各种能源换算为标准煤(代号ce)的消耗量,单位为kgce。根据纺织行业推荐标准《纺熔非织造布企业综合能耗计算办法及基本定额》FZ/T ××××—2021的规定,各种能源与标准煤的折算系数如下:

1kW · h = 0.1229kgce

1m³天然气 = 1.1~1.33kgce

1kg 液化天然气 = 1.7572kgce

1kg 液化石油气 = 1.7143kgce

1kg 蒸气(压力 1.0MPa) = 0.1086kgce

1kg 蒸气(压力 0.3MPa) = 0.0943kgce

1m³压缩空气 = 0.0400kgce

1t 软化水 = 0.4857kgce

1t 新鲜水 = 0.0857kgce

降低单位产品的能耗既降低了产品的生产成本,增强了产品的竞争能力,又是一种环保行为,每节省 1t 标准煤,就意味着减少了 2.5t 的碳排放,节省 $1kW \cdot h$ 电能,可减少 1kg 的 CO_2 排放,有良好的环保效益。

二、熔体纺丝成网非织造布企业的节能降耗

(一)生产工艺节能

同一种产品会有多种生产工艺,在建造生产线前,就要根据产品的应用领域和特性,选用低能耗的生产工艺和流程,主要包括聚合物原料、纺丝牵伸工艺、纤网固结、后整理与加工路线等。熔喷法非织造布是一种能耗较大的产品。

一旦产品确定了工艺路线和采用的纺丝牵伸工艺,产品的能耗水平也就基本确定了。因此,在设备选型阶段,要选用技术水平较高、能耗较低的工艺路线。然而在生产过程中,提高生产线的有效生产运行时间,增加实物产量,提高合格品率则是最基本的、最直接的、也是最有效的节能措施。

1. 加工不同聚合物产品的能耗

聚合物不同,生产线的流程和工艺参数也有较大差异,如烯烃类聚合物(如 PE、PP),原料无须进行干燥处理就可以直接使用,熔体的温度和牵伸速度也较低;而聚酯类聚合物,如 PET、PBT 及 PLA、PA 等原料,在使用前必须进行干燥处理,熔体的温度和牵伸速度也较高。因此,消耗的能量肯定要比烯烃类聚合物更多。

在产品的质量基本相同的条件下,选用流动性能较好,也就是熔体流动指数较大的原料,就比使用熔体流动指数较小的原料更节省能量。

2. 不同纺丝牵伸工艺的能耗

除了与聚合物的品种有关外,非织造布的能耗主要与纺丝工艺有关。

使用 PP 原料时,传统的埃克森熔喷法工艺,各种通用类型产品的能耗 $2000 \sim 4000kW \cdot h/t$;而其他熔喷工艺,如双轴熔喷工艺、EG 熔喷工艺,由于这些系统的生产能力较高,而牵伸气流温度又较低,其能耗则要更低一些。

但选择纺丝工艺的首要条件是产品的质量,而非能量消耗状况。如果要生产高阻隔性或高过滤效率的产品时,用埃克森熔喷工艺生产的产品纤维细、分布范围窄,具有明显的优势。

如果生产吸收、隔音隔热材料时,双轴熔喷工艺具有产量高、能耗低等不可替代的优势;如果用于制造复合非织造材料,EG 熔喷设备具有体积小,系统简单,可以灵活布置等特点。

熔喷产品的能耗与应用领域、品种、纤维细度、生产效率有关,阻隔、过滤型熔喷材料的能耗在 $2500 \sim 3000kW \cdot h/t$,保温、隔热、隔音、环保、吸收型熔喷产品的能耗为 $2000kW \cdot h/t$。

3. 优化工艺降低能耗

在满足产品质量要求的前提下,通过优化工艺也能降低能耗。如果产品要进行功能后整理,在加工过程中如采用较高浓度、小上液量、低风温、大风量干燥工艺,就比低浓度、大上液量、高风温、小风量更为节能。

在应用水驻极技术生产口罩用空气材料时,在紧靠纺丝组件的位置进行热驻极处理,所消耗的去离子水数量,干燥产品所消耗的能量,要比在成网机与卷绕机之间进行冷驻极处理少很多。

当熔喷产品应用水摩擦驻极技术时,要尽量在负压抽湿环节将水分移除,从而减少后道工序的加热干燥能耗;而在干燥系统可以应用较低烘干温度、增大风量的干燥工艺。

在设备选型阶段,要尽量选择效率较高、节能效果好的、使用一次能源(燃气)的直燃式设备,或干燥效率高、产品质量好的圆网干燥(热风穿透)干燥机。选用箱式干燥时,要适当延长干燥装置的长度,延长产品在干燥装置内的停留时间,提高热风利用率。

适度降低熔体的温度,不仅能降低加热能耗,同时也减少了冷却风能耗,其收益是双倍的。而适当降低牵伸速度,提高冷却风温度都能减少能耗。

优化生产过程的工艺参数,提高合格品率,用较少的能量生产同样数量的产品,如熔体的温度、冷却风温度、牵伸速度、风机转速、后整理液浓度、轧液率、烘燥温度、热风流量等。

能耗与纤维细度有较大关联,纤维越细,产品的能耗越大;阻隔性能越好,产品的能耗也越大。

(二)传动设备节能

选用高效节能设备,淘汰高能耗设备,如选用高效节能电动机,变频调速技术,高能效比制冷系统,高效加热技术。

1. 淘汰高能耗电动机

在非织造布生产线中,配套设备的电力拖动电动机的总功率约占总装机功率的60%,因此,电动机的效率对产品的能耗影响很大。

目前仍在使用的 Y、Y2、Y3 等 Y 系列电动机,效率平均值为 87.3%,国家已规定了停止使用的期限,将逐渐用 YX3 高效电动机和 YE3 超高效电动机的节能电动机替代。

高效节能电动机比普通电动机成本高 30%~50%,但购置高效节能电动机所增加的费用可通过节省的电能在一年左右收回,而对于大部分电动机,则可在一年半左右收回增加的投资,以后获得的就是节省电能的净收益。

2. 选用高效率的传动装置

非织造布生产线中的风机与驱动电动机之间,如果采用联轴器连接,其传动效率≥98%,如果使用 V 形带传动,传动效率仅有 95%,两者相差三个百分点,因此,在满足工艺要求的前提下,风机类设备要尽量选用联轴器传动的直联式机型,即型号中带有 D 的机型,日常的维护工作量也较少。

(三)管理节能

加强设备管理,提高设备利用率,增加有效生产时间和实物产量;延长纺丝组件使用周期;合理组合产品、增加每批产品的数量,减少转换次数;提高员工技能,减少失误,提高合格品率,增加产量等。

如果生产线的一些电动机负载率低于 30%,则认为是典型的"大马拉小车"现象,既增加了设备购置费用,还增加了变压器、供电线路、开关电器的容量,电动机处于低效率、低功率因数状态运行,不利于节能。因此,要杜绝"大马拉小车"现象。

三、风机节能降耗

(一)离心式通风机节能

离心式通风机是熔喷生产线中常用的设备,主要用作成网接收装置的抽吸风机和冷却风系统的送风机,对于配置有水驻极系统的熔喷生产线,驻极及脱水都要用到功率较大的风机。主抽吸风机是熔喷生产线中功率较大的设备,除了对生产过程的质量控制有较大影响外,其流量控制方案对能耗的影响也较大。

风机的装机容量在生产线中所占的比例较大,因此,要重视风机的节能工作。目前风机已普遍使用效率较高的变频调速技术调节风机的转速(流量),但有一些早期机型仍在使用阀门调节风量,在常用的 70%~80% 流量工况范围,其效率比变频调速方案低 20%~40%。因此,这一类设备的节能改造潜力很大。

风机的效率与风机的机型(主要是叶轮的形状)有关,在流量和转速一定的情形下,后弯(倾)型叶轮的离心通风机所产生的压力较小,叶轮的直径较大,但有较高的效率;前弯(倾)型叶轮的离心通风机有较高的输出压力,叶轮直径较小,效率会较低(图 7-14)。

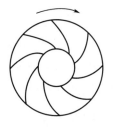
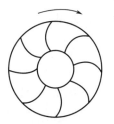

（a）后弯型叶轮　　　　　　　　　（b）前弯型叶轮

图 7-14　离心通风机的叶轮

由于后弯型离心通风机的效率要比前弯型离心通风机更高,因此,其电能消耗也比前弯型离心通风机更少,运行噪声也比前弯离心通风机更低。在大部分常用工况,如果风机的驱动电动机的负载率在60%~80%,可认为风机的选型是合理的。

常用的9—19、9—26、9—28等系列统一设计的风机,均为前弯型叶轮离心通风机,具有较高的全压(压力),在业内常称为高压风机,常用作熔喷系统的主抽吸风机。而4—72、4—73等系列为后弯型叶轮离心通风机,具有较大的流量,可用作熔喷系统溢流区的抽吸风机。

经过长时间运行,由于风机的叶轮、蜗壳及管道会被污染,效率下降,能耗增加,因此,要定期清理风机和管道,使系统恢复正常的技术状态。

(二)牵伸风机节能

1. 熔喷系统牵伸气流的能量来源

熔喷系统牵伸气流消耗的能量包括气流的升压及升温两部分。风机的主要功能是升压,由于风机的排气温度比入口温度(或室温)高,因此,还兼有升温功能;而空气加热器的功能就是升温。

除了与驱动牵伸风机的电动机的负荷有关外,因此,牵伸气流消耗的能量还与空气加热器消耗的功率及牵伸风机的排气温度高低有关,有的风机排气温度可达150℃,而另一些风机排气温度仅为90~110℃。两者间的温差为40~60℃。

显然,风机排出的气流能量(压力及温度两部分)是由驱动风机的机械能转换而来的。排气温度越高,说明这种风机的效率较低,因为在其他应用领域,这些高温气流是无用的,甚至还要将气流进行冷却后才能输出使用。而排气温度较低的风机,转换为气流温升的无用消耗减少了,其效率肯定是较高的,驱动电动机的功率也较小,这是一种节能风机。

然而从整个系统分析,这种驱动功率较小的高效风机,其排气温度低,同时也部分失去了对空气的升温功能,这就必然需要空气加热器消耗更多的功率来补偿,因此,在熔喷牵伸风系统中,风机的排气温度较高未必是负面的,在选择风机时要权衡这种功率变化所带来的系统能量总消耗结果。

2. 熔喷系统牵伸风机选型

熔喷系统的牵伸风机是生产线中功率最大的设备之一,目前常用的机型有罗茨风机、螺旋风机、多级离心风机等。在现有机型中,螺旋风机的效率比罗茨风机高,能耗则比罗茨风机低,在生产线常用的几个机型中,螺旋风机要比罗茨风机节能8%~15%。

由于空气悬浮式离心鼓风机或磁悬浮离心鼓风机的轴承利用了空气悬浮、磁悬浮技术,大幅度减少了摩擦损失,机械效率高、驱动功率小,启动电流小,能耗最低,是《国家工业节能技术装备推荐目录》推荐的节能产品。

不同的机型,其技术经济性能也不同,由于节能风机的购置价格会比一般设备高很多,但在设备的全寿命期的运行维护费用中,购置费用所占的比例很小。因此,进行设备选型时,要评审在设备的寿命期内,能否从系统节省的电费中收回多支付的购置费用,否则就缺乏应用价值。而不能仅凭风机的装机功率减少了,就认定是节能或节约了成本。

四、制冷和加热系统节能降耗

(一)制冷系统节能

1. 选择高能效比的制冷设备

生产线使用的制冷压缩机,主要有往复式和螺杆式两种,一些大型生产线会用到离心式制冷压缩机。螺杆式比往复式压缩机效率提高20%~30%,也就是螺杆式比往复式压缩机更加节能。熔喷系统所用的制冷设备功率较小,一般都是使用螺杆式制冷压缩机。

能效等级是制冷压缩机的一项重要指标,数字从1~5分为五级,数字越小,效率越高。因此,一般应选1~2等级的节能产品。能效比(COP)与能效等级对应,COP值越大,压缩机也越节能。

由于磁悬浮离心式制冷压缩机的机械摩擦损耗很小,驱动电动机的功率也较小,系统的能效比很高,约为普通压缩机的两倍,甚至更高,会有很明显的节能效果。

使用高能效比的设备肯定比低能效比设备更节能,但能否节约成本则是另一个概念,因为还要考虑设备的购置价格和寿命期内的维护修理费用。因此,在进行设备选型时,在满足工艺要求的前提下,要综合考虑设备购置价格、系统可靠性、安全性,节能效益及投资回收期等因素。

2. 利用低温环境气流代替冷却气流

如果侧吹风系统能用低温环境气流替代部分或全部的制冷气流,就能减少制冷压缩机的能耗,这对在北方的企业获益就很明显,即使在南方地区,一年之中也有几个月的时间,室外温度比工艺所需的冷却风温度低,也有应用这种气流的环境条件。

3. 冷却水系统的布置方式

冷却水主要供制冷系统、螺杆挤出机、热轧机等设备使用,冷却水系统必须采用循环使用的模式运行。

将冷却塔放置在高位,使冷却水的势能得到充分利用,循环水泵的入口就处于正压状态,可降低水泵的实际扬程和负荷。冷却水泵是24h连续运行的,其节省的电能积累起来也十分可观。

4. 控制应用空气调节区域的范围

有的熔喷系统生产车间配置了空气调节系统,对改善员工的劳动条件,稳定生产环境因素有很大好处。如果不适当地控制有空气调节空间的范围,并根据当前的生产环境决定空气调节系统的运行状态,调节气流的温度,将造成很大的浪费,并产生很大的运行费用。

冷却吹风是控制纺丝过程质量的重要手段,只要能将冷却气流控制在纺丝区域就会有很明显的效果,这时周边环境对纺丝过程的影响就很小,而且可以减少纺丝过程向现场环境辐射、散发的热量,降低环境的温度;控制静电驻极过程的环境温度,也有利于提高驻极处理的效果。

熔喷法非织造布的生产流程中,有不少加热设备,如果环境温度太低,设备与环境的温度差增大,散失的热量也会同时增多,几乎等同用冷却气流使加热设备降温,付出的能源消耗是叠加的。

熔喷法非织造布生产现场的岗位人员一般很少,操作岗位也不多。因此,可以采用定点送风的方式来改善劳动条件,这样要比向全车间输送空调风的效果更直接、更好,还可以节省大量空调费用。

因此,可以用局部送风的方式,控制使用空气调节区域的范围,而没有必要向容积很大的厂房输送冷却气流,能节省大量的制冷能耗。

(二)加热系统节能措施

1. 做好设备的绝热、保温工作

在熔体纺丝成网非织造布生产线中,加热设备的装机容量近40%。目前普遍存在加热设备保温效能低下的问题,导致能量消耗增多,车间环境温度升高,增加劳动强度,影响员工健康,还增加被灼伤的安全风险。

生产线中有不少表面温度高于50℃的设备,必须采取有效的保温措施,如螺杆挤出机的出料头、熔体管道、过滤器、纺丝泵和纺丝箱体、导热油管路、空气加热器、牵伸气流管道、水驻极烘干装置等。

正常条件下,设备保温外壳的温度应控制在不高于设备所处环境温度(25℃),即实测温度应≤(环境温度+25℃)。对于为防止发生烫伤的保温层外表面温度,则不得超过60℃,否则就要修正保温设计。

同样,对于温度低于常温的制冷设备和冷冻水、冷却风管道,也要求做好绝热、隔温工作,防止能量损失。所有低温设备的表面要用不亲水的聚氨酯材料覆盖,并防止出现露水,腐蚀设备。绝热、保温层应用难燃或不燃的材料制造。

2. 螺杆加热节能技术

螺杆挤出机采用远红外线加热,可以提高加热器与套筒间的传热效率,而对加热器进行适当保温可以减少散热损耗,这是螺杆挤出机节能降耗的两个重要手段。根据统计,采用远红外线加热后,比以前的电热圈接触式加热可降低能耗 20%～30%。

这种改造方式适宜用于对剪切热及温度不敏感的聚烯烃类原料加工,如果螺杆是用于加工聚酯类对剪切热敏感的原料,必须将多余的热量散发到周边环境,使熔体温度控制在工艺要求范围,以免导致原料产生高温降解。

3. 空气加热器节能

空气加热器是熔喷生产线中装机容量最大的设备之一,如在 1600mm 幅宽的熔喷系统中,空气加热器的功率可达 250kW,而在 3200mm 幅宽的熔喷系统中,空气加热器的功率可达 450kW,其能量消耗是较大的。

目前,绝大部分空气加热器都是使用电能加热,随着燃气技术的进步和燃气供应的普及,如果将空气加热器改用燃气加热,会收到较明显的经济效益。电能是二次能源,而燃气是一次能源,在理论上少了一次转换加工,其运行费用是较低的,而且可以降低企业的供电系统容量,有间接的经济效益。

经过实际运行效果比较,使用燃气能源后,运行费用会有较大变化,节约是较明显的,具体的效果与各地的用电价格和燃气价格有关。

4. 干燥系统节能

当熔喷系统应用水摩擦驻极工艺时,干燥过程将消耗大量的能量,使经过驻极处理后的熔喷产品能耗达到很高的水平,特别是这一类型设备的幅宽较窄,配置简单,其运行效率还有较大提升空间,其中包括:

(1)提高机械脱水效率。由于机械脱水的效率要比加热干燥的效率高几倍,也就是说,移除材料中同样的水分,用机械脱水所消耗的能量仅为加热干燥的几分之一至几十分之一,含水量越高,节能效果越大。经过水驻极的熔喷布是高含湿量的材料,最适合使用效率最高的机械脱水方法,移除材料孔隙中大量的自由水和材料表面的部分附着水。

提高脱水风机的压力,增加气流的速度,可以提高脱水效率。虽然高压风机的装机功率更大、本身消耗的能量会多一些,但完全可以从节省加热干燥耗能得到更多的补偿。目前,一些高端驻极设备移植了水刺法非织造布的脱水技术,选用的脱水风机压力达 30kPa,这肯定要比一些仅配置 5～6kPa 的低压脱水风机的系统,具有更为优良的脱水效率和更低的能耗。

(2)提高干燥系统的效率。应用机械脱水有一个极限,只能移除一部分水分,熔喷布的最终含水量一般仍无法达到工艺要求的最终含水量,这就需要采用加热干燥工艺。

适当降低干燥热风的温度,排风热量回收,增加保温层厚度,提高干燥设备的保温效率都对降低干燥过程的能量消耗有好处。而增加干燥气流与水驻极熔喷布的接触时间,增加干燥装置的长度,不仅对提高生产效率有贡献,还可以提高干燥气流的能量利用率,最终达到降低干燥系统能耗这个目标。

五、公用工程系统节能降耗

(一)供电系统节能

选用节能变压器,应用无功补偿技术,变压器深入负荷中心。利用数字化、智能化、互联网技术加强能源在输送、分配、消耗方面的管理,改进、优化能源的使用等措施,是供电系统节能的重要措施。

熔喷法非织造布的单产能耗与产品用途有关,一般在 2000~3000kW·h/t,SMS 型复合产品的单产能耗与产品阻隔性能有关,一般在 1500~2000kW·h/t。因此,要根据产品的应用领域来合理配置供电变压器的容量,使变压器在优化的经济运行区间运行,在尽可能降低有功损耗的同时,又能充分提高变压器容量的利用率,减少固定电费开支。

在实际生产活动中,有的企业因为各种原因,导致变压器长期处于满载,甚至超载状态运行,除了会影响变压器的安全外,还会使变压器偏离经济运行区域,增加了变压器的损耗。但这种因为变压器负载率上升而使变压器效率下降,导致损耗增大所产生的费用,不一定比申请供电系统增容所支出的费用更多,而且不用更换变压器或改造线路,减少了停产损失。

这时就需要根据现有的供用电法规,综合评审现有变压器的安全运行风险、新购置增容变压器的费用和固定电费、变压器自身运行损耗等因素,做出合理的选择。

对于有多条熔喷生产线的企业,可以根据市场变化和实际投入运行的生产线数量,调整投入运行使用的变压器数量,还可以根据当地供电部门的相关规定,将富余的变压器做报停处理,从而免除固定电费支出。特别在目前我国处于熔喷产能的深度调整期,对于设备利用率较低的企业,这是一个可以利用的政策性的减负途径。

(二)水资源利用

水也是一种能源,在一般的熔喷法非织造布生产线中,工艺过程并不消耗水资源,仅用于螺杆挤出机的冷却或制冷系统的冷却及纺丝组件清洗,其流量及消耗量都很少。冷却水系统在运行过程中的水质变化不大,要循环使用。要选用运行损耗较少的冷却水塔,加强运行管理,减少泄漏及逸散。

当熔喷生产线使用水摩擦驻极技术时,消耗的水量很大,首先是在去离子水(纯净水)制备过程中的排污损耗,其次是在负压脱水装置分离的废水,但最大量的还是经过驻极后排放出来的废水,还有一部分驻极用水量在机械脱水和加热干燥过程中汽化蒸发排放到环境中。要通过优化驻极工艺,减少去离子水的消耗,同时还可以节省制水过程的水、电消耗。

提高中水的利用率也是减少水资源消耗的一个方法,中水就是经过处理的生活污水、工业废水、雨水等,其水质介于清洁水和污水之间。中水可以代替自来水,用于厂区内对水质无严格要求的环境清洁、绿化、冲洗厕所等场合,既能减少清洁水的消耗,又能节省排污费的支出。

(三)压缩空气系统节能

熔喷生产线中的多组分计量配料系统,成网机及卷绕机都要使用压缩空气,但消耗的压缩空气量较少。主要通过选用高性能空气压缩机(如变频螺杆压缩机、永磁变频螺杆压缩机等),保持管道或设备的密封性,杜绝系统的泄漏现象来达到节能目的。

(四)降低能耗的技术创新方法

除了上述一些节能降耗措施外,在有条件的地方还可以采用以下各种措施,如:

1. 熔喷系统排出的热风利用

熔喷系统排出的热风温度接近60℃,在寒冷地区或冬季,在进行相应的净化处理后,可以将这部分高温气流引入其他厂房作为取暖热源,既能改善生产环境,减少碳排放,还节省了部分取暖费用。

2. 屋顶光伏发电

在地理位置、气象条件合适的企业,经过综合评价、分析,可以用厂房的顶面设置分布式光伏电站,利用太阳能发电,以自发、自用、余电上网的方式运行。

光伏电站生产的绿色电力既可以自用,减少取用电网的电量,或直接馈送到电网。既可以节约煤炭用量,还能减少二氧化碳排放,有效减少了大气污染。但光伏发电受天气影响较大,只能在白天、晴天有电力输出,而在晚上或阴天就没有或仅有小功率输出。

3. 燃气能源使用

随着管道燃气的日益普及,使生产线利用燃气作为加热能源成为现实,除了可获得直接的经济效益外,还可以大幅降低供电变压器的容量,减少固定电费支出,取得间接的效益。目前常用的燃气有管道天然气和液化石油气两种。

在生产线的熔体管道及纺丝箱体、热轧机轧辊、后整理产品烘燥、导热油炉、水驻极产品干燥等设备,都有成功使用燃气加热的案例。

在产品的后整理干燥系统,燃气已是广泛应用的一种能源,在熔喷系统中,使用燃气的空气加热器已有成功案例。要注意一些地方的燃气供应管网是与民用管网共用的,在民用生活用气高峰时段,燃气的压力会发生明显的波动,会影响发热量的稳定。

参考文献

［1］刘玉军,张军胜,司徒元舜. 纺粘与熔喷非织造布手册［M］. 北京:中国纺织出版社,2014.

［2］刘玉军,司徒元舜,我国熔喷非织造布的生产现状及新进展［J］. 纺织导报,2008,(12):4.

［3］徐朴. 我国熔喷非织造布的发展历程和技术进步［C］.//厦门:2007 年. 中国第 14 届(2007 年)纺粘和熔喷法非织造布行业年会论文汇编.

［4］刘玉军,司徒元舜. 我国熔喷非织造布的生产现状及发展［C］.//中国纺粘和熔喷非织造布协会. 第 15 届(2008 年)中国纺粘和熔喷非织造布行业年会会议资料. 西安:2008.

［5］司徒元舜. 后疫情时代的中国熔喷法非织造布产业［J］. 纺织导报,2021(3):5.

［6］中国产业用纺织品行业协会. 2016/2017 中国产业用纺织品技术发展报告［M］. 北京:中国纺织出版社,2017 年.

［7］靳向煜,吴海波. 熔喷法非织造布技术特征及产品［C］.//中国纺粘和熔喷非织造布协会. 第 27 届(2020 年)中国纺粘和熔喷非织造布行业年会会议资料. 温州:2020:36-55.

［8］靳向煜,吴海波. 医卫防护材料加工关键技术及产品研究［C］. 九江:2015.

［9］戴钧明. 聚酯类材料无纺加工性能研究. 岭南科学论坛,佛山:2021.

［10］姚翠娥. 熔喷聚丙烯滤料驻极影响因素研究［D］. 上海:东华大学,2014.

［11］Roth M, Leukel J, Ler D M, Pauquet J R. 用新减粘裂化新工艺改善熔喷无纺布性能［J］. 产业用纺织品,2006(3):12-17.

［12］阎蓓蒂. 聚烯烃用长效表面亲水、改性添加剂［J］. 化工新型材料,2006:(S1):3.

［13］辛长征. 非织造用高聚物切片的性能及应用［C］.//河南省产业用纺织品行业协会. 第一期"非织造技术"培训班培训资料. 郑州:2017:42-52.

［14］司徒元舜. 熔喷法非织造布生产技术［C］.//产业用无纺布开发与创新专题技术讲座与交流会论文集. 东莞:2009.

［15］司徒元舜,胡晓航,刘志贵,等. 熔体纺丝成网系统接收装置的技术发展［J］. 纺织导报,2014(4):5.

［16］柯勤飞,靳向煜. 非织造学［M］. 上海:东华大学出版社,2016.

[17] 司徒元舜,李孙辉,胡晓航,等. 非织造成网机用接收网带的性能与选用[J]. 纺织导报,2014(6):6.

[18] 倪冰选,张鹏,朱锐钿,等. 口罩用聚丙烯熔喷非织造布过滤性能的研究[J]. 合成纤维工业,2015,38(5):72.

[19] 侯慕毅. 宽幅连续熔喷非织造布生产线的研制[J]. 北京纺织,1998,19(3):3.

[20] Larry C. Wadsworth, Emeritus. Advancements in Melt Blowing and Blowing and Nanofiber [J]. Nanofiber Technologies Technologies.

[21] 程博闻. 双组分熔喷耐久驻极纳微纤维非织造材料的研究[D]. 天津:天津工业大学,2012.

[22] 姬苏倩,朱政辉,张菁. 不同驻极方式下聚丙烯熔喷非织造布的过滤性能[J]. 合成纤维,2021,50(3):35-38.

[23] Peter Tsai. 阻挡 COVID-2019 冠状病毒口罩的性能及其灭菌后再次使用的效率下降探讨,The University of Tennessee,2020.

[24] 靳向煜,赵奕,吴海波,等. 个人防护非织造材料-口罩、医用防护服、消毒湿巾 [J]. 产业用纺织品,2020(8).

[25] 李志辉. 熔喷工艺、产品未来发展方向[C].//中国纺粘和熔喷非织造布协会. 第 26 届(2019 年)中国纺粘和熔喷非织造布行业年会会议资料. 常州:2019:152-155.

[26] 张建春,郭玉海. 电晕辐照技术[M]. 北京:中国纺织出版社,2004.

[27] 王惠兰. 美国精确机械制造公司的熔喷法系统综合介绍[J]. 高科技纤维与应用,1998,23(5):5.

[28] 李月新. 熔喷生产线全套设备的安装现状[J]. 国外纺织技术,1999(2):3.

[29] 司徒元舜. 纺熔非织造布生产线的现状和技术创新点[C].//中国纺粘和熔喷非织造布协会. 高速纺熔非织造布生产线关键工艺及设备技术培训班教材汇编(2017 年). 常州:2017:1-40.

[30] 程博闻,康卫民,焦晓宁. 复合驻极体聚丙烯熔喷非织造布的研究[J]. 纺织导报,2005(5):12-17.

[31] 刘思敏,潘四春,岳卫华. 医用外科口罩滤材非油性颗粒过滤效率与细菌过滤效率的相关性分析[J]. 首都医药,2013(24):8-9.

[32] 王向钦. 防疫口罩国内外标准差异及检测常见问题[C].//中国纺粘和熔喷非织造布协会. 第 27 届(2020 年)中国纺粘和熔喷非织造布行业年会会议资料. 温州:2020:11-24.

[33] 韩旭,张寅江,杨瑞. 医用防护口罩过滤层性能的对比与分析[J]. 产业用纺织品,2014(10):30-36.

[34]渠叶红,柯勤飞,靳向煜,等．熔喷聚乳酸非织造材料工艺与过滤性能研究[J]．产业用纺织品,2005(5):19-22.

[35]司徒元舜．熔体纺丝成网非织造布节能技术[C].//中国产业用纺织品行业协会．全国非织造布行业科技大会论文集．昆山:2017.

[36]李志辉．熔喷非织造布的发展趋势和技术创新．第十届中国国际非织造布会议．非织造布市场的发展与及时升级论坛．上海:2021.

[37]卢晨,刘力,王洪．影响熔喷聚丙烯驻极体过滤性能的因素分析[J]．产业用纺织品,2021(6):94-98.

[38]王燕飞,韩朝阳,罗欣,等.熔喷非织造布用聚丙烯材料的挤出胀大行为[J]．纺织学报,2009,30(11):29-32.